自然生态空间治理研究

赵国平◎等著

西北农林科技大学出版社
·杨凌·

图书在版编目（CIP）数据

自然生态空间治理研究 / 赵国平等著. — 杨凌：
西北农林科技大学出版社, 2023.11
ISBN 978-7-5683-1342-1

Ⅰ. ①自… Ⅱ. ①赵… Ⅲ. ①生态环境－环境管理－
研究－陕西 Ⅳ. ①X321.241

中国国家版本馆CIP数据核字(2023)第244071号

自然生态空间治理研究
赵国平　等著

出版发行	西北农林科技大学出版社		
地　　址	陕西杨凌杨武路3号	邮　编	712100
电　　话	总编室：029-87093195	发行部：	029-87093302
电子邮箱	press0809@163.com		
印　　刷	陕西天地印刷有限公司		
版　　次	2023年11月第1版		
印　　次	2023年11月第1次印刷		
开　　本	787 mm × 1092 mm　1/16		
印　　张	23.5		
字　　数	493千字		
审 图 号	陕S（2023）033号		

ISBN 978-7-5683-1342-1

定价：168.00元

编 委 会

内容简介

生态空间是国土空间的核心组成部分，是生态文明建设的重要载体。绿水青山就是金山银山，绿水青山就在生态空间。生态空间是建设美丽中国，推进人与自然和谐共生的主战场。本书共九章，重点论述了生态空间产生的时代背景、政策依据，生态空间演变、概念及内涵、组成要素及特征等，建立了生态空间分类体系，构建了生态空间基础理论。在此基础上，以陕西省为例，系统地研究了生态空间格局及变化，提出了生态空间治理体系，总结了生态空间治理的最新实践。本书构建了生态空间综合评价模型，科学评价了生态空间的数量、质量、功能及保障，制定了省、市、县（区）三级绿水青山指数；建立了生态空间治理分区，解析了生态空间增绿潜力，提出了生态空间精准治理对策及建议。

本书适合林学、水土保持与荒漠化防治学、生态学、地理学、自然保护、地球科学、环境科学等专业的科研和教学人员阅读，也可作为生态保护与修复管理人员的参考工具书。

前言

党的十八大以来，党中央把生态文明建设纳入“五位一体”总体布局中，提出国家治理体系和治理能力现代化建设，开启国土空间规划，确定“三区三线”，建设美丽中国，全面推进人与自然和谐共生。国土空间是生态文明建设的空间载体，而生态空间作为国土空间的核心组成部分，是生态文明建设的重要载体。绿水青山就是金山银山，绿水青山就在生态空间。生态空间治理就是统筹山水林田湖草沙源头治理、系统治理、综合治理和依法治理，为综合解决人与自然、人与资源、人与环境和人与社会等共同发展与保护的矛盾，提供新的理论与方法，开辟新的科学途径。

生态空间具有自然属性，是由生物和非生物环境组成的统一整体，组成要素复杂多变，相互之间通过物质流、能量流、信息流和物种流在地球表层迁移和交换，涉及陆地生态系统之间、海洋生态系统之间以及陆地、海洋生态系统之间的相互交流与互动，形成了人与自然、资源、环境与社会之间的复杂系统，具有特定的结构、功能和动态特征。如陆地生态系统中森林与森林、森林与草原、森林与湿地、森林与荒漠、草原与湿地、草原与荒漠、湿地与荒漠等。生态空间理论就是研究不同生态空间的结构、功能及各部分之间的相互关系，寻求生态空间的保护和合理利用的原理与机制。生态空间治理就是以生态空间为研究对象，是生态学、林学、地球科学、地理学、环境科学、社会学、法学、管理学以及系统论、控制论等多学科交叉、渗透而形成的一门新的综合学科，包括对森林、草原、湿地、河流、湖泊、滩涂、岸线、海洋、荒地、荒漠、戈壁、冰川、高山冻原、无居民海岛等生态空间的综合治理，涉及生态保护、生态修复、生态重建、生态富民、生态服务以及生态安全等专业门类基础理论与应用，还包括智能、人文、资金、制度和组织等保障体系。

生态空间理论从无到有，在发展过程中，汲取了林学、生态学、地理学、地球科学、环境科学等学科的现有理论，如生态系统理论、系统控制论等，形成了颇有特色的生态空间理论体系。尽管生态空间理论体系还有待于深入研究和发展，但它已经广泛用于国土空间规划及整治、资源的开发与利用、自然保护地体系构建、生态富民、自然体验、生态旅游等，生态空间治理工作已见雏形。可以预见，随着理论和方法体系的进一步完善和发展，生态空间治理这一新兴的综合交叉性学科，必将发挥更大的作用。

党的十八大后，生态空间理论体系就引起了笔者的浓厚兴趣和密切关注。在陕西省林业局高度重视下，笔者及其大秦岭研究院创新团队，近年来进行了生态空间原理及应用方面的有益探索。在研究的同时，编撰一部综合性的生态空间理论与应用方面的专著，一直是笔者和其团队的一个心愿。因此，笔者团队在总结和分析前人大量研究成果的基础上，较为系统和全面地研究了生态空间演变过程、理论、方法和应用。全书总共分为九章，力求立足前沿，注重理论与应用相结合，原理和方法并重。第一章和第二章系统论述了生态空间产生的背景、政策依据，生态空间演变、概念及内涵、组成要素及特征等方面基础理论。第三章、第四章介绍了陕西省基本概况、目前主要开展的生态治理工程等，构建了陕西省生态空间分类体系，分析了生态空间、城镇空间、农业空间以及其他空间的结构与特征，是全省生态空间治理的基础依据。第五章、第六章和第七章分析了全省生态空间格局及变化，系统地总结了党的十八大后陕西省在生态空间治理上取得的成效以及模式和最新实践。在此基础上，第八章综合评价了陕西省生态空间现状，构建绿水青山指数模型，制定省、市、县（区）三级绿水青山指数，为科学量化和督促指导生态空间治理工作提供了依据。第九章主要结合当前国家、陕西省的政策方略和“十四五”林业规划，提出了当前“十四五”或更长的时期内生态空间治理对策及建议。

本书由赵国平总体设计并拟定了章节内容。第一章、第二章由赵国平撰写；第三章由翟晓江、弥芸、徐连秀撰写；第四章由赵国平、翟晓江、张晓峰、唐燕撰写；第五章由呼海涛、赵国平、辛云玲撰写；第六章由赵国平、张晓峰、呼海涛、翟晓江、吴普侠、张麦芳、孙健、马科等撰写；第七章由赵国平、李有忠、张晓峰、翟晓江等撰写；第八章由赵国平、马延东、翟晓江、张晓峰撰写；第九章由呼海涛、赵国平、柳隽瑶、马菁及省林业局相关处室共同完成。制图由张晓峰、徐博、王丰和葛琛等完成。全书由赵国平、呼海涛统稿。

生态空间理论和治理尚在发展和完善之中，笔者及其团队殷切期望本书的出版能引起各界有关人士对生态空间治理的更多关注和兴趣。虽然生态空间治理理论已取得了重要进展，但许多理论和方法还不成熟，且该学科属于交叉学科，研究范围十分广泛，错误在所难免，敬请批评赐教，不足之处还望海涵。

本书完成过程中，得到了陕西省林业局主要领导、相关处室及直属事业单位的大力支持，在此一并表示感谢！感谢国家林业和草原局、陕西省社科联项目资助！感谢陕西省林业科学院的各位领导及相关业务部门的大力支持！特别感谢党双忍先生的指导和大力支持！

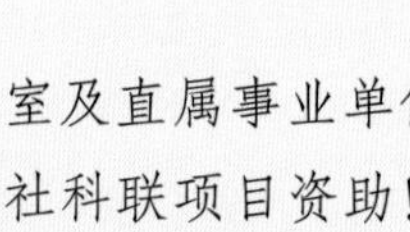

2023 年 5 月于西安

目录 CONTENTS

第四章　生态空间分类及特征

第五章　生态空间格局及变化

第七章　生态空间治理典型案例

第一章　绪论

进入新时代，中央将“生态文明建设”纳入“五位一体”总体布局，并写入《中华人民共和国宪法》，将“绿水青山就是金山银山”写进党章，提出建设美丽中国。同时，国家开启国土空间规划，从制度层面明确了城镇空间、农业空间和生态空间发展要求和导向，提出“生产空间集约高效、生活空间宜居适度、生态空间山清水秀”的总体目标，“生态空间”一词也正式进入国家治理话语体系，成为推动生态文明建设、优化国土空间开发等重大政策的抓手。

第一节　时代背景

1.1　概念产生与由来

进入新时代，面对资源约束趋紧、环境污染严重、生态系统退化的严峻形势，党的十八大报告指出，要按照人口资源环境相均衡、经济社会生态效益相统一的原则，控制开发强度，调整空间结构，促进生产空间集约高效、生活空间宜居适度、生态空间山清水秀，给自然留下更多修复空间，给农业留下更多良田，给子孙后代留下天蓝、地绿、水净的美好家园。首次明确了国家对“三生空间”（生产空间、生活空间、生态空间）发展要求和导向，加快实施主体功能区战略，推动各地区严格按照主体功能定位发展，构建科学合理的城市化格局、农业发展格局、生态安全格局。

2013 年，中共中央《关于全面深化改革若干重大问题的决定》指出，对水流、森林、山岭、草原、荒地、滩涂等自然生态空间进行统一确权登记。建立空间规划体系，划定生产空间、生活空间、生态空间开发管制界线，落实用途管制。2014 年，国家发展改革委、原国土资源部等四部委联合下发《关于开展市县“多规合一”试点工作的通知》，要求 28 个试点市县“探索整合相关规划的空间管制分区，划定城市开发边界、永久基本农田红线和生态保护红线，形成合理的城镇、农业、生态空间布局”。2015 年，中共中央、国务院《关于加快推进生态文明建设意见》强调，科学合理布局和整治生产空间、生活空间、生态空间，适当增加生活空间、生态用地，保护和扩大绿地、水域、湿地等生态空间，明确了生态空间功能定位、适用范围及制度体系建设等。同年，中共中央、国务院印发《生态文明体制改革总体方案》，提出构建以空间规划为基础、以用途管制为主要手段的国土空间开发保护制度，划定生产空间、生活空间、生态空间，明确城镇建设区、工业区、农村居民点等的开发边界，以及耕地、林地、草原、河流、湖泊、湿地等的保护边界，加强对城市地下空间的统筹规划。2016 年，中共中央办公厅、国务院办公厅印发《省级空间规划试点方案》，提出“以主体功能区规划为基础，全面摸清并分析国土空间本底条件，划定城镇、农业、生态空间以及生态保护红线、永久基本农田、城镇开发边界”，首次将三类空间和三条控制线简称为“三区三线”。2017 年以来，中共中央办公厅、国务院办公厅先后印发了《全国国土规划纲要（2016—2030 年）》《关于划定并严守生态保护红线的若干意见》《建立国家公园体制总体方案》等重大文件，自然资源部（原国土资源部）印发《自然生态空间用途管制办法（试行）》《省级国土空间规划编制指南（试行）》《市级国土空间总体规划编制指南（试行）》等重要文件，确定城镇、农业、生态空间以及生态保护红线、永久基本农田、城镇开发边界，提出自然生态空间（以下简称“生态空间”）是具有自然属性、以提供生态服务或生态产品为主体功能的国土空间，包括森林、草原、湿地、河流、湖泊、滩涂、岸线、海洋、荒地、荒漠、戈壁、冰川、高山冻原、无居民海岛等。第一次从行政层面构建了生态空间的概念及内涵，使生态空间管控进入大众视野。

1.2　理念转变与实践

2012 年，党的十八大将“生态文明建设”纳入中国特色社会主义“五位一体”的总体布局，提出建设美丽中国，实现中华民族永续发展的战略目标。2017 年，“绿水青山就是金山银山”被写入党章。2018 年，生态文明历史性地被写入宪法，同年在全国环境保护大会上确立了习近平生态文明思想，科学阐释了生态与文明的关系，彰显了人类文明的发展规律、自然规律和经济社会发展规律。习近平生态文明思想是马克思主义生态观、中国传统文化的生态思想和西方应对生态危机可持续发展论的最新中国实践，是我国生态文明建设的行动指南，也是国土空间源头治理、系统治理、综合治理和依法治理的理论基石。

人与自然是生命共同体，人类必须尊重自然、顺应自然、保护自然。我们既要绿水青山，也要金山银山。宁要绿水青山，不要金山银山，而且绿水青山就是金山银山。生态兴则文明兴，生态衰则文明衰。生态环境是人类生存和发展的根基，生态环境变化直接影响文明兴衰演替。人类只有遵循自然规律才能有效防止在开发利用自然上走弯路，人类对大自然的伤害最终会伤及人类自身。山水林田湖草沙是生命共同体，山、水、林、草、沙皆在生态空间，保护和修复生态空间，要从系统工程角度寻求治理之道，增强生态空间的产能，使生态系统功能最大限度地得到保护和提升，不断满足人民日益增长的优美生态环境需要。生态空间治理秉承习近平生态文明思想，坚持人与自然和谐共生，深刻把握绿水青山既是自然财富、生态财富，又是社会财富、经济财富的道理，统筹山水林田湖草沙生命共同体，坚持节约优先、保护优先、自然恢复为主的方针，像保护眼睛一样保护生态环境，像对待生命一样对待生态环境，让自然生态美景永驻人间，还自然以宁静、和谐、美丽。

习近平总书记强调，绿水青山就是金山银山。青山是生态的骨骼，绿水是生态的血脉，绿水青山的主体和精华都依附于生态空间（党双忍，2020）。纵观寰宇，人类文明发展过程其实就是改造利用生态空间的过程。然而生态空间一旦被过度挤压，生态系统就会受到破坏，进而威胁农业、城镇空间安全。生态空间之治是建设“美丽中国”的必然要求，绿水青山在生态空间，山清水秀也在生态空间，以生态空间之治，推动森林、草原、湿地、荒地（漠）及自然遗迹等生态系统的高质量、高颜值，已成为建设“美丽中国”的必由之路。

1.3 职能改革与重构

过去，面对我国各类自然资源的保护与管理需求，林业部门主要负责森林、湿地和荒漠等生态系统保护和生态建设工作；环境保护部门主要指导、协调和监督生态保护工作；农业部门负责草原开发利用和生物物种资源的保护和管理、渔业水域生态环境和水生野生动植物保护工作；国土部门负责古生物化石、地质遗迹等重要保护区、保护地管理工作；水利、住建和文旅部门甚至还兼顾部分自然保护区和风景名胜区的管理监督工作。

2018 年，国务院启动新一轮机构改革，为了加大生态系统保护力度，统筹森林、草原、湿地、荒地（漠）等生态系统的监督管理，加快建立以国家公园为主体的自然保护地体系，保障国家生态安全，将原林业部门职责，农业部的草原监督管理职责，以及国土资源部、住房和城乡建设部、水利部、农业部、国家海洋局等部门的自然保护区、风景名胜区、自然遗产、地质遗迹等管理职责整合，组建新林业和草原局，加挂国家公园管理局牌子，主要职责是监督管理森林、草原、湿地、荒漠和陆生野生动植物资源开发利用和保护，组织生态保护和修复，开展造林绿化工作，管理国家公园等各类自然保护地。新的林业和草原局像农业农村部对应农业空间一样，林地林区、草地草区、沙地沙区、保护地保护区对应着生态空间。机构改革不是简单的重新组合，而是推进生态空间治理的系统性、整体性、重构性变革。我们要从思想观念、知识技能、体制机制上实现全面转变，形成整体认识论——生态空间治理。统筹山水林田湖草沙系统治理，从自然生态系统演替规律和内在机理出发，科学实践“人与自然是生命共同体”“人与自然和谐共生”“绿水青山就是金山银山”理念，探索生态环境保护和资源持续利用的新路径，发展以生态产业化和产业生态化为主体的生态经济体系，不断满足人民群众对优美生态环境、优良生态产品、优质生态服务的需要。

1.4 治理体系与能力

党的十八大首次将生态文明建设纳入“五位一体”总体布局，将生态文明建设提高到前所未有的高度，成为中华民族永续发展的根本大计。党的十八届三中全会提出全面深化改革的总目标，就是完善和发展中国特色社会主义制度、推进国家治理体系和治理能力现代化。国家治理体系和治理能力的现代化，就是使国家治理体系制度化、科学化、规范化、程序化，使国家治理者善于运用法治思维和法律制度治理国家，从而把中国特色社会主义各方面的制度优势转化为治理国家的效能。党的十九届四中全会，将“坚持和完善生态文明制度体系，促进人与自然和谐共生”作为坚持和完善中国特色社会主义制度、推进国家治理体系和治理能力现代化的重要内容之一。国土是生态文明建设的空间载体，是国家治理体系和治理能力现代化建设的重要组成部分。从全国国土空间格局来看，城镇空间不足 5%，农业空间不足 20%，生态空间占 70% 以上。生态空间作为国土空间的重要组成部分，承载着调节气候、涵养水源、保持水土和维护生物多样性等诸多功能，是生态文明建设的重要空间载体。

党的二十大报告指出，中国式现代化是人与自然和谐共生的现代化。人与自然是生命共同体，无止境地向自然索取甚至破坏自然必然会遭到大自然的报复。我们要坚持可持续发展，坚持节约优先、保护优先、自然恢复为主的方针，像保护眼睛一样保护自然和生态环境，坚定不移走生产发展、生活富裕、生态良好的文明发展道路，实现中华民族永续发展。国土空间体系，犹如一棵大树，城镇空间是“冠空间”，农业空间是“干空间”，生态空间是“根空间”，源源不断向城镇空间、农业空间提供清洁水源、蓄洪滞尘、净化空气、储碳释氧等生态产品和生态服务，是推进人与自然和谐共生的主战场。推进生态空间治理体系和治理能力现代化是推进国土空间治理体系和治理能力现代化的重要内容，由此带来从顶层设计生态空间治理体系、治理机制、治理能力的新需求，为实现生态空间治理一体化奠定了坚实的基础。

第二节 国内外研究进展

绿水青山就是金山银山，绿水青山就在生态空间，绿水青山和生态空间相辅相成，不可分割。生态空间是国土空间的重要组成部分，纵观国内外研究，关于“生态空间”

的研究，当前主要集中在国土空间、生态空间、绿水青山和美丽中国等相关领域的一些概念性及评价性的研究，其生态空间的内涵、结构和特征尚没有统一的界定和明晰的研究。

2.1 国土空间方面

国土既是重要的自然资源，也是自然资源重要的空间载体（唐杭，2021）。国土空间指国家主权与主权权利管辖下的地域空间，包括陆地国土空间和海洋国土空间。国土空间是国民生存的场所和环境，包括陆地、陆上水域、内水、领海和领空等。合理开发利用国土空间，是每个国家空间战略与政策的最高目标。德国早在20世纪初就开展了以柏林和慕尼黑等大城市为中心的区域规划，随后又陆续制定了西部鲁尔工业区的区域总体规划、帝国规划和区域规划。“区域发展指导方针”和“区域规划行动框架”明确了德国未来的空间发展格局。1998年修订的《联邦德国区域（国土空间）规划法》中，对其国土空间规划的任务、基本原则、概念、约束作用、规划法律、规划方法和规划协调等均做了详细规定（周颖等，2006；王筱春等，2013；茹小斌等，2019；李志林等，2018；Ulrike W. 2010；曲卫东，2004）。荷兰于20世纪60年代形成了较完整的国土空间规划体系，70年代规划建设和发展水平达到了顶峰，形成了与政府区划等级相一致的规划体（陈利，2012；RENES H.，2011；ALPKOKIN P.，2011，ALPKOKIN P.，2012；ROODBOL-MEKKES P. H.，2012）。在20世纪50—60年代，许多工业化国家为了避免人口在大都市的过度集中以及平衡地区和城乡发展差距，在国土规划和城市规划中往往强调区域均衡性。1954年法国开始“领土整治”，限制大城市发展，鼓励发展中小城市，以建设大都市卫星城和地区“平衡大城市”作为协调国土均衡发展的重要方式。美国于2005年颁布了新的《土地利用规划手册》，对国土空间规划决策程序的各个环节加以明确，并强调了公众参与的重要性（张弢等，2006）。在亚洲，自20世纪70年代韩国实施了四次国土空间综合计划，其中第四次国土空间综合开发计划从强调“开发”转向注重“环境保护”，实现可持续发展（钮小杰等，2013；金相郁，2003）；日本早在1950年制定了第一个《国土开发综合规划法》，以避免人口和经济活动在三大都市圈的过度集中，缩小三大都市圈与地方圈的发展差距。1974年又颁布新的《国土利用规划法》，2005年又修订为《国土形成规划法》，不断对新型的国土规划体系和制度展开探索，为适应时代变化对空间规划的要求，国土规划理念从最初一定程度限制大城市过度集中、追求区域均衡逐步发展到强调都市群和世界城市建设（杨伟民，2010；蔡玉梅等，2008；潘书坤等，2007）。

我国作为四大文明古国之一，国土开发利用历史悠久。地理学家胡焕庸先生早在1935年提出“黑龙江瑷珲—云南腾冲”线，将中国分为两大板块，即人口密集的东南部和人口稀疏的西北部，后该线被称为“胡焕庸线”，第一次从国土空间角度深刻揭示了国土开发与人类活动在空间上的集聚性与非均衡性（张晓玲等，2017）。

新中国成立后，国家在自然资源调查评价基础上，结合国土整治任务需要，逐步开展了区域资源开发与经济发展研究，并基于此形成了自然资源、地域开发、国土整治等相关理论，在国家与区域国土空间规划和宏观决策中发挥了重要作用。早在1984年，全国农业区划办就制定了《土地利用现状调查技术规程》，将国土空间分为耕地、园地、林地、牧草地、居民点及工矿用地、交通用地、水域及未利用地8个一级类和46个二级类。2007年，原国土资源部制定了《土地利用现状分类》（GB/T 21010—2007），在1984的基础上，把国土空间优化整合为12个一级类和57个二级类。2017年，重新修订后的《土地利用现状分类》（GB/T 21010—2017）将国土空间划分为12个一级类和73个二级类，主要对二级类进行了细化和调整，最明显的特征就是把湿地分散于各大二级分类中，比如说，把森林沼泽、灌丛沼泽归入林地，把沼泽草地归到草地中，盐田归入工矿仓储用地，滩涂归入水域及水利设施中。与现有的GB/T 21010—2017技术规范不同的是，1986年制定的《中华人民共和国土地管理法》中，把国土空间划分为农用地、建设用地和未利用地三大类，其土地的分类方法仍然沿用至今。

2000年以来，国家要求各级政府在制定规划时，不仅要考虑产业分布，还要考虑空间、人、资源、环境的协调。2008年，国务院印发《全国土地利用总体规划纲要（2006—2020年）》明确规定生态用地与生活、生产用地并行，提高城镇发展中生态用地比例。2010年，国务院颁布实施《全国主体功能区规划》，这是我国第一个国土空间开发规划，标志着我国国土空间开发思路和开发模式的重大转变，对推动科学发展、加快转变经济发展方式和促进国土空间的统一规划进程等都具有重要意义。进入新时代，党中央把生态文明建设纳入“五位一体”总体布局中，开启国土空间规划，确定“三区三线”，明确城镇空间、农业空间和生态空间发展要求和导向，提出“生产空间集约高效、生活空间宜居适度、生态空间山清水秀”的总体目标，全面推进国家治理体系和治理能力现代化建设。“生态空间”一词也正式进入国家治理话语体系，成为中央推动生态文明建设、优化国土空间格局和建设美丽中国等重大政策的抓手。随后，2013年，通过《中共中央关于全面深化改革若干重大问题的决定》，进一步提出建立空间规划体系，划定生产、生活、生态空间开发管制界限，落实用途管制以及划定生态保护红线、建立国土空间开发保护制度。2015年，中央再次提出城市发展要依据生产、生活、生态空间的内在联系统筹布局，提高城市发展的宜居性。2016年中共中央办公厅、国务院办公厅印发的《省级空间规划试点方案》，要求以主体功能区规划为基础，科学划定城镇空间、农业空间、生态空间及生态保护红线、永久基本农田、城镇开发边界。

2019年，国务院《关于建立国土空间规划体系并监督实施的若干意见》指出，科学布局生产空间、生活空间、生态空间，是加快形成绿色生产方式和生活方式、推进生态文明建设、建设美丽中国的关键举措，明确将国土空间划分为城镇空间、农业空间和生态空间。党的十九届四中全会将“坚持和完善生态文明制度体系，促进人与自然和谐共生”作为坚持和完善中国特色社会主义制度、推进国家治理体系和治理能力现代化的重要内容之一，国土空间治理体系和治理能力现代化成为国家治理体系和治理能力现代化的重要内容。同时，出台的《第三次全国国土调查技术规程》，其分类方法仍然以 GB/T 21010—2017 为依据，最大的变化就是把湿地单独列为一类，对其他的二级类进行局部优化和调整，一级类增加到 13 个，二级类调整为 55 个，这使国土空间治理水平有了质的飞跃，也为生态空间治理框定了架构。

2.2 生态空间方面

“生态空间”一词大致由 18 世纪 60 年代工业革命引发公众健康问题，提出的科学保护和规划自然系统“绿色空间”衍化而来，它的起始本义指的是所有绿色植被覆盖的土地类型（含农用地）及具有植被覆盖的自然、享乐功能的开敞空间，类似于欧美国家“皇家公园”“中央公园”等。中国学者于 1981 年开始使用“绿色空间”一词。此后，赵景柱（1990）正式使用了“景观生态空间”，用以表述景观生态学时空格局研究，裴相斌等（1995）在研究港口土地开发利用问题时提出“协调安排农业用地、生态用地和建设用地”。

进入新时代，国家开启国土空间规划和“三区三线”的划分，首次明确了“三生空间”发展要求和导向，提出了建设生态空间山清水秀的总目标，第一次从行政层面定义了生态空间的概念，指具有自然属性，以提供生态服务或生态产品为主体功能的国土空间，包括森林、草原、湿地、河流、湖泊、滩涂、岸线、海洋、荒地、荒漠、戈壁、冰川、高山冻原、无居民海岛等。随后，迟研研等（2018）、魏子谦等（2019）、李颀等（2019），分别对京津冀、西藏自治区及江苏省的生态空间识别、分类及功能进行了详细的研究，高吉喜等（2020）对生态空间概念、格局与规划理论进行了探索研究，并提出生态空间是以提供生态系统服务或生态产品为主导功能，为生态、经济和社会长远发展提供重要支撑作用的空间范围。党双忍（2019，2020）从大视角、多角度，系统地研究了陕西省生态空间形成过程、发展历程、结构与特征等，形成了生态空间理论及陕西实践，提出陕西省生态空间治理“1565”体系，即，一大空间、五大阵地、六条战线及五项保障，对生态空间治理和研究产生了巨大的影响，具有里程碑的意义。

“生态空间”的概念无论是从行政管理还是学术研究方面来说，都处于起步阶段，缺少必要的基础理论与关键核心技术，前者更多是从土地利用与管理视角出发，区别于城镇空间和农业空间，强调其相对独立的范围或空间，侧重用地属性和生态功能，而后者是从生态系统的类型及要素出发，强调的是生态系统的空间载体，相同点是两者都趋向于提供生态系统服务功能的区域空间。事实上，生态空间的类型丰富多样，具有气候、区域、景观和生物多样性的特点（赵国平，2020）。从概念来讲，必须要搞清楚广义生态空间和狭义生态空间两个概念。所谓广义生态空间，即在人类诞生之前，地球生态系统就是最大的生态空间，随着人类社会不断向前发展，地球生态空间也逐渐演变为城镇空间、农业空间和生态空间的大格局。人类社会发展到现在，广义生态空间则演变为包含除城镇空间和农业空间以外的所有国土空间。狭义上的生态空间，则是在对生态空间进行细分的基础上，将其中具有自然属性的生态空间定义为自然生态空间，其是生态空间中最重要与最主要的组成部分。因此，生态空间发展至今天，已经化整为零、开枝散叶，其含义也已经发生了彻底的变化，需要重新梳理、定义。据党双忍、赵国平（2020）研究，他们将生态空间定义为“具有自然属性，以提供生态产品或生态服务为主导功能，为城镇空间和农业空间提供生态安全保障的国土空间”。

2.3　绿水青山方面

2005年8月15日，时任浙江省委书记的习近平到浙江省湖州市安吉县余村考察时，首次提出“绿水青山就是金山银山”的发展思路，标定了“两山”发展理念的起点。“我们既要绿水青山，也要金山银山。宁要绿水青山，不要金山银山，而且绿水青山就是金山银山”，这一重要论述阐明了经济发展与生态环境保护的关系，揭示了保护生态环境就是保护生产力、改善生态环境就是发展生产力的道理，指明了实现发展和保护协同共生的新路径。为了全面、科学、直观地反映和评价县域“两山”建设和转化情况，作为县域“两山”发展的指导和参考，浙江大学环境与资源学院通过对现有生态文明、可持续发展指标体系的分析，以及对全国1892个县“两山”建设情况进行充分调研，运用层次分析法和大数据分析方法对“两山”建设和转化进行研究，提出了“两山”发展指数的概念，先后被国家发展改革委、原环保部做过西部地区生态文明示范县指标体系、海岛生态文明建设指标体系等，为“两山”指标体系的研究和建设奠定了基础，同时也为“两山”实践和路径研究提供了依据。2020年，山东省生态环境厅印发《山东省省级“绿水青山就是金山银山”实践创新基地建设管理规程（试行）》（以下简称《规程》），提高“两山”基地管理规范化和制度化水平，加强“两山”基地管理，推进山东生态文明建设。《规程》提出“两山指数”，评估指导基地创建，明确规定了“两山”基地建设流程要经过申报、遴选命名、建设实施、评估管理4个环节。山东构建了“两山指数”评估体系，量化表征“两山”基地建设成效，表征区域生态环境资产状况、绿水青山向金山银山转化程度、保障程度，服务“两山”基地管理的综合性指数。

综上所述，关于对绿水青山方面的研究，国内外做了大量的工作，取得了较大的成效，为我们开展绿水青山的研究提供了有益的借鉴参考和理论依据。我们所讲的“绿水青山”，其实也就是生态空间的“山清水秀”，其指向就是山清水秀的实现程度。生态空间山清水秀，就是生态系统功能最优化、生态产品与生态服务的最大化，生态空间生物链最健全、生物多样性最丰富的状态。绿水青山既是衡量生态空间山清水秀优劣的综合指标，也是生态空间治理绩效考核的关键指标。未来将利用“绿水青山优劣”来准确把握各级行政区（地市、县区）的绿水青山可持续发展程度，以督促指导全省生态空间治理工作，为生态空间治理提供理论依据和技术支撑。

2.4　美丽中国方面

“美丽中国”自党的十八大首次提出以来，已成为社会及学术界普遍关注的热点问题。建设美丽中国是我国作出的重大战略决策。广义上的美丽国家包括了国家建设的五大内容，即生态美、经济美、社会美、文化美、政治美（李世东等，2016）。美丽生态是美丽国家建设五大内容之一，是美丽国家建设的重要组成部分。在这样的背景下，探索建立适用于中国的美丽生态评价体系，研究生态、资源、环境和景观之间协调发展程度的时空演化规律和区域差异，能够发现中国美丽生态建设过程中存在的薄弱环节，促进美丽中国建设进程，推进区域全面、协调、可持续发展。近年来，研究人员大多围绕美丽中国或生态文明建设展开研究。许瑛（2013）从人文社会科学角度阐述了美丽中国的内涵、制约因素、实现途径等；刘於清（2014）阐述了美丽中国的哲学意义；除此之外，还有很多研究围绕“如何构建指标体系科学评价‘美丽中国’建设水平”这一问题。谢炳庚等（2017）基于环境绩效指数（EPI）、人类发展指数（HPI）和政治文化指数（PCI），构建省级行政区尺度的美丽中国建设水平评价指标体系；基于生态位理论，陈永林等（2015）从经济发展、生态、社会文化和环境保护的角度构建了“美丽中国”生态位的测度指标体系；李晓青等（2016）基于美丽中国的人—地关系复杂系统（该系统由经济发展、社会文化和生态环境耦合组成），选取 3 个子系统层、30 个指标层共同构建美丽中国建设评价的耦合协调模型。相关学者不仅通过选取代表性指标构建了“美丽中国”建设评价指标体系、建设评价指标权重，还对“美丽中国”区域建设水平评价模型的构建开展了诸多研究。

第三节　基本理论和原理

生态空间治理作为一门新兴交叉的综合性学科，其理论体系正在不断发展过程中，国内外许多学者从不同的学科基础出发，汲取了生态、地理、生物学、林学、草学、湿地学等以及其他学科的现有理论，如系统科学理论、系统控制论和可持续发展理论等，为建立和完善生态空间治理作出了重要贡献。生态空间治理的基本理论和原理主要有3个来源：一是来自人与自然和谐理论——新时代生态文明理论；二是来自相关学科，特别是系统工程、可持续发展和信息科学；三是来自生态、地理、自然保护与环境科学等具有普遍意义的研究成果。

3.1 生态文明理论

习近平生态文明思想包括了科学自然观、绿色发展观、基本民生观、系统治理观、依法治理观和全球共赢观，为构建生态空间治理体系和治理能力现代化提供了理论基础。

（1）科学自然观

人与自然和谐共生展现了习近平生态文明思想的科学自然观，也是生态空间治理的理论基石。在国土空间中，生态空间占国土空间的70%以上，包括森林、草原、湿地、水域、荒地（漠）、自然遗产、地质遗迹、自然景观等重要生态系统，是人与自然相互联系、相互作用和相互影响的空间载体，也是生态保护修复的前沿阵地和构建生态空间治理体系和治理能力现代化的主战场。人与自然是生命共同体，人与生态空间更是生命共同体，人类必须尊重自然、顺应自然、保护自然。人类只有遵循自然规律才能有效防止在开发利用自然上走弯路，人类对大自然的伤害最终会伤及人类自身。因此，生态空间治理必须坚持人与自然和谐共生，坚持节约优先、保护优先、自然恢复为主的方针，像保护眼睛一样保护生态环境，像对待生命一样对待生态环境，让自然生态美景永驻人间，还自然以宁静、和谐、美丽。

（2）绿色发展观

“绿水青山就是金山银山”展现了习近平生态文明思想的绿色发展观，是生态空间治理的科学指南。绿水青山就是金山银山，绿水青山就在生态空间。生态空间是专门为“绿水青山”量身定制的国土空间，专门为践行“绿水青山就是金山银山”理念提供国土空间支持。绿水青山和金山银山不是对立的，保护生态环境就是储备生产力，改善生态环境就是发展生产力，治理生态环境就是增强生产力、增加生态空间产能。习近平总书记认为，生态文明建设与经济增长既存在矛盾，又可以统一，“既要绿水青山，也要金山银山”，强调我们追求人与自然的和谐，经济与社会的和谐。生态空间治理就是不断探索自然保护、修复和综合利用新模式，发展以生态产业化和产业生态化为主体的生态经济体系，不断满足人民群众对优美生态环境、优良生态产品、优质生态服务的需要，让绿水青山源源不断地带来金山银山。

（3）基本民生观

生态环境是典型的公共产品，“良好生态环境是最普惠的民生福祉”不仅展现了习近平生态文明思想的基本民生观，也是生态空间治理的根本宗旨。生态空间厚德载物、生生不息，深刻影响着文明发展的高度和广度，是一个国家一个民族永续发展的生态根脉所在。国土空间中城镇空间、农业空间和生态空间的关系，如同一棵树的树根、树干、树冠。生态是树根，农业是树干，城镇是树冠。树高千丈，其功在根。离开生态空间，农业空间和城镇空间就是无本之木，无源之水（党双忍，2020）。习近平总书记指出，“环境就是民生，青山就是美丽，蓝天也是幸福”，随着我国社会生产力水平明显提高和人民生活显著改善，人民群众的需要呈现多样化、多层次、多方面的特点，人们期盼享有更优美的生态空间。树立共建共治共享的治理理念，打造人与自然和谐共生新方案，让各方面真正认识到绿水青山就是金山银山，提升生态产品供给能力和水平，坚持生态惠民、生态利民、生态为民和生态富民，重点解决损害群众健康的突出环境问题，不断满足人民日益增长的优美生态环境需要，使生态空间治理成果惠及全体人民，既让人民群众充分享受绿色福利，也造福子孙后代。

（4）系统治理观

“山水林田湖草是生命共同体”展现了习近平生态文明思想的系统治理观。人的命脉在田，田的命脉在水，水的命脉在山，山的命脉在土，土的命脉在林和草，生动阐释了山水林田湖草各要素之间循环往复、相融共生的关系，也是生态空间治理必须要遵循的技术内核。生态空间中有森林、草原、湿地、荒地（漠）等自然生态系统，其中有人为划分的国家公园、自然保护区及各类自然公园等，其里又有交叉的自然景观、自然遗址、地质遗迹等，其上还有野生动物、野生植物、昆虫、微生物、有害生物等，它们之间并不完全独立存在，而是自然交叉、相互依存、紧密联系的有机链条，必须按照生态系统的整体性、系统性及内在规律，统筹考虑自然生态各要素、山上山下、地上地下、流域上下游，进行整体保护、宏观管控、综合治理，全方位、全地域、全过程开展生态空间治理，让“森林＋”“草原＋”“湿地＋”“荒地（漠）＋”等保护修复工作充分地融合交叉，在生态保护、生态修复、生态重建、生态富民、生态服务和生态安全等战线统一发力，科学制定治理目标、治理机制、治理体系，让自然生态系统良性循环起来，才能达到人与自然和谐共生。

（5）依法治理观

“用最严格制度最严密法治保护生态环境”展现了习近平生态文明思想的依法治理观。建设生态文明，是一场涉及生产方式、生活方式、思维方式和价值观念的革命性变革。只有实行最严格的制度、最严密的法治，才能为生态文明建设提供可靠保障，才能给生态空间依法治理提供基础保障，守住底线，按照源头严防、过程严管、后果严惩的思路，构建产权清晰、多元参与、激励约束并重、系统完整的生态文明制度体系。这就需要我们更深层次地梳理和研究现行生态空间治理法律法规，找出与生态空间治理不相适应的内容，坚持立改废并举，加强国家公园、自然保护区、自然公园、草原、湿地、天然林保护等重要领域立法，完善已有法律法规及修订、制定，全面推行林长制，加强生态空间用途管制、生态保护红线、生态环境保护管理体制等关键制度建设，建立全面覆盖自然生态系统、野生动植物保护和自然保护地的生态空间治理法律法规体系，为生态空间治理体系和治理能力现代化提供技术支撑。

（6）全球共赢观

“共谋全球生态文明建设”展现了习近平生态文明思想的全球共赢观。全球性生态危机成为全人类共同面对的问题，保护生态环境、实现可持续发展成为各国共识。人类是命运共同体，建设绿色家园是人类的共同梦想。我国要共谋全球生态文明建设，深度参与全球环境治理，推动形成世界环境保护和可持续发展的解决方案，引导应对气候变化国际合作，推动构筑尊崇自然、绿色发展的生态体系，保护好人类赖以生存的地球家园。建设生态文明，既是我国作为最大发展中国家在可持续发展方面的有效实践，也是为全球环境治理提供的中国理念、中国方案和中国贡献。

3.2 系统工程理论

系统科学论是美籍奥地利生物学家贝塔朗菲在第二次世界大战前后提出来的，是一门运用逻辑学和数学方法研究一般系统运动规律的理论，从系统的角度揭示了客观事物和现象之间相互联系、相互作用的共同本质和内在规律（余新晓等，2004）。系统工程是系统科学的一个分支，是系统科学在生产实践中的实际应用，实现系统最优化的科学，主要任务是根据事物总体协调的需要，把自然科学和社会科学中的基础思想、理论、策略和方法等联系起来，应用现代数学和电子计算机等工具，对系统的构成要素、组织结构、信息交换和自动控制等功能进行分析研究，以达到最优化设计、最优控制和最优管理目标。

生态空间治理以森林、草原、湿地、河流、湖泊、滩涂、岸线、海洋、荒地、荒漠、戈壁、冰川、高山冻原、无居民海岛等庞大的自然生态系统为研究对象，涉及陆地生态系统、海洋生态系统以及陆地与海洋生态系统之间的相互交流与互动，形成了人与自然、资源、环境与社会之间的复杂系统，必须运用系统工程理论，按一定目标对生态空间进行规划和设计，合理保护、利用、管理与控制，以期达到人与自然之间最优设计、最优控制和最优管理的目标。

3.3 可持续发展理论

可持续发展理论是指既满足当代人的需要，又不对后代人满足其需要的能力构成危害的发展，以公平性、持续性、共同性为三大基本原则，最终目的是达到共同、协调、公平、高效、多维的发展。地球是一个复杂的巨系统，每个国家或地区都是这个巨系统不可分割的子系统。系统的最根本特征是其整体性，每个子系统都和其他子系统相互联系并发生作用，只要一个系统发生问题，都会直接或间接影响到其他系统，导致紊乱，甚至会诱发系统的整体突变。这在地球生态系统中表现最为突出。可持续发展追求的是整体发展和协调发展，即共同发展。协调发展包括经济、社会、环境三大系统的整体协调。可持续发展效率是指经济、社会、资源、环境和人口等协调下的高效率发展，既包括经济意义上的效率，也包含着自然资源和环境的损益部分。可持续发展本身包含了多样性、多模式的多维度选择的内涵，各国与各地区在实施可持续发展战略时，应该从国情或区情出发，走符合本国或本区实际的、多样性的、多模式的可持续发展道路。

生态空间治理以森林、草原、湿地和荒地（漠）陆地生态系统和自然保护地五大阵地，统筹生态保护、生态修复、生态重建、生态富民、生态服务和生态安全六条战线，开展山水林田湖草沙源头治理、系统治理、综合治理和依法治理，增强生态空间的产能，提供优质的生态产品，不断满足人民日益增长的优美生态环境需要，使生态文明建设成果惠及全体人民，既让人民群众充分享受绿色福利，也造福子孙后代。保护和修复生态空间，要从可持续发展角度寻求治理之道，不能头痛医头、脚痛医脚，对自然空间用途进行统一管制，使生态系统功能最大限度地得到保护和提升，全方位、全地域、全过程建设生态文明，使经济、社会、文化和自然得到协调、持续和共同发展，为城镇空间和农业空间的可持续发展提供基本保障。

3.4　生态学原理

生态学是研究有机体与环境之间相互关系及其作用机理的科学，基本原理主要包括五方面的内容：个体、种群、群落、生态系统以及人与环境的关系。如今，由于与人类生存和发展的紧密相关而产生了多个生态学的研究热点，如生物多样性的研究、全球气候变化的研究、受损生态系统的恢复与重建研究、可持续发展研究等。生态空间是人与自然相互联系、相互作用和相互影响的空间载体，包括森林、草原、湿地、荒地（漠）等重要生态系统，是生态学研究的主要对象。生态空间治理在遵循生态学原理的基础上，综合考虑景观生态学原理和恢复生态学原理，寻求人与自然再平衡的方法和原理，最终达到山水林田湖草沙源头治理、系统治理、综合治理和依法治理的目标，整体上提升生态系统的服务功能，建立健全健康的生态系统，以满足人类对生态产品的需求。

（1）景观生态学原理

景观生态学是 20 世纪 60 年代在欧洲土地利用和评价过程中形成的一门新兴的交

叉学科，主要研究空间的格局和生态过程的相互作用。我国学者肖笃宁（1999）将景观生态学的核心概念总结为：景观系统整体性和景观要素异质性、景观研究的尺度性、景观结构的镶嵌性、生态流的空间聚集与扩散、景观的自然性与文化性、景观演化的不可逆性与人类主导性、景观价值的多重性等。

同样，生态空间也具有上述的几个典型特征，生态空间是由森林、草原、湿地、荒地（漠）、河流、湖泊等自然景观要素有机联系组成的复杂系统，含有等级结构，具有独立的功能特性和明显的视觉特征，具有明确边界以及可辨识的自然景观实体。一个健康的生态空间系统具有功能上的整体性和连续性，从系统的整体性出发来研究生态空间的结构、功能与变化，将分析与综合、归纳与演绎互相补充，得出的结论更加符合逻辑和精确。生态空间异质性可理解为生态空间要素组成和分布的不确定性，是系统或系统属性的变异程度，在尺度上生态空间异质性包括空间组成、空间构型和空间相关三部分的内容。生态空间异质性组成与生态系统抗干扰能力、恢复能力、系统稳定性和生物多样性密切相关，异质性程度高有利于物种共生，而不利于稀有物种的生存。空间构型也就是生态空间格局，是生态空间异质性的具体表现，通过对外界输入能量的调控改变生态空间的格局，从而促进人与自然的和谐共生。

景观生态学认为，尺度是研究客体或过程的空间维和时间维，可用分辨率与范围来描述，它标志着对所研究对象细节了解的水平。在生态学研究中，空间尺度是指所研究生态系统的面积大小或最小信息单元的空间分辨率水平，而时间尺度是其动态变化的时间间隔。生态空间的研究基本上对应着大尺度、中尺度和小尺度范围，即从几平方千米到几百平方千米，从几年到几百年。大尺度主要反映大气候分异，中尺度主要反映地表结构分异，小尺度主要反映土壤、植物和小气候分异。通常研究的地区尺度越大，相关时间尺度就越长。时空尺度具有对应性、协调性和规律性。生态平衡即自然界在动荡中表现出与尺度有关的协调性，生态系统在小尺度上常表现出非平衡特征，或“瞬变特征”，其生态过程可能会导致个别生态系统出现激烈波动，而大尺度上仍可体现出与平衡模型相似的结果，其自然调节过程可提供较大的稳定性，生态空间系统常常可以克服其中的局部生物反馈的不稳定性。

自然界普遍存在着镶嵌性，即一个系统的组分在空间结构上互相拼接而构成整体。镶嵌的特征是对象被聚集，形成清楚的边界；连续空间发生中断和冲突，即形成镶嵌斑块、廊道和基质。生态空间斑块是地理、气候、生物和人文因子构成的有机集合体，具有特定的结构形态，表现为物质、能量或信息的输入与输出单位。斑块的大小、形状有规则和不规则之分，廊道曲直、宽窄不同，连接度也有高有低，而基质更显多样，从连续状到孔隙状，从聚集态到分散态，构成了镶嵌变化、丰富多彩的生态空间格局。

生物物种与营养物质和其他物质、能量在各个空间组分间的流动称为生态流。生态空间中的能量、养分和物种，都可以从一种空间要素迁移至另一种空间要素，这些运动或流动取决于4种主要媒介物——风、水、动物和人，形成不同的传输机制。首先是扩散，它与生态空间异质性有着密切联系；其次是传输，即物质在空间中沿能量流动；最后是运动，即物质通过消耗自身能量从一处向另一处运动。扩散是一种低能耗过程，仅在小尺度上起作用，而物质流和运动是生态空间大尺度上的主要作用，如风沙流是沙地、沙漠生态空间中的侵蚀、搬运与沉积最活跃的过程之一。运动是动物和人传输多数物质的力，这种迁移最主要的生态特征是物体在所抵达的空间要素中呈高度聚集。扩散作用形成最小的聚集格局，物质流居中，而运动可在空间中形成最明显的簇聚格局。生态空间中边缘效应对生态流有重要影响，空间要素的边缘部分可起到半透膜的作用，对通过它的生态流进行过滤。此外，在相邻空间要素处于不同发育期时，可随时间转换而分别起到“源”和“汇”的作用。

景观生态学认为，景观不单纯是一种自然综合体，而且往往被人类注入不同的文化色彩。按照人类活动对景观的影响程度可划分出自然景观、管理景观和人工景观。同样，生态空间依据人类活动的影响也可以分为自然生态空间、管理生态空间和人工生态空间，如森林、草原、湿地、荒地（漠）受人为活动干扰相对较小，它既属于自然生态空间，又可称为自然景观，而自然保护地、城市当中的绿地、公园、人工湖等则属于管理生态空间，也称为管理景观，而人工林、人工草地则属于半自然生态空间或人工景观。当今地球上不受人类影响的纯粹自然生态空间日渐减少，而以各种不同的管理生态空间或人工经营的半自然生态空间逐渐占据了陆地表面的主体。生态空间系统如同其他自然系统一样，其宏观运动过程是不可逆的，时间反演不对称，它通过开放从环境引入负熵而有序发展。生态空间演化的动力机制有自然干扰与人为活动影响两个方面，由于今天世界上人类活动影响的普遍性和深刻性，对于作为人类生存环境的各类空间而言，人类活动无疑对于生态空间的演化起着主导作用，通过对变化方向和速率的调控可实现生态空间的定向演变和可持续发展，如果措施得当，生态空间的生产力和稳定性得到大幅度的提升，表现为生态空间山清水秀，反之，则直接导致生态空间的破碎化，生态系统开始逆向演替。另外，生态空间作为一个由不同生态系统镶嵌组成，具有明显视觉的自然景观实体，兼具有经济、生态和美学价值，这种多重性的价值判断是生态空间规划和管理的基础。

（2）恢复生态学原理

国内外关于恢复生态学的定义很多，尚未取得共识，归纳起来主要有三类观点。第一类观点强调恢复的最终状态。如 Cairns（1995）认为，生态恢复是使受损生态系统的结构和功能恢复到受干扰前状态的过程；Egan （1996）认为，生态恢复是重建某区域历史上有的植物和动物群落，而且保持生态系统和人类的传统文化功能的持续性的过程（Hobbs & Notorn,1996）。事实上，上述定义的最终理想状态是很难实现的。第二类观点强调恢复的生态学过程。如 Bradshaw（1987）认为，生态恢复是有关理论的一种“严密验证”（acid test），它研究生态系统自身的性质、受损机理及修复过程；Harper（1987）认为，生态恢复是关于组装并试验群落和生态系统如何工作的过程；余作岳、彭少麟（1996）提出，恢复生态学是研究生态系统退化原因、退化生态系统恢复与重建技术与方法、生态学过程与机理的科学。目前，我国许多学者均采用余作岳、彭少麟（1996）提出的恢复生态学定义。第三类观点强调恢复的生态整合性。国际恢复生态学会曾先后提出三个定义：生态恢复是修复被人类损害的原生生态系统的多样性及动态的过程、生态恢复是维持生态系统健康及更新的过程、生态恢复是研究生态整合性的恢复和管理过程的科学，生态整合性包括生物多样性、生态过程和结构、区域及历史情况、可持续的社会实践等广泛的范围。

生态空间治理在充分吸收以上三类观点的基础上，认为生态空间的恢复与重建必须统筹山水林田湖草沙系统治理并遵循恢复生态学原理，通过一定的生物、生态以及工程的技术与方法，人工促进或半促进地改变和切断生态系统退化的主导因子或过程，调整、配置和优化系统内部及其与外界的物质、能量和信息的流动过程与时空秩序，使生态系统的结构、功能和生态潜力尽快地、成功地恢复到一定的或原有的乃至更高的水平。

第四节　存在的问题及发展态势

生态空间是一个全新概念，生态空间理论不仅包含森林、草原、湿地和荒漠等领域的研究，还要深化自然保护地研究，其理论必须要适应生态空间治理的需要，这就要求我们必须创造出一个全新的生态空间治理体系，需要构建出一个统领生态空间的全新专业领域，需要建立一个全新的行业领域，还需要建立健全一个完整的职业领域。这也是生态空间治理发展的三大领域，即专业领域——表现为知识体系创新，行业领域——表现为技术创新，职业领域——表现为制度创新。

4.1　专业领域发展趋势

过去，我们的生态建设思维和知识体系主要源自农业空间、城镇空间，不管是林业还是林学都是大农学的一支，主要围绕为取得木材和其他林产品、利用林木的自然特性为发挥防护作用的生产部门服务，因而林学的研究范畴主要以如何认识森林、培育森林、经营森林、保护森林和合理利用森林为主。在国家标准《学科分类与代码》（GB/T 13745—2009）中，林学门类主要包括：林业基础学科（森林气象学、森林地理学、森林水文学、森林土壤学、树木生理学、森林生态学、森林植物学、林业基础学科以及其他学科）、林木遗传育种学、森林培育学（亦称造林学）、森林经理学、森林保护学、野生动物保护与管理、防护林学、经济林学、园林学、林业工程、森林统计学、林业经济学、林学其他学科。授予的学位主要以农学学位为主，辅以理学、工学、管理学等学位。

如今，新一轮机构改革后，林业草原部门在森林、湿地、荒漠的基础上，纳入了草原、自然保护区、地质公园、地质遗迹、风景名胜区等。至此，生态空间上的森林、草原、湿地、荒漠，以及自然遗址、地质遗迹、风景名胜区，都归集整合在林业草原部门管理范围内。原来条块化、碎片化的生态空间，实现了治理一体化，这就需要构建一个统领生态空间的全新专业领域，从专业目标、专业体系到培养机制，再到职称结构，都需要有崭新的要求。这个专业不仅包括农学、林学等基础学科，还需要地球科学、地理学、生态学、生物学、畜牧兽医科学、水利工程、测绘科学技术、环境科学技术、信息科学与系统科学、管理学、经济学、历史学、法学、社会学等。

在此基础上，面对新的阵地、新的战场、新的战线、新的保障，我们需要深刻认知“人与自然是生命共同体、人与自然和谐共生、绿水青山就是金山银山、山水林田湖草沙是生命共同体和建设美丽中国”等新时代生态文明逻辑，挖掘其蕴含的哲学道理、文化价值与生态规律，坚持严格保护，世代传承，把应该保护的地方全都保护起来，这就要求我们必须重构以国家公园为主体的自然保护地专业结构和学科体系，科学地指导生态空间治理。同时，也要充分考虑到生态为民、科学利用的原则，统筹生态空间系统治理的根本要求，结合工程措施、生物措施和综合措施，真正地打破自然、生态、人文、历史、地理、环境等学科边界，让需要的专业学科在更大程度上相互渗透、交叉活动，敢于假设，提出猜想，小心求证，得出结论，集成创新出生态空间学、生态空间治理工程学等专业体系，这就好比是要在一张白纸上绘制宏伟的生态空间治理蓝图。

另外，在生态空间治理人才培育体系上，要进一步盘活现有人才培养制度，重构生态空间治理人才机制体制，提高生态空间治理方面的专业素养和创新能力，打造一支高素质的自然科学研究和工程技术人员队伍，认证一批生态保护、生态修复、生态重建、生态富民、生态服务、生态安全等专业领域高、中、初级职称，全面创新生态空间治理专业领域。

4.2　行业领域发展趋势

林业是一个古老的行业，过去在推行计划经济的年代，中国林业“以材为纲”，主要任务是培育和保护森林以取得木材和其他林产品、利用林木的自然特性以发挥防护作用，是国民经济的重要组成部分之一，是促进人口、经济、社会、环境和资源协调发展的基础性产业和社会公益事业。1998年起，国家陆续启动退耕还林还草、天然林保护、野生动植物资源保护等重大生态工程，开始逐渐停止天然林商品性采伐，以木材生产为主转向以生态环境建设为主。

进入新时代，特别是党的十八大以后，生态文明建设首次纳入了“五位一体”战略布局，将优化国土空间开发格局作为生态文明建设的首要任务，并提出“生态空间山清水秀”的总体目标。新组建的林业草原部门，也正在发生两大显著的“化学反应”：一是由过去的一“业”——林业，向一个空间——生态空间飞跃，构建了“森林、草原、湿地、荒地（漠）及自然保护地”完整的生态空间概念。党的十九届四中全会将“坚持和完善生态文明制度体系，促进人与自然和谐共生”列入13个“坚持和完善”之一，为国土空间治理指明了方向，而生态空间是国土空间的主要组成部分，推动生态空间治理体系和治理能力现代化，已成为坚持和完善生态文明制度体系的必然要求，也是国家治理体系和治理能力现代化的重要内容。过去，我们对生态环境建设的知识和技能，都来源于农业空间、城镇空间，在治理目标导向上，林业追求的是森林蓄积量和林业产品，草原追求的是草原载畜量与草业发展，荒漠甚至追求的是沙漠“高产田”及沙产业，具有明显“大农业”经营特征。当我们把着眼点放在生态空间以及生态空间治理上时就会发现，原来以“经营型”为主的技术体系不够用，必须堵漏洞、增优势、强弱项、补短板，创造创新出生态空间知识、生态空间治理体系和治理能力现代化。绿水青山就是金山银山，绿水青山就在生态空间，生态空间的增绿和提质增效，不是简单机械地解决能不能种树种草、种什么树种合适的问题，而是要搞清楚再干。有条件的地方要大力植树造林，而有的地方则要以自然恢复为主，减少人为干扰，逐步改善局部小气候，从过度干预、过度利用向自然修复、休养生息转变，坚定走绿色、可持续的高质量发展之路。

生态空间是一个有机整体，生态系统更是一个完整的生态圈，如，森林生态空间里，林下可能会有草地、湿地，甚至还存在荒地荒漠，林上有鸟、虫和一些爬行动物，林中湿地中可能还会有鱼和一些水生生物。在这个生态系统中当然不能缺少野生动物、野生植物、微生物，甚至有害生物等，只有把这些关键元素组合到一起，森林生态系统才能完成能量自我循环、自我平衡的良性发展过程。因此，要全面认识生态空间，就必须要深入研究生态空间分布格局及变迁规律，自然生态系统自我循环、自我维持平衡的生态机制，才能指导我们准确地解析“三生空间”关联及影响关系，才能精准把握生态空间结构、特征和演化规律，才能为我们构建核心生态空间、管控生态空间、构建一般生态空间和共享生态空间治理格局提供强有力的理论依据和技术支撑。

科技是第一生产力，任何新生事物的产生，必须要从知识结构再造开始，对于生态空间来说，加快科技创新，突出“从0到1”的原创导向尤为重要。从现代科学的发展规律来看，重要科学理论突破及科技创新体系的产生，均离不开不同专业学科的交叉融合。过去，我们对生态空间的认识，并联多、串联少，交叉多、真正融合少，物理现象多、化学反应少；管林业的只发展造林，管草原的仅关心草业，管湿地的护堤围河，灭虫的只控虫害，各司其职，各自为政，顾此失彼。事实上，生态空间中有森林、草原、湿地、荒漠等自然生态系统，其中有人为划分的国家公园、自然保护区及各类自然公园等，在其内又有交叉的自然景观、自然遗址、地质遗迹等，其上还有野生动物、野生植物、昆虫、微生物、有害生物等，它们之间并不完全独立存在，而是自然交叉、相辅相成，有机地融合到一起，这就是自然生存法则和生态机制。因此生态空间治理工作必须从全局出发，打通生态廊道，打开能量流、信息流，让“森林+”“草原+”“湿地+”“荒地（漠）+”“自然保护地+”等治理工作充分地融合交叉，在生态保护、生态修复、生态重建、生态富民、生态服务和生态安全六条战线发力，互相融合，全面发展，从科学制定治理目标、治理机制，到治理体系，再到治理能力现代化全过程，集成与创新生态空间治理关键技术，制定相关领域技术规范与标准，创新源头治理、系统治理、综合治理和依法治理的能力，构建以提升生态系统服务为功能主导的知识和技术体系，让生态空间治理体制机制活起来，自然生态系统良性循环起来，最终达到人与自然和谐共生。

4.3 职业领域发展趋势

近代以来，人类文明进步所取得的丰硕成果，主要得益于科学发现、技术创新和工程技术的不断进步，得益于科学技术应用于生产实践中形成的先进生产力，得益于近代启蒙运动所带来的人们思想观念的巨大解放。可以这样说，人类社会从低级到高级、从简单到复杂、从原始到现代的进化历程，就是一个不断创新的过程。生态空间治理是一个全新的领域，需要形成源头预防、过程控制、损害赔偿、责任追究的生态空间管控制度体系，建立健全自然生态资源用途管制、生态保护红线、生态补偿机制、生态环境保护管理体制等关键制度，以引导、规范和约束各类开发、利用、保护生态空间的行为，用制度保护生态环境。

大部制改革后，陕西省、市、县（区）、乡（镇）的林业草原部门都进行了重组和调整。但目前看来，特别一些市、县（区）林业草原部门设置各有特点，归口也不尽相同。如陕西省林业部门设置：陕西省林业局为省政府直属单位；西安市林业局与自然资源和规划局合署办公，直接归自然资源部门管理；旬阳县农林科技局，农、林、科合署办公等。对于生态空间治理来讲，新林业草原部门归口由“大农口”转归到“资环口”，部门设置或管理归口的不统一，必然会带来上下联动、财务调拨等方面的矛盾。因此，统筹考虑党政群机构改革，研究规范市、县（区）、乡（镇）新林业草原部门机构设置和上下联动机制，探索建立全省生态空间治理统一行政管理机制是非常有必要的。另外，为了全力推进生态空间治理科学化、规范化、法治化进程，应建立覆盖生态空间资源的行政首长责任制度，全面推行林长制，完善生态空间监督检查制度，加强生态空间用途管制、生态保护红线、生态补偿、生态环境保护管理体制等关键制度建设。通过完善行政审批、环境公益诉讼损害赔偿、领导干部约谈和离任审计制度等，持续建立健全生态空间制度体系。

早在2007年，陕西省为了全面保护秦岭生态环境，率先在全国为一座山脉立法——《陕西省秦岭生态环境保护条例》，并先后于2017年、2019年进行了两次深度修订，建立了特色的“山长制”、特色的“海拔+园区+廊道”核心保护区，初步形成了“综合+专业”的秦岭生态空间大保护格局，这也是我国为秦岭整个生态空间而立的第一部法律，是“绿水青山就是金山银山”的生动法律实践，对我们继续深入研究生态空间制度体系建设具有借鉴和实践意义。过去，森林、草原、湿地、荒漠及自然保护地分属不同的部门管理，出台了一系列的法律法规，如《森林法》《草原法》《湿地保护条例》《防沙治沙法》等，但在土地归属上大多数都是互相交叉重叠，管理上各自为政。如，毛乌素沙地，林业上划分为林地，农业上划分为草地，环保上划分为湿地；秦岭，森林覆盖率再高，生态服务功能再强，都是农业、农口的一部分。如今，森林、草原、湿地、荒漠以及自然遗址、地质遗迹、风景名胜区等归入了生态空间，自然资源、生态环境两家的职责覆盖了三大国土空间的全部，而林业部门则专注于生态空间治理。对林业部门来讲，这不是简单的“农转非”，而是一次“深度调整”，这必然要求我们在发展方向上、工作举措上、制度建设上，都要进行相应的“深度调整”，需要我们更深层次地梳理和研究现行法律法规，找出与生态空间治理不相适应的内容，加强法律法规间的衔接，坚持立改废并举，加强国家公园、自然保护区、自然公园、草原、湿地、天然林保护等重要领域立法，完善已有法律法规，建立全面覆盖自然生态系统、野生动植物保护和自然保护地的生态空间法律法规体系，制定《陕西省生态空间治理管理条例》，为生态空间治理体系和治理能力现代化提供技术支撑。

第二章　生态空间基础理论

在人类文明产生之前，地球是一个完整的自然生态空间，抑或称之为自然荒野，人与自然完全是一种和谐共生的关系。随着人类认知自然水平不断提升，便开始了改造大自然的过程，于是出现了原始文明、农业文明、工业文明和生态文明的更替发展，地球生态空间也逐渐演变为生产空间、生活空间和生态空间，即为城镇空间、农业空间和生态空间。到目前为止，这一过程仍然继续在向前发展，直到达到城镇空间、农业空间和生态空间相对平衡的状态，也就是人与自然和谐共生。

第一节　生态空间演变

人类文明产生之前（大概在500万—700万年之前），地球是一个由森林、草原、湿地、河流、湖泊、滩涂、岸线、海洋、荒地、荒漠、戈壁、冰川、高山冻原等组成整体的空间，也是一个混沌的空间，这就是原生的自然生态系统，也即自然生态空间，抑或是自然荒野。

1.1　原始文明与生态空间

人类文明诞生的那一刻，在某一个时间，如同自然生态系统发生了“核裂变”。由此，开启了单一物种改变地球表面空间结构和地球生态系统演化的历史进程。原始文明是人类文明的第一阶段，在石器时代，人们必须依赖集体的力量才能生存，物质生产活动主要靠简单的采集渔猎，为时上百万年。起初，聪明的人类，就浑然生活在生态空间之中，利用自然生态系统中的资源，与大自然合二为一，和谐共生。随后，人类向大自然学习，学会了驯化动物，学会了栽培作物，学会了用火，也学会了制造使用工具，由此在森林草原等生态空间上开辟出新的空间，用于种植作物、饲养家畜，这就开辟了以生产农产品为主的农业空间，当然还有少量简易房屋、村镇及道路等。原始文明促使一些生态空间开始向农业空间转变，但仍然是以原生的生态空间为主。

1.2 农业文明与农业空间

农业文明是由人们在长期农业生产中形成的一种适应农业生产、生活需要的国家制度、礼俗制度、文化教育等的文化集合。农业文明是人类脱离了动物界其他动物的发展道路，使人类从食物的采集者变为食物的生产者，走向较高智能化社会发展的最重要的分水岭，是第一次生产力的飞跃。

由原始农业进入传统农业的过程，在西方是从奴隶制的希腊、罗马开始的，在中国则发端于春秋战国从奴隶社会过渡到封建社会的时期，在其后差不多2000年的时间里，人类文明主要表现为农业文明，农业空间也就成为人类文明的主要空间载体。在农业阶段的初期，人类采集及渔猎活动仍占较大的比重，但随着劳动工具和生产技术的进步，采集及渔猎业所占比重日趋下降，原始种植业和畜牧业所占比重逐渐上升。这一时期人类对生态空间的改造能力十分有限，大多数使用铁、木农具，利用人力、畜力、水力、风力和自然肥料，借助火的力量和直接经验从事生产活动，小规模或小范围内会导致部分生态空间受到破坏和挤占，但不会对生态环境造成不可逆的反应，只要得到休养生息，生态环境很快就会自我恢复。

后来，在农业空间的基础上，人们进行贸易，进行加工，形成了市场，形成了集镇。于是，在农业空间基础上出现了加工中心、贸易中心，也就是诞生了以工业和服务业为主的城镇空间，在中国、印度、西亚、北非及中美洲等地开始出现了中小型的城市集群，历史上唐朝的长安曾经是世界上最大的城市，人口在100万左右。古老文明的出现，最初都同农业的发生直接有关，这一时期虽然出现了城镇集约化过程，但仍然以农业文明为主。直到15—17世纪，发生了对人类社会发展产生巨大影响的事件，这就是地理大发现，原产于美洲的玉米、甘薯和马铃薯，以及花生、烟草和可可先后传入世界各国，大量的森林、湿地被开垦，人口得到井喷式的发展。据有关文献记载，中国人口由明朝末年的0.8亿恢复至1亿，乾隆五年（1740年）达到1.4亿，乾隆二十七年（1762年）超过2亿，乾隆五十五年（1790年）突破3亿，1840年突破4亿，大量的生态空间被玉米、土豆和番薯等高产作物所“占领”，农业持续扩张，耕地迅速扩展，农业空间得到大幅度的提升，致使大量生态空间遭到破坏。地理大发现在欧洲，引爆了工业革命，极大地提升了欧洲的国际地位；在中国，引发了农业革命、人口爆炸，以及清除山区森林植被高潮，并由此带来深刻的社会危机、经济危机和生态危机。

1.3　工业文明与城镇空间

工业文明是以工业化为重要标志，机械化大生产占主导地位的一种现代社会文明状态。这是一个生产力水平不断递进、不断发展的过程，主要特点大致表现为工业化、城市化、法治化与民主化、社会阶层流动性增强、教育普及、消息传递加速、非农业人口比例大幅度增长、经济持续增长等。

18 世纪（1760 年）开始工业革命后至 21 世纪初（2010 年），大概经历了 200 多年时间，人类已经完成了由农业文明向工业文明、城市文明的历史转型，全球各国都加快了城市化的进程，城镇空间从而成为人类文明的主要空间载体。在欧洲、北美洲、亚洲产生了很多超级大城市，如英国伦敦、法国巴黎、美国华盛顿、日本东京等。工业文明早期对环境造成了巨大破坏，城镇规模虽然得到迅速发展，但人口高度集中，农业空间逐渐被蚕食，生态空间过度被挤占，造成了环境污染、资源浪费、贫富差扩大等诸多问题。同时，随着工业化水平的不断提高，大量的劳动力被解放出来，人类粮食产量迅猛增长，社会福利制度得到蓬勃发展，新生儿死亡率快速下降。可以说，工业文明前半段创立者是以英国和美国为代表的欧美国家为主，这促使美国真正成了全球的主导者，而此时的中国正是历史上没落者，逐渐走向衰退。工业革命后半段中国开始追赶超越，加快了城镇化发展速度，到目前，“北上广深”已经成功跃升为国际化超级大都市，当然我国为此也付出了巨大的生态环境代价，也正是从这个时期开始，地球表面不再是单一的“自然生态空间”，而是呈生态空间、农业空间、城镇空间和其他空间（交通、能源、通信等）并立的“3+1 空间”。

1.4　生态文明与国土空间

生态文明是人类文明发展的一个新的阶段，是以人与自然、人与人、人与社会和谐共生、良性循环、全面发展、持续繁荣为基本宗旨的社会形态。生态文明是人类文明发展的历史趋势。以生态文明建设为引领，协调人与自然关系，把人类活动限制在生态环境能够承受的限度内，追求人与自然和谐的生态文明逐渐成为世界各国的共识。

2019 年，中共中央、国务院《关于建立国土空间规划体系并监督实施的若干意见》明确要求，实行“多规合一”，把主体功能区规划、土地利用规划、城乡规划等空间规划融合为统一的国土空间规划，形成“三区三线”的国土空间规划整体格局。“三区”即城镇空间、农业空间和生态空间，“三线”即城镇开发边界、永久基本农田、生态保护红线。事实上，国土空间“三区”之外，还有一部分空间叫线性空间或其他空间，主要是指纵横交叉于上述三类空间中的交通、能源、通信、水利设施以及军事、宗教等特殊用地的空间，“3+1”空间组成了完整的国土空间。国土是生态文明建设的空间载体，中国式现代化是人与自然和谐共生的现代化，既要创造更多物质财富和精神财富以满足人民日益增长的美好生活需要，也要提供更多优质生态产品以满足人民日益增长的优美生态环境需要。必须坚持节约优先、保护优先、自然恢复为主的方针，形成节约资源和保护环境的空间格局、产业结构、生产方式、生活方式，建立起国土空间治理体系和治理能力现代化，还自然以宁静、和谐、美丽。

生态空间、农业空间、城镇空间的关系，好比是一棵树树根、树干、树冠的关系。生态空间是树根，农业空间是树干，城镇空间是树冠。树高千丈，其功在根。不同的树种，不同的生境，根对冠的承载力不同，也就具有不同的根冠比。同理，当农业空间、城镇空间量级一定的情况下，在生态生产力较高的地方，只需要较小的生态空间，而在生态生产力较低的地方，则需要较大的生态空间。就像收集天然降水，要收集同样量级的雨水，在雨量丰沛的地方，只需要较小的集水区，相反，则需要较大的集水区。大尺度观察，生态空间是农业空间和城镇空间的根脉，缺少了生态空间，农业空间、城镇空间就会成为无本之木，无源之水。地球陆地表面积是恒定数，生存竞争，千姿百态。每一个文明，都对应着一定的生态空间。生态空间的数量与质量，深刻影响着文明发展的高度和广度。每一个高度发展的文明，其背后一定有广阔而深邃的自然生态根脉。

第二节　生态空间概念及内涵

梳理生态空间的概念及类型，挖掘生态空间的内涵和属性，解析生态空间系统与结构，摸清生态空间分异规律和其他概念的互馈关系，就是要在统筹考虑山水林田湖草沙生命共同体基础上，区别于城镇空间、农业空间和其他空间，强调其相对独立的空间或区域范围，建立生态空间治理体系和治理能力现代化，提供更多的生态产品和生态服务。

2.1　生态空间概念及类型

2.2.1　概念

随着我国工业化和城镇化进程加快，城镇、农业、生态空间结构性矛盾日益加剧，大量的生态空间被侵占，造成了诸多生态环境问题。党的十八大指出，国土是生态文明建设的空间载体，是我们赖以生存和发展的家园，要促进生产空间集约高效、生活空间宜居适度、生态空间山清水秀，给自然留下更多修复空间，给子孙后代留下天蓝、地绿、水净的美好家园。这是从行政方面首次明确了“三生空间”发展要求和导向，明确了城镇空间、农业空间、生态空间的发展目标，“生态空间”一词也正式进入国家治理话语体系。

“生态空间”的概念无论是从学术研究还是从行政管理来说，都处于起步阶段，缺少必要的基础理论与关键核心技术。对于生态空间来讲，主要是区别于城镇空间和农业空间，强调其相对独立的空间或区域范围，且至少要考虑三个方面的内容：一是在用地属性上必须要强调自然属性，以森林、草原、湿地、荒地（漠）和海洋等自然生态系统为主；二是在功能上要强调提供更多的生态产品和生态服务；三是在作用属性上就是为城镇空间和农业空间提供基础保障。

综上所述，我们将自然生态空间定义为：具有自然属性，以提供生态产品或生态服务为主导功能，为城镇空间和农业空间提供生态安全保障的国土空间，包括除城镇空间、农业空间和其他空间之外所有具有自然属性的区域，简称为“生态空间”。

2.2.2 类型

国土空间分为城镇空间、农业空间、生态空间和其他空间（线性空间），其中城镇空间中人工或半人工形成的植物园、森林公园、运动公园、绿地草坪和人工湖泊等，农业空间中的园地、涝池、水渠、人工防护林等，其他空间中的公路、铁路防护林、中间隔离林带、防沙防雪网格等，皆具有自然或半自然属性，也能提供人类所需生态产品和生态服务功能，同样也具有基础防护或生态支撑作用，应该都属于广义的生态空间。而除城镇空间、农业空间和其他空间之外具有自然属性的所有国土空间，称之为狭义生态空间，也就是自然生态空间。其他空间是指纵横于上述三类空间中的交通、能源、通信等基础设施，水利设施以及军事、宗教等特殊用地的空间。

（1）根据研究对象和范围划分

根据研究对象和范围划分，可以将生态空间划分为：广义生态空间和狭义生态空间。

广义生态空间：以提供生态产品和生态服务为主导功能的国土空间。包括自然生态空间、城镇生态空间和农业生态空间（见图 2–1）。

自然生态空间指具有自然属性，以提供生态产品或生态服务为主导功能，为城镇空间和农业空间提供生态安全保障的国土空间。包括森林、草原、湿地、河流、湖泊、滩涂、岸线、海洋、荒地、荒漠、戈壁、冰川、高山冻原、无居民海岛（见图 2–2）。

城镇生态空间指以提供生态产品或生态服务为主导功能的城镇空间。在城镇区域范围内，除建设用地以外的一切自然或人工的植物群落、山林水体及具有绿色潜能的空间等系列生态用地，是各类生态用地组合形成的独立空间。如，城镇公园、人工湖、绿地、片林、健康林带等（见图 2–3）。城镇生态空间包含在城镇空间当中，是城市生态系统、城市景观的重要组成部分，具有降噪、吸尘、释氧等重要生态服务功能，主要是为城镇的居民提供休息、游览、锻炼、交往以及举办各种集体文化活动的场所。虽然城镇生态空间源源不断地为城镇居民提供生态产品和生态服务功能，但在空间管控上属于自然资源、住建、环保和文旅部门管辖。

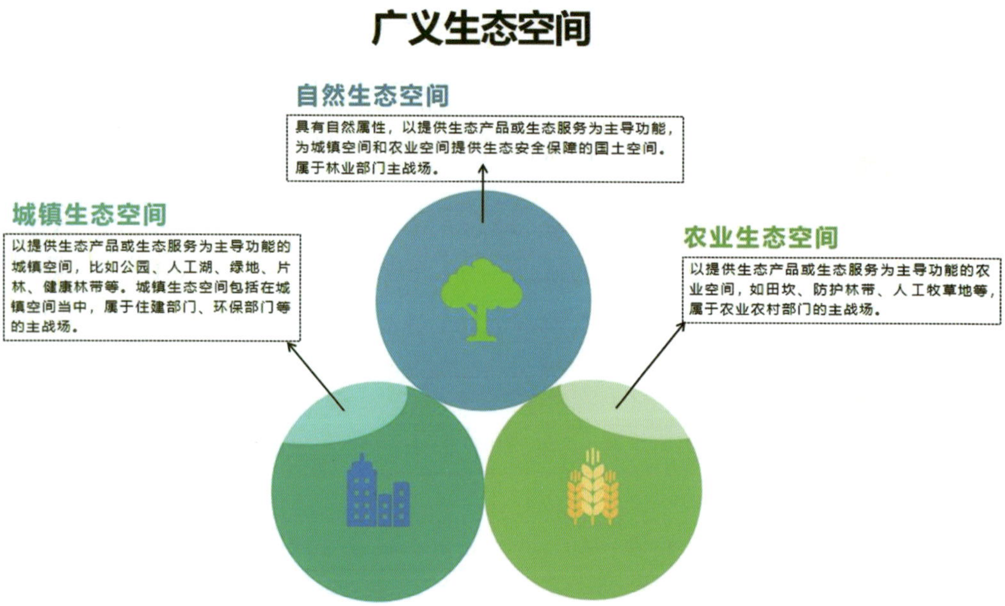

图 2-1　广义生态空间框架图

图 2-2　自然生态空间（嘉陵江源头　赵国平　摄）

图 2-3　城镇生态空间（西安环城公园　赵国平　摄）

农业生态空间是以提供生态产品或生态服务为主导功能的农业空间。如，农田防护林带、田坎、坑塘、涝池、人工牧草地等（见图 2-4）。农业生态空间包含在农业空间中，是农田生态系统的重要组成部分，主要向农业空间提供生态服务功能，保障农田生态系统健康发展，属于农业农村部门的主战场。

图 2-4　农业生态空间（田坎　崔世岗　摄）

狭义生态空间：指城镇空间、农业空间和其他空间之外具有自然属性的国土空间，即自然生态空间，包括森林、草原、湿地和荒漠等重要生态系统，是创建人与自然和谐共生、人与自然生命共同体的场所，也是践行绿水青山就是金山银山、生态空间山清水秀的主战场，属于生态保护修复的对象。

（2）根据保护强度和对象划分

按照生态空间的原真性、整体性、系统性及其内在规律，依据管理目标与效能，将生态空间按生态价值和保护强度高低可以划分为核心生态空间、管控生态空间、控制生态空间和共享生态空间（见图 2-5）。

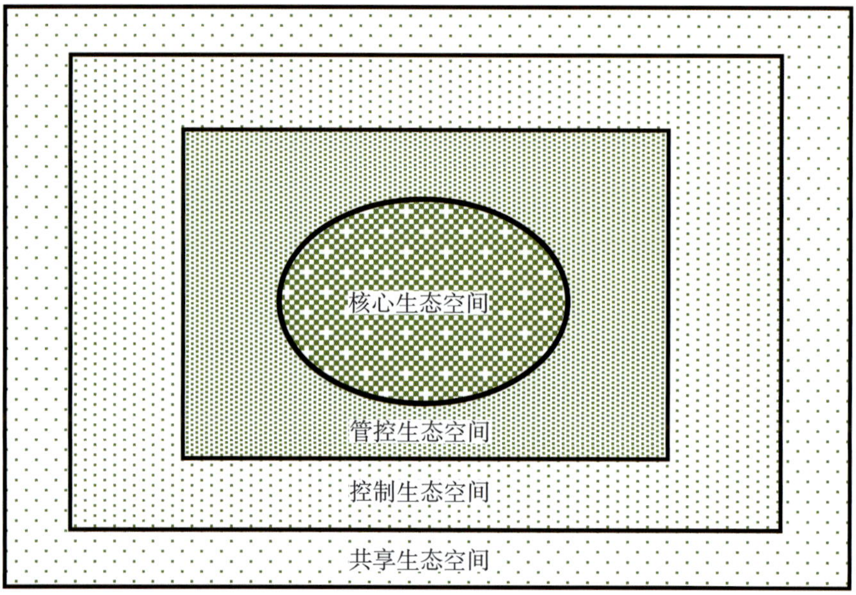

图 2-5　生态空间保护强度图

1）核心生态空间

核心生态空间是以国家公园为主体，自然保护区为基础，各类自然公园为补充的自然保护地，具有重要的自然生态系统、精华的自然遗迹、独特的自然景观和丰富的生物多样性的区域，是生态保护红线范围内最为精华的部分，为城镇空间、农业空间和其他空间维持可持续发展提供最基本的生态支撑。

2）管控生态空间

管控生态空间指生态保护红线范围内、核心生态空间范围外的区域，具有特殊重要生态功能、必须强制性严格保护的区域，是保障和维护国家生态安全的底线和生命线，通常包括具有重要水源涵养、生物多样性维护、水土保持、防风固沙、海岸生态稳定等生态功能重要区域，以及水土流失、土地沙化、石漠化、盐渍化等生态环境敏感脆弱区域。

3）控制生态空间

控制生态空间是生态保护红线外的天然林、公益林、封山禁牧地、重要湿地和自然遗产等受相关法律法规保护的生态空间，保护强度总体上较核心生态空间和管控生态空间弱。

4）共享生态空间

共享生态空间是核心生态空间、管控生态空间和控制生态空间之外的一般生态空间，其兼具生态产品生产与农产品生产双重功能的区域，在发挥生态功能的同时，可以开展有效的农业生产经营活动，提供农林产品，发挥经济效益。

2.2　生态空间内涵及属性

生态空间可以分为广义生态空间和狭义生态空间。广义生态空间指能够提供生态产品和生态服务功能的国土空间，狭义生态空间对应的是自然生态空间。因此，生态空间在内涵上具有相对性、完整性、主导性和管控性等特点。

2.2.1　内涵

（1）相对性

根据国土空间多规合一的要求以及“三区三线”的划定，生态空间是相对于生产空间和生活空间而言的，三者构成了完整的国土空间，具有相对性。在宏观层面上，基于国土空间管控的考虑，可划分为生态空间、城镇空间、农业空间和其他空间（线性公路、铁路等），总体上四者相互独立，互不重叠。然而国土空间是由一系列要素在不同范围、单元和尺度上构成的复杂多维综合体，宏观尺度上的城镇空间、农业空间以及其他线性空间，其内部仍必然有大量防护林、公园、绿地、人工草地及涝池、田坎等人工生态系统分布，从系统性角度来看，这部分空间也可视为广义生态空间。如城镇空间规划中，城镇生态空间布局应是城镇生态系统的重要组成部分，但这里的城镇生态空间是相对于工业用地、居住地而言的，属于住建部门、自然资源部门和环境部门的统筹管辖范围，各种功能和职能交叉进行，但在微观尺度上也可以最大限度地解决空间彼此交叉的问题。因此，准确理解生态空间，必须注意其层级性和相对性。

（2）完整性

生态空间中的高原、平原、盆地、沙漠、草原、湿地、荒地、荒漠、戈壁、冰川、高山冻原、无居民海岛等，由无数统一的自然生态系统相互依存、紧密联系的有机链条组成，在分布上具有连续性和相对完整性的特点，如果种树的只管种树，治水的只管治水，护田的只管护田，就很容易顾此失彼，生态就难免会遭到破坏。我们要遵循生态空间的内在规律，坚持节约优先、保护优先、自然恢复为主的方针，给自然生态留下休养生息的空间，把良好的生态系统尽可能保护起来，完善生物多样性保护网络，组织制订和实施生态空间改造提升计划，提升生态斑块的生态功能和服务价值，建立和完善生态廊道，提高生态空间的完整性和连通性，改造提升生态空间的生态功能和生态产能，从而达到增强生态系统循环能力，维护生态平衡的目标。山水林田湖草沙是一个生命共同体，人的命脉在田，田的命脉在水，水的命脉在山，山的命脉在土，土的命脉在林和草。统筹山水林田湖草系统治理，旨在从系统工程和全局角度寻求新的治理之道，不能头痛医头、脚痛医脚，各管一摊、相互掣肘，而是通过统筹兼顾、整体施策、多措并举，推动生态环境治理现代化。打通地上和地下、岸上和水里、陆地和海洋、一氧化碳和二氧化碳，对山水林田湖草进行统一保护、统一修复，必将为打好污染防治攻坚战、建设美丽中国夯基筑台、保驾护航。

（3）主导性

生态空间在用途上必然是以提供生态产品和生态服务功能为主，包括调节气候、保持水土、涵养水源、防风固沙、固碳释氧及维护生物多样性等诸多功能，为城镇空间、农业空间提供最基本的生态安全保障。人类文明的发展过程，其实就是农业空间、城镇空间持续膨胀的过程，也是持续挤压并吸收利用生态空间的过程，由此导致生态空间过度萎缩。历史上，曾因农业空间过度膨胀，过垦过牧、毁坏天然植被，引发水土流失等生态问题。如今，人类面临城镇空间、农业空间“双重”膨胀，问题更为严峻，直接威胁生态空间安全。清醒认识生态空间的重要性，探索研究城镇、农业和生态空间发生发展规律，已经成为21世纪人类共同面对的课题。生态空间是农业空间、城镇空间发展的根脉，但另一方面，城镇化进程是不可避免的社会发展趋势，既要防范农业空间、城镇空间对生态空间的挤压和不良影响，又要严格加强对生态空间的管控，让生态空间完全发挥提供生态产品和生态服务的主导性作用，实现生态空间高质量、高颜值发展，倒逼农业空间和城镇空间改善品质，提升效率。

（4）管控性

生态空间用途管制，坚持生态优先、区域统筹、分级分类、协同共治的原则，并与生态保护红线制度和自然资源管理体制改革要求相衔接，国家对生态空间依法实行区域准入和用途转用许可制度，严格控制各类开发利用活动对生态空间的占用和扰动，确保依法保护的生态空间面积不减少、生态功能不降低，使生态服务保障能力逐渐提高。从严控制生态空间转为城镇空间和农业空间，禁止生态保护红线内空间违法转为城镇空间和农业空间。生态空间与城镇空间、农业空间的相互转化利用，应按照资源环境承载能力和国土空间开发适宜性评价，根据功能变化状况，依法由有批准权的人民政府进行修改调整。

2.2.2　属性

生态空间是指具有自然属性，以提供生态产品或生态服务为主导功能，为城镇空间和农业空间提供生态安全保障的国土空间。从概念中不难发现，生态空间必须具有自然、功能和作用的三重属性。

（1）自然属性

生态空间的第一个属性就是自然属性，它以森林、草原、湿地和荒漠等自然生态系统为主，区别于农业、城镇等人工生态系统。自然属性指出了生态空间治理的对象就是自然生态系统，且具有生态属性。自然属性和自然区域有直接或间接关系，不同的地域具有不同的自然属性。如陕西，主要包括森林、草原、湿地、荒地（漠）和自然遗产、地质遗迹、风景名胜区等。

（2）功能属性

生态空间的第二个属性就是功能属性，以提供生态产品或生态系统服务为主导功能的国土空间为主，在土地使用上具有生态属性。功能属性提供了生态空间治理范畴及思路，就是以维护生态系统服务功能为总领，以国土空间增绿、生态空间提质增效为抓手，提升自然生态系统诸多的生态功能。针对陕西来说，也就是以提升服务功能为主的"六条战线"，即"生态保护、生态修复、生态重建、生态富民、生态服务和生态安全"。

（3）作用属性

生态空间的第三个属性就是作用属性，它能为城镇空间、农业空间的可持续发展提供基础保障，为生态、经济和社会的可持续发展提供安全保障。作用属性就是为我们赖以生存的城镇空间和农业空间提供强有力的生态支撑和安全保障，为建设美丽中国保驾护航。同时，我们也要为生态空间治理提供必要的智能、人文、资金、制度及组织等方面的支撑保障。

第三节　生态空间系统与结构

生态空间系统是在自然因素与人为因素长期双重影响下，相互作用、相互制约，形成了各种尺度、各种类型的自然综合体，如森林与草原、森林与湿地、草原与湿地、海洋与红树林、荒漠与草原等，具有人与自然、生态、环境和资源的四维属性。生态空间系统结构是指生态空间组成的各要素在空间上和时间上相对有序稳定的状态，它是由生物、非生物环境和生态系统组成的统一整体。其中，生物是由植物、动物、微生物等组成，是生态空间中生产物质流循环的基础。非生物环境是指维持生态空间能量流和物质流循环的非生物组成部分，包含阳光、水、无机盐、空气、有机质、岩石等。生态系统是生物与环境构成的统一体，并在一定时期内处于相对稳定的动态平衡状态，生态系统的能量流动推动着各种物质在生物群落与无机环境间循环。

3.1 生物

生物是指在自然条件下，通过化学反应生成的具有生存能力和繁殖能力的有生命的物体以及由它（或它们）通过繁殖产生的有生命的后代，能对外界的刺激作出相应反应，能与外界的环境相互依赖、相互促进。

3.1.1 植物

植物是地球生命的主要形态之一，包含了如乔木、灌木、藤类、草本、蕨类及绿藻、地衣等熟悉的生物。植物可以分为种子植物、藻类植物、苔藓植物、蕨类植物等，据估计现存大约有45万个物种。据有关研究表明，植物始于距今25亿年前（元古代），地球史上最早出现的植物属于菌类和藻类，其后藻类一度非常繁盛。直到4.8亿年前（志留纪），绿藻摆脱了水域环境的束缚，首次登陆大地，进化为裸蕨类植物和蕨类植物。3.6亿年前（石炭纪），裸蕨灭绝，蕨类植物衰落。代之而起的是石松类、楔叶类、真蕨类和种子蕨类，形成沼泽森林。古生代盛产的主要植物于2.48亿年前（三叠纪）几乎全部灭绝，此后裸子植物开始兴起，它们进化出花粉管，形成茂密的森林。在距今1.4亿年前白垩纪开始的时候，更新、更进步的被子植物就已经从某种裸子植物当中分化出来。进入新生代以后，由于地球环境由中生代的全球均一性热带、亚热带气候逐渐变成在中、高纬度地区四季分明的多样化气候，蕨类植物因适应性的欠缺进一步衰落，裸子植物也因适应性的局限而开始走下坡路。这时，被子植物在遗传、发育的许多过程中以及茎叶等结构上的进步性，尤其是它们在花这个繁殖器官上所表现出的巨大进步性发挥了作用，使它们能够通过本身的遗传变异去适应那些变得严酷的环境条件，而且发展得更快，分化出更多类型，到现代已经有了80多个目、200多个科。正是被子植物的花开花落，才把四季分明的新生代地球装点得分外美丽。据估计，现存大约有45万个植物物种，被分类为种子植物、苔藓植物、蕨类植物和藻类植物。截至目前，有约29万个物种已被确认，其中有26万种开花植物、1.6万种苔藓植物、1.1万种蕨类植物和8000种绿藻。

在自然界中，植物都不是单独存在，每一个植物体周围或多或少都有其他伴生的植物体生长，这是自然规律。在一个区域内有规律共同生活的植物总体，叫作植物群落。植物群落是指生活在一定区域内所有植物的集合，它是每个植物个体通过互惠、竞争等相互作用而形成的一个巧妙组合，是适应其共同生存环境的结果，每一相对稳定的植物群落都有一定的种类组成和结构，如一片森林、一个生有水草或藻类的水塘等。

3.1.2　动物

动物是生物的一个种类。它们一般以有机物为食，是能够自主运动或能够活动的有感觉的生物。人类也是动物之一。据相关研究表明，地球上最早出现的动物源于海洋。早期的海洋动物经过漫长的地质时期，逐渐演化出各种分支，丰富了地球生命形态。在人类出现以前，史前动物便已出现，并在各自的活动期得到繁荣发展。后来，它们中的大多数在不断变换的生存环境下相继灭绝。但是，地球上的动物仍以从低等到高等、从简单到复杂的趋势不断进化并繁衍，并有了如今的多样性。科学家们把现存的人类已知的动物根据体内有无脊柱分为无脊椎动物和脊椎动物两大种类。截至目前，科学家已经鉴别出 4.69 万种脊椎动物，包括鲨鱼、鳐鱼等软骨鱼类动物，鲤鱼、黄鱼、草鱼等硬骨鱼类动物，青蛙、大鲵等两栖类动物，蛇、蜥蜴等爬行类动物，鸡、鸽子、麻雀等鸟类动物以及猴子、大熊猫等哺乳类动物。先后发现了 130 多万种无脊椎动物，比如，海绵、蚯蚓、乌贼、牡蛎、红海星、水母、蜘蛛、珊瑚虫、放射虫、蛔虫、猪肉绦虫、沙蚕、蜗牛、蛞蝓等都属于无脊椎动物。动物界所有成员的身体都是由细胞组成的异养有机体。

同样，在自然界中，每一个动物也不是单独存在，在其周围或多或少都有其他动物存在，在一定地段上（或景观中）生活的所有动物的总称，称之为动物群落。动物群落具有一定的种类组成和食物网结构，每一种群占据一定的生态位并起一定的作用，其中与环境有较高适应性的种类，在数量上形成优势。动物群落是在动物之间、动物与环境之间的长期相互作用中形成和发展的，是生物群落及生态系统中的重要组成部分。

3.1.3　微生物

微生物是个体难以用肉眼观察的一切微小生物之统称，包括细菌、病毒、真菌以及一些小型的原生生物、显微藻类等在内的一大类生物群体，它个体微小，与人类关系密切。涵盖了有益和有害的众多种类，广泛涉及食品、医药、工农业、环保、体育等诸多领域。在我国分类体系中，将微生物划分为以下 8 大类：细菌、病毒、真菌、放线菌、立克次氏体、支原体、衣原体、螺旋体。有些微生物是肉眼可以看见的，像属于真菌的蘑菇、灵芝、香菇等。还有微生物是一类由核酸和蛋白质等少数几种成分组成的“非细胞生物”。

3.2 环境

阳光是绝大多数生态空间直接的能量来源，水、空气、无机盐与有机质都是生态空间中不可或缺的物质基础，其条件的好坏直接决定生态空间的复杂程度和生态系统中生物群落的丰富度，生物群落又可反作用于非生物环境，生物群落在生态空间中既在适应环境，也在改变着周边环境的面貌，各种基础物质将生物环境与非生物环境紧密联系在一起，而生物群落在正向演替时甚至可以把一片荒凉的裸地变为水草丰美的绿洲，反过来在逆向演替时也可以把一片水草丰美的绿洲变为荒漠，甚至是沙漠。生态空间中各个组成要素之间存在着无数相互依存、紧密联系的有机链条，成为具有提供一定生态产品或生态服务功能的有机整体。

3.2.1 阳光

光是能量的一种传播方式，是地球生命的来源之一。光是动植物生活的重要生态因子，一切绿色植物的光合作用，都必须在一定的光照条件下才能进行。其中，可见光具有最大的生态学意义，只有可见光才能在光合作用中被植物所利用并转化为化学能。不同波长的光对生物有不同的作用，植物叶片对光的吸收、反射和透射的程度直接与波长有关，植物的叶绿素是绿色的，它主要吸收红光和蓝光，波长为 620 ～ 760 nm 的红光和波长为 435 ～ 490 nm 的蓝光对植物光合作用最为重要。当日光透过森林生态系统时，大部分能量被树冠层截留，到达下层的日光不仅强度大大减弱，而且红光和蓝光也所剩不多，所以生活在下层的植物必须对低辐射能环境有较好的适应。

光以同样的强度照射到陆地和水体表面，在陆地上大部分光都能被植物叶子吸收或反射，但在水体中水对光有很强的吸收和散射作用，这种情况大大限制着海洋透光带深度。不同波长的光被海水吸收的程度不一样，红外光仅在几米深处就会被完全吸收，而紫光和蓝光的短波光则很容易被水体散射，绿光在较深水层中占有较大优势。能够穿过大气层到地球表面的紫外光虽然很少，但在高山地带紫外光却有明显的生态作用。据有关研究表明，紫外光具有抑制植物茎伸长的作用机理，所以很多高山植物都形成了特殊的莲座状叶丛，也就是灌木。

光对动物分布和器官功能的影响目前还不十分清楚，但色觉在不同动物类群中有着显著差异。光是影响动物行为的重要生态因子，很多动物的活动都与光照有密切的联系。有些动物适应于在白天的强光下活动，如大多数鸟类，哺乳动物中灵长类、有蹄类和鼠类，爬行动物中的蜥蜴和昆虫中的蝶类、蝇类和虻类等，这些动物被称为昼行性动物。另一些动物则适应于在夜晚或晨昏的弱光下活动，如夜猴、蝙蝠、家鼠、夜鹰、壁虎和蛾类等，这些动物被称为夜行性动物或晨昏性动物。

3.2.2　水

水是生存之本、文明之源，是经济社会发展的重要支撑和基本保障。水是任何生物体都不可缺少的重要组成成分，生物体的含水量一般为 60% ～ 80%，有些生物甚至达到 90% 以上，如水母、蝌蚪，可以说没有水就没有生命。生物的一切代谢活动都必须以水为介质，生物体内营养的运输、废物的排出、激素的传递以及生命赖以存在的各种生物化学过程，都必须在水溶液中才能进行，而所有物质也都必须以溶解状态才能出入细胞，生物体和环境之间时时刻刻都进行着水交换。此外，水的热容量很大，吸热和放热是一个缓慢的过程，受气温波动影响较少，水为生物创造了一个非常稳定的生活环境。

水与植物的生产量有着十分密切的关系。一般来说，植物每生产 1 g 干物质就需要 300 ～ 600 g 的水，不同种类的植物需水量不同，不同发育阶段植物吸水量也不尽相同，凡是光合作用效率高的植物需水量都较低。当然，植物的需水量与光照强度、温度、湿度、风速和土壤含水量有直接关系。根据植物对水分依赖的程度，可以把植物分为水生植物和陆生植物，其中，水生植物包括沉水植物、浮水植物和挺水植物；陆生植物包括湿生植物、中生植物和旱生植物。

动物和植物一样必须保持体内的水分平衡，对水生动物来说，保持体内水分得失平衡主要是依赖水的渗透作用。陆生动物体内的含水量一般比环境要高，常常因蒸发而失水，另外在排泄过程中也会损失一定的水，失去的水分必须从食物、饮水和代谢水里得到补充，时刻保持体内水分平衡。影响动物与环境之间进行水分和溶质交换的环境因素较多，不同的动物也具有不同的调节机制，但各种调节机制都必须使动物能在各种情况下保持体内水分和溶质交换的平衡，否则动物就无法生存。

3.2.3　土壤

土壤是岩石圈表面的疏松表层，是陆生植物生活的基质和陆生动物生活的基底。土壤不仅为植物提供必需的营养和水分，而且也是土壤动物赖以生存的栖息场所。土壤的形成从开始就与生物的活动密不可分，土壤中含有多种多样的生物，如细菌、真菌、放线菌、藻类、原生动物、轮虫、线虫、蚯蚓、软体动物和各种节肢动物等，少数的高等动物终生都生活在土壤中。

土壤无论对植物还是对动物来说都是重要的生态因子。植物的根系与土壤有着密切的联系，它们之间进行着频繁的物质交换，彼此有着强烈的影响，因此通过控制土壤因素就能影响植物的生长与产量。对动物来说，土壤是稳定的生活环境，其湿度和温度的变化较为稳定，是动物最好的隐蔽所，使它们可以躲避高温、干燥、大风和阳光。

土壤是陆地生态系统的基底，生物活动不仅影响着土壤本身，而且也影响着土壤表层的生物群落。生态系统中物质循环过程都在土壤中进行，特别是分解和固碳固氮过程。生物遗体只有通过分解才能转化为腐殖质和营养物质，才能被动植物利用，而固碳固氮过程则是土壤肥料的主要来源。

3.2.4 气候

气候对于动植物的生长和分布都有重要的作用，充足的阳光、适宜的温度、足够的水分都是动植物不可缺少的生存条件。

适宜的温度是植物生存条件之一，植物机体进行的全部活动过程，如光合作用、呼吸作用、蒸腾作用和生长发育等，都有一定的温度要求。温度是决定植物在生态空间或区域中不同分布的主要原因，植物的分布和等温线基本相应，热量不足是造成高原冻土和高山地区出现无林现象。在不同的温度条件下谷物成长也有显著差异，如水稻，在我国从南到北依次呈三熟、两熟和单熟。温度从赤道向两极降低，根据温度高低依次划分为热带、亚热带、温带和寒带等，同样植物也划分出了与气候带相适应的植物带，即热带植物带、亚热带植物带、温带植物带和寒带植物带等。不同的植物带具有不同的植被特征、不同植物种类、不同的植物群落和结构、不同的季向等。植物对温度的适应具有三个基点：最低温度、最高温度和最适温度，其中最低温度和最高温度是植物生存的极限温度，如果超过最高或最低极限，植物就会死亡。因此，研究各种植物对极限温度的适应性具有现实意义，对大多数植物来说，最适宜的温度是25 ～ 37℃，热带植物适应温度相对较高，而寒带植物适应温度却相对较低。

温度是影响动物在生态空间中分布的最重要因素之一。根据动物忍受温变幅大小的不同，可以分为广温性动物和狭温性动物，广温性动物能忍受较大的温度变幅，狭温性动物只能适应很小的温度变幅。对广温性动物来说，在生态空间中分布的范围较为广阔，如虎、熊、豹，能生活在炎热的条件下，也能生存于严寒的环境中。对狭温性动物来说，分布范围就相对有限，如珊瑚虫的分布范围仅限于全年水温在15℃以上的环境中。对绝大多数的动物来说，最适宜的温度条件是25 ～ 30℃。每一种动物都只能在一定的温度范围内生活，如果温度变化超过动物所能忍受的限度，生命活动就无法进行。一般来说，温度在50 ～ 60℃时，酵素就会被分解，温度在42 ～ 82℃时，蛋白质就将凝固。当温度低到一定的限度时，就会引起有机体组织的冻结，导致细胞结构破坏，最后因新陈代谢停止而死亡。休眠和迁移是动物适应极限温度的普遍形式。休眠是动物对温度条件季节变化及引起的生活条件变化的一种特殊适应。休眠可分为夏眠和冬眠，夏眠是由于温度过高，加上过分干燥或食物缺乏而产生的休眠现象。冬眠是由于温度过低，新陈代谢机能减退，停止取食而产生的休眠现象。夏眠动物较少，而冬眠在变温动物和高纬度地区中很普遍。迁移是动物逃避极限温度或适应环境条件变化的方式，如鸟类中候鸟的季节迁移。

3.3　自然生态系统

自然生态系统是生态空间的重要组成部分之一，是在一定的时间和空间范围内，依靠自然调节能力维持的相对稳定的状态，如天然林、天然草地、海洋等。自然生态系统可以分为陆地自然生态系统和水生自然生态系统。

3.3.1　陆地自然生态系统

陆地自然生态系统是指地球陆地表面由陆生生物与其所处环境相互作用构成的统一体。这一系统约占地球表面总面积的1/3，以大气和土壤为介质，生境复杂，类型众多。按生境特点和植物群落生长类型可分为森林生态系统、草原生态系统、荒漠生态系统、湿地生态系统等。自然生态系统中第一生产者主要是各种草本或木本植物，消费者为各种类型的草食或肉食动物。在陆地的自然生态系统中，森林生态系统的结构最复杂，生物种类最多，生产力最高，而荒漠生态系统的生产力最低。

一个完整的原始森林生态系统是由高大乔木层、乔木层、灌木层、灌草层、草本层、地被物、菌类、附生植物及生活在其中的动物、昆虫等构成的多物种、多层次有机结合体。在过去数十年时间里，由于人类的不理智破坏和掠夺性开发，致使大量自然生态系统遭到破坏，由于人类的强大作用，绝对未受人类干扰的自然生态系统已经几乎不存在了。为了建设资源节约型、环境友好型及和谐平安社会，为了人类将来的生存和发展，拯救我们脆弱的原始生态系统已经刻不容缓。

3.3.2　水生自然生态系统

水生自然生态系统是人类赖以生存的重要环境条件之一，是地球表面各类水域生态系统的总称。水生生态系统中栖息着自养生物（藻类、水草等）、异养生物（各种无脊椎动物和脊椎动物）和分解者生物（各种微生物）群落。各种生物群落及其与水环境之间相互作用，维持着特定的物质循环与能量流动，构成了完整的生态单元。按水的盐分高低可分为淡水生态系统和海洋生态系统。按水的流动性，淡水生态系统又可分为静水生态系统和流水生态系统，湖泊、池塘和水库属于静水生态系统，江河、溪流、沟渠等属于流水生态系统。

第四节　生态空间分异规律

在自然界中，由于纬度位置、海陆差异、地质地貌和其他因素的不同，因而分化成不同的生态空间地带性分布特点，这种地带性分异并不是杂乱无章地存在，也不是各要素的偶然组合，而是具有一定的分布规律，这就是生态空间分异规律。

4.1 纬度地带性

纬度地带性是指生态空间中各要素组成和系统结构沿纬线方向的延伸，并按不同的纬度带有规律地变化。纬度地带性主要受制于太阳能的差异而产生了全球热量分布的差异，从赤道到两极，太阳能按纬度呈条带状分布，因而引起热量、降水、蒸发以及风化、成土过程等一系列自然过程有规律地变化，形成生态空间及其组成要素和结构的地域分异，这就是生态空间纬度地带性规律，也可以称之为生态空间带状分布。

纬度地带性规律必然引起生态空间的分布变异，生态空间是沿纬度和纬线方向延伸的巨大综合体，在时间和空间上又不断发展交替，所以生态空间分布没有固定、显著的界线，各生态空间之间存在着渐变性的过渡带。从全球大尺度生态空间带状分布来看，从赤道到两极，大致可以分为：热带森林生态空间、热带草原生态空间、荒漠生态空间、温带草原生态空间、温带森林生态空间和寒带苔原生态空间。

4.2 经度地带性

经度地带性是生态空间各组成要素和系统结构按经度方向由海洋向内陆变化的规律。经度地带性主要受制于海陆分布，以及由此产生的大气环流造成的海陆差异及相互作用。在北半球，各大陆的东南部分，由于海陆气团的环流作用，决定了由海洋向内陆（即由湿润到干旱）的生态空间系统。我国东南部季风区表现尤为清楚。如，秦岭—淮河线以北，由东而西，由沿海向内陆，依次呈现出湿润、半湿润和半干旱的季风气候，并相应地发育形成了森林、森林—草原过渡带和草原等生态空间系统。因此，这里的生态空间带状分布也是大致沿经度方向延伸，由沿海向内陆依次更替演化。如，内蒙古西部、宁夏、青海和新疆，距离海洋更远，夏季风不能到达，因而气候变为大陆性气候，并发育形成了半荒漠、荒漠草原和适应荒漠类型植被及相应的土壤。

4.3 垂直地带性

受地质地貌的影响，一定高度的山体，由于高度不同引起热量、水分以及水热关系的变化，使植被和土壤随着高度变化而变化，这种现象称之为垂直地带性规律，也可以称之为生态空间带状变化。由于所处的纬度、经度和海拔高度的不同，且受每一个山体的高度、走向、坡向的不同，其垂直分布规律不尽相同。如喜马拉雅山的垂直分布带不同于秦岭，秦岭又不同于阿尔泰山，山体的北部不同于南部，东坡不同于西坡等。

垂直地带性规律在各个不同纬度地带中表现有所不同，随着纬度的改变，垂直地带性也随之变化。某个山体从低到高就类似于纬度地带性变化。如在赤道地带的安第斯山脉，山脚就是从热带雨林开始。喜马拉雅山南坡属热带山地，其垂直地带性分布为：1000 m 以下为热带森林，1000 ～ 2000 m 具有亚热带特征，出现了常绿槲树，其次为桦树，2500 m 以上为温带森林，3000 m 以上为针叶林，5000 m 以上则以灌木为主，再高以草类为主，顶部则终年积雪。秦岭山地在 1500 m 以下为暖温带夏绿林，1500 ～ 3000 m 为温带混交林，3000 ～ 3500 m 为寒温带冷杉林和落叶松林，3500 m 以上则为高山灌木和草地。

4.4　非地带性

非地带性是指地域分异的地方性差异，它主要取决于非地带性因素，如地貌、地质、岩性、土壤等因素，也就是根据下垫面的性质而产生的地域分异现象。如草甸、沼泽和盐碱类型的植被、土壤等，都是受非地带性因素控制，它们的区域分布都具有地域性分布特点，可以是带状分布，也可以不是带状分布，而且分布区之间不一定有严格的顺序，有时呈条状，有时呈斑块状等。

综上所述，生态空间地带性分布又在一定程度上因海陆分布、大气环流、洋流的特征变得更加复杂，在同一纬度的气候、植被、土壤、动物，又因大陆东、西岸位置和距海的远近而有不同的表现。因此，在同一纬度带中不仅有垂直地带性，还有经度地带性分布，甚至还有几种类型的分布同时存在。

第五节　生态空间互馈关系

党的十八大报告指出，国土空间是生态文明建设的空间载体，在城镇空间、农业空间和生态空间中，生态空间约占整个国土空间的 70% 以上，是国土空间的核心组成部分。绿水青山就是金山银山，绿水青山就在生态空间，而森林、草原、湿地及荒地（漠）等生态系统也皆在生态空间中。生态空间是生态系统的空间载体，但比生态系统更高一个层次，也是地球上绿碳储存和固碳的主要场所。因此，生态空间与生态文明、国土空间、绿水青山、生态系统和碳中和相辅相成、不可分割，是它们发生发展的重要载体。

5.1 生态文明

在人类文明出现之前，地球是一个整体的空间，也是一个混沌的空间。这就是原生的自然生态系统，也即生态空间，包括森林、草原、湿地、荒地、荒漠、河流、湖泊、海洋、无人荒岛等各类群，其结构和功能都相对完整，都有其自身运行的规律。每一个文明体都对应着一定的生态空间，生态空间的规模量级与质量优劣，深刻影响着文明发展的高度和广度。从某种意义说，人类文明的发展过程就是农业空间、城镇空间持续膨胀的过程，也是持续清除原生植被、挤压并吸收生态空间的过程，并由此导致生态空间萎缩。在历史上，因农业空间过度膨胀，过垦过牧、毁坏天然植被，曾引发生态危机。如今，人类面临城镇空间、农业空间“双重”膨胀，直接威胁生态空间安全。

国土空间是生态文明建设的空间载体，生态空间是国土空间的核心组成部分，也可以说，生态空间是生态文明建设的核心空间载体，这是中国生态文明建设和发展最新的科学结晶。三大国土空间各自承载着不同的功能，人们享受着城市生态系统提供的舒适，农田生态系统提供的作物，生态空间山清水秀的环境品质。在城镇空间、农业空间膨胀过后，人们蓦然回首，发现生态空间数量短缺、质量堪忧。要实现人类永续发展，就必须控制农业空间和城镇空间扩张，就必须控制人工生态系统膨胀，就必须保有足够数量和质量的生态空间。建设生态文明，是关系人民福祉、关乎民族未来的长远大计。面对资源约束趋紧、环境污染严重、生态系统退化的严峻形势，必须树立尊重自然、顺应自然、保护自然的生态文明理念，把生态文明建设放在突出地位，融入生态空间治理各方面和全过程，努力建设美丽中国，实现中华民族永续发展。

5.2 国土空间

国土空间是国家主权与主权权力管辖下的地域空间，是国民生存的场所和环境，包括陆地、陆上水域、内水、领海、领空等。国土空间可以分为城镇空间、农业空间、生态空间和其他空间四类。

城镇空间是以提供工业产品和服务产品为主体功能的国土空间，包括城市建设空间和工矿建设空间。城市建设空间包括城市和建制镇的建成区，工矿建设空间主要是独立于城市建成区之外的独立工矿区。城镇空间是现代社会人类居住和活动的主体，人口多，居住集中，开发强度较高，产业结构以工业和服务业为主，居民点形态主要是规模较大的城市、城市群、城市圈、都市区等。

农业空间是以提供农产品为主体功能的空间，包括农业生产空间和农村生活空间。农业生产空间主要是耕地，也包括园地和其他农用地等。农村生活空间为农村居民点和农村其他建设空间，包括农村公共设施和公共服务用地。耕地、园地等也兼有生态功能，但其主体功能是提供农产品，所以应该定义为农业空间。在现代社会，相对于城市空间，农业空间的人口较少，居住分散，开发强度不大，产业结构以农业为主，居民点形态多为相对密集的、分散的小城镇和村庄。

生态空间是具有自然属性，以提供生态产品或生态服务为主导功能，为城镇空间和农业空间提供生态安全保障的国土空间，包括森林、草原、湿地、河流、湖泊、滩涂、岸线、海洋、荒地、荒漠、戈壁、冰川、高山冻原、无居民海岛。针对陕西来讲，生态空间主要是林地、草地、湿地、水面、荒地（漠）和自然遗产、地质遗迹和风景名胜区等。其中，有些是人工建设的，如人工林、水库等，更多的是自然存在的，如河流、湖泊、森林等。还有沙地、裸地、盐碱地等自然存在的自然空间。林地、草地、水面虽然也兼有农业生产功能，可以提供部分林产品、牧产品和水产品，但其主体功能应该是生态，若过于偏重于其农业生产功能，就可能损害其生态功能。相对于农业空间，生态空间的人口稀少，开发强度很小，经济规模很小，居民点形态为点状分布的数量很少的村庄。

其他空间，是纵横于上述三类空间中的交通、能源、通信等基础设施，水利设施以及军事、宗教等特殊用地的空间。

实行“多规合一”后，新的国土空间规划把整个国土空间划分为城镇空间、农业空间、生态空间和其他空间。生态空间是向农业空间、城镇空间提供生态产品和生态服务为主体功能的国土空间，三大国土空间就如同是一棵大树，城镇空间是树冠，农业空间是树干，而生态空间则是树根。三大国土空间，通过“微管空间”（即线性工程空间）联通为一体，互联互通互惠，联结为一个生命共同体，建造出人与自然和谐共生关系的空间架构。

5.3　绿水青山

绿水青山就是金山银山，绿水青山就在生态空间。生态空间是自然生态空间的简称，是专门为“绿水青山”量身定制的国土空间，专门为践行“绿水青山就是金山银山”理念提供国土空间支持。在三大国土空间中，生态空间是一个在概念上崭新而生态最本真的国土空间。同时，生态空间也是三大国土空间中面积占比最大、地貌类型最多、人类踏足最少、野性力量最强、生物多样性最丰富的国土空间。党的十八大报告中，就将生态空间治理的目标锁定为“山清水秀”。到目前为止，人们对生态空间的认识，远不及农业空间和城镇空间。对生态空间的基本特征、运作规律，治理体系、治理机制，尚缺乏必要的知识、信息和技能储备。

究竟什么是生态空间？说简单点，比如国家公园、自然保护区、自然公园，都是国土空间中的生态空间。一个林场，其实也是一个生态空间，只不过它还兼具森林、草原、湿地多种生态系统类型。从生态空间开垦出耕地，种植作物，饲养家畜，就变成了农业空间。当实行退耕政策后，无论是退耕还林，抑或还草、还湿、还湖，都是“还”了生态空间。当生态空间，无论是草地、林地，被征占用后，即转用为其他的空间。从保护强度和对象来讲，生态空间分为核心生态空间、管控生态空间、控制空间和共享生态空间。自然保护地属核心生态空间，是我国重要和典型的自然生态系统、独特的自然景观、自然遗产和生物多样性富集的部分，是人与自然和谐共生最为秀丽的绿水青山。自然保护地之外，生态保护红线之内为管控生态空间，为重要水源涵养、生物多样性维护、水土保持、防风固沙、海岸生态稳定等功能的生态功能重要区域，以及水土流失、土地沙化、石漠化、盐渍化等生态环境敏感脆弱区域，是绿水青山重要组成部分。控制生态空间是生态保护红线外的天然林、公益林、封山禁牧地、重要湿地和自然遗产等受相关国家法律法规保护的生态空间，是绿水青山不可缺少的部分。共享生态空间是核心生态空间、管控生态空间和控制生态空间之外的一般生态空间，兼具生态产品生产与农产品生产双重功能的区域，是绿水青山转化为金山银山的空间载体。2019 年 5 月开始，陕西省积极推进秦岭国家公园创建工作，秦岭把最美的山水馈赠给陕西，陕西把最美的秦岭给予国家公园。秦岭国家公园就是中国顶级生态空间，就是中国的中央国家公园、中央水塔国家公园、中华祖脉国家公园、中华国宝国家公园、和合南北国家公园。秦岭生态空间研究是中国生态空间研究的一个经典样本。

5.4 生态系统

生态系统指在自然界的一定空间内，生物与环境构成的统一整体，在这个统一整体中，生物与环境之间相互影响、相互制约，并在一定时期内处于相对稳定的动态平衡状态。一个完整的原生生态系统具有生产者、消费者、分解者、流通者和调控者 5 个功能群，这个结构可自我完成初级生产—高级生产—流通—分解—再利用的全过程，能量和物质在生态系统中流动，系统对其自身状态有一定的调控。然而，这些生态系统对外功能很少，或者说一个完整的原生生态系统是自给自足的，并不对外提供功能。生态系统对人的作用分为自然影响和反馈作用两种形式，自然影响是自然规律约束下的人类活动，反馈作用是生态系统对作用于其上的人类行为的响应，分为正反馈和负反馈，在这个过程中“人”逐步形成对“环境”的认知，会修正人类的需求和人的主观改造行为，进而推动人与生态环境关系不断演变。人对生态系统的作用有直接利用、改造利用和适应三种形式。直接利用是直接从地理环境中获取生产生活所需的资源、环境和生态服务；改造利用是人通过主观能动性改变地理环境，以满足人的需求，如将坡度大的地形改造成梯田，以适应种植业发展需求；适应是对于生态系统中的自然规律和自然环境的自觉遵守和适应，从而形成不同的生产、生活方式。例如，人们在长期的农业活动实践中总结出的春播秋收等农时。

生态空间是自然生态系统的主要载体，承载着地球上的森林、草原、湿地、荒漠、河流、湖泊、滩涂、岸线、海洋、荒地、荒漠、戈壁、冰川、高山冻原、无居民海岛等自然生态系统。生态系统源于生态空间，生态空间比生态系统更高一个层次，具有人与自然、生态、环境和资源的四维属性。当然，从广义的生态空间来理解，城镇生态空间和农业生态空间也承载着人类干预和改造后形成的生态系统，即城镇人工生态系统和农业人工生态系统。良好的生态环境是人和社会持续发展的根本基础，实施生态空间源头治理、系统治理、综合治理和依法治理，增强生态产品生产能力，就必须扩大森林、湖泊、湿地面积，减少荒漠化面积，提升生态系统的服务功能，保护生物多样性。

5.5　碳中和

碳在地球上主要有四种存在形式，形象地讲，地球有四个颜色的碳库。黑色碳库，即“黑碳”，封存于岩石圈的碳，主要以碳酸盐的形式存在，约占地球碳总量的99.9%；灰色碳库，即“灰碳”，存在于大气中，以二氧化碳和一氧化碳的形式存在；蓝色碳库，即“蓝碳”，存在于海洋水体中；绿色碳库，即“绿碳”，存在于陆地生态系统。地球生物圈面临的“碳危机”，在本质上是人类活动改变了原来的碳循环格局，挤占生态空间，毁坏贮存“绿碳”能力，扩大农业和城镇空间，燃烧与排放“黑碳”，导致了“灰碳”浓度增加，加剧了地球“温室效应”。

森林生态空间就是绿碳空间。有资料显示，森林空间在全球碳循环中发挥着重要作用。全球陆地绿碳总贮量 18 340 亿 t，包括地上生物绿碳与地下土壤绿碳两部分，其中地上绿碳约占总贮量的 30%，土壤绿碳约占 70%。可见，土壤是最大的碳库。如果按空间分，森林是最大的绿碳空间，森林绿碳贮量 14 100 亿 t，占全球绿碳总贮量的 76.7%。在森林地上绿碳贮量 4830 亿 t，占全球地上绿碳总贮量的 86%；森林土壤绿碳贮量 9270 亿 t，占全球土壤绿碳总贮量的 73%。森林绿碳中，土壤碳占比最大，寒冷地带为 80% 以上，温带为 60% 以上，热带为 50% 以上。全球森林土壤绿碳占森林绿碳总量的 65.7%。森林固碳能力与森林发展阶段密切相关，成长中的中幼林空间是净固碳空间，光合作用固碳量大于呼吸作用释放碳量，二者之差即为净固碳。成熟林 / 过熟林空间也是实现了固碳能力登峰的“碳达峰”空间，且光合作用固碳量与呼吸作用放碳量大体持平，二者之差近于零。绿色碳库“碳达峰”也意味着“碳库库容饱和”，也可以叫“碳饱和”。中国森林以幼龄林、中龄林居多，再加上进一步植绿增绿，生态空间“浅绿”变“深绿”，绿色碳库总库容尚有再翻一番的潜力。据王兵团队研究，2018 年中国森林吸收二氧化碳 15.91 亿 t，约相当于对冲了当年人工排放二氧化碳量 101.7 亿 t 的七分之一。

草原生态空间也是绿碳空间。我国是多草原的国家，草原占国土空间的 40% 以上，草原生物量占全国生物量的 10% 以上，草原土壤碳储量占全国土壤总碳储量的 30% 以上。可见，草原绿碳主要储存于草原土壤中，是植被层的十多倍。有研究指出，草原固碳经济成本约 200 元 /t，不到森林固碳成本 450 元 /t 的一半。中国草原利用历史悠久，草原生态保护修复起步晚，草原绿色碳库空虚，实现草原“碳饱和”，增效扩容潜力大。

湿地生态空间亦是绿碳空间。湿地是“天然或人工、长久或暂时的沼泽地、泥炭地或水域地带，静止或流动，淡水或半咸水或咸水体……”。无论是沼泽、湖泊、河流、滨海等自然湿地，还是保护野生动物栖息地、野生植物原生地等人工湿地，湿地空间都具有封存未被分解的有机物质（绿碳）功能，因而成为绿色碳库的重要组成部分。泥炭地储存了 30% 的陆地碳。

以森林、草原、湿地为主体的生态空间，就是绿色碳库、绿碳空间。经过数十年治理，陕西已经形成 2.2 亿亩生态空间，也是 2.2 亿亩绿碳空间、2.2 亿亩绿色碳库。同时我们看到，现时的生态空间、绿碳空间，还是“浅绿色空间”“低效率空间”，生物量少，土壤瘠薄，也即绿色碳库空虚不充实，增容潜力巨大。加快“浅绿色”向“深绿色”迈进，提升生态空间产能，充实丰盈绿碳空间，推动绿色碳库增效扩容。我们面临的历史任务，就是要全面建立与绿碳空间治理、绿色碳库建设相适应的政策理论体系和政策制度框架，引领生态空间生态产能革命，加快绿色碳库由“空虚”向“饱和”升级转型。这便是基于生态空间的“碳中和”解决方案。

第六节　生态空间治理与能力

6.1　概念

生态空间是指具有自然属性，以提供生态产品或生态服务为主导功能，为城镇空间和农业空间提供生态安全保障的国土空间，包括森林、草原、湿地、河流、湖泊、滩涂、岸线、海洋、荒地、荒漠、戈壁、冰川、高山冻原、无居民海岛等。

生态空间治理就是坚持人与自然和谐共生，贯彻绿水青山就是金山银山的理念，坚持尊重自然、顺应自然、保护自然，统筹山水林田湖草沙系统治理，采取以自然恢复为主，与人工修复相结合的各种源头治理、系统治理、综合治理和依法治理技术措施与手段，增加生态空间产能，提升生态空间诸多的生态服务功能，最终达到生态空间山清水秀。

6.2 对象

在陕西生态空间上，由林地、草地、湿地，还有荒地（漠）以及自然保护地，共同构成生态空间治理上的五大阵地，也就是生态空间治理五大空间体系。

（1）林地生态空间

第三次全国国土资源调查结果显示，全省林地面积达 12.53 万 km^2，占全省国土空间面积的 60.94%，生态空间面积的 83.09%。森林生态系统是陕西生态空间面积最大、最为重要的部分，全省森林面积 9.38 万 km^2，占国土空间（森林覆盖率）面积的 47.73%。陕西森林分为两大部分：秦岭（巴山）森林和黄土高原森林（关山、子午岭、黄龙山）。天然林承载了生态空间最稳定的群落、最完备的生态功能、最丰富的生物多样性，是陕西生态空间的“绿宝石”。陕西天然林面积 5.62 万 km^2，约占森林面积的 2/3。其中，2/3 分布于秦岭、巴山。秦岭、巴山是汉江、丹江所在，也是中国核心水源地所在。陕西森林特别是黄土高原上的森林，以集体林居多、国有林较少，以纯林居多、混交林较少，以阔叶林居多、针叶林较少，以中幼林居多、成林较少，林分质量不高，森林生态系统尚处在恢复当中，森林生态服务功能有待提升。

（2）草地生态空间

据第三次国土资源调查数据表明，全省草地面积约为 2.23 万 km^2，约占全省国土空间面积的 11.14%，占生态空间面积的 14.78%，主要分布在榆林、延安，全省草地中天然草地约占 96%，且绝大部分为国有草原。草原生态系统是陕西生态空间第二大生态系统，是防止沙漠化的前沿阵地，在维护黄土高原生态安全中具有重要作用。进入 21 世纪以来，陕西省通过封山禁牧，建立沙化土地封禁保护区，实施退耕还林还草工程，使陕西草原生态系统逐步得以恢复。新一轮机构改革，将草原监管职责由农业部门划转林业部门，意味着草原是生态空间，而不是农业空间，是自然生态资源，而不是畜牧产业资源。推动草原生态保护修复，加快恢复草原生态服务功能，已经成为新林业部门的使命担当。

（3）湿地生态空间

国土三调数据显示，全省共有各类湿地 487.52 km^2，约占全省生态空间面积的 0.32%。陕西有 4 个湿地类型，其中，内陆滩地为 461.69 km^2，灌丛沼泽为 3.38 km^2，沼泽草地为 2.72 km^2，沼泽地为 19.73 km^2，分别约占全省湿地面积的 94.70%、0.69%、0.56% 和 4.05%。陕西地处内陆腹地，山地面积较大，湿地面积较小。但是，由于陕西横跨长江、黄河两大流域，陕西湿地在调节气候、涵养水源和维护生物多样性方面具有非同一般的重要作用。陕西省 2006 年颁布了《陕西省湿地保护条例》，是全国第四家颁布湿地保护条例的省份。随之公布省级重要湿地名录，并于 2017 年印发《全省湿地保护修复制度方案》，明确实行湿地面积总量管控的目标任务。目前，全省已建立湿地类型自然保护区 14 处，其中国家级 7 处；国家湿地公园 43 处，省级重要湿地 55 处，初步形成分级保护、多种形式互补的湿地保护模式。

（4）荒地（漠）生态空间

根据陕西省第五次荒漠化和沙化土地监测成果，全省荒漠化土地 280 万 hm^2、沙化土地 135 万 hm^2，分别占国土空间面积的 13.6% 和 6.5%（与草原面积有交叉重复）。主要分布于陕北长城岭一线，包括榆林的定边、靖边、横山、榆阳、神木、府谷、佳县、米脂、子洲、绥德、清涧，延安的吴起等。近年来，通过多措并举防沙治沙，年均治理沙地 7 万 hm^2，流动沙地基本消除，沙区植被盖度由 1.8% 恢复到 60%，植被改善气候贡献率达 38.6%。

（5）自然保护地生态空间

按照最新整合优化预案，陕西自然保护地整合后全省各类自然保护地共 237 处、207.36 万 hm^2，约占国土面积的 10.07%。其中，大熊猫国家公园面积 98 km^2，拟创建秦岭国家公园总面积约 1.3 万 km^2，是核心生态空间的核心。自然保护区 47 个，面积 83.30 万 hm^2，是规模最大的自然保护空间。自然公园 154 个，面积 60 万 hm^2，由森林公园、地质公园、湿地公园、沙漠公园等类型组成。此外，有风景名胜区 35 个暂未纳入优化整合范围，面积 24.20 万 hm^2，是提供游览或进行科学、文化活动的生态空间。

自然保护地不仅包含别具一格的自然景观，也包含人类活动形成的特色景象及构筑物，以满足人民日益增长的美好生活需要，在推动实现人与自然和谐共生中发挥着重要作用。

6.3 任务

依据国家相关法律法规和生态空间治理实际，生态空间治理工作可以细分为六个方面，即生态保护、生态恢复、生态重建、生态富民、生态服务、生态安全。

（1）生态保护

对生态空间，实施总体保护、系统保护。生态空间的核心部位，也是精华部位，要实施最严格的保护。划定生态保护红线，本质上就是划定核心生态空间的边线。生态保护红线保护范围，即生态空间中生态功能重要、生态环境敏感脆弱的“管控生态空间”。大秦岭拥有原始森林、完整森林，被誉为中国森林宝岛、绿色水库、生物基因库、自然博物馆、生态秘境、野性天堂。理所当然，秦岭也是陕西生态保护的首要阵地。陕西开全国之先河，为一座山脉立法，颁布了《陕西省秦岭生态环境保护条例》。截至目前，陕西已建立以大熊猫国家公园为主体，各类自然保护区为基础，森林公园、湿地公园、地质公园、沙漠公园等各类自然公园为补充的 9 大类 237 个自然保护地，将陕西国土空间的 18% 纳入了保护地体系。实施“青山保卫战”，秦岭巴山、陇山千山、子午岭黄龙山，全部生态空间被纳入主战场。

（2）生态修复

除秦岭核心保护区外，全省大部分生态空间原有生态系统曾经遭受重创，留下的是残败的天然次生林。正是这些以天然次生林为主的生态空间成为生态恢复的主阵地。天然林保护工程，就是保护天然林，保护天然次生林，就是恢复“次生林”的生机与活力。封山育林，飞播造林，森林抚育，都是促进生态恢复的重要举措。残败的天然林是“浅绿色”，恢复起来就会转变为“深绿色”。最近 20 年，陕西绿由“浅”转“深”的区域，集中在秦岭巴山、子午岭黄龙山等区域，这是停止采伐天然林、实施生态恢复的最显著成果。“三年植树，不如一年禁牧”。在陕北森林草原地带，实行封山禁牧是促进生态恢复的有效路径。

（3）生态重建

原有的生态空间，在过去通过开山垦殖、围湖造田等方式，不少已被转化为农业空间，加之过度开垦、过度放牧，原有的生态系统彻底崩溃，这部分区域要重归生态空间就需要开展生态重建。主要措施包括退耕还林、还草、还湿，植树造林，绿化国土，以及通过防沙治沙、荒漠化治理实现“沙退人进”。延安是全国退耕还林的一面旗帜，全域退耕带来了全域绿色，延安南部的“深绿色”是天然林恢复与退耕还林的叠加效应，延安北部的“浅绿色”是退耕还林带来的生态重建效应。榆林在毛乌素沙地南缘，通过防沙治沙开展生态重建，目前基本架构已经建立，取得了显著成效，但人工林草植被向天然林草植被演化，还需要相当长的时间和长期不懈的努力。

（4）生态富民

因为多种原因，一部分人口已经在生态空间中定居生活。将来，有一部分人口会继续在生态空间中谋生存、求发展，对于这部分人而言，生态空间既是自然资源、生态财富，又是生活依靠、经济财富。目前，脱贫攻坚剩下的贫困人口，大多集中于生态空间。据大数据资料分析，陕西尚有 84% 的贫困人口集中在生态空间中。要立足生态空间，推动生态产业化和产业生态化，通过发展林下经济、生态效益补偿、生态护林员补助等多种方式，让居住在生态空间的人民群众在保护中发展，在发展中保护，分享生态保护红利和经济发展利益。

（5）生态服务

环境就是民生，青山就是美丽，蓝天也是幸福。在生态空间，听得到鸟鸣，看得见青山，望得见星空，是美丽的殿堂，幸福的天堂。居住在城镇空间、农业空间的居民，羡慕美丽的生态空间，需要亲临其境，体验生态空间的优美生态环境和优质生态产品。在生态空间中，“美丽经济”“幸福经济”悄然兴起，特别是秦岭巴山生态资源丰富，要优先发展生态旅游、生态康养、生态体验、生态教育等生态服务业，让城乡居民走进美丽的生态空间，让美丽的生态空间提供美丽的生态服务。

（6）生态安全

生态安全是指生态系统的完整性和健康的整体水平，尤其是指生存与发展的不良风险最小以及不受威胁的状态。对于生态空间来讲，存在的生态安全问题主要是生态空间自然资源损毁或流失、有害生物以及森林草原火灾等，包括对林地、草地、湿地、荒地（漠）、林木和野生动植物等造成不良风险或威胁。有害生物防控、森林草原防火、打击“五乱”（乱搭乱建、乱砍乱伐、乱采乱挖、乱排乱放、乱捕乱猎）以及生态空间资源管控等，皆是维护生态空间自然资源安全，合起来就是“一管三防”，即生态空间资源监管和防虫、防火、防盗，确保生态空间资源安全。

6.4 保障

实现生态空间高质量、高颜值，需要全面推动思想解放和观念更新，加快知识创新和技能提升，营造良好社会舆论氛围，增加资金支持力度，建设高素质的生态绿军，形成上下统一、权责清晰、科学高效的支撑保障体系。要立足一个空间，统筹五大阵地，决胜六条战线，夯实五项保障。

（1）智能保障

智能保障——为生态空间治理提供新的智能机制。林业是一个古老的部门，面对全新的生态空间，需要解放思想，更新观念，真正在思想观念上从一“业”——林业，向一个空间——生态空间转变。我们所说的林业科学技术，绝不是一“业”之科学技术，而是整个生态空间上五大阵地、六条战线的科学技术。新时代的新林人，面对全新的生态空间，知识恐慌、本领恐慌在所难免，加快知识创新、技能升级，转换智能模式，是大势所趋。必须要用新思想、新观念、新知识、新技能，精准把握生态空间规律，精准识别生态空间特征，精准制定生态保护修复方案，建立健全生态空间数据调查、资源共享、互联互通的创新服务平台和生态空间科学技术保障体系，不断提升生态空间知识和技术服务能力。

（2）人文保障

人文保障——为生态空间治理提供正向社会评价机制。在人文建构上，实现从一

“业”向一个空间的转变，建立起与生态空间高颜值相适应的生态空间文化，让更多的人了解生态空间，爱护生态空间。要创新发展模式，拓宽传播渠道，全方位、多角度展示美丽陕西生态空间新形象。要结合植树节、爱鸟周等主题活动，普及生态空间文化，培养生态空间意识，让生态空间文化扎根精神世界，形成生态空间精神图谱。生态空间文化根植生态空间之中，陕西生态空间熠熠生辉，陕西生态空间文化必将特色鲜明，走在前列。秦岭、华山、骊山、终南山、太白山、宝塔山，黄河、渭河、汉江、延河、无定河，黄帝陵、炎帝陵、华胥陵，以及大熊猫、朱鹮、金丝猴、羚牛，皆是陕西生态空间的重要标识，与之相对应的秦岭文化、华山文化、骊山文化、终南山文化、太白山文化、宝塔山文化，黄河文化、渭河文化、汉江文化、延河文化、无定河文化，华胥文化、炎帝文化、黄帝文化，以及秦岭“四宝”——大熊猫、朱鹮、羚牛、金丝猴文化，必将是陕西生态空间文化的重要板块。

（3）资金保障

资金保障——为生态空间治理建立多元化投入机制。在本源上，生态空间“厚德载物，生生不息”，并不需要人工干预，也就不需要“多元投入”。然而，在三大空间并立之后，因为相互依存产生了复杂的耦合关系。生态空间上的五大阵地、六条战线，皆需要资金保障，这好比是“树冠对树根的回报”。生态空间高颜值，就是提供生态产品、生态环境，这是最普惠的民生事业、公共服务，必然需要公共财政支撑，特别是中央财政优先支持保障。这里的资金保障，不是保障一“业”，而是一大国土空间，且是为农业空间、城镇空间提供生态保障的国土空间。中央基础建设资金、专项资金，要向生态空间保护修复倾斜，要进一步完善生态空间保护修复补偿机制、生态资源收费基金和有偿使用的征收管理办法。加强与金融组织合作，发挥生态富民、生态服务领域资本吸引力，形成政府引导、市场推进、社会参与的多元化投融资渠道，激发生态空间保护修复内生动力。

（4）法治保障

法治保障——为生态空间治理建构政策法律体系。坚持用最严格制度、最严密法治保护生态空间，特别是核心生态空间。在原有森林、草原、湿地、荒漠、自然保护地五大阵地相关法律法规的基础上，逐步要将生态空间五大阵地、六条战线、五项保障作为一个整体，作出相适应的制度安排，形成相对完善的生态空间法律法规体系。要将以国家公园为主体，自然保护区为基础，自然公园为补充的自然保护地体系，全部划入生态保护红线，实行归口统一保护。“徒法不足以自行”，要建立生态空间联席会议制度，强化生态空间法律监督，组建生态空间综合执法队伍，综合行使生态空间行政执法权。建立健全生态空间全领域、广覆盖的山长制、林长制，生态空间目标考核机制与责任追究机制，用法律制度确保生态空间建设管理高质量。

（5）组织保障

组织保障——为生态空间治理锻造过硬生态绿军。从一“业”到一个空间的转变，是全方位跨越式的重大转型。绿色是生态空间的本色，也是大自然的象征，新林人就是活跃在生态空间的生态绿军。要立足生态空间本色，将五大阵地、六条战线、五项保障深度融合为一体，再造组织结构和组织流程。要树立生态空间主人翁意识，发挥生态空间建设主力军作用，打造“政治强、业务精、形象好”的生态绿军。要创建特色的生态绿军文化，建设过硬的生态绿军风纪。秦岭是世界级生态空间，秦岭“四宝”是世界级生态宝贝，生态绿军是生态空间、生态宝贝的忠诚生态卫士，要有秦岭“四宝”一般的精神魅力——要像大熊猫一般谦逊、博爱，像朱鹮一般和美、高远，像金丝猴一般机智、拼搏，像羚牛一般团结、坚毅，将“四宝精神”充分发扬，决胜林业工作高质量，生态空间高颜值。

第三章 陕西省基本概况

陕西是中华民族和中华文明的发祥地之一，简称“秦”或“陕”，位于我国西北内陆腹地，地处东经105°29′～111°15′和北纬31°42′～39°35′之间，地域南北长、东西窄，南北长约880 km，东西宽约160～490 km，总面积约20.56万km^2，占全国陆地总面积的2.14%。全省纵跨黄河、长江两大流域，自然区划上因秦岭—淮河一线而横跨北方与南方，周边与山西、河南、湖北、四川、甘肃、宁夏、内蒙古、重庆8个省区市接壤，是新亚欧大陆桥和连接中国东、中部地区和西北、西南的重要枢纽。

第一节 自然环境概况

1.1 地形地貌

陕西南北狭长，东西窄，南北直线距离878.0 km，跨越近9个纬度带；东西直线距离517.3 km。地势南北高、中间低。有高原、山地、平原和盆地等多种地形。黄土高原和秦岭把陕西分为三大自然区：地貌总体上可分为陕北高原、关中平原、陕南秦巴山地三种类型。北部为海拔900～1900 m的陕北黄土高原区，总面积8.22万km^2，约占全省土地面积的40%；中部是关中平原区，海拔460～850 m，总面积4.94万km^2，约占全省土地面积24%；南部是陕南秦巴山区，海拔1000～3000 m，总面积7.4万km^2，约占全省土地面积的36%。

陕北高原，自北向南分为长城内外风沙高原区、延安以北黄土梁峁丘陵沟壑区、延安以南黄土塬梁丘陵沟壑区和南部石质中山低山区等四个区。沙丘、海子、草滩、黄土塬、梁、峁及黄土峡谷是陕北高原的主要地貌景观。

关中平原，号称“八百里秦川”，其主体是黄土台塬区和渭河干流阶地区。在新构造运动中经相对沉降和第四纪以来的冲积—洪积过程，形成了现代西高东低、西部缩窄闭合、向东开阔的有数级广阔阶地的平原。地貌分为渭河干流阶地区、渭北黄土台塬区、山麓洪积扇裙区、渭河与北洛河夹峙三角地带的沙苑区和骊山块断低山区等五个区。

陕南秦巴山地的地质基础为伏牛—大别台背斜、大巴山断块褶皱带和秦岭古生代地槽褶皱带，在新构造运动时期中度隆起，后经流水侵蚀及第四纪初期的冰川作用，形成了西高东低，从汉江谷地向南北巴山、秦岭脊部展布的低山丘陵、中山、高山并以中山为主的现代地貌。具体可分为北秦岭高山中山地区、中秦岭中山区、汉江南北低山丘陵盆地区和米仓—大巴构造剥蚀中山区等四个地貌区。

1.2 水文

陕西境内河流分为内流水系和外流水系。内流水系分布在陕北北部长城沿线风沙草滩区，占全省总面积的 2.3%，河少湖多，河流注入湖泊或消失在沙漠中。当地称湖泊为“海子”，面积小、数量多，总共有 300 多个，最大的红碱淖面积 67 km^2。外流水系流域面积占全省总面积 97.7%，分属黄河、长江两大流域。其中黄河流域有河流 2524 条，流域面积 133 301 km^2，占全省面积的 62.2%，长江流域有河流 1772 条，流域面积 72 265 km^2，占全省面积 35.5%。全省流域面积在 100 km^2 以上的河流有 583 条，属黄河流域的 358 条，属长江流域的 221 条，内流河 4 条。其中流域面积在 5000 km^2 以上的大河 13 条。黄河在陕西境内的主要支流，从北向南有窟野河、无定河、清涧河、延河、北洛河、渭河、南洛河等，年总径流量 159.39 亿 m^3（本省产流 114.66 亿 m^3），年输沙量 13.75 亿吨（本省产沙 9.1 亿吨）。陕南长江支流是汉江和嘉陵江。汉江在省内年径流量 245 亿 m^3，年输沙量 0.58 亿吨，主要支流有褒河、湑水河、子午河、牧马河、仁河、岚河、月河、旬河、金钱河、丹江等，以丹江为最大；嘉陵江在省内年径流量 56.6 亿 m^3，年输沙量 655 万 t。省内河流多流经高原、山区，峡谷多，落差大，水力发电蕴藏量达 1400 多万千瓦，水库坝址甚多，且有不少优良坝址，具有建坝蓄水进行发电、灌溉、防洪、养殖和旅游综合开发的巨大潜力和良好前景。

全省多年平均地表径流量 426 亿 m^3，水资源总量 445 亿 m^3，居全国各省（市、区）第 19 位。全省人均水资源量为 1280 m^3，最大年水资源量可达 847 亿 m^3，最小年水资源量只有 168 亿 m^3，丰枯比在 3.0 以上。水资源时空分布严重不均：从时间分布上看，全省年降雨量的 60% ～ 70% 大都集中在 7—10 月，往往造成汛期洪水成灾，而春、夏两季旱情多发；从地域分布上看，秦岭以南的长江水系，水资源量占到全省总量的 71%，而秦岭以北的黄河水系，水资源量仅占 29%。

地下水资源主要分布在一些较大的河谷阶地区，含水层厚，分布广，补给条件及富水性均较好。尤以关中泾、渭、洛河的阶地区和山前洪积扇裙地带地下水分布较集中，水量较丰，开发利用历史悠久。陕西还广泛分布有地下肥水资源，俗称“瀵井”，以关中平原地区分布集中，开发利用较多。秦岭山地构造断裂发育，沿断裂带常有温泉出现，水温一般 40 ～ 60℃，有保健医疗价值，如临潼华清池、蓝田汤峪等。但由于气候原因，近些年，各河流水量逐渐减少，秦岭北坡出峪河水几近断流。

1.3 气候

陕西南北纵跨纬度 7°54′，区域气候差异明显，由北向南分为陕北北部中温带，陕北南部、关中、秦岭北坡南温带和陕南北亚热带三个气候带。秦岭是中国南北气候分界线，陕南属北亚热带气候，关中及陕北大部属暖温带气候。陕西省气候总特点是四季分明，雨热同期。春暖干燥，降水较少，气温回升快而不稳定，多风沙天气；夏季炎热多雨，间有伏旱；秋季凉爽，较湿润，气温下降快；冬季寒冷干燥，气温低，雨雪稀少。全省年平均气温 9 ～ 16℃，自南向北、自东向西递减，陕北 7 ～ 12℃，关中 12 ～ 14℃，陕南 14 ～ 16℃。1 月平均气温 -11 ～ 3.5℃，7 月平均气温 21 ～ 28℃。无霜期 160 ～ 250 d。极端最低气温 -32.7℃，极端最高气温 42.8℃。

陕西是中国东部季风区的组成部分，处于我国东南湿润区与西北干旱区的过渡地带。冬季盛行偏北风，干燥寒冷；夏季盛行偏南风，气温较高，降水较多。春秋两季两种风系交替出现，有秋雨现象。

年平均降水量南多北少，南部秦巴山地年平均降水量在 1000 mm 左右，向北逐渐减少，关中在 600 mm 左右，至陕北北部长城沿线为 300 ～ 450 mm。降水多集中在夏季，5—9 月降水量占全年降水量的 70% 以上。

1.4 土壤

土壤类型多样，计有 21 个土类，149 个土属，400 多个土种，主要土类有塿土、褐土、黑垆土、黄绵土、棕壤、黄棕壤、黄褐土、栗钙土、风沙土、水稻土、潮土、盐碱土等。

土壤水平分布的地带性十分明显，自北而南依次为：长城沿线风沙土、淡栗钙土带，分布在陕北长城沿线以及其他以北地区，土壤主要为风沙土、栗钙土，另有少量的灰钙土和残存的黑垆土，局部分布隐域性的沼泽土、盐土和草甸土；黄土高原黑垆土带分布于长城沿线以南，关中北部北山以北的黄土高原区，地带性土壤为黑垆土，因长期遭受人为活动的影响和强烈的水土流失，表层土壤大多被侵蚀掉，下部黄土层出露，形成黄绵土，黑垆土仅在局部地方残存；关中盆地褐土带，褐土为地带性土壤，北部黄土台塬多为碳酸盐褐土， 渭河阶地以普通褐土为主，而秦岭北麓多为淋溶褐土。因关中地区开发早，人类活动对土壤影响深刻，褐土在长期耕作下形成深厚的耕作层，称为埁土；秦巴山地黄棕壤、黄褐土带，秦岭山地海拔多在 2000 ～ 2500 m，山地垂直分带明显，随海拔的升高，土壤呈现垂直分异的特点，秦岭北坡自渭河谷地至太白山顶依次为埁土、淋溶褐土、棕壤、暗棕壤、亚高山草甸土、原始土壤；秦岭南坡自汉江谷地至太白山顶土壤垂直分布为淤土、水稻土、黄褐土、黄棕壤、棕壤、暗棕壤、亚高山草甸土、原始土壤。汉中—安康盆地属亚热带季风气候，地带性土壤为黄棕壤和黄褐土，在河流阶地上主要是水稻土。大巴山和米仓山海拔 2000 m 以上地方分布有棕壤和草甸土。

1.5 生物

陕西省位于中国西北地区东部，地处中国大陆内陆腹地，秦岭横亘中部。陕西以北山、秦岭为界，由北向南分为陕北高原、关中平原、陕南秦巴山区三大自然区域，纵跨温带、暖温带和北亚热带三个气候带，物种资源十分丰富，区位优势非常明显。

陕西自然条件复杂多样，植被类型南北差异十分明显。水平分布自南向北依次为秦巴山地落叶阔叶—常绿阔叶混交林带、渭河谷地和黄土高原南部暖温带落叶阔叶林带、黄土高原北部森林草原带、长城沿线温带草原带。陕西地处南北过渡、东西交会地带，植物区系成分复杂，起源古老，植物资源丰富，有野生植物 4400 余种，为中国温带地区植物物种最为丰富的省份之一。其中国家Ⅰ级保护植物 6 种，分别是红豆杉、南方红豆杉、华山新麦草、独叶草、珙桐和光叶珙桐；国家Ⅱ级保护植物 23 种，包括秦岭冷杉、太白红杉、大果青杆、巴山榧树等；地方重点保护植物 183 种。70% ～ 80% 的物种分布于陕南秦巴山区，从分布地域来看，以大巴山东段及秦岭中段南坡的物种种类最为集中；从植物区系来看，植被分布呈现过渡性和复杂性，多种区系汇集于此。

全省自然植被有 24 个类型，61 个群系组，主要类型有常绿阔叶林、常绿—落叶阔叶混交林、落叶阔叶林、针叶林、竹林、草原、灌丛、草甸、盐生植被、沼泽和沼泽性植被等。人工植被有 12 个类型，28 个群系组，主要类型有一年一熟旱作、一年两熟或二年三熟农作、水旱一年两熟农作、经济果园等。

陕西省现有陆生野生动物 791 种，占中国 2605 种的 30.4%，其中，哺乳类 151 种，鸟类 560 种，爬行类 54 种，两栖类 26 种。包括国家Ⅰ级保护动物 18 种，如大熊猫、川金丝猴、金钱豹等；国家Ⅱ级保护动物 85 种，如中华鬣羚、猞猁、红腹角雉等；省级保护动物 52 种。

第二节　社会经济概况

截至 2021 年，陕西省辖 10 个设区市，另有杨凌农业高新技术产业示范区，共计 107 个县（市、区），1005 个镇、乡，308 个街道办事处，17 436 个村民委员会，3016 个居民委员会。行政区划面积 20.56 万 km^2。2021 年生产总值 29 800.98 亿元，比上年增长 6.5%。其中，第一产业增加值 2409.39 亿元，增长 6.3%，占生产总值的比重为 8.1%；第二产业 13 802.52 亿元，增长 5.6%，占生产总值的 46.3%；第三产业 13 589.07 亿元，增长 7.3%，占生产总值的 45.6%。2021 年非公有制经济增加值 15 326.86 亿元，占生产总值的 51.4%，较上年提高 3%。

2021 年农业增加值 1845.75 亿元，比上年增长 4.1%；林业增加值 59.93 亿元，比上年增长 14.1%；牧业增加值 482.41 亿元，比上年增长 13.4%；渔业增加值 21.29 亿元，比上年增长 4.7%。据抽样调查，全年粮食作物播种面积 300.434 万 hm^2，比上年增长 0.1%。其中，夏粮 110.468 万 hm^2，比上年增长 0.1%；秋粮 189.966 万 hm^2，比上年增长 0.1%。全年肉类总产量 127.97 万 t，比上年增长 19.5%。其中，猪肉产量 97.6 万 t，比上年增长 25.6%。禽蛋产量 63.40 万 t，比上年下降 1.3%。奶类产量 161.90 万 t，比上年增长 0.3%。其中，生牛奶产量 104.6 万 t，比上年下降 3.7%。年末生猪存栏 885.30 万头，比上年末增长 4.2%；牛存栏 149.30 万头，比上年下降 1.2%；羊存栏 881.10 万只，比上年增长 1.1%；家禽存栏 7695.5 万只，比上年下降 0.6%。全年水产品产量 18.93 万 t，比上年增长 3.4%。

2021 年全部工业增加值 11 256.03 亿元，比上年增长 8.3%。其中，规模以上工业增加值增长 7.6%。全年规模以上工业中，采矿业增加值比上年增长 4.3%，制造业增长 8.1%，电力、热力、燃气及水的生产和供应业增加值增长 17.5%；能源工业增加值增长 6.5%，非能源工业增加值增长 8.3%；六大高耗能行业增加值增长 9.8%；高技术制造业增加值增长 17.1%，装备制造业增加值增长 12.8%。全年规模以上工业营业收入 29 585.6 亿元，比上年增长 26.8%；利润 3605.1 亿元，比上年增长 88.6%。全年全社会建筑业增加值 2674.17 亿元，比上年下降 3.5%。具有资质等级的总承包和专业承包建筑企业实现总产值 9176.40 亿元，比上年增长 7.9%，其中国有及国有控股企业实现总产值 5933.95 亿元，比上年增长 8.7%；签订合同额 21 842.59 亿元，比上年增长 9.8%；房屋建筑施工面积 36 561.94 万 m^2，比上年下降 2.6%。

土地利用状况。根据第三次土地利用现状调查数据（阶段数据）：全省土地利用现状中林地面积 1255.62 万 hm^2、草地面积 227.65 万 hm^2，合计生态空间占国土空间面积的 71% 以上，处于绝对优势地位；耕地面积 325.03 万 hm^2，占全省国土空间面积的

15.67%；其余土地利用类型占比均在 10% 以下。

第三节　生态保护与建设

3.1　自然保护地建设

自然保护地是生态保护和建设的核心载体、中华民族的宝贵财富、美丽中国的重要象征，在维护国家生态安全中居于首要地位。过去，由于历史原因，我国自然保护地曾分属林业、农业、住建、环保、水利等不同部门建设和管理，导致同一区域保护地重复设置，不同类型保护地间空间交叉重叠等情况时有发生。2019 年，陕西开始自然保护地优化整合工作，除与其他保护地多有重叠的 35 处风景名胜区、1 处国际履约保护地和保护面积小且对象特殊的 1 处矿山公园、2 处地质类自然保护点外，陕西省其余 5 类 212 处各级自然保护地批复总面积 166.56 万 hm^2，落界面积 167.52 万 hm^2（含交叉重叠），占全省面积（2057.14 万 hm^2）的 8.14%，扣除交叉重叠后落界面积为 160.58 万 hm^2，占全省面积的 7.81%，有自然保护区 59 处，面积合计 113.23 万 hm^2，占自然保护地落界面积的 67.60%。其中：国家级自然保护区 26 处，面积 62.77 万 hm^2，占自然保护区面积的 55.44%；省级自然保护区 26 处，面积 44.77 万 hm^2，占自然保护区面积的 39.54%；市县级自然保护区 7 处，面积 5.69 万 hm^2，占自然保护区面积的 5.03%。按功能分区，其中核心区 41.08 万 hm^2，占自然保护区面积的 36.28%；缓冲区 29.33 万 hm^2，占自然保护区面积的 25.90%；实验区 42.82 万 hm^2，占自然保护区面积的 37.82%。地质公园 18 处，面积合计 8.43 万 hm^2，占自然保护地总面积的 5.03%。其中国家级地质公园 10 处，面积 4.57 万 hm^2，占地质公园面积的 54.22%；省级地质公园 8 处，面积 3.86 万 hm^2，占地质公园面积的 45.78%。森林公园 90 处，面积合计 39.05 万 hm^2，占自然保护地总面积的 23.31%。其中国家森林公园级 37 处，面积 22.38 万 hm^2，占森林公园总面积的 57.32%；省级森林公园 53 处，面积 16.67 万 hm^2，占森林公园总面积的 42.68%。湿地公园 43 处，均为国家级，面积合计 5.78 万 hm^2，占自然保护地总面积的 3.45%。沙漠公园 2 处，均为国家级，面积合计 1.02 万 hm^2，占自然保护地总面积的 0.61%。

根据陕西自然地貌和自然条件将全省由南向北依次划分为大巴山地区、汉中—安康盆地区、秦岭山地区、关中盆地区、黄土高原区、长城沿线风沙区等六个生态地理区域。全省 5 类自然保护地主要集中在秦岭山地区和黄土高原区，两大区域自然保护地面积占到全省自然保护地总面积的 78.6%，数量占到全省自然保护地总数量的 65.7%。秦岭为我国南北气候的分界线，是我国的乃至全球生物多样性保护关键区域之一，也是我国最早确定的25个国家重要生态功能区之一，是我国的中央水塔，生态地位极为重要。因此，秦岭山地区也成为全省自然保护地分布的核心。占全省面积25.2%的秦岭山地，占全省自然保护地面积的45.7%、占全省自然保护地数量的40.2%。黄土高原区占全省总面积的38.3%，是全省面积最大的区域。黄土高原也是我国25个国家重要生态功能区之一，是我国重要的水土保持生态功能区，生态系统极为脆弱，生态地位十分重要，也是本省自然保护地分布较为集中区域，分布着全省自然保护地面积的32.9%和全省自然保护地数量的25.5%。关中盆地、汉中—安康盆地、长城沿线风沙区自然保护地分布较少，三大区域自然保护地仅占全省自然保护地总面积的12.3%、占全省自然保护地总数量的23.0%。

3.2 天然林资源保护工程

天然林资源保护工程，简称“天保工程”，是为了保护天然林而设立的国家工程。在我国，主要在长江上游、黄河上中游以及东北、内蒙古等重点国有林区实施天然林资源保护工程。2000年，天保工程一期在陕西省全面启动，实施期限为2000—2010年。2010年，提出实施天保工程二期，实施期限为2011—2020年。天保工程二期实施范围在工程一期范围的基础上，减少了西安市未央区和雁塔区，增加了化龙山自然保护区、火地塘林场。工程区范围包括全省除西安市城5区以外的102个县（市、区）、12个重点森林工程、4个国有林场和1个国家级自然保护区，共119个实施单位。

自天保工程实施以来，工程区林业用地面积由1999年的1072万hm^2增长到2019年的1396万hm^2，增长了324万hm^2，其中有林地面积由1999年的637万hm^2增长到2019年的897万hm^2，增长了260万hm^2，林草覆盖率由1999年的30.92%提高到2019年的48.54%。

通过森林资源管护、公益林建设、生态效益补偿和森林抚育，全省国有林场在岗职工年均工资稳步增长，同时也增加了林区林农收入。苹果产业，红枣、核桃、花椒等干果经济，林下养殖、森林康养旅游业蓬勃发展。

天保工程的实施使群众拥有了良好的生态环境。以工程实施带动农村产业结构调整，促进了林业增效、农民增收。实施森林抚育、苗木培育等营林生产活动，为林区群众提供了更多的就业机会，围绕林业三产及多种经营，林区群众受益颇多。

3.3 三北防护林体系工程

三北防护林体系工程是指在中国三北地区（西北、华北和东北）建设的大型人工林业生态工程，简称“三北防护林工程”。陕西省三北防护林体系建设从1978年开始，历时40余年，截至2020年，共实施五期工程，涉及省内68个县、区。一期项目工程实施期间为1978—1985年，建设范围包括长城沿线风沙区，陕北黄土高原丘陵沟壑区，渭北黄土高原沟壑区的榆林、延安、铜川、宝鸡、咸阳、渭南六地（市）的49个县（市、区），总土地面积11.1万km^2，占全省总土地面积的54.4%。规划建设任务94万hm^2，实际完成建设任务92万hm^2，完成投资6571.8万元，其中国家投资4776万元，地方投资1795.8万元。二期工程实施期间为1986—1990年，建设范围与一期相同。规划建设任务82万hm^2，实际完成建设任务136万hm^2，完成投资10 836万元，其中国家投资7877万元，地方投资投劳2959万元。三期工程实施期间为1991—2000年，建设范围包括榆林、延安、铜川、咸阳四市的全部，渭南、宝鸡两市的大部分和西安市的一县一区，增加了泾阳县、渭南市、高陵县、武功县、兴平市、大荔县、秦都区、渭城区、杨陵区、阎良区等10个县（市、区），共计60个县（市、区），总面积11.63万km^2，占全省总面积的56.6%。规划建设任务49.2万hm^2，实际完成建设任务50万hm^2，完成投资5526万元，其中国家投资4016万元，地方投资1510万元。四期工程实施期间为2001—2010年，建设区域以渭河及秦岭北麓为界，包括榆林、延安、铜川、咸阳、宝鸡、渭南、西安、杨凌8市（区）的65个县（市、区），区域面积12.07万km^2，占全省总面积的60%。规划建设任务84万hm^2，完成建设任务39万hm^2。完成投资91 793.8万元，其中国家投资66 506.6万元，地方投资25 287.2万元。五期工程实施期间为2011—2020年，建设范围包括西安、宝鸡、咸阳、铜川、渭南、延安、榆林、杨凌和韩城9市（区）68县（市、区），区域面积12.19万km^2。2011—2020年规划建设任务153万hm^2，2011—2016实际完成国家下达建设任务33万hm^2，完成投资119 299.7万元，其中国家投资97 098万元，地方投资22 201.7万元。

40年来，陕西省三北防护林体系建设工程历经了“生态型”“生态经济型”“质量效益型”的发展历程，工程建设的层次和品位不断提升。截至2016年年底，累计完成营造林349万hm^2，森林覆盖率由1977年的12.9%提高到目前的32.9%，为全省生态环境改善和林业发展作出了巨大贡献。

3.4 退耕还林（草）工程

退耕还林工程就是从保护生态环境出发，将水土流失严重的耕地，沙化、盐碱化、石漠化严重的耕地以及粮食产量低而不稳的耕地，有计划、有步骤地停止耕种，因地制宜地造林种草，恢复植被。陕西是退耕还林还草的策源地。1999年以来，全省上下团结一心，积极响应党中央、国务院号召，在全国率先开展退耕还林还草工程建设。二十多年来，陕西省累计实施国家下达的退耕还林还草任务279万hm^2，其中退耕地还林还草 134 万 hm^2，荒山荒地造林 129 万 hm^2，封山育林 16 万 hm^2，累计获得国家各类政策补助资金 406.46 亿元，惠及 300 万农户 1000 万农民。黄河流域实施退耕还林还草 190 万 hm^2，占全省总任务的 67.73%，其中退耕地还林还草 87 万 hm^2，荒山荒地造林 93 万 hm^2，封山育林 9.5 万 hm^2。经过二十多年的艰苦拼搏，陕西省退耕还林还草取得显著成效，成为全国退耕还林还草先进省份，涌现出退耕还林第一市（延安市）、退耕还林第一县（吴起县），被国家林业和草原局称赞为全国退耕还林还草和生态建设的一面旗帜，为全球生态治理提供了成功“样本”。

退耕还林还草使陕西省森林面积迅速增加，森林覆盖率由退耕前的 30.92% 增长到 45% 以上，成为历史上陕西省森林面积和森林覆盖率增幅最大、增长最快的时期。以延安、榆林为核心的黄土高原成为全国连片增绿幅度最大的地区，绿色向生态脆弱的北部地区延伸了 400 多千米；依托退耕还林还草工程，各地建成了山地苹果、核桃、板栗、花椒、茶叶等各具特色的经济林产业基地；累计安排贫困地区退耕地还林还草面积 20 万 hm^2，覆盖贫困户 31.98 万户、贫困人口 107.35 万人，获得国家各类补助资金 36.51 亿元，人均受益 3401 元；退耕还林还草的深入实施，让广大老百姓切身感受到了生态改善给他们的生产生活带来的好处，使他们的生态意识明显增强。各级党委、政府也十分重视生态建设，许多地方提出了生态立市立县战略，大力发展绿色产业、环保产业、生态旅游等。目前全省已建成一批生态文化村、美丽宜居示范村，过去的贫瘠山村如今变成了美丽乡村；西安、宝鸡、延安、安康、榆林、汉中、商洛七市成功创建国家森林城市，陕西省开始向生态“高颜值”发展阶段迈进。

3.5 长江防护林建设工程

为改善生态，促进经济社会的可持续发展，1989 年以来，国家在长江流域实施了一系列防护林体系建设工程，简称“长防工程”。陕西省长江防护林建设工程包括秦岭和巴山的长江流域，介于东经 105°29′ ～ 111°03′、北纬 31°42′ ～ 34°15′ 之间，是长江一级支流汉江、嘉陵江和二级支流丹江的发源地，是南水北调中线工程重要的水源地，是我国长江中上游防护林建设的重点区域，也是全国有名的集中连片的贫困地区。全区域土地总面积 751.17 万 hm^2，林业用地面积 588.31 万 hm^2，占全区总面积的 78.32%，其中有林地面积 479.23 万 hm^2，疏林面积 3.96 万 hm^2，灌木林面积 57.14 万 hm^2，未成林造林地面积 19.72 万 hm^2，苗圃地面积 308 hm^2，无立木林地面积 7639 hm^2，宜林地面积 27.41 万 hm^2，辅助生产用地面积 401 hm^2，四旁树 26 976 万株，森林覆盖率 64%。截至 2019 年，陕西省长防工程完成国家下达任务 4.23 万 hm^2，占国家下达建设任务的 100%，其中：人工造林 1.1 万 hm^2，占规划任务的 6%；封山育林 3.13 万 hm^2，占规划任务的 11%。

长防工程的实施，改变了传统落后的生产生活方式，项目建设县把生态建设与区域经济发展紧密结合起来，通过生态立市、立县战略，大力发展绿色产业、生态旅游业，让广大群众切身感受到了生态建设给他们的生产生活带来的便利，有效地改善了农村生活、生产条件，为脱贫攻坚、农村文明富裕、乡村振兴建设奠定了基础，形成了全社会重视生态建设、投身生态建设的良好氛围。

3.6 京津风沙源治理工程

京津风沙源治理工程是为固土防沙、减少京津沙尘天气而出台的一项针对京津周边地区土地沙化的治理措施。一期工程于 2002 年启动，涉及北京、天津、河北、山西及内蒙古等五省(区、市)的 75 个县(旗)，但不包括陕西省。京津风沙源治理二期工程区范围在陕西省涉及榆林的榆阳区、神木市、府谷县、横山区、定边县、靖边县 6 个县（区）。西起定边县红柳沟镇，东至府谷县黄埔镇，南起定边县白马乡，北至府谷县古城乡，地理坐标为东经 107°14″ ～ 110°36″ ，北纬 37°57″ ～ 39°35″ 之间。工程区总国土面积为 336 万 hm^2，沙化土地面积 135 万 hm^2，占全省沙化土地的 99.5%。

2013—2022 年，京津风沙源治理二期工程启动实施以来，下达陕西省计划任务已全部完成，设定目标已基本实现。国家下达陕西省京津风沙源治理二期工程林业建设总任务 12 万 hm^2，占规划任务的 25.28%。其中，人工造林 5.2 万 hm^2（其中乔木林 5 万 hm^2、灌木林 0.2 万 hm^2）、飞播造林 1.7 万 hm^2、封沙育林 4.4 万 hm^2、工程固沙 0.4 万 hm^2。国家下达陕西省京津风沙源治理二期工程草原建设总任务 1.4 万 hm^2，占规划任务的 31.03%。其中，人工饲草基地 1 万 hm^2、飞播牧草 0.01 万 hm^2、围栏封育 0.3 万 hm^2、草种基地 0.1 万 hm^2、暖棚 45.3443 万 m^2、饲料机械 0.089 万套、青贮窖 5.6835 万 m^3。国家下达陕西省京津风沙源治理二期工程水源工程建设 2212 处，占规划任务的 40.22%；节水灌溉 1327 处，占规划任务的 40.21%；小流域综合治理 205.635 km^2，占规划任务的 51.4%。国家下达陕西省京津风沙源治理二期工程生态移民任务 3859 人，占规划任务的 14.13%。

自京津风沙源治理二期工程启动实施以来，陕西省防沙治沙迈入了整体好转、局部良性循环的新阶段，实现了由“沙进人退”到“绿进沙固”的历史性巨变。

第四章　生态空间分类及特征

生态空间的存在是客观事实，它已经与地球共生共存了约 46 亿年。人类出现以前，地球就是最大的生态空间，人类出现之后，地球逐渐演变为城镇空间、农业空间、生态空间和其他空间。生态空间又是一个全新的概念，不同学者对生态空间的理解不同，尤其近年来越来越多的人开始关注生态空间，研究成果逐渐增多。如何在对国土空间和生态环境等调查标准基础上，制定精准的生态空间分类调查标准与特征，就成为了生态空间治理亟待解决的科学问题。

第一节　生态空间分类

1.1　发展历程

早在 1984 年，全国农业区划办就制定了《土地利用现状调查技术规程》，将国土空间分为耕地、园地、林地、牧草地、居民点及工矿用地、交通用地、水域及未利用地 8 个一级类和 46 个二级类。2007 年，由原国土资源部制定了《土地利用现状分类》（GB/T 21010—2007），在《土地利用现状调查技术规程》的基础上，把国土空间优化整合为 12 个一级类 57 个二级类，调整变更的有草地、商服用地、工矿仓储用地、住宅用地、公共管理与公共服务用地、特殊用地、交通运输用地、水域及水利设施用地和其他土地。2017 年，修订后的 GB/T 21010—2017，将国土空间划分为 12 个一级类和 73 个二级类，主要对二级类进行了细化和调整，最明显的特征就是把湿地分散于各大二级分类中，比如把森林沼泽、灌丛沼泽归入林地，把沼泽草地归到草地中，盐田归入工矿仓储用地，滩涂归入水域及水利设施中（见表 4–1）。2019 年，国家启动第三次全国国土调查工作（简称“国土三调”），颁布《第三次全国国土调查技术规程》（TD/T 1055—2019），在 GB/T 21010—2017 的基础上，把湿地单独列为一类，将其他的二级地类进行局部优化和调整，一级类增加到 13 个，二级类调整为 55 个（见表 4–2）。2020 年，自然资源部制定了《国土空间调查、规划、用途管制用地用海分类指南（试行）》，提出了国土空间调查、规划、用途管制、用地用海分类的总体框架及各类用途的名称、代码与含义，将用地用海分类设置为 24 个一级类、106 个二级类，其中用地分为 18 个一级类、84 个二级类。早在 1986 年制定的《中华人民共和国土地管理法》中，就把国土空间划分为农用地、建设用地和未利用地三大类。2021 年，为更好地衔接国土空间管理，《中华人民共和国土地管理法实施条例》出台，明晰了土地类型与国土空间的对应关系，为“三区三线”概念落在实实在在的国土空间里提供了路径。这对国土空间治理来讲，具有质的飞跃，也为生态空间框定了架构。

自此，国土空间的技术分类与管理法规基本实现一致，生态空间的范围、面积、分类、分布等现状更加具体明确，管理和治理具有了更高的可操作性。

表 4-1　GB/T 21010—2017 土地利用现状分类和编码

一级类		二级类		含义
编码	名称	编码	名称	
01	耕地			指种植农作物的土地，包括熟地，新开发、复垦、整理地，休闲地（含轮歇地、休耕地）：以种植农作物（含蔬菜）为主，间有零星果树、桑树或其他树木的土地；平均每年能保证收获一季的已垦滩地和海涂。耕地中包括南方宽度＜1.0 m，北方宽度＜2.0 m 固定的沟、渠、路和地坎（埂）；临时种植药材、草皮、花卉、苗木等的耕地，临时种植果树、茶树和林木且耕作层未被破坏的耕地，以及其他临时改变用途的耕地。
		0101	水田	指用于种植水稻、莲藕等水生农作物的耕地。包括实行水生、旱生农作物轮种的耕地。
		0102	水浇地	指有水源保证和灌溉设施，在一般年景能正常灌溉，种植旱生农作物（含蔬菜）的耕地。包括种植蔬菜的非工厂的大棚用地。
		0103	旱地	指无灌溉设施，主要靠天然降水种植旱生农作物的耕地，包括没有灌溉设施，仅靠引洪淤灌的耕地。
02	园地			指种植以采集果、叶、根、茎、汁等为主的集约经营的多年生木本和草本作物，覆盖度大于 50% 或每亩株数大于合理株数 70% 的土地，包括用于育苗的土地。
		0201	果园	指种植果树的园地。
		0202	茶园	指种植茶树的园地。
		0203	橡胶园	指种植橡胶树的园地。
		0204	其他园地	指种植桑树、可可、咖啡、油棕、胡椒、药材等其他多年生作物的园地。
03	林地			指生长乔木、竹类、灌木的土地，及沿海生长红树林的土地。包括迹地，不包括城镇、村庄范围内的绿化林木用地，铁路、公路征地范围内的林木，以及河流、沟渠的护堤林。

续表

一级类		二级类		含　义
编码	名称	编码	名称	
03	林地	0301	乔木林地	指乔木郁闭度≥ 0.2 的林地，不包括森林沼泽。
		0302	竹林地	指生长竹类植物，郁闭度≥ 0.2 的林地。
		0303	红树林地	指沿海生长红树植物的林地。
		0304	森林沼泽	以乔木森林植物为优势群落的淡水沼泽。
		0305	灌木林地	指灌木覆盖度≥ 40% 的林地，不包括灌丛沼泽。
		0306	灌丛沼泽	以灌丛植物为优势群落的淡水沼泽。
		0307	其他林地	包括成林地（树木郁闭度≥ 0.1，＜ 0.2 的林地）、未成林地、迹地、苗圃等林地。
04	草地			指生长草本植物为主的土地。
		0401	天然牧草地	指以天然草本植物为主，用于放牧或割草的草地，包括实施禁牧措施的草地，不包括沼泽草地。
		0402	沼泽草地	指以天然草本植物为主的沼泽化的低地草甸、高寒草甸。
		0403	人工牧草地	指人工种植目测的草地。
		0404	其他草地	指树木郁闭度＜ 0.1，表层为土质，不用于放牧的草地。
05	商服用地			指主要用于商业、服务业的土地。
		0501	零售商业用地	以零售功能为主的商铺、商场、超市、市场和加油、加气、充换电站等的用地。
		0502	批发市场用地	以批发功能为主的市场用地。
		0503	餐饮用地	饭店、餐厅、酒吧等用地。
		0504	旅馆用地	宾馆、旅馆、招待所、服务型公寓、度假村等用地。
		0505	商务金融用地	指商务服务用地，以及经营性的办公场所用地，包括写字楼、商业性办公场所、金融活动场所和企业厂区外独立的办公场所；信息网络服务、信息技术服务、电子商务服务、广告传媒等用地。
		0506	娱乐用地	指剧院、音乐厅、电影院、歌舞厅、网吧、影视城、仿古城以及绿地率小于63%的大型游乐场等设施用地。
		0507	其他商服用地	指零售商业、批发市场、餐饮、旅馆、商务金融、娱乐用地以外的其他商业、服务型用地。包括洗车场、洗染店、照相馆、理发美容店、洗浴场所、赛马场、高尔夫球场、废旧物资回收站、机动车、电子产品和日用产品修理网点、物流营业网点及居住小区及小区级以下的配套的服务设施等用地。

续表

一级类		二级类		含义
编码	名称	编码	名称	
06	工矿仓储用地			指主要用于工业生产、物资存放场所的用地。
		0601	工业用地	指工业生产、产品加工制造、机械和设备修理及直接为工业生产等服务的附属设施用地。
		0602	采矿用地	指采矿、采石、采砂（沙）场，砖瓦窑等地面生产用地，排土（石）及尾矿堆放地。
		0603	盐田	指用于物资储备，包括晒盐场所、盐池及附属设施用地。
		0604	仓储用地	指用于物资储备、中转的场所用地，包括物流仓储设施、配送中心、转运中心等。
07	住宅用地			指主要用于人们生活居住的房基地及其附属设施的土地。
		0701	城镇住宅用地	指城镇用于生活居住的各类房屋用地及附属设施用地，不含配套的商业服务设施的用地。
		0702	农村宅基地	指农村用于生活居住的宅基地。
08	公共管理与公共服务用地			用于机关团体、新闻出版、科教文卫、公用设施等的土地。
		0801	机关团体用地	指用于党政机关、社会团体、群众自治组织等的用地。
		0802	新闻出版用地	指用于广播电台、电视台、电影厂、报社、杂志社、通讯社、出版社等的用地。
		0803	教育用地	指用于各类教育用地，包括高等院校、中等专业学校、中学、小学、幼儿园及其附属设施用地，聋、哑、盲人学校及工读学校用地，以及为学校配建的独立地段的学生生活用地。
		0804	科研用地	指独立的科研、勘察、研发、设计、检验检测、技术推广、环境评估与监测、科普等科研事业单位及其附属设施用地。
		0805	医疗卫生用地	指医疗、保健、卫生、防疫、康复和急救设施等用地，包括综合医院、专科医院、社区卫生服务中心等用地；卫生防疫站、专科防治所、检验中心和动物检疫站等用地；对环境有特殊要求的传染病、精神病等专科医院用地；急救中心、血库等用地。
		0806	社会福利用地	指为社会提供福利和慈善服务的设施及其附属设施用地，包括福利院、养老院、孤儿院等用地。
		0807	文化设施用地	指图书、展览等公共文化活动设施用地，包括公共图书馆、博物馆、档案馆、科技馆、纪念馆、美术馆和展览馆等设施用地；综合文化活动中心、文化馆、青少年宫、儿童活动中心、老年活动中心等设施用地。

续表

一级类		二级类		含　义
编码	名称	编码	名称	
08	公共管理与公共服务用　地	0808	体育用地	指体育场馆和体育训练基地等用地，包括室内外体育运动用地，如体育场馆、游泳场馆、各类球场及其附属的业余体校等用地，溜冰场、跳伞场、摩托车场、射击场，以及水上运动的陆域部分等用地，以及为体育运动专设的训练基地用地，不包括学校等机构专用的体育设施用地。
		0809	公用设施用地	指用于城乡基础设施的用地，包括供水、排水、污水处理、供电、供热、供气、邮政、消防、环卫、公用设施维修等用地。
		0810	公园与绿地	指城镇、村庄范围内的公园、动物园、植物园、街心花园、广场和用于休憩、美化环境及防护的绿化用地。
09	特殊用地			指用于军事设施、涉外、宗教、监教、殡葬、风景名胜等的土地。
		0901	军事设施用地	指直接用于军事目的的设施用地。
		0902	使领馆用地	指用于外国政府及国际组织驻华使领馆、办事处等的用地。
		0903	监教场所用地	指用于监狱、看守所、劳改场、戒毒所等的建筑用地。
		0904	宗教用地	指专门用于宗教活动的庙宇、寺院、道观、教堂等宗教自用地。
		0905	殡葬用地	指陵园、墓地、殡葬场所用地。
		0906	风景名胜	指风景名胜景点（包括名胜古迹、旅游景点、革命遗址、自然保护区、森林公园、地质公园、湿地公园等）的管理机构，以及旅游服务设施的建筑用地，景区内的其他用地按现状归入相应地类。
10	交通运输用地			指用于运输通行的地面线路、场站等的土地，包括民用机场、汽车客货运场站、港口、码头、地面运输管道和各种道路以及轨道交通用地。
		1001	铁路用地	指用于铁道线路及场站的用地，包括征地范围内的路堤、路堑道沟、桥梁、林木等用地。
		1002	轨道交通用地	指用于轻轨、现代有轨电车、单轨等轨道交通用地，以及场站的用地。
		1003	公路用地	指用于国道、省道、县道和乡道的用地。包括征地范围内的路堤路堑、道沟、桥梁、汽车停靠站、林木及直接为其服务的附属用地。
		1004	城镇村道路用地	指城镇、村庄范围内公用道路及行道树用地，包括快速路、主干路、次干路、支路、专用人行道和非机动车道，及其交叉口等。

续表

一级类		二级类		含义
编码	名称	编码	名称	
10	交通运输用地	1005	交通服务场站用地	指镇、村庄范围内交通服务设施用地，包括公交枢纽及其附属设施用地、公路长途客运站、公共交通场站、公共停车场（含设有充电桩的停车场）、停车楼、教练场等用地，不包括交通指挥中心、交通队用地。
		1006	农村道路	在农村范围内，南方宽度≥ 1.0 m、≤ 8 m，北方宽度≥ 2.0 m，≤ 8 m，用于村间、田间交通运输，并在国家公路网络体系之外，以服务于农村农业生产为主要用途的道路（含机耕道）。
		1007	机场用地	指用于民用机场、军民合用机场的用地。
		1008	港口码头用地	指用于人工修建的客运、货运，捕捞及工程、工作船舶停靠的场所及其附属建筑物的用地，不包括常水位以下部分。
		1009	管道运输用地	指用于运输煤炭、矿石、石油、天然气等管道及其相应附属设施的地上部分用地。
11	水域及水利设施用地			指陆地水域，滩涂、沟渠、沼泽、水工建筑物等用地，不包括滞洪区和已垦滩涂中的耕地、园地、林地、城镇、村庄、道路等地。
		1101	河流水面	指天然形成或人工开挖河流常水位岸线之间的水面，不包括被堤坝拦截后形成的水库区段水面。
		1102	湖泊水面	指天然形成的积水区常水位岸线所围成的水面。
		1103	水库水面	指人工拦截汇集而成的总设计库容≥ 10 万 m^3 的水库正常蓄水位岸线所围成的水面。
		1104	坑塘水面	人工开挖或天然形成的蓄水量< 10 万 m^3 的坑塘常水位岸线所围成的水面。
		1105	沿海滩涂	指沿海大潮高潮位与低潮位之间的潮浸地带，包括海岛的沿海滩涂，不包括已利用的滩涂。
		1106	内陆滩涂	指河流、湖泊常水位至洪水位间的滩地；时令潮、河洪水位以下的滩地；水库、坑塘的正常蓄水位与洪水位间的滩地，包括海岛的内陆滩地，不包括已利用的滩地。
		1107	沟渠	指人工修建，南方宽度≥ 1.0 m、北方宽度≥ 2.0 m 用于引、排、灌的渠道，包括渠槽、渠堤、护堤林及小型泵站。
		1108	沼泽地	指经常积水或渍水，一般生长湿生植物的土地，包括草本沼泽、苔藓沼泽、内陆盐沼等，不包括森林沼泽、灌丛沼泽和沼泽草地。

续表

一级类		二级类		含　义
编码	名称	编码	名称	
11	水域及水利设施用地	1109	水工建筑用地	指人工修建的闸、坝、堤路林、水电厂房、扬水站等常水位岸线以上的建（构）筑物用地。
		1110	冰川及永久积雪	指表层被冰雪常年覆盖的土地。
12	其他用地			指上述地类以外的其他类型的土地。
		1201	空闲地	指城镇、村庄、工矿范围内尚未使用的土地。包括尚未确定用途的土地。
		1202	设施农用地	指直接用于经营性畜禽养殖生产设施及附属设施用地；直接用于作物栽培或水产养殖等农产品生产的设施及附属设施用地；直接用于设施农业项目辅助生产的设施用地；晾晒场、粮食果品烘干设施、粮食和农资临时存放场所、大型农机具临时存放场所等规模化粮食生产所必需的配套设施用地。
		1203	田坎	指梯田及梯状坡地耕地中，主要用于拦蓄水和护坡，南方宽度≥ 1.0 米、北方宽度≥ 2.0 米的地坎。
		1204	盐碱地	指表层盐碱聚集，生长天然耐盐植物的土地。
		1205	沙地	指表层为沙覆盖、基本无植被的土地，不包括滩涂中的沙地。
		1206	裸土地	指表层为土质，基本无植被的土地。
		1207	裸岩石砾地	指表层为岩石或石砾，其覆盖面积≥ 70% 的土地。

表 4–2　第三次全国国土调查工作分类

一级类		二级类		含　义
编码	名称	编码	名称	
00	湿地			指红树林地，天然的或人工的，永久的或间歇性的沼泽地、泥炭地，盐田，滩涂等。
		0303	红树林地	沿海生长红树植物的土地。
		0304	森林沼泽	以乔木森林植物为优势群落的淡水沼泽。
		0306	灌丛沼泽	以灌丛植物为优势群落的淡水沼泽。
		0402	沼泽草地	指以天然草本植物为主的沼泽化的低地草甸、高寒草甸。
		0603	盐田	指用于生产盐的土地，包括晒盐场所、盐池及附属设施用地。
		1105	沿海滩涂	指沿海大潮高潮位与低潮位之间的潮浸地带。包括海岛的沿海滩涂。不包括已利用的滩涂。

续表

一级类		二级类		含义		
编码	名称	编码	名称			
00	湿地	1106	内陆滩涂	指河流、湖泊常水位至洪水位间的滩地；时令湖、河洪水位以下的滩地；水库、坑塘的正常蓄水位与洪水位间的滩地。包括海岛的内陆滩地，不包括已利用的滩地。		
		1108	沼泽地	指经常积水或渍水，一般生长湿生植物的土地。包括草本沼泽、苔藓沼泽、内陆盐沼等，不包括森林沼泽、灌丛沼泽和沼泽草地。		
01	耕地			指种植农作物的土地，包括熟地，新开发、复垦、整理地，休闲地（含轮歇地、休耕地）；以种植农作物（含蔬菜）为主，间有零星果树、桑树或其他树木的土地；平均每年能保证收获一季的已垦滩地和海涂。耕地中包括南方宽度＜1.0 m，北方宽度＜2.0 m固定的沟、渠、路和地坎(埂)；临时种植药材、草皮、花卉、苗木等的耕地，临时种植果树、茶树和林木且耕作层未破坏的耕地，以及其他临时改变用途的耕地。		
		0101	水田	指用于种植水稻、莲藕等水生农作物的耕地。包括实行水生、旱生农作物轮种的耕地。		
		0102	水浇地	指有水源保证和灌溉设施，在一般年景能正常灌溉，种植旱生农作物（含蔬菜）的耕地。包括种植蔬菜的非工厂化的大棚用地。		
		0103	旱地	指无灌溉设施，主要靠天然降水种植旱生农作物的耕地，包括没有灌溉设施，仅靠引洪淤灌的耕地。		
02	种植园用地			指种植以采集果、叶、根、茎、汁等为主的集约经营的多年生木本和草本作物，覆盖度大于50%或每亩株数大于合理株数70%的土地。包括用于育苗的土地。		
		0201	果园	指种植果树的园地。		
				0201K	可调整果园	指由耕地改为果园，但耕作层未被破坏的土地。
		0202	茶园	指种植茶树的园地。		
				0202K	可调整茶园	指由耕地改为茶园，但耕作层未被破坏的土地。
		0203	橡胶园	指种植橡胶树的园地。		
				0203K	可调整橡胶园	指由耕地改为橡胶园，但耕作层未被破坏的土地。
		0204	其他园地	指种植桑树、可可、咖啡、油棕、胡椒、药材等其他多年生作物的园地。		
				0204K	可调整其他园地	指由耕地改为其他园地，但耕作层未被破坏的土地。

续表

<table>
<tr><th colspan="2">一级类</th><th colspan="2">二级类</th><th colspan="3" rowspan="2">含 义</th></tr>
<tr><th>编码</th><th>名称</th><th>编码</th><th>名称</th></tr>
<tr><td rowspan="10">03</td><td rowspan="10">林地</td><td></td><td></td><td colspan="3">指生长乔木、竹类、灌木的土地。包括迹地，不包括沿海生长红树林的土地、森林沼泽、灌丛沼泽，城镇、村庄范围内的绿化林木用地，铁路、公路征地范围内的林木，以及河流、沟渠的护堤林。</td></tr>
<tr><td rowspan="2">0301</td><td rowspan="2">乔木林地</td><td colspan="3">指乔木郁闭度≥ 0.2 的林地，不包括森林沼泽。</td></tr>
<tr><td>0301K</td><td>可调整乔木林地</td><td>指由耕地改为乔木林地，但耕作层未被破坏的土地。</td></tr>
<tr><td rowspan="2">0302</td><td rowspan="2">竹林地</td><td colspan="3">指生长竹类植物，郁闭度≥ 0.2 的林地。</td></tr>
<tr><td>0302K</td><td>可调整竹林地</td><td>指由耕地改为竹林地，但耕作层未被破坏的土地。</td></tr>
<tr><td>0305</td><td>灌木林地</td><td colspan="3">指灌木覆盖度≥ 40% 的林地，不包括灌丛沼泽。</td></tr>
<tr><td rowspan="2">0307</td><td rowspan="2">其他林地</td><td colspan="3">包括疏林地（树木郁闭度 ≥ 0.1、< 0.2 的林地）、未成林地、迹地、苗圃等林地。</td></tr>
<tr><td>0307K</td><td>可调整其他林地</td><td>指由耕地改为未成林造林地和苗圃，但耕作层未被破坏的土地。</td></tr>
<tr><td colspan="5" style="display:none"></td></tr>
<tr><td colspan="5" style="display:none"></td></tr>
<tr><td rowspan="5">04</td><td rowspan="5">草地</td><td></td><td></td><td colspan="3">指生长草本植物为主的土地。不包括沼泽草地。</td></tr>
<tr><td>0401</td><td>天然牧草地</td><td colspan="3">指以天然草本植物为主，用于放牧或割草的草地，包括实施禁牧措施的草地，不包括沼泽草地。</td></tr>
<tr><td rowspan="2">0403</td><td rowspan="2">人工牧草地</td><td colspan="3">指人工种植牧草的草地。</td></tr>
<tr><td>0403K</td><td>可调整人工牧草地</td><td>指由耕地改为人工牧草地，但耕作层未被破坏的土地。</td></tr>
<tr><td>0404</td><td>其他草地</td><td colspan="3">指树木郁闭度< 0.1、表层为土质、不用于放牧的草地。</td></tr>
<tr><td rowspan="3">05</td><td rowspan="3">商业服务业用地</td><td></td><td></td><td colspan="3">指主要用于商业、服务业的土地。</td></tr>
<tr><td>05H1</td><td>商业服务业设施用地</td><td colspan="3">指主要用于零售、批发、餐饮、旅馆、商务金融、娱乐及其他商服的土地。</td></tr>
<tr><td>0508</td><td>物流仓储用地</td><td colspan="3">指用于物资储备、中转、配送等场所的用地，包括物流仓储设施、配送中心、转运中心等。</td></tr>
<tr><td rowspan="3">06</td><td rowspan="3">工矿用地</td><td></td><td></td><td colspan="3">指主要用于工业、采矿等生产的土地。不包括盐田。</td></tr>
<tr><td>0601</td><td>工业用地</td><td colspan="3">指工业生产、产品加工制造、机械和设备修理，及直接为工业生产等服务的附属设施用地。</td></tr>
<tr><td>0602</td><td>采矿用地</td><td colspan="3">指采矿、采石、采砂（沙）场，砖瓦窑等地面生产用地，排土（石）及尾矿堆放地，不包括盐田。</td></tr>
</table>

续表

<table>
<tr><th colspan="2">一级类</th><th colspan="2">二级类</th><th colspan="3" rowspan="2">含 义</th></tr>
<tr><th>编码</th><th>名称</th><th>编码</th><th>名称</th></tr>
<tr><td rowspan="3">07</td><td rowspan="3">住宅用地</td><td></td><td></td><td colspan="3">指主要用于人们生活居住的房基地及其附属设施的土地。</td></tr>
<tr><td>0701</td><td>城镇住宅用地</td><td colspan="3">指城镇用于生活居住的各类房屋用地及其附属设施用地，不含配套的商业服务设施等用地。</td></tr>
<tr><td>0702</td><td>农村宅基地</td><td colspan="3">指农村用于生活居住的宅基地。</td></tr>
<tr><td rowspan="7">08</td><td rowspan="7">公共管理与公共服务用 地</td><td></td><td></td><td colspan="3">指用于机关团体、新闻出版、科教文卫、公用设施等的土地。</td></tr>
<tr><td>08H1</td><td>机关团体新闻出版用地</td><td colspan="3">指用于党政机关、社会团体、群众自治组织、广播电台、电视台、电影厂、报社、杂志社、通讯社、出版社等的用地。</td></tr>
<tr><td rowspan="2">08H2</td><td rowspan="2">科教文卫用地</td><td colspan="3">指用于各类教育，独立的科研、勘查、研发、设计、检验检测、技术推广、环境评估与监测、科普等科研事业单位，医疗、保健、卫生、防疫、康复和急救设施，为社会提供福利和慈善服务的设施，图书、展览等公共文化活动设施，体育场馆和体育训练基地等用地及其附属设施用地。</td></tr>
<tr><td>08H2A</td><td>高教用地</td><td>指高等院校及其附属设施用地。</td></tr>
<tr><td>0809</td><td>公用设施用地</td><td colspan="3">指用于城乡基础设施的用地。包括供水、排水、污水处理、供电、供热、供气、邮政、电信、消防、环卫、公用设施维修等用地。</td></tr>
<tr><td rowspan="2">0810</td><td rowspan="2">公园与绿地</td><td colspan="3">指城镇、村庄范围内的公园、动物园、植物园、街心花园、广场和用于休憩、美化环境及防护的绿化用地。</td></tr>
<tr><td>0810A</td><td>广场用地</td><td>指城镇、村庄范围内的广场用地。</td></tr>
<tr><td>09</td><td>特殊用地</td><td></td><td></td><td colspan="3">指用于军事设施、涉外、宗教、监教、殡葬、风景名胜等的土地。</td></tr>
<tr><td rowspan="4">10</td><td rowspan="4">交通运输用地</td><td></td><td></td><td colspan="3">指用于运输通行的地面线路、场站等的土地。包括民用机场、汽车客货运场站、港口、码头、地面运输管道和各种道路以及轨道交通用地。</td></tr>
<tr><td>1001</td><td>铁路用地</td><td colspan="3">指用于铁道线路及场站的用地。包括征地范围内的路堤、路堑、道沟、桥梁、林木等用地。</td></tr>
<tr><td>1002</td><td>轨道交通用地</td><td colspan="3">指用于轻轨、现代有轨电车、单轨等轨道交通用地，以及场站的用地。</td></tr>
<tr><td>1003</td><td>公路用地</td><td colspan="3">指用于国道、省道、县道和乡道的用地。包括征地范围内的路堤、路堑、道沟、桥梁、汽车停靠站、林木及直接为其服务的附属用地。</td></tr>
</table>

续表

一级类		二级类		含义
编码	名称	编码	名称	
10	交通运输用地	1004	城镇村道路用地	指城镇、村庄范围内公用道路及行道树用地，包括快速路、主干路、次干路、支路、专用人行道和非机动车道及其交叉口等用地。
		1005	交通服务场站用地	指城镇、村庄范围内交通服务设施用地，包括公交枢纽及其附属设施用地、公路长途客运站、公共交通场站、公共停车场（含设有充电桩的停车场）、停车楼、教练场等用地，不包括交通指挥中心、交通队用地。
		1006	农村道路	在农村范围内，南方宽度≥1.0 m、≤8.0 m，北方宽度≥2.0 m、≤8.0 m，用于村间、田间交通运输，并在国家公路网络体系之外，以服务于农村农业生产为主要用途的道路（含机耕道）。
		1007	机场用地	指用于民用机场、军民合用机场的用地。
		1008	港口码头用地	指用于人工修建的客运、货运、捕捞及工程、工作船舶停靠的场所及其附属建筑物的用地，不包括常水位以下部分。
		1009	管道运输用地	指用于运输煤炭、矿石、石油、天然气等管道及其相应附属设施的地上部分用地。
11	水域及水利设施用地			指陆地水域，沟渠、水工建筑物等用地，不包括滞洪区。
		1101	河流水面	指天然形成或人工开挖河流常水位岸线之间的水面，不包括被堤坝拦截后形成的水库区段水面。
		1102	湖泊水面	指天然形成的积水区常水位岸线所围成的水面。
		1103	水库水面	指人工拦截汇集而成的总设计库容≥10万 m^3 的水库正常蓄水位岸线所围成的水面。
		1104	坑塘水面	指人工开挖或天然形成的蓄水量＜10万 m^3 的坑塘常水位岸线所围成的水面。
				1104A 养殖坑塘：指人工开挖或天然形成的用于水产养殖的水面及相应附属设施用地。
				1104K 可调整养殖坑塘：指由耕地改为养殖坑塘，但可复耕的土地。
		1107	沟渠	指人工修建，南方宽度≥1.0 m、北方宽度≥2.0 m用于引、排、灌的渠道，包括渠槽、渠堤、护路林及小型泵站。
				1107A 干渠：指除农田水利用地以外的人工修建的沟渠。

续表

一级类		二级类		含 义
编码	名称	编码	名称	
11	水域及水利设施用地	1109	水工建筑用地	指人工修建的闸、坝、堤路林、水电厂房、扬水站等常水位岸线以上的建（构）筑物用地。
		1110	冰川及永久积雪	指表层被冰雪常年覆盖的土地。
12	其他土地			指上述地类以外的其他类型的土地。
		1201	空闲地	指城镇、村庄、工矿范围内尚未使用的土地。包括尚未确定用途的土地。
		1202	设施农用地	指直接用于经营性畜禽养殖生产设施及附属设施用地；直接用于作物栽培或水产养殖等农产品生产的设施及附属设施用地；直接用于设施农业项目辅助生产的设施用地；晾晒场、粮食果品烘干设施、粮食和农资临时存放场所、大型农机具临时存放场所等规模化粮食生产所必需的配套设施用地。
		1203	田坎	指梯田及梯状坡地耕地中，主要用于拦蓄水和护坡，南方宽度≥ 1.0 m、北方宽度≥ 2.0 m 的地坎。
		1204	盐碱地	指表层盐碱聚集，生长天然耐盐植物的土地。
		1205	沙地	指表层为沙覆盖、基本无植被的土地，不包括滩涂中的沙地。
		1206	裸土地	指表层为土质，基本无植被覆盖的土地。
		1207	裸岩石砾地	指表层为岩石或石砾，其覆盖面积≥ 70% 的土地。

1.2 分类依据

1.2.1 法律法规

①《中华人民共和国森林法》；

②《中华人民共和国草原法》；

③《中华人民共和国湿地保护法》；

④《中华人民共和国防沙治沙法》；

⑤《中华人民共和国自然保护地法》；

⑥《中华人民共和国野生动植物保护法》；

⑦《中华人民共和国天然林保护条例》；

⑧《中华人民共和国水土保持法》；

⑨《中华人民共和国长江保护法》；

⑩《中华人民共和国黄河保护法》；

⑪《中华人民共和国水法》；
⑫《中华人民共和国环境保护法》；
⑬《中华人民共和国土地管理法》；
⑭《自然生态空间用途管制办法（试行）》；
⑮《中华人民共和国土地管理法实施条例》。

1.2.2　标准及指南

① GB/T 21010—2017：土地利用现状分类；
② GB/T 14721—2010：林业资源分类与代码　森林类型；
③ GB/T 34751—2017：天然草地利用单元划分；
④ GB/T 37067—2018：退化草地修复技术规范；
⑤ GB/T 24708—2009：湿地分类；
⑥ GB/T 20483—2006：土地荒漠化监测方法；
⑦ GB/T 35822—2018：自然保护区功能区划技术规程；
⑧ TD/T 1055—2019：第三次全国国土调查技术规程；
⑨《国土空间调查、规划、用途管制用地用海分类指南（试行）》，2020；
⑩ DB61/T 1604—2022：自然生态空间分类指南。

1.2.3　规划及意见

①《中共中央　国务院关于加快推进生态文明建设的意见》，2015；
②中共中央、国务院印发《生态文明体制改革总体方案》，2015；
③中共中央办公厅、国务院办公厅印发《建立国家公园体制总体方案》，2017；
④中共中央办公厅、国务院办公厅印发《省级空间规划试点方案》，2017；
⑤中共中央办公厅、国务院办公厅印发《关于划定并严守生态保护红线的若干意见》，2017；
⑥国务院《关于印发全国国土规划纲要（2016—2030 年）》，2017；
⑦中共中央、国务院《关于建立国土空间规划体系并监督实施的若干意见》，2019；
⑧中共中央办公厅、国务院办公厅印发了《关于建立以国家公园为主体的自然保护地体系的指导意见》，2019；
⑨《全国重要生态系统保护和修复重大工程总体规划（2021—2035 年）》，2020；
⑩《第三次全国国土调查工作分类》，2019。

1.3 原则和方法

1.3.1 划分原则

①坚持国土空间划分原则，体现生态优先、绿色发展理念，坚持同级内分类并列不交叉，坚持科学、简明可操作。

②依据生态空间类型、用途、经营特点和覆盖特征等因素，按照土地利用类型与保护强度归纳和划分，满足生态空间调查、监测、评价与治理的需要。

③生态空间分类不重不漏，当覆盖类型具备多种用途时，以其主导功能进行归类。

④生态空间一级类和二级类为基础分类，三级类为调查和补充分类。

1.3.2 分类方法与编码

①生态空间分类采用一级、二级和三级三个层次的分类体系，划分为5个一级类、17个二级类、28个三级类，见表4–3。

②生态空间分类采用阿拉伯数字编码，从左到右依次代表一级、二级、三级。

表4–3　自然生态空间分类体系及编码

一级类		二级类		三级类		含义
编码	名称	编码	名称	编码	名称	
01	林地					用于林业生态建设和生产经营的土地。
		0101	乔木林地	010100	乔木林地	指乔木郁闭度≥0.2的林地，不包括森林沼泽。
		0102	灌木林地	010201	特殊灌木林地	分布在年均降水量400 mm以下的干旱地区，或乔木分布上限以上，或热带、亚热带岩溶地区、干热（干旱）河谷等生态环境脆弱地带，专为防护用途，且覆盖度大于30%的灌木林地，及以获取经济效益为目的进行经营的灌木经济林。
				010202	一般灌木林地	指特殊灌木林地以外的灌木林地，不包括灌丛沼泽。
		0103	竹林地	010300	竹林地	指生长竹类植物，郁闭度≥0.2的林地。
		0104	其他林地	010401	疏林地	包括疏林地（树木郁闭度≥0.1、＜0.2的林地）、未成林地、迹地、苗圃等林地。
				010402	未成林地	人工造林育林后在成林年限前分别达到人工造林、飞播造林、封山（沙）育林合标准的林地。

续表

一级类		二级类		三级类		含义
编码	名称	编码	名称	编码	名称	
01	林地	0104	其他林地	010403	迹地	乔木林地、灌木林地在采伐、火灾、平茬、割灌等作业活动后，分别达不到疏林地、灌木林地标准、尚未人工更新的林地。
				010404	苗圃地	固定的林木和木本花卉育苗用地。
02	草地					指生长草本植物为主的土地。
		0201	天然牧草地	020100	天然牧草地	指以天然草本植物为主，用于放牧或割草的草地，包括实施禁牧措施的草地，不包括沼泽草地。
		0202	人工牧草地	020200	人工牧草地	指人工种植牧草的草地。
		0203	其他草地	020300	其他草地	指树木郁闭度＜ 0.1，表层为土质，不用于放牧的草地。
03	湿地					指天然的或人工的，永久的或间歇性的沼泽地、泥炭地、滩涂等。
		0301	河流湿地	030101	内陆滩涂	指河流、湖泊常水位至洪水位间的滩地；时令湖、河洪水位以下的滩地；水库、坑塘的正常蓄水位与洪水位间的滩地。包括海岛的内陆滩地。不包括已利用的滩地。
				030102	河流水面	指天然形成或人工开挖河流常水位岸线之间的水面，不包括被堤坝拦截后形成的水库区段水面。
				030103	沟渠	指人工修建宽度≥ 2.0 m 用于引、排、灌的渠道。
		0302	湖泊湿地	030201	湖泊水面	指天然形成的积水区常水位岸线所围成的水面。
				030202	水库水面	指人工拦截汇集而成的总设计库容≥ 10 万 m^3 的水库正常蓄水位岸线所围成的水面。
				030203	坑塘水面	指人工开挖或天然形成的蓄水量＜ 10 万 m^3 的坑塘常水位岸线所围成的水面。
		0303	沼泽湿地	030301	森林沼泽	以乔木森林植物为优势群落的淡水沼泽。
				030302	灌丛沼泽	以灌丛植物为优势群落的淡水沼泽。
				030303	沼泽草地	指以天然草本植物为主的沼泽化的低地草甸、高寒草甸。
				030304	沼泽地	指经常积水或渍水，一般生长湿生植物的土地。包括草本沼泽、苔藓沼泽、内陆盐沼等。不包括森林沼泽、灌丛沼泽和沼泽草地。

续表

一级类		二级类		三级类		含 义
编码	名称	编码	名称	编码	名称	
04	荒地（漠）					由小乔木、灌木、半灌木等植被群落为主，组成的稀疏不郁闭的荒地。
		0401	沙地	040100	沙地	指表层为沙覆盖、基本无植被的土地，不包括滩涂中的沙地。
		0402	盐碱地	040200	盐碱地	指表层盐碱聚集、生长天然耐盐植物的土地。
		0403	裸土地	040300	裸土地	指表层为土质、基本无植被覆盖的土地。
		0404	裸岩石砾地	0400400	裸岩石砾地	指表层为岩石或石砾，其覆盖面积≥ 70% 的土地。
05	其他					以采集果、叶、根、茎、汁等为主的集约经营的多年生木本和草本作物，覆盖度大于 50% 或每亩株数大于合理株数 70% 的土地。
		0501	果园	050100	果园	指种植果树的园地。
		0502	茶园	050200	茶园	指种植茶树的园地。
		0503	其他园地	050300	其他园地	指种植核桃、花椒、板栗、枣、柿子、桑树、药材等多年生经济林的园地。

第二节　生态空间变化及特征

陕西省国土空间面积为 20.56 万 km^2，生态空间是全省国土空间的核心组成部分，面积约为 150 659.86 km^2，约占国土空间的 73.27%，在陕西版图上呈现出南北两头大、中间小的特点。

2.1　生态空间变化

从地市变化来看（见图 4–1），生态空间的绝对面积超过 3 万 km^2 的城市仅为延安市，绝对面积最大，高达 31 137.74 km^2，相对占比高达 84.09%，全省排序第三。超过 2 万 km^2 的城市达到 3 个，分别为汉中市、榆林市和安康市，其面积分别为 26 941.78 km^2、24 378.86 km^2 和 20 592.03 km^2，约占自身国土空间面积的 82.59%、65.20% 和 87.49%，而商洛市和宝鸡市的生态空间面积处在 1 万～ 2 万 km^2 之间，关中平原的西安市、渭南市、咸阳市和铜川市均在 1 万 km^2 以下，其中铜川市生态空间面积仅为 2415.39 km^2，相对占比为 62.19%，远远低于全省的平均水平，排序倒数第三。

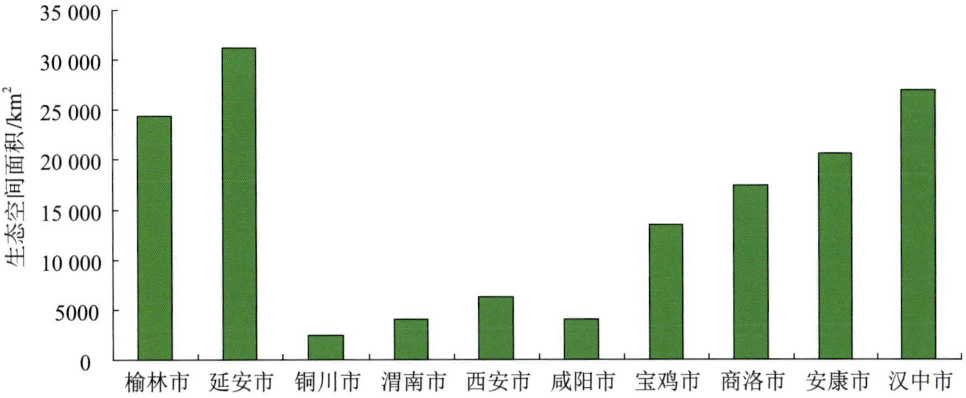

图 4-1　全省生态空间绝对面积变化

全省生态空间相对占比排序为：商洛市＞安康市＞延安市＞汉中市＞宝鸡市＞榆林市＞西安市＞铜川市＞咸阳市＞渭南市（见图 4-2）。

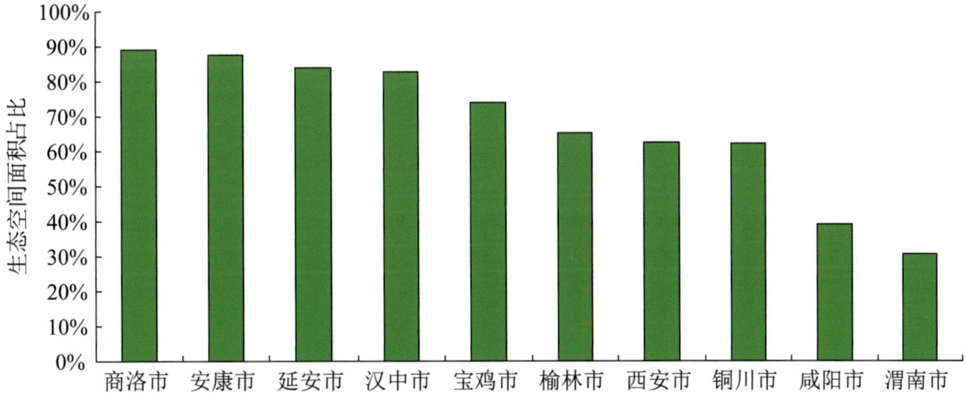

图 4-2　全省生态空间相对占比变化

2.2　生态空间特征

陕西生态空间包括森林、草原、湿地、河流、湖泊、滩涂、荒地、荒漠等。生态空间的组成和结构复杂多样，不同的地域具有不同的自然景观，呈现出生态空间多样性的特点，即其具有气候多样性、区域多样性、景观多样性和生物多样性等诸多特征（赵国平，2020）。与城镇空间、农业空间相比，生态空间更加复杂多样，从空间同质性上分析，城镇空间整齐简单，农业空间居中，生态空间丰富多样。生态空间多样性越突出，生物多样性越丰富，生物体系越庞大，生态系统功能越健全（党双忍，2020）。

（1）区域多样性

生态空间区域多样性是生态空间治理的重要基础。在生态空间上，有高原、平原、盆地、沙漠、草原、湿地、荒地、荒漠、戈壁、冰川、高山冻原、无居民海岛等，呈现单独或相间分布的特征，具有明显的区域多样性。对陕西来讲，秦岭横亘中央，三者奇迹般融合出独特的“一山两河”地带，孕育了从北到南的毛乌素沙地、黄土高原、关中平原、秦岭山地、汉江盆地及大巴山地等丰富多彩的自然地理地貌，营造了我国乃至全球最为独特、独有的生态空间。

（2）气候多样性

从生态空间来看，无论是空间还是时间尺度，气候都存在着明显的多样性特征，气候条件的好坏直接影响到人类的生存与发展，也是经济社会可持续发展的重要影响因素。对陕西来讲，境内气候差异很大，长城沿线以北为温带干旱半干旱气候，陕北其余地区和关中平原为暖温带半湿润气候，陕南盆地为北亚热带湿润气候，山地大部为暖温带湿润气候。

（3）景观多样性

景观多样性是由多种地貌类型、多种生态系统组合而成的特殊地理单元（党双忍，2020），不同类型的自然景观在生态空间结构，功能机制和时间动态方面具有多样化和变异性。景观多样性是陕西生态空间最为靓丽、最具特色的部分。如西岳华山、壶口瀑布、黄河蛇曲、镇巴天坑、柞水溶洞、靖边丹霞地貌等各类特色地质遗迹和自然遗产。

（4）生物多样性

生物多样性是组成生态空间中最为直观的要素，例如森林生态空间中，有乔木、灌木和草本植物，还有动物、微生物，它们有规律地在生态空间中结合互通，构成了稳定的生态综合体。这种多样性包括动物、植物、微生物的物种多样性，遗传与变异的多样性及生态系统的多样性。其中，物种的多样性是生态空间中的关键，它既体现了生物之间及空间之间的复杂关系，又体现了生物资源的丰富性。

陕西地跨南北 9 个纬度带，气候、区域、景观等诸多的多样性，造就了物种多样性、遗传多样性和生态系统类型多样性。秦岭为“亚洲生物基因库”，孕育了如秦岭“四宝”——大熊猫、朱鹮、金丝猴、羚牛，独叶草、华山新麦草、红豆杉、珙桐等珍稀野生动植物，自然资源丰富，生态空间类型多样；陕西黄土高原为黄土高原之芯，从北到南形成了沙漠、草原、湿地、森林等生态系统类型，在生态空间上繁育了杜松、沙地柏、文冠果、柴松、皇帝手植柏、褐马鸡、华北豹、豹猫等珍稀野生动植物种群，具有生态系统类型多样性等典型特征。

第三节　其他空间变化及特征

3.1　城镇空间

全省城镇空间总面积约为 7652.84 km^2，约占全省国土空间的 3.74%，从地市变化来看，以关中平原的西安市、渭南市和咸阳市城镇空间在全省占绝对优势（见图 4–3），面积分别达到 1406.75 km^2、1178.37 km^2 和 1028.25 km^2，约占区域国土空间的 13.93%、9.04% 和 9.96%，其次为一北一南的榆林市和汉中市，面积分别为 993.27 km^2 和 882.25 km^2，约占区域国土空间的 2.66% 和 2.70%，第三为宝鸡市和延安市，面积分别为 667.25 km^2 和 544.27 km^2，约占区域国土空间的 3.68% 和 1.47%，其余三市商洛市、安康市和铜川市均在 500 km^2 以下，其中铜川市区域国土空间面积最小，为 169.98 km^2，而相对占比却高达 4.37%，全省城镇空间变化趋势呈现出了关中平原城市群的显著特点，符合陕西省实际。

全省城镇空间占比排序为：西安市＞咸阳市＞渭南市＞铜川市＞宝鸡市＞汉中市＞榆林市＞商洛市＞安康市＞延安市（见图 4–4）。

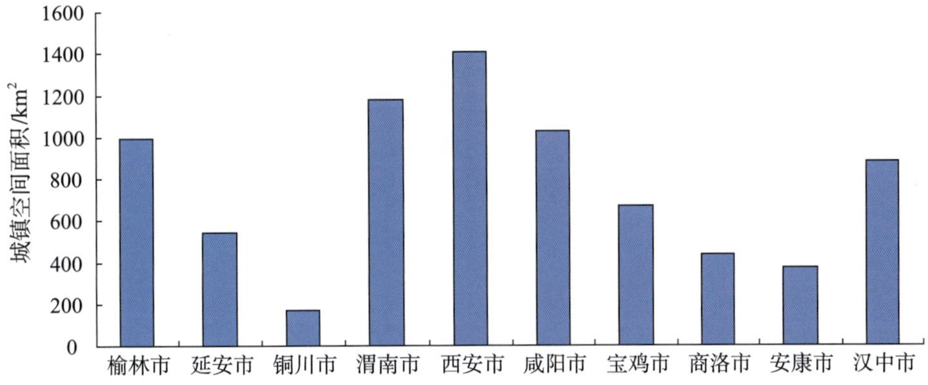

图 4–3　全省城镇空间绝对面积变化

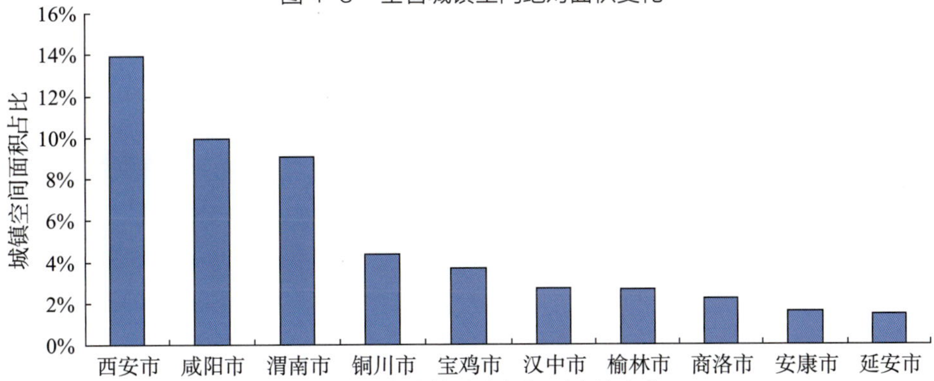

图 4–4　全省城镇空间相对占比变化

3.2 农业空间

全省农业空间面积为 45 775.62 km^2，约占国土空间的 22.26%，主要以关中平原、长城沿线和汉江盆地为主。从地市变化来看，榆林市农业空间绝对面积最大，达 11 765.72 km^2，约占榆林国土空间的 31.47%，是全省农业空间面积唯一超越 1 万 km^2 以上的城市（见图 4–5），其次为渭南市，农业空间面积约为 7666.61 km^2，约占其国土空间的 58.84%，远远大于全省平均水平，而延安市、咸阳市和汉中市农业空间均在 5000 km^2 左右，分别约占其区域国土空间的 14.03%、49.19% 和 14.06%，其余的宝鸡市、安康市、西安市、商洛市和铜川市均在 5000 km^2 以下，其中铜川市农业空间绝对面积最小，为 1262.88 km^2，但相对占比却高达 32.56%，高于全省的均值。

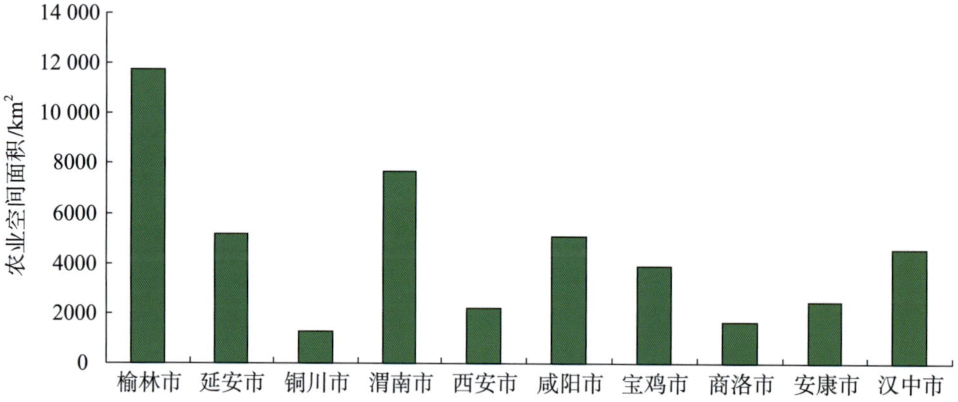

图 4-5　全省农业空间绝对面积变化

全省农业空间占比排序为：渭南市＞咸阳市＞铜川市＞榆林市＞西安市＞宝鸡市＞汉中市＞延安市＞安康市＞商洛市（见图 4–6）。

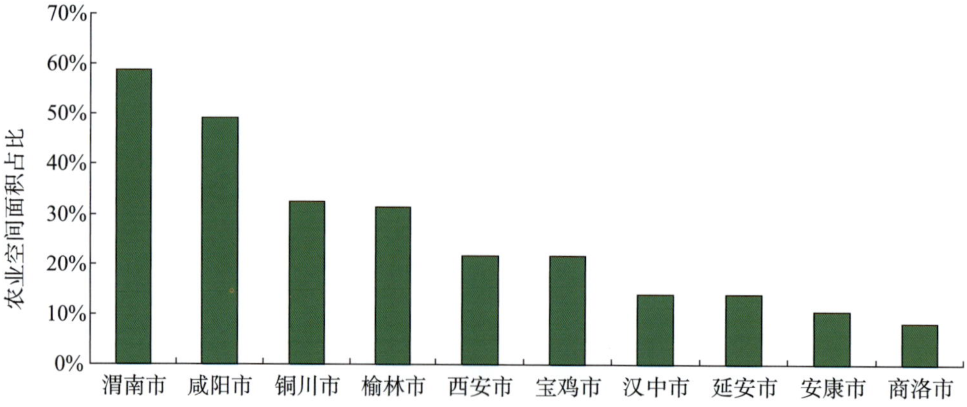

图 4-6　全省农业空间相对占比变化

3.3 其他空间

其他空间主要指的是一些线性空间，如公路、铁路、水渠等，从全省的国土空间结构和组成变化来看，其他空间的面积相对较小，全省仅有 1507.19 km^2，仅占全省国土空间的 0.73%。

从地市线性空间的变化来看，主要是以关中平原城市群、呼包鄂榆城市群和汉中平原为优，其中，榆林市绝对面积最大，约为 252.42 km^2，约占区域国土空间面积的 0.68%，而西安市相对占比最大，约占区域国土空间面积的 1.94%，其分布特征与关中城市群建设息息相关，和城镇空间的布局成正比分布，城镇空间越大，其线性空间的占比越高（见图 4–7）。

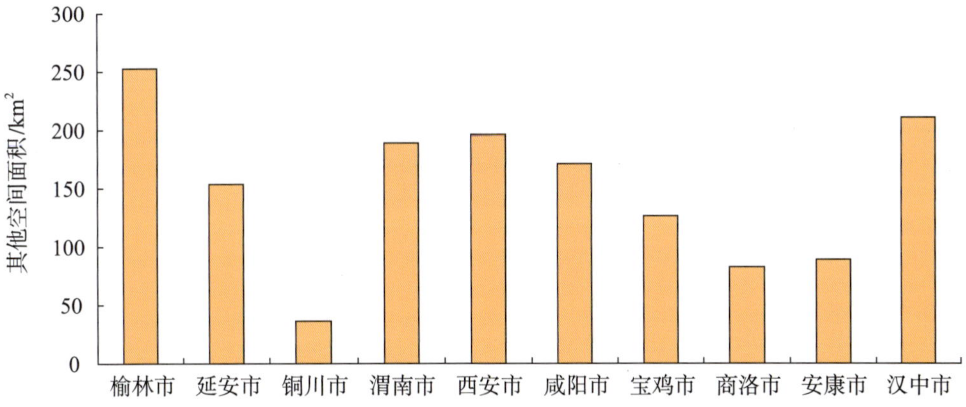

图 4-7 全省其他空间绝对面积变化

全省其他空间相对占比排序为：西安市＞咸阳市＞渭南市＞铜川市＞宝鸡市＞榆林市＞汉中市＞商洛市＞延安市＞安康市（见图 4–8）。

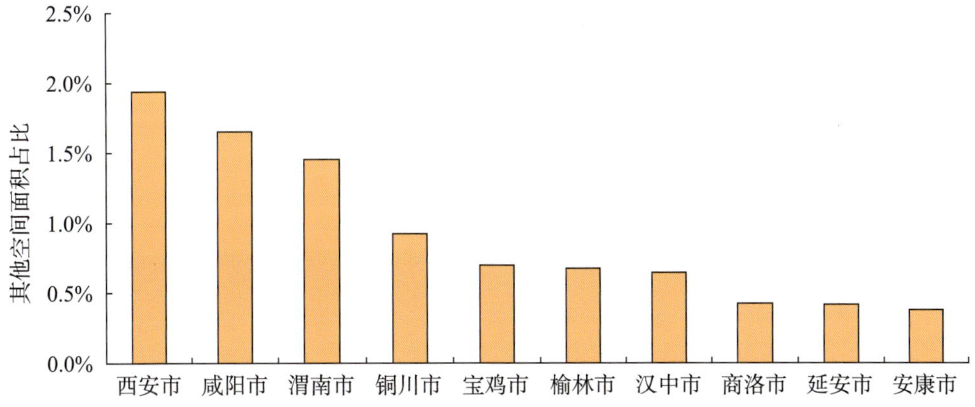

图 4-8 全省其他空间相对占比变化

综上所述，陕西是中华民族和中华文明的发祥地之一，自然区划上因秦岭—淮河一线而横跨北方与南方，位于西北内陆腹地，横跨黄河和长江两大流域中部，陕西省国土空间面积为 20.56 万 km^2。其中，城镇空间 7682.54 km^2，约占其国土空间面积的 3.74%，农业空间为 45 775.62 km^2，约占其国土空间面积的 22.26%，生态空间 150 659.86 km^2，约占其国土空间面积的 73.27%，其他空间 1507.69 km^2，约占其国土空间面积的 0.73%。而全国城镇空间约占国土空间面积的 3.34%，农业空间约占国土空间面积的 16.51%，生态空间约占国土空间面积的 79.75%，其他空间占国土空间面积的 0.4%。对照我国国土空间结构和组成占比，陕西省生态空间减小了 6.68%，农业空间增大了 5.75%，城镇空间占比几乎相等（见图 4–9）。

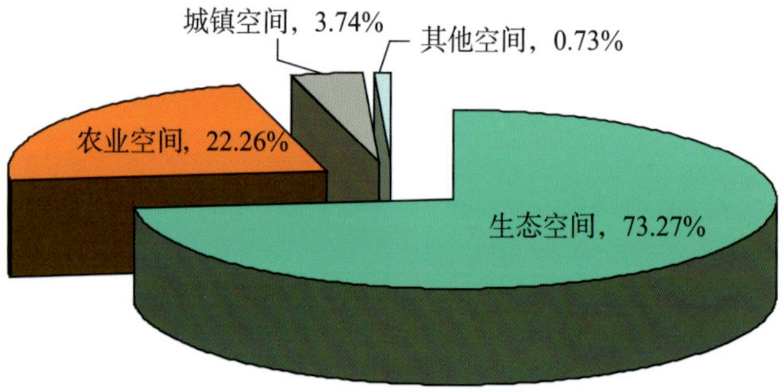

图 4-9　陕西省国土空间结构与组成占比

第五章　生态空间格局及变化

生态空间是国土空间的核心组成部分，是生态文明建设的重要载体。同时，生态空间又具有区域多样性、气候多样性、景观多样性和生物多样性等诸多特征，如何科学地掌握生态空间格局就成了生态文明建设的重要研究内容。绿水青山就是金山银山，绿水青山就在生态空间。生态空间是建设美丽中国，推进人与自然和谐共生的主战场。陕西生态空间主要包括森林、草原、湿地、河流、湖泊、荒地（漠）等，这都是生态空间多样性的具体体现。

第一节　林地生态空间

林地生态空间是指县级以上人民政府规划确定的用于发展林业的土地，包括郁闭度在 0.2 以上的乔木林地以及竹林地、灌木林地、疏林地、采伐迹地、火烧迹地、未成林造林地、苗圃地等。林地是陕西生态空间面积最大、最为重要的部分，第三次全国国土资源调查数据表明，全省林地面积达 12.53 万 km^2，占全省国土空间面积的 60.94%，生态空间面积的 83.09%。其中，乔木林地 9.38 万 km^2、灌木林地 1.86 万 km^2、竹林地 70.67 km^2、其他林地 1.28 万 km^2，分别占整个林地面积的 74.87%、12.32%、0.06% 和 10.24%（见表 5-1）。

表 5-1　全省林地生态空间分布

单位：%

区域	地市	乔木林占林地面积比例	灌木林占林地面积比例	竹林地占林地面积比例	其他林地占林地面积比例	林地占生态空间面积比例
陕北高原	延安市	65.31	13.56	0.00	18.48	83.63
	榆林市	13.68	26.26	0.00	25.18	42.94
关中平原	宝鸡市	86.11	9.47	0.00	4.41	95.88
	咸阳市	58.87	4.42	0.00	35.71	81.51
	西安市	75.73	4.61	0.03	19.63	95.12

续表

区域	地市	乔木林占林地面积比例	灌木林占林地面积比例	竹林地占林地面积比例	其他林地占林地面积比例	林地占生态空间面积比例
关中平原	渭南市	57.80	18.31	0.01	18.23	76.43
	铜川市	66.67	29.11	0.00	4.22	95.12
秦巴山地	汉中市	94.47	2.88	0.18	2.40	97.61
	安康市	86.00	12.50	0.08	1.15	97.87
	商洛市	93.37	3.06	0.06	3.44	97.66
陕西省	—	74.87	12.32	0.06	10.24	83.09

森林是地球之“肺”，陕西森林分为两大部分：秦岭（巴山）森林和黄土高原森林（关山、子午岭、黄龙山）。天然林承载了生态空间最稳定的群落、最完备的生态功能、最丰富的生物多样性，是陕西生态空间的“绿宝石”。陕西天然林面积 5.62 万 km^2，约占全省森林面积的 2/3。其中，2/3 分布于秦巴山地，是中国核心水源地汉江、丹江所在地。黄土高原上的森林，以集体林居多、国有林较少，以纯林居多、混交林较少，以阔叶林居多、针叶林较少，以中幼林居多、成林较少，林分质量不高，森林生态系统尚处在恢复当中，森林生态服务功能有待提升。

郁闭度小于 0.4 的森林面积 1.94 万 km^2，73% 为人工林，主要分布在白于山区、黄土丘陵沟壑区和秦巴山浅山区。按龄组来分，幼龄林、中龄林面积 6.45 万 km^2，占全省森林面积的 72%，在全省重点林区都有分布。陕西的森林还存在树种单一、结构不合理、生态功能不强的问题，针叶林、混交林、阔叶林比例为 14 ∶ 8 ∶ 78；全省健康森林占 45.6%，低于全国 74.5% 的健康水平，仍有一半森林处于亚健康、中健康和不健康等级，属于低效林，林分的稳定性、抗逆性和生物多样性较差，存在一定的火灾和病虫害发生隐患。

1.1 乔木林地

乔木林地是郁闭度在 0.2 以上（含 0.2）的乔木树种组成的片林或林带，连续面积大于 666.7 m^2 的林地，是陕西生态空间面积最大、最为重要的部分。

第三次全国国土资源调查数据显示，全省乔木林地面积 9.38 万 km^2，占全省国土空间面积的 45.62%、生态空间面积的 62.21%。其中，在陕西 10 个地市中，乔木林地面积超过 1 万 km^2 的城市有汉中市、安康市、延安市、商洛市和宝鸡市。陕南汉中、安康和商洛三市共同组成了秦巴林区生态安全屏障，乔木林地面积之和占全省乔木面积的 57.84%（见图 5-1），该屏障森林培育的主要内容是加大天然林保护，促进生态自我修复，强化森林经营，提高林分质量，加强源头区和河流两岸防护林建设。延安是退耕还林工程主要实施地区，人工林居多，天然林较少，乔木林面积达 1.70 万 km^2。

关中几市中，宝鸡市乔木林地面积最大，在 1.11 万 km^2 以上，但还存在林分结构单一、林分老化问题，应着重解决森林经营问题。陕北地区的榆林市受自然条件限制，适生品种少，乔木成活率低，应进一步加强现有乔、灌和草的保护培育，开展老化灌木林平茬复壮，培育樟子松、臭柏等常绿针叶树种，改造低产林分。

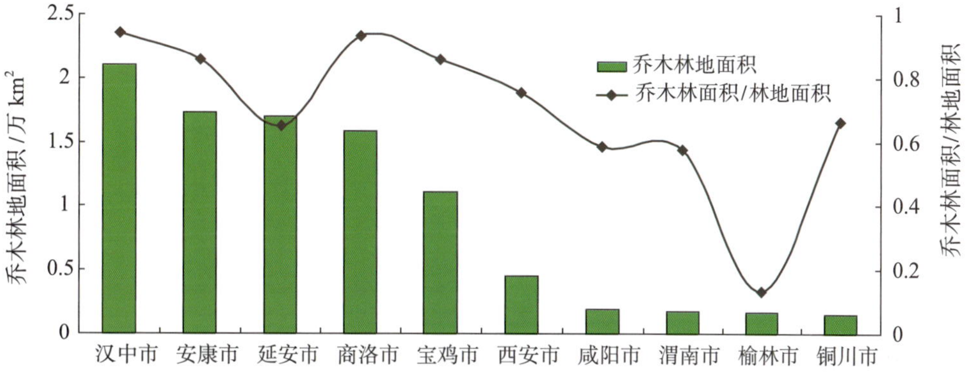

图 5-1 陕西各市乔木林地变化

汉中市位于陕西省西南部，兼跨汉江、嘉陵江两大流域的上游山地，秦岭南坡自下而上可分为落叶阔叶林带、落叶针阔混交林带、桦木林带、冷杉林带和落叶松林带，巴山北坡喜湿热树种增多，乔木林地总面积为 2.1 万 km^2，多为次生林，占全省乔木林地面积的 22.4%。全市乔木林地面积分布最广的是位于东南角的镇巴县，占全市乔木林地总面积的 13.5%，洋县、西乡和宁强三县面积相当，汉台区乔木林地分布最少，不足全市 1%，面积低于 500 km^2，其余县区乔木林地面积均在 1000 ～ 2000 km^2 之间（见图 5-2）。

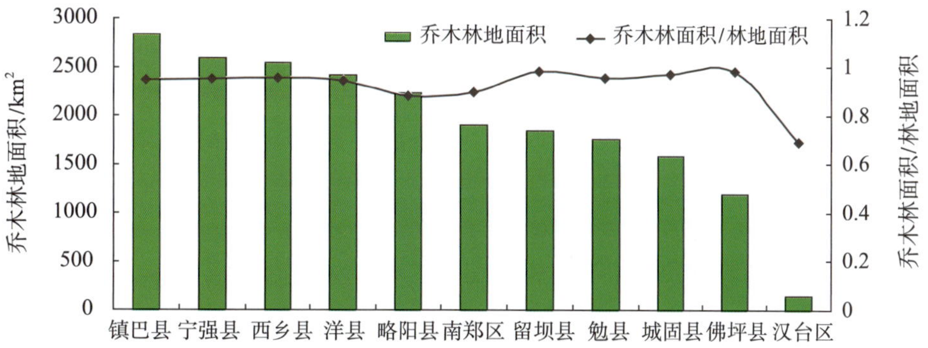

图 5-2 汉中市乔木林地分布

安康市位于陕西省东南部，处于南北气候过渡带，植被属暖温带落叶阔叶林和亚热带常绿落叶阔叶林区，栎类是当地植被建群种，全市森林覆盖率 73.35%，乔木林地总面积为 1.7 万 km^2，约占全省乔木林地面积的 18.5%，占全市林地面积的 86%。安康市 10 个县（区）中，宁陕县乔木林地分布最广，占全市乔林地面积 20.36%，次之是汉滨区，占乔林地面积全市15.24%，紫阳县、旬阳县和岚皋县基本持平，都在10%左右，石泉县、白河县、汉阴县、平利县四县乔木林地分布较少（见图5–3）。

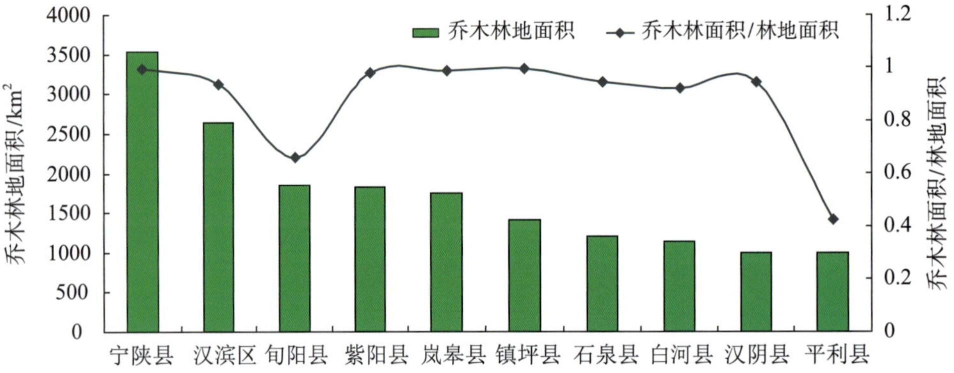

图5-3 安康市乔木林地分布

延安市位于陕西省北部，地处黄河中游，地带性植被为干旱森林向森林草原过渡的植被，北部属半干旱地区，南部属半湿润区。自1999年实施退耕还林工程以来，全市林地面积显著增加，当前乔木林总面积为1.7万km^2，占全省乔木林地面积的18.1%，占全市林地面积的65.31%，主要分布在南部几个县域。富县境内有陕西子午岭国家级自然保护区、柴松省级自然保护区，被誉为镶嵌在黄土高原上的“绿色明珠”，森林覆盖率达77.26%。黄龙县位于延安市东南缘，是国家重点生态功能区、国家级褐马鸡自然保护区、省级次生天然林保护区和全国八大防护林区之一，森林覆盖率达87%。北部几个县域处于半干旱地区，受自然条件限制，乔木林分布较少（见图5–4）。

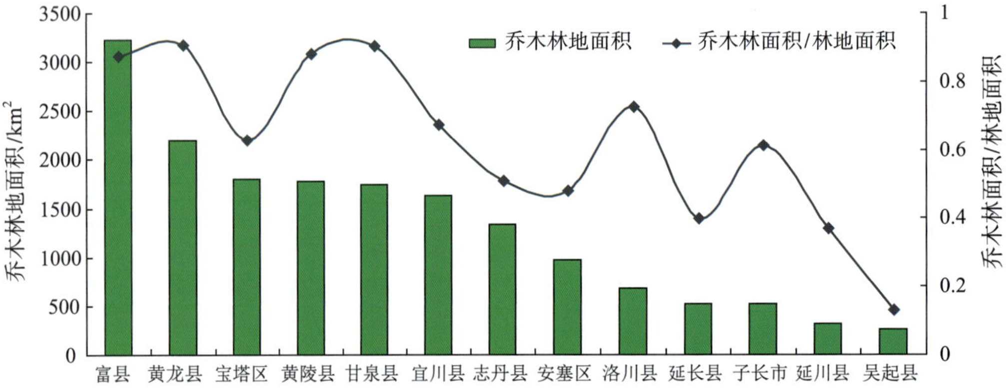

图5-4 延安市乔木林地分布

商洛市位于陕西东南部，地处秦岭山地，地形复杂，是全省林业大市，森林覆盖率达86.89%。乔木林地总面积占全省乔木林地面积的16.9%，占全市林地面积的93.37%，林区呈现出山大、沟深、林密、郁闭度高、坡度大等特点，植被主要为20世纪80年代中后期通过飞播造林、人工造林及90年代实施的天然林保护、退耕还林工程的开展而逐步恢复起来的林木，主要树种为油松、栎类、刺槐、杨树等。位于商洛市南部的镇安、山阳两县乔木林分布面积较广，其他县区分布比较均匀（见图 5-5）。

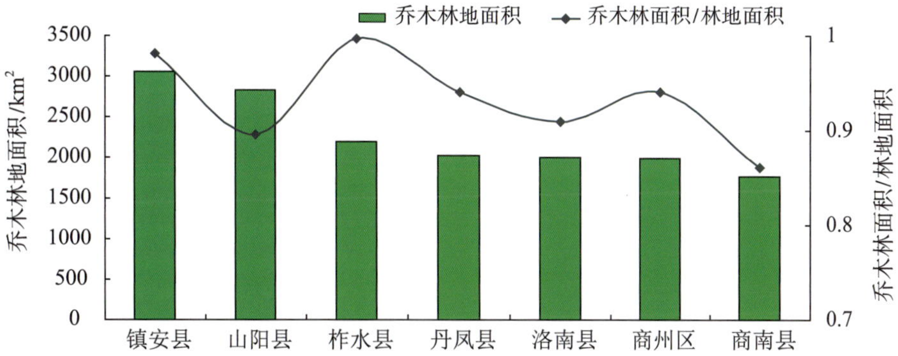

图 5-5　商洛市乔木林地分布

宝鸡市地处陕西省关中西部，全市森林覆盖率 61.16%，植被主要集中在秦岭和关山，林木种类以落叶阔叶林、针叶林为主。全市乔木林地总面积 1.1 万 km²，占全省乔木林地面积的 11.8%，占全市林地面积的 86.11%。宝鸡市南部的凤县、太白县两地乔木林地面积较广，均超过 2000 km²，两地面积之和约占全市半数。陇县乔木林地面积占全市林地面积的 12.2%，其余县区零星分布（见图 5-6）。

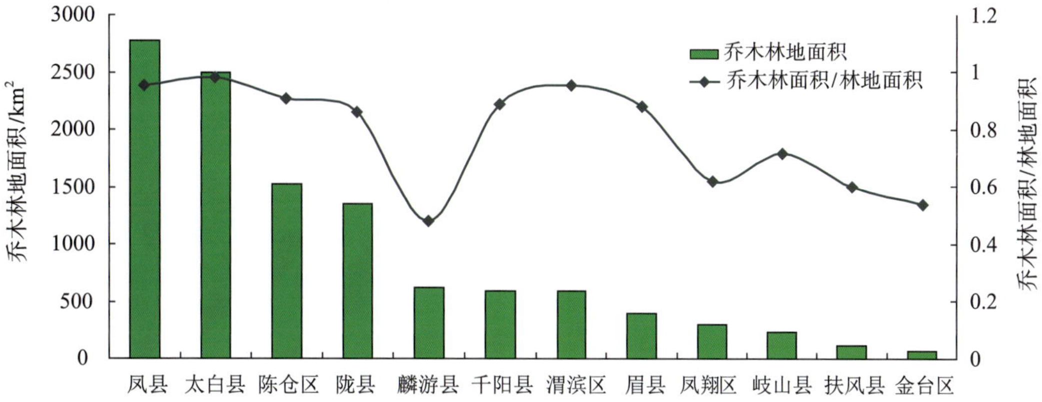

图 5-6　宝鸡市乔木林地分布

西安市位于黄河流域中部关中盆地，境内海拔差异悬殊位居全国各城市之冠。巍峨峻峭、群峰竞秀的秦岭山地与坦荡舒展、平畴沃野的渭河平原界线分明，构成了西安市的地貌主体。全市乔木林地总面积 4538.7 km²，占全省乔木林地面积的 4.84%，占全市林地面积的 75.72%，主要分布在大秦岭西安段包括周至县、蓝田县、长安区和鄠邑区，分别占各县（区）林地面积的 84.37%、73.60%、69.77% 和 78.25%，多样的森林环境和丰富的森林资源为野生珍稀动植物提供了栖息环境。临潼区、灞桥区仅为零星分布，而未央区、莲湖区、高陵区、新城区、碑林区和阎良区几乎零分布（见图 5-7）。

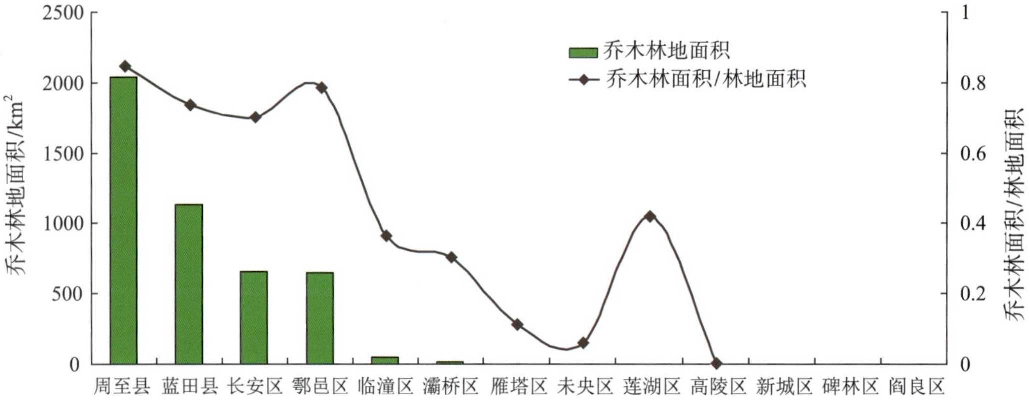

图 5-7　西安市乔木林地分布

咸阳市位于陕西省八百里秦川腹地。南部土地条件较好，地势平坦，土壤肥沃，多是耕地；北部以黄土高原丘陵沟壑为主，林牧用地比重较大。全市乔木林地总面积为 1942.0 km^2，占全省乔木林地面积的 2.07%，占全市林地面积的 58.87%，优势树种有辽东栎、山杨、白桦、油松，主要分布在北部旬邑、彬州、淳化、永寿、长武 5 个县（市），尤以旬邑县比重最大，达全市半数，而分布在关中平原的其余县（区）均为零星或零分布。旬邑县属于国家重点公益林区划范围，是陕西省生态环境建设的重要区域，主要以公益林为主，当前仍存在着林地经营管理粗放，低产低效林多的问题，应建立健全林地管理制度，严格林地用途管制，认真落实林地分级（分等）管理，切实保护好现有森林（见图 5-8）。

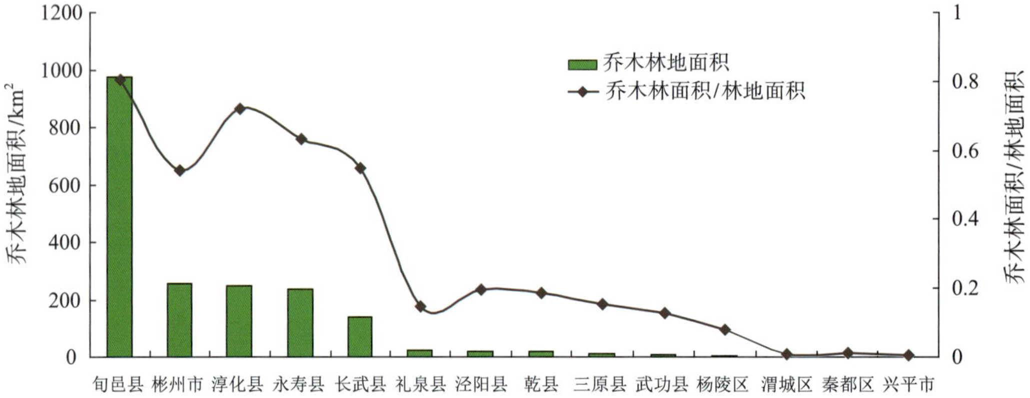

图 5-8　咸阳市乔木林地分布

渭南市位于陕西省关中盆地东部，地势低且开阔，全市乔木林地面积为 1764.6 km^2，占全省乔木林地面积的 1.88%，占全市林地面积的 57.80%。渭南市植被为暖温带落叶阔叶林，主要分布在最南端的华州区和最北部的韩城市，分别占到 34.46% 和 30.94%，华州区境内秦岭南麓的金堆林区是渭南市最大的天然林区，承担着重要的生态屏障功能和木材储备功能，以阔叶树种为主。韩城天然林以油松为主，其次为硬阔、栎类，侧柏零星分布，人工林主要由刺槐、油松、杨树等树种组成（见图 5-9）。

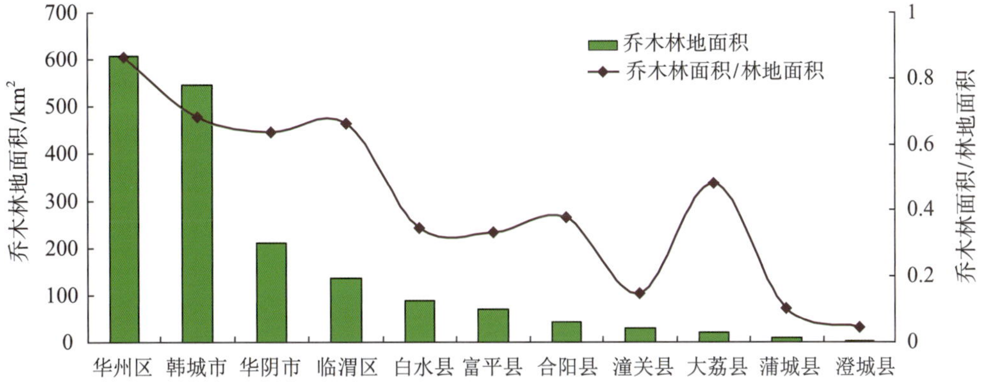

图 5-9　渭南市乔木林地分布

榆林位于陕西省最北部，境域内以长城沿线为界，南部为黄土沟壑区，北部为风沙草滩区。自 20 世纪 50 年代开始大规模植树造林，流沙得到固定、半固定，风沙危害大大减轻。全市乔木林地总面积为 1682.1 km^2，不足全省乔木林地面积的 2%，占全市林地面积的 13.68%。神木市乔木林地面积达到 551.04 km^2，占全市乔木林地的面积的 32.76%；靖边县次之，为 286.21 km^2；府谷县、榆阳区、子洲县和定边县 4 个县（区）乔木林面积在 100 ～ 200 km^2 之间；其余县（区）均在 100 km^2 以下；吴堡县最小，仅为 2.01 km^2（见图 5-10）。榆林市北六县（区）均为毛乌素沙地，多以沙生植物和隐域性植被为主，主要有沙蒿、沙柳、杨柴等，这些植被具有耐寒、耐旱、抗风沙的特点。榆林南六县为黄土高原腹心地带，水分是控制植被的主要因子，阴坡、半阴坡乔木生长较好，斑块状分布，阳坡多为草本或灌木。

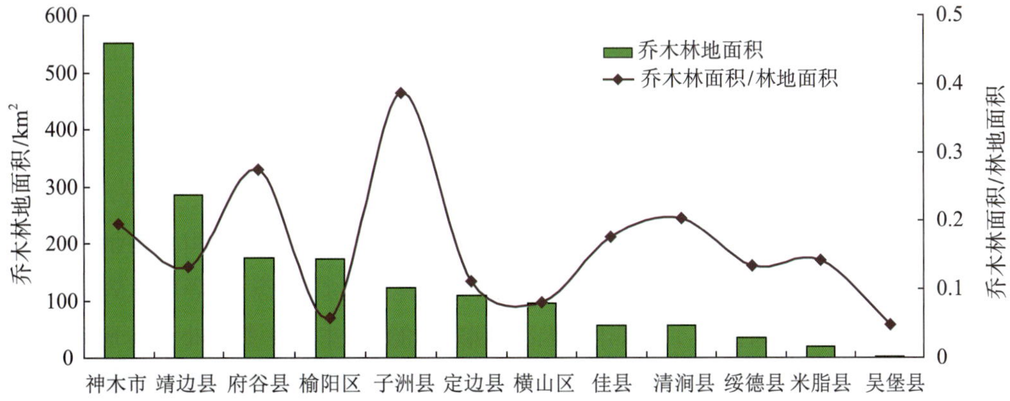

图 5-10　榆林市乔木林地分布

铜川市位于陕西省中部，处于关中盆地与陕北高原的交接地带，乔木林地总面积为 1531.8 km^2，占全省乔木林地面积的 1.63%，占全市林地面积的 66.67%，森林覆盖率为 46.5%，主要树种有油松、山杨、刺槐、侧柏。其中耀州区乔木林分布最为广泛，面积达 738.46 km²，占全市乔木林地面积的 48.21%。宜君县次之，为 545.68 km²，约占全市乔木林地面积的 35.62%，森林植被大部分为天然次生林，被誉为秦岭以北最大的一叶“绿肺”。印台区乔木林地面积 221.78 km²，约占全市乔木林地面积的 14.48%，而王益区最小，仅为 25.89 km²（见图 5-11）。

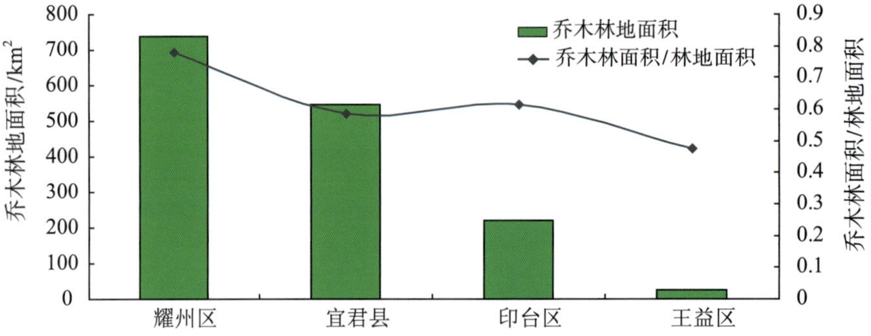

图 5-11　铜川市乔木林地分布

1.2　灌木林地

灌木林是以灌木为主体的植被类型，具单层树冠，林层高度一般 5 m 左右，不具主干而簇生，盖度大于 30%。灌木林生态幅度较乔木林广，分布范围常比乔木林大，在气候干燥或寒冷、不适宜乔木生长的地方，常有灌木林分布。灌木林对于维护生态系统平衡作用重大，是干旱、半干旱地区的主要树种。据第三次国土资源调查数据显示，全省灌木林总面积约为 1.86 万 km²，分别约占国土空间、生态空间及全省林地面积的 9.05%、12.32% 和 14.83%，主要分布在榆林市、延安市、安康市和宝鸡市，其四者之和约为全省灌木林地面积的 83.61%，其次为渭南市、铜川市、汉中市和商洛市，约为全省灌木林地面积的 13.94%，西安市和咸阳市分布最少，均在 200 km² 以下（见表 5-2）。全省盖度低于 50% 的灌木林 130 万 hm²，主要分布在长城风沙区沿线、白于山区和秦巴山区坡脚线，乔木树种稀少，生态效益低下。

陕西 10 个地市中灌木林主要分布在陕北地区，处于榆林市和延安市的灌木林面积之和占全省灌木林地面积的 63.2%，陕北地区处于我国东部季风湿润区与内陆干旱区的过渡地带，干旱少雨，年均降雨量在 400 ～ 600 mm，黄土高原丘陵沟壑区地形破碎，土质松散，水土流失严重，灌木林在水土保持和恢复生态平衡上都起到重要作用。关中和陕南自然条件良好，几个县域内灌木林分布都比较少。安康市灌木林地面积超过 2000 km²，主要集中在平利县和旬阳县，宝鸡市灌木林地主要分布在麟游县。

表 5-2　全省地市灌木林地生态空间分布

地市	灌木林面积 /km²	面积占比 /%			
		灌木林 / 区域林地	灌木林 / 区域生态空间	灌木林 / 全省灌木林	灌木林 / 全省林地
西安市	276.35	4.61	4.39	1.49	0.22
铜川市	668.88	29.11	27.69	3.60	0.53
宝鸡市	1218.81	9.47	9.08	6.56	0.97
咸阳市	178.80	5.42	4.42	0.96	0.14
渭南市	731.20	23.95	18.31	3.93	0.58
延安市	4223.67	16.22	13.56	22.73	3.37
汉中市	657.41	2.95	2.88	3.54	0.52
榆林市	7521.37	61.15	26.26	40.47	6.00
安康市	2573.60	12.77	12.50	13.85	2.05
商洛市	533.45	3.13	3.06	2.87	0.43
合计	18 583.54	—	—	—	14.83

榆林市灌木林地面积为 7521.37 km²，主要分布在包括榆阳区、神木市在内的北部沙区六县，约占整个全市灌木林地面积的 96.03%，其中以榆阳区最大，面积达到 2367.83 km²，约占区域林地面积的 76.65%，约占全市灌木林面积的 31.48%。神木市和靖边县次之，面积分别为 1873.71 km² 和 1515.20 km²，分别占区域林地面积的 69.17% 和 66.23%，约占全市灌木林地面积的 20.15% 和 24.91%（见图 5-12）。定边县、横山区和府谷县相对较少，但灌木林地的面积均在 200 km² 以上，主要灌木类型为沙蒿、花棒、杨柴、沙柳、柠条等，这些灌木林能有效降低风速，减少地面水分蒸发，减少输沙量，在改善区域生态环境方面发挥了重要的作用。地处黄土高原的南六县灌木林地相对较少，不足全市灌木林面积的 4%，主要为散生灌木沙棘、黄刺玫、虎榛子、狼牙刺、荆条、扁核木、华北绣线菊、杠柳、胡枝子、醉鱼草、白芨梢、华丁香、枸杞等。

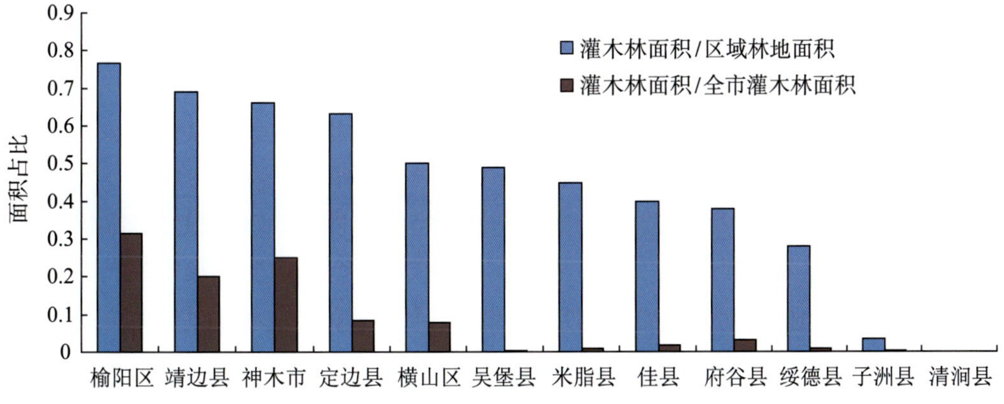

图 5-12　榆林市灌木林地分布

延安市灌木林地面积为 4223.67 km^2，约占全市林地面积的 16.22%，主要分布在包括吴起、宝塔、志丹、安塞、洛川、延长等北部的县（区），约占全市灌木林面积的 72%，其中吴起县和宝塔区分布最为广泛，面积分别达到 964.22 km^2 和 901.53 km^2，约占全市灌木林林地面积的 22.83% 和 21.34%，约占区域灌木林地的 48.01% 和 31.44%。其余县（区）的灌木林地分布相对较小，约占全市林地面积的 28%，其中以子长市最小，为 29.22 km^2，约占区域灌木林地面积的 3.40%，约占全市灌木林地面积的 0.69%（见图 5-13）。延安以北地形以黄土丘陵沟壑为主，梁峁起伏，沟壑纵横，除河谷可形成茂密高大的乔木林外，一般林木生长稀疏矮小，其内多散生一些旱中生和旱生灌木，常见灌木有酸刺、丁香、锦鸡儿等。延安以南地形以残塬为主，植被以天然次生林为主。

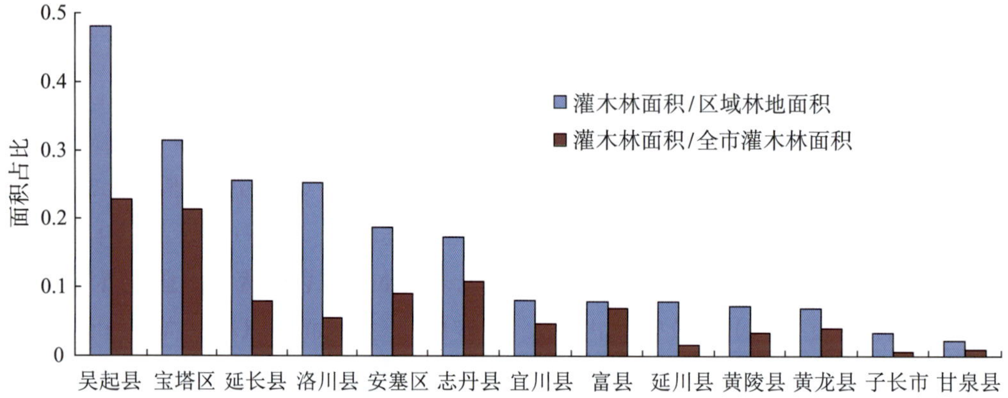

图 5-13　延安市灌木林地分布

安康市灌木林地面积为 2573.60 km^2，约占全市林地面积的 12.77%，主要分布在旬阳、平利、汉滨 3 县（区），约占全市灌木林地面积的 92.94%。其中平利县和旬阳县灌木林最多，面积分别达 1337.02 km^2 和 943.31 km^2，分别占区域林地面积的 57.07% 和 33.52%，约占全市灌木林地面积的 51.95% 和 36.65%；其他县域零星分布，面积均在 100 km^2 以下；镇坪县最小，仅为 1.90 km^2。旬阳县地处秦巴山区东段，南北过渡的内陆山区河源地带，境内以中低山地为主，中山地区（海拔 800 m 以上）主要分布着天然林和高山草甸灌丛。平利县地处巴山北麓，属亚热带气候带，境内南部以山地地形为主，境内北部以丘陵地形为主，灌木林主要分布在县域北部（见图 5-14）。

宝鸡市南部和西部是层峦叠嶂的秦岭、关山山地，北部多为黄土覆盖的丘陵、低山。渭河东西横贯，两岸多为川地和黄土台塬。全市灌木林地面积为 1218.81 km^2，约占全市林地面积的 9.47%，主要分布在宝鸡市东北部的麟游县，灌木林地面积达 563.08 km^2，约占全市灌木林地面积的 46.20%，约占区域林地面积的 43.66%。麟游县地处渭北旱塬丘陵沟壑区，水土流失严重，水分不足以支持乔木林生长，植被类型以灌木林为主，主要灌丛有山杏灌丛、虎榛子灌丛、沙棘灌丛等。其次为陇县、凤翔区和凤县也分布有一定的灌木林地，面积分别达到 160.07 km^2、142.93 km^2 和 107.58 km^2，分别约占全市灌木林地面积的 13.13%、11.73% 和 8.83%，分别约占区域林地面积的 10.17%、29.49% 和 3.70%，其他县（区）仅为零星分布（见图 5-15）。

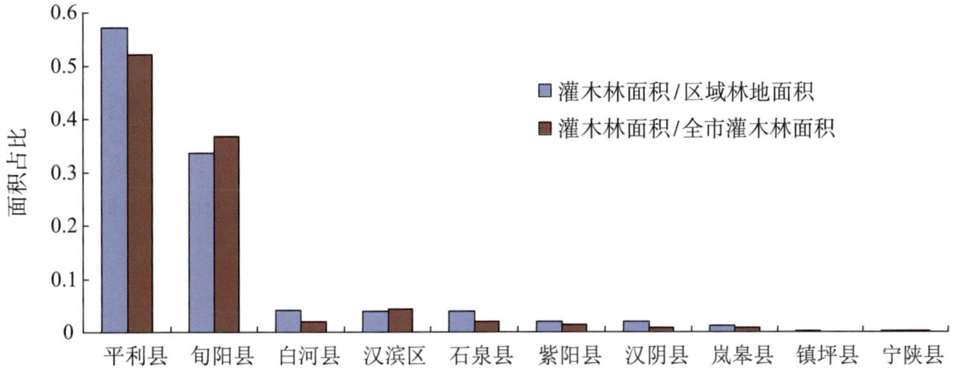

图 5-14　安康市灌木林地分布

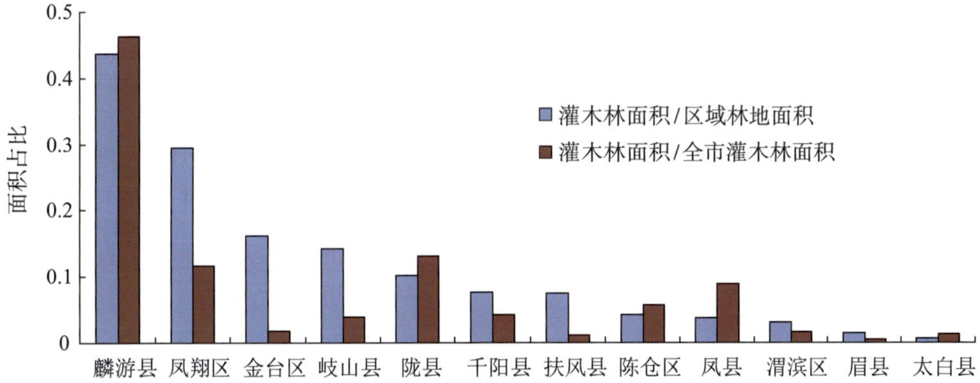

图 5-15　宝鸡市灌木林地分布

1.3　竹林地

竹林地是指生长竹类植物，郁闭度≥ 0.2 的林地。据第三次国土资源调查数据显示，全省竹林面积为 2.24 万 hm^2，全部为杂竹，株数 399 524 万株。按起源分，天然竹林面积 1.60 万 hm^2，占全省竹林地面积的 71%，人工竹林面积 0.64 万 hm^2，占全省竹林地面积的 29%。天然竹林主要分布在秦巴山区高海拔地带，竹子类型主要有 2 种，即秦岭箭竹和巴山木竹林。这两种竹子也是大熊猫的主要食材，其中巴山木竹主要分布在海拔 900 ～ 1800 m 区域，而秦岭箭竹主要分布在海拔 1700 ～ 3070 m 之间。两片竹林紧密相连，构成大熊猫栖息地核心活动区域。人工竹林零星分布在渭河以南区域。从行政区域来看（见图 5-16），竹林地主要分布在陕南汉中、安康和商洛三市，尤以汉中市分布面积最广，达 40.9 km^2，占全省竹林地面积的 57.9%，汉中各县（区）中的镇巴县、洋县和西乡县竹林地分布最广，均超过 6 km^2。商洛市竹林地总面积 10.2 km^2，镇安、商南和山阳三县分布较多，其他县区零星分布。安康市竹林地总面积 17.1 km^2，主要分布在紫阳、旬阳及平利三县。

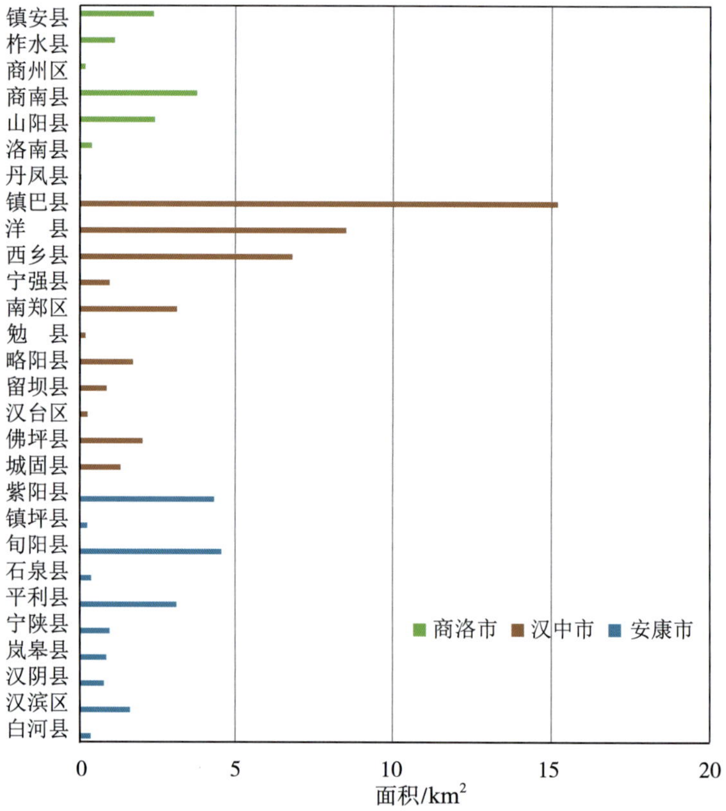

图 5-16　陕南三市各区县竹林地分布

1.4　其他林地

其他林地包括疏林地（0.1 ≤树木郁闭度< 0.2 的林地）、未成林地、迹地、苗圃等林地。第三次国土资源调查数据显示，陕西省全省疏林地面积 15.3 万 hm^2，未成林造林地面积 70.8 万 hm^2，宜林地面积 171 万 hm^2，是推进大规模国土空间绿化的主要阵地。疏林地、未成林造林地和宜林地向有林地转化，是由“潜绿”到“显绿”的过程，转化率的高低是评价生态保护修复成效的重要指标（见图 5-17）。

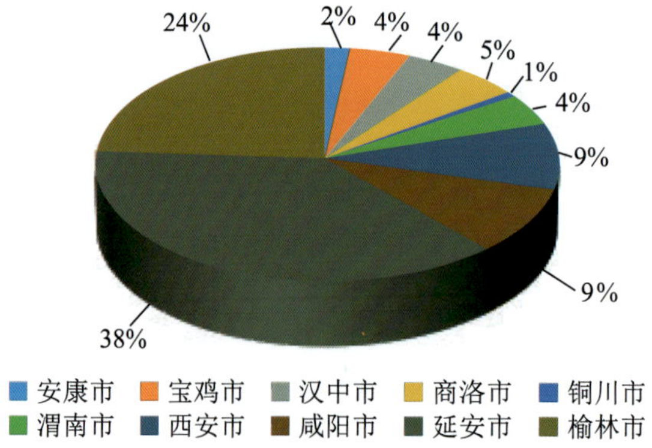

图 5-17　陕西省各市其他林地分布

从郁闭度来划分，其他林地指 0.1 ≤乔木郁闭度< 0.2 的林地。陕西省 10 个地市中其他林地主要分布在陕北地区，延安市和榆林市其他林地面积占全省其他林地面积的 61.6%，生态修复潜力最大。

第二节　草地生态空间

草地生态空间是地球之“皮肤”，是生态空间第二大生态系统，是防止沙漠化的前沿阵地，在维护黄土高原生态安全中具有重要作用。陕西省草地类型主要包括七大类，分别为温性草原类、温性沙漠类、暖性灌草丛类、热性灌草丛类、低地草甸类、山地草甸类和高寒草甸类，其中温性草原和暖性灌草丛占主导地位，从毛乌素沙地到黄土高原南缘均有广泛分布。据第三次国土资源调查数据表明，全省草地面积约为 2.23 万 km^2，约占国土空间面积的 11.14%，占生态空间面积的 14.78%（见表 5-3）。其中，天然牧草地 1.50 万 km^2、人工牧草地 151.39 km^2、其他草地 7152.22 km^2，分别占全省草地面积的 67.23%、0.68% 和 32.09%。草地在全省均有分布，主要分布在陕北的榆林、延安两市，面积占全省草地面积的 90% 以上，其中榆林市占 69.53%，延安市占 21.55%。关中平原的草地主要分布在咸阳市和渭南市，分别达到 626.06 km^2 和 572.12 km^2，其他各地市为零星分布，且以生态系统质量较差的其他草地类型为主。陕南三市为零星分布，总面积不超过 300 km^2。目前，全省草原保护修复工作底子不清、基础差，草原生态系统依然十分脆弱，草原生态保护与经济发展的矛盾依然突出，特别是草原保护修复制度不健全、不完善、不落实的问题还比较突出。

表 5-3　陕西省草地生态空间分布

区域	地市	草地面积 /km^2			面积合计 /km^2	占全省草地面积比例 /%	占区域生态空间面积比例 /%
		天然牧草地	人工牧草地	其他草地			
陕北高原	延安市	4629.46	0.33	173.11	4802.89	21.55	16.77
	榆林市	9917.03	150.72	5428.19	15 495.94	69.53	54.10
关中平原	宝鸡市	163.12	0.14	111.16	274.42	1.23	0.96
	咸阳市	84.58	0.15	541.34	626.07	2.81	2.19
	渭南市	27.39	0.00	544.73	572.12	2.57	2.00
	西安市	1.88	0.00	116.81	118.69	0.53	0.41
	铜川市	28.02	0.04	63.01	91.07	0.41	0.32
秦巴山地	汉中市	6.68	0.01	68.68	75.37	0.34	0.26
	商洛市	108.06	0.00	44.95	153.00	0.69	0.53
	安康市	17.69	0.00	59.24	76.93	0.35	0.27
陕西省	—	14 983.90	151.39	7151.22	22 286.51	—	14.78

2.1 天然牧草地

国土三调定义的天然牧草地是指以天然草本植物为主的草地，用于放牧或割草的草地，包括实施禁牧措施的草地。全省天然牧草地总面积 1.50 万 km^2，占全省草地总面积的 67.23%，主要分布在陕北地区的榆林市和延安市，面积分别达到 9917.03 km^2 和 4629.46 km^2，两者之和约占全省天然牧草地面积的 97.08%，而宝鸡市、商洛市和咸阳市仅部分区域分布，面积分别为 163.12 km^2、108.06 km^2 和 84.58 km^2，剩余地市仅为零星分布（见图 5–18）。

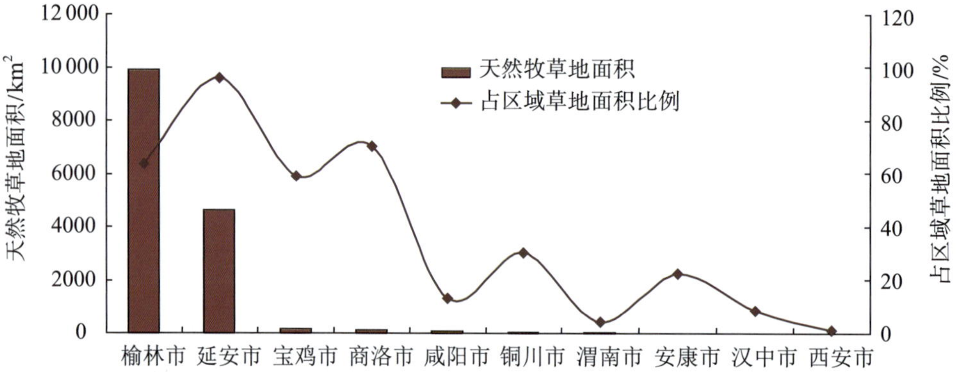

图 5–18　全省各市天然牧草地变化

榆林市天然牧草地 9917.03 km^2，约占全省草地生态空间的 69.53%，约占全省天然牧草地的 66.18%，主要分布在榆林北六县（市、区）的神木市、定边县、府谷县、横山区、靖边县和榆阳区。其中以神木县天然牧草地的面积为全省最大，达到 2623.78 km^2，约占区域生态空间的 43.91%，占全市天然牧草地的 26.46%，占区域草地的 88.71%。南部六县天然牧草地总面积不足全市的 20%，以清涧县和子洲县分布最为广泛，面积分别达到 681.13 km^2 和 525.33 km^2，吴堡县为最小，仅为 33.87 km^2（见表 5–4）。全市天然牧草地分布零散不集中连片，大多是沙地草丛群落，以耐寒抗风性草种为主。陕西定边县一带主要分布类型为温性荒漠草原，植物群落主要为短花针茅＋无芒隐子草。神木市境北部和中部为长城沿线风沙草滩区，属半荒漠草原，南部为黄土高原丘陵沟壑区，属干草原。

表 5–4　榆林市各县（区）天然牧草地变化

县（区）	天然牧草地面积 /km^2	占区域草地面积比例 /%	占区域生态空间面积比例 /%	占全市天然牧草地面积比例 /%
神木市	2623.78	88.71	43.91	26.46
定边县	1360.93	51.83	35.98	13.72
府谷县	1288.16	87.48	58.55	12.99
横山区	1239.33	77.67	43.40	12.50
靖边县	794.67	70.89	23.39	8.01

续表

县（区）	天然牧草地面积 /km^2	占区域草地面积比例 /%	占区域生态空间面积比例 /%	占全市天然牧草地面积比例 /%
榆阳区	754.05	34.88	14.06	7.60
清涧县	681.13	81.36	59.57	6.87
子洲县	525.33	61.36	43.84	5.30
米脂县	275.62	77.44	54.70	2.78
绥德县	171.78	23.87	16.95	1.73
佳　县	168.38	25.32	16.33	1.70
吴堡县	33.87	26.44	18.65	0.34
榆林市	9917.03	—	—	1.0000

延安市属黄河中游地区，气候为暖温带半干旱气候，沟壑纵横交错，坡地陡峭，水土流失严重，草地分布较多，天然牧草地面积达 4629.5 km^2，占全省天然牧草地面积的 30.90%，为全省第二。主要分布在延安市北部黄土高原丘陵沟壑区的吴起县和子长市，面积分别达到 1092.37 km^2 和 1038.54 km^2，两者之和约占全市天然牧草地面积的 46.03%，为全市天然牧草地分布第一梯队。其次是延长县和志丹县，为第二梯队，面积分别达到 619.02 km^2 和 588.61 km^2，约占全市天然牧草地面积的 13.37% 和 12.71%。延安市天然牧草地分布相对较多的县（区）还包括延川县和安塞区，面积分别达到 491.92 km^2 和 391.57 km^2，约占全市天然牧草地面积的 10.63% 和 8.46%，而洛川县和宜川县，天然牧草地面积在 100 ～ 200 km^2 之间，分布相对较少，其余各县（区）均为零星分布，黄陵县为最小，面积仅为 1.73 km^2（见表 5–5）。

表 5–5　延安市天然牧草地分布

县（区）	天然牧草地面积 /km^2	占区域草地面积比例 /%	占区域生态空间面积比例 /%	占全市天然牧草地面积比例 /%
吴起县	1092.37	99.57	34.74	23.60
子长市	1038.54	95.93	52.75	22.43
延长县	619.02	98.34	31.33	13.37
志丹县	588.61	98.34	18.04	12.71
延川县	491.92	93.22	34.42	10.63
安塞区	391.57	98.50	15.78	8.46
洛川县	173.58	94.42	15.42	3.75
宜川县	116.96	86.95	4.53	2.53
甘泉县	42.49	79.49	2.13	0.92
富　县	34.74	89.06	0.93	0.75
宝塔区	24.92	64.62	0.85	0.54
黄龙县	13.01	91.86	0.53	0.28
黄陵县	1.73	26.05	0.08	0.04
延安市	4629.46	96.39	14.87	100.00

2.2 人工牧草地

国土三调定义的人工牧草地是指人工种植牧草的草地，不包括种植饲草的耕地。陕西省人工牧草地总面积 151.4 km^2，不足全省草地面积的 1%，主要分布在榆林市。榆林市地处长城沿线典型的农牧交错带，是陕西省传统畜牧业与新型现代畜牧业发展主要基地。铜川市、宝鸡市、咸阳市、延安市和汉中市有零星分布（见图 5-19）。

榆林市人工牧草地总面积 150.72 km^2，95% 以上分布在北六县（市、区），神木市和横山区两地占比较大。神木市北部和中部为长城沿线风沙草滩区，属半荒漠草原，南部为黄土高原丘陵沟壑区，属干草原，退耕还林还草以来，人工草地大幅增长，主要种植紫花苜蓿、沙打旺和草木樨等豆科牧草。横山是陕北白绒山羊新品种的主要育成区和主产区，大力种植牧草发展现代畜牧业是农民增收的有效手段，当前存在草场退化、草畜矛盾突出的问题，应加强草场改良和扩充工作，提高牧草产量，缓解草畜矛盾，推进产业可持续发展（见图 5-20）。

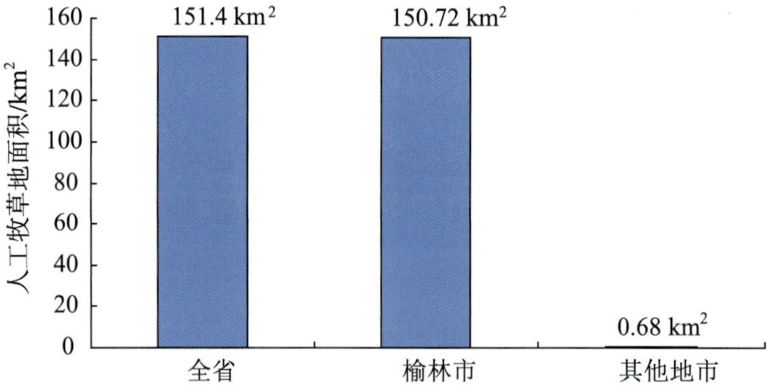

图 5-19　陕西省各市人工牧草地面积

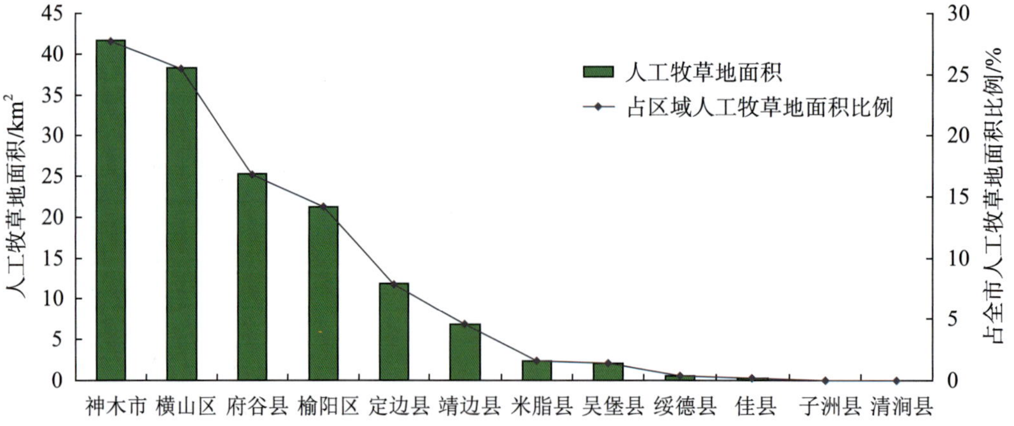

图 5-20　榆林人工牧草地分布

2.3　其他草地

国土三调定义的其他草地是指表层为土质、不用于放牧的草地。陕西省其他草地总面积 7151.22 km^2，占全省草地总面积的 32.09%。其中：榆林市其他草地占全省其他草地面积的 75.91%，占区域草地面积的 35.03%，占全省草地面积的 24.36%；有 19.3% 分布在关中，主要分布在渭南和咸阳两地；剩余 4.3% 分布在陕南（见表 5–6）。

表 5–6　陕西省各地市其他草地情况

地市	其他草地面积/km^2	草地面积/km^2	占区域草地面积比例/%	占全省草地面积比例/%
榆林市	5428.19	15 495.94	35.03	24.36
渭南市	544.73	572.12	95.21	2.44
咸阳市	541.34	626.07	86.47	2.43
延安市	173.11	4802.89	3.60	0.78
西安市	116.81	118.69	98.42	0.52
宝鸡市	111.16	274.42	40.51	0.50
汉中市	68.68	75.37	91.13	0.31
铜川市	63.01	91.07	69.19	0.28
安康市	59.24	76.93	77.01	0.27
商洛市	44.95	153.00	29.38	0.20
陕西省	7151.22	22 286.51	32.09	100.00

第三节　湿地生态空间

湿地生态空间是“地球之肾”，在全球生态系统循环中有着不可替代的作用。国土三调数据显示，全省共有各类湿地 487.52 km^2，约占全省生态空间面积的 0.32%。其中，内陆滩地为 461.69 km^2，灌丛沼泽为 3.38 km^2，沼泽草地为 2.72 km^2，沼泽地为 19.73 km^2，分别约占全省湿地面积的 94.70%、0.69%、0.56% 和 4.05%。主要分布在榆林市、渭南市、宝鸡市和西安市，湿地面积均在 50 km^2 以上，分别占全省湿地面积的 20.02%、19.55%、15.54% 和 13.32%，其他地市分布面积均在 50 km^2 以下，其中铜川市仅为 5.24 km^2，为全省最小。区域分布以关中平原的渭南市、宝鸡市、西安市和咸阳市为最多，约占全省湿地面积的 55.97%，其次为长城沿线的榆林市和黄土高原的延安市，约占全省湿地面积的 28.55%，而陕南三市仅占全省湿地面积的 14.40%（见表 5–7）。

表 5–7　陕西省湿地生态空间分布

地市	湿地面积/km²				总计/km²	占全省湿地面积比例/%	占区域生态空间比例/%
	内陆滩涂	灌丛沼泽	沼泽草地	沼泽地			
榆林市	88.42	3.35	2.33	3.48	97.58	20.02	0.34
渭南市	79.24	0.03	0.38	15.67	95.33	19.55	2.39
宝鸡市	75.18	0.00	0.01	0.57	75.76	15.54	0.56
西安市	64.95	0.00	0.00	0.00	64.95	13.32	1.03
延安市	41.62	0.00	0.00	0.00	41.62	8.54	0.13
咸阳市	36.84	0.00	0.00	0.00	36.84	7.56	0.91
安康市	27.92	0.00	0.00	0.00	27.92	5.73	0.14
商洛市	23.61	0.00	0.00	0.00	23.62	4.84	0.14
汉中市	18.68	0.00	0.00	0.00	18.68	3.83	0.08
铜川市	5.24	0.00	0.00	0.00	5.24	1.07	0.22
陕西省	461.69	3.38	2.72	19.73	487.52	100.00	0.32

3.1　内陆滩涂

内陆滩涂指河流、湖泊常水位到洪水位间的滩地，时令湖、河洪水位以下的滩地，水库、坑塘的正常蓄水位与洪水位间的滩地，不包括已利用的滩地。全省内陆滩涂总面积 461.69 km²，约占湿地总面积的 94.70%（见表 5–7）。其中，内陆滩涂主要分布在榆林市、渭南市、宝鸡市和西安市，面积分别为 88.42 km²、79.24 km²、75.18 km² 和 64.95 km²，约占全省湿地面积的 18.14%、16.25%、15.42% 和 13.32%，约占区域湿地面积的 90.61%、83.13%、99.24% 和 100%。而延安市、咸阳市、安康市、商洛市、汉中市内陆滩涂面积分别达到 41.62 km²、36.84 km²、27.92 km²、23.61 km² 和 18.68 km²，约占全省湿地面积的 8.54%、7.56%、5.73%、4.84% 和 3.83%，约占区域湿地面积的 100%、100%、100%、99.83% 和 100%。铜川市内陆滩涂分布面积最小，为 5.24 km²，约占全省湿地面积的 1.07%，约占区域湿地面积的 100%（见图 5–21）。

榆林市内陆滩涂总面积 88.42 km²，约占全省内陆滩涂面积的 19.15%，主要分布在北部毛乌素沙地边缘的神木市、定边县、靖边县、府谷县和榆阳区几个县（市、区），分布约占全市内陆滩涂面积的 21.98%、17.88%、15.40%、12.20% 和 8.20%，清涧县、横山区和佳县次之，约占全市内陆滩涂面积的 5.93%、5.40% 和 4.45%，而米脂县、绥德县、子洲县和吴堡县面积相对较小，分别约占全市内陆滩涂面积的 2.86%、2.65%、

1.72% 和 1.32%（见图 5–22）。榆林北部毛乌素沙区既有外流水系，又有内陆河、大小湖泊，较大的河流主要有汇入无定河的红柳河、芦河、榆溪河，直输黄河的秃尾河、窟野河等，南部主要有大理河、小理河等，内陆滩涂主要沿这些水系河网两岸的河漫滩和阶地分布。

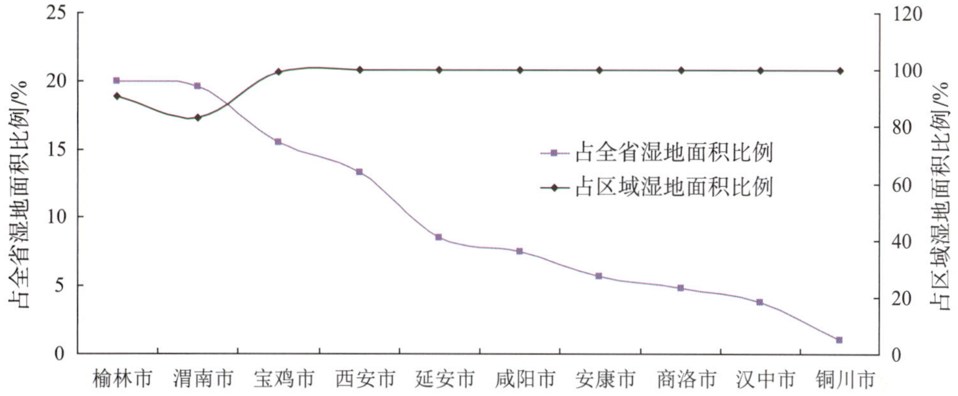

图 5–21　陕西省各市内陆滩涂变化

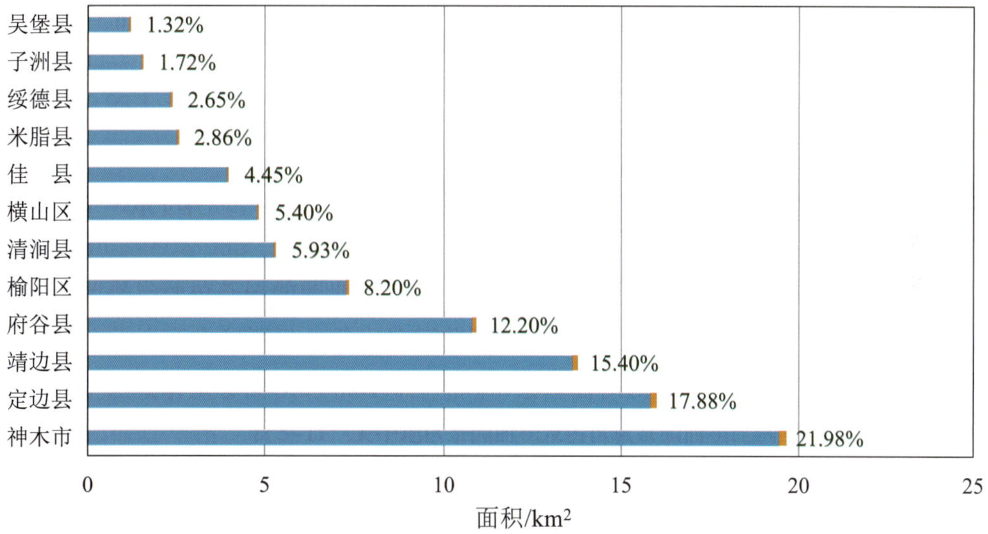

图 5–22　榆林市内陆滩涂分布

渭南市内陆滩涂总面积 79.24 km²，约占全省湿地面积的 17.16%，主要分布在韩城市、大荔县、潼关县、华州区和临渭区等，分别约占全市内陆滩地面积的 38.79%、22.98%、12.13%、10.64% 和 7.27%。其次为合阳县和华阴市，分别约占全市内陆滩地面积的 4.22% 和 2.59%，其余的各县均为零星分布（见图 5–23）。陕西省黄河湿地是黄河中游地区面积最大的湿地之一，也是陕西省面积最大的河流湿地，在渭南段包括韩城市、合阳县、大荔县和潼关县的黄河河道，河漫滩、洪泛平原和黄河、洛河和渭河的交汇地区。

宝鸡市内陆滩涂总面积 75.18 km^2，约占全省内陆滩涂总面积的 16.28%。其中，以陈仓区的内陆滩地分布最为广泛，达 24.07 km^2，约占全市内陆滩涂总面积的 32.02%。其次为眉县、凤县、千阳县和太白县，分别占全市内陆滩涂总面积的 10.50%、9.97%、9.74% 和 6.77%。渭滨区、岐山县、扶风县和陇县分别占全市内陆滩涂面积的 5.92%、5.49%、5.30% 和 5.13%，而凤翔区、金台区和麟游县内陆滩涂面积相对较小，分别约占全市内陆滩涂总面积的 3.67%、3.50% 和 1.99%（见图 5-24）。渭河中段宝鸡境内流经渭滨区、陈仓区、岐山县、眉县、扶风县 5 个县（区），河道两侧分布有大量滩涂地，生长着大量禾本科和菊科草本植物，是具有非常重要的生态价值的内陆滩地。

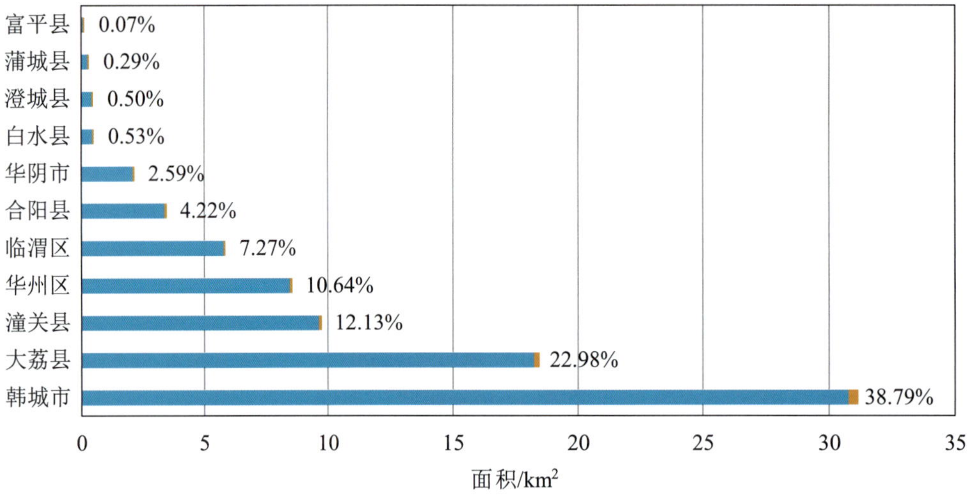

图 5-23　渭南市内陆滩涂分布

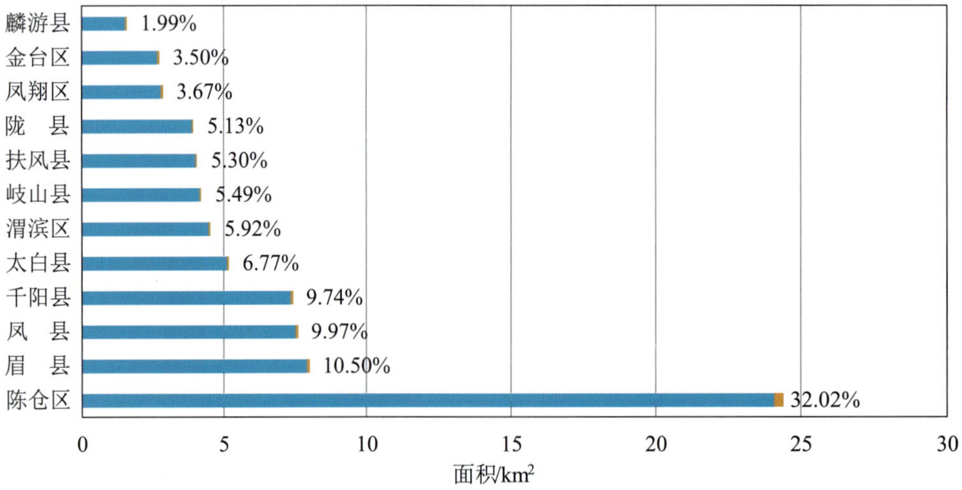

图 5-24　宝鸡市内陆滩涂分布

西安市内陆滩涂总面积 64.95 km^2，约占全省内陆滩涂总面积的 14.07%，主要分布在渭河及其支流，面积较大的是周至县、临潼区、未央区、鄠邑区和高陵区等，分别占全市内陆滩涂面积的 23.49%、17.94%、15.01%、11.69% 和 11.49%。其次为长安区、蓝田县和灞桥区，分别约占全市内陆滩涂面积的 7.39%、6.45% 和 4.85%，其余各县（区）仅为零星分布（见图 5-25）。

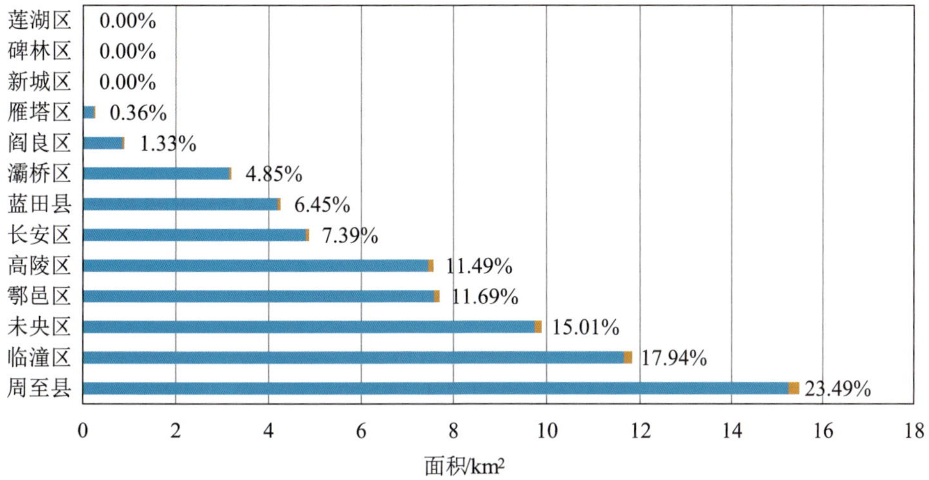

图 5-25 西安市内陆滩涂分布

延安市内陆滩涂总面积 41.6 km²，约占全市内陆滩涂总面积的 9.01%，主要分布在北部宝塔、延长、志丹和吴起四个县（区），分别占全市内陆滩涂总面积的 21.67%、18.83%、17.50% 和 11.88%。而安塞区、延川县、甘泉县、富县、宜川县、洛川县分别占全市内陆滩涂总面积的 7.53%、6.24%、5.52%、5.12%、3.40% 和 2.0%，其余的子长市、黄陵县和黄龙县，仅为零星分布。延安市内陆滩涂以河流湿地为主，境内以延河、洛河、清涧河、仕望河及汾川河为骨干，加上纵横交错的小支流，形成地表水系，由于降雨时空分布不均，河流水量变化较大，河流两侧分布着大量滩涂、沼泽（见图 5-26）。

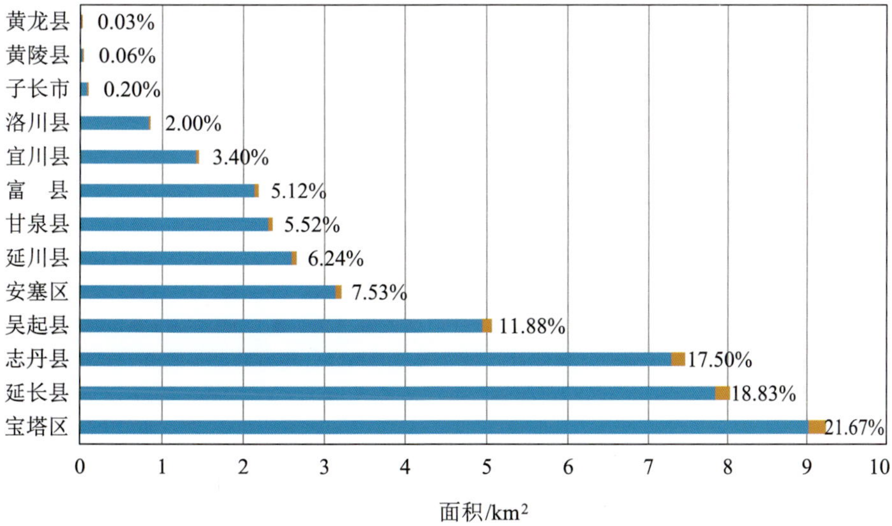

图 5-26 延安市内陆滩涂分布

3.2 灌丛沼泽

灌丛沼泽是指以灌丛植物为优势群落，覆盖度≥40%的淡水沼泽。陕西省灌丛沼泽总面积仅3.38 km^2，约占全省湿地面积的0.69%，主要分布在榆林市的神木市，面积为3.35 km^2，渭南市的潼关县和合阳县为零星分布（见图5–27）。

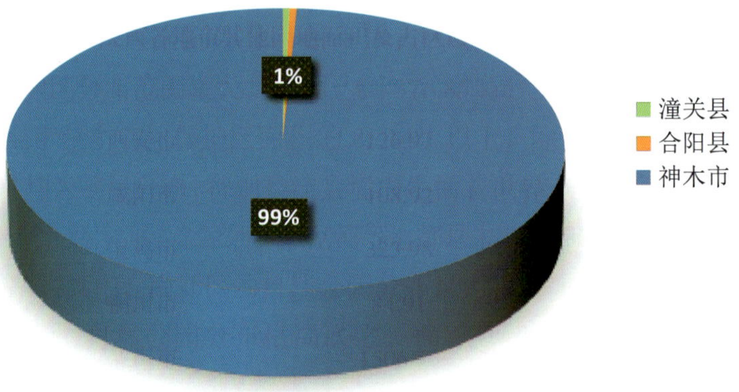

图5-27　陕西省灌丛沼泽分布

3.3 沼泽草地和沼泽地

沼泽草地指以天然草本植物为主的沼泽化的低地草甸、高寒草甸。陕西省沼泽草地总面积2.7 km^2，主要分布在榆林市的神木市，面积为2.33 km^2，其余沼泽草地零星分布在渭南市的大荔县、澄城县和潼关县，面积仅为0.38 km^2。

沼泽地指经常积水或渍水，一般生长沼生、湿生植物的土地。陕西省沼泽地总面积19.7 km^2，主要分布在渭南市的大荔县和合阳县，面积达到15 km^2，韩城、富平、潼关等县（区）仅有少量分布，其余分布在榆林市的神木市，面积仅为3.48 km^2。

3.4 其他湿地

其他湿地主要包括河流水面、湖泊水面、坑塘水面和水库水面等。河流水面指的是天然形成或人工开挖河流常水位岸线之间的水面，不包括被堤坝拦截后形成的水库区段水面。湖泊水面指的是天然形成的积水区常水位岸线所围成的水面。水库水面指人工拦截汇集而成的总设计库容≥10万m^{3}的水库正常蓄水位岸线所围成的水面。坑塘水面指的是人工开挖或天然形成的蓄水量＜10万m^{3}的坑塘常水位岸线所围成的水面。

国土三调数据表明，其他湿地总面积达到 2346.75 km^2，约占全省生态空间面积的 1.56%，主要分布在榆林市、汉中市、安康市、渭南市、延安市和商洛市，面积分别达到 513.19 km^2、441.31 km^2、317.88 km^2、248.13 km^2、236.12 km^2 和 219.24 km^2，约占全省其他空间面积的 21.87%、18.81%、13.55%、10.57%、10.06% 和 9.34%，宝鸡市、西安市和咸阳市其他湿地空间面积相对较小，分别为 149.15 km^2、116.75 km^2 和 85.24 km^2，约占全省水面的 6.36%、4.98% 和 3.63%，而铜川市其他湿地面积最小，仅为 19.73 km^2，约占全省水面的 0.84%（见表 5–8）。

表 5–8 陕西省各市其他湿地分布情况

地市	其他湿地面积/km^2				面积合计/km^2	约占全省水面比例/%	约占区域生态空间面积比例/%
	河流水面	湖泊水面	坑塘水面	水库水面			
榆林市	338.15	45.98	50.16	78.90	513.19	21.87	1.79
汉中市	355.36	0.00	24.98	60.98	441.31	18.81	1.93
安康市	242.39	0.00	5.28	70.21	317.88	13.55	1.54
渭南市	206.18	0.35	22.11	19.50	248.13	10.57	6.21
延安市	184.12	0.09	22.55	29.36	236.12	10.06	0.76
商洛市	207.26	0.00	1.45	10.52	219.24	9.34	1.26
宝鸡市	103.55	0.01	7.18	38.41	149.15	6.36	1.11
西安市	86.87	0.00	16.24	13.64	116.75	4.98	1.85
咸阳市	56.95	0.16	7.82	20.32	85.24	3.63	2.11
铜川市	12.09	0.00	2.42	5.23	19.73	0.84	0.82
陕西省	1792.93	46.59	160.18	347.06	2346.75	100.00	1.56

第四节 荒地（漠）生态空间

荒地是指可供开发利用和建设而尚未开发利用和建设的一切土地，主要包括宜农、宜林和宜牧荒地等。生态学上将荒漠定义为“由旱生、强旱生低矮木本植物，包括半乔木、灌木、半灌木和小半灌木为主组成的稀疏不郁闭的群落”。针对陕西省生态空间来说，荒地（漠）生态空间是具有重要生态价值和一定生态品质的自然保留地，包括盐碱地、沙地、裸土地、裸岩石砾地等。据国土三调数据分析表明，陕西省荒地（漠）生态空间总面积达 380.88 km^2，约占全省生态空间面积的 0.25%（见表 5–9）。其中，全省的裸土地、裸岩石砾地、沙地和盐碱地分别达到 83.08 km^2、146.17 km^2、73.35 km^2 和 78.28 km^2，约占全省荒地（漠）面积的 21.81%、38.38%、19.26% 和 20.55%。从区域分布来看，以榆林市的荒地（漠）面积生态空间最大，为 236.68 km^2，约占全省荒地（漠）面积的 62.14%；宝鸡市次之，为 53.96 km^2，占全省荒地（漠）面积的 14.17%，渭南市第三，为 26.07 km^2，占全省荒地（漠）面积的 6.84%；咸阳市最小，仅为 0.25 km^2，占全省 0.07%（见图 5–28）。

表 5–9　陕西省荒地（漠）生态空间分布

地市	荒地（漠）面积 /km^2				面积合计 /km^2	占全省荒地面积比例 /%	占生态空间面积比例 /%
	裸土地	裸岩石砾地	沙地	盐碱地			
榆林市	54.67	35.10	70.92	75.99	236.68	62.14	0.83
宝鸡市	12.75	41.20	0.00	0.00	53.96	14.17	0.40
渭南市	0.92	20.43	2.43	2.29	26.07	6.84	0.65
安康市	2.41	14.04	0.00	0.00	16.45	4.32	0.08
延安市	9.62	6.55	0.00	0.00	16.18	4.25	0.05
商洛市	0.88	11.81	0.00	0.00	12.69	3.33	0.07
汉中市	1.44	8.00	0.00	0.00	9.45	2.48	0.04
西安市	0.07	7.34	0.00	0.00	7.41	1.94	0.12
铜川市	0.08	1.68	0.00	0.00	1.76	0.46	0.07
咸阳市	0.24	0.01	0.00	0.00	0.25	0.07	0.01
陕西省	83.08	146.17	73.35	78.28	380.88	100.00	0.25

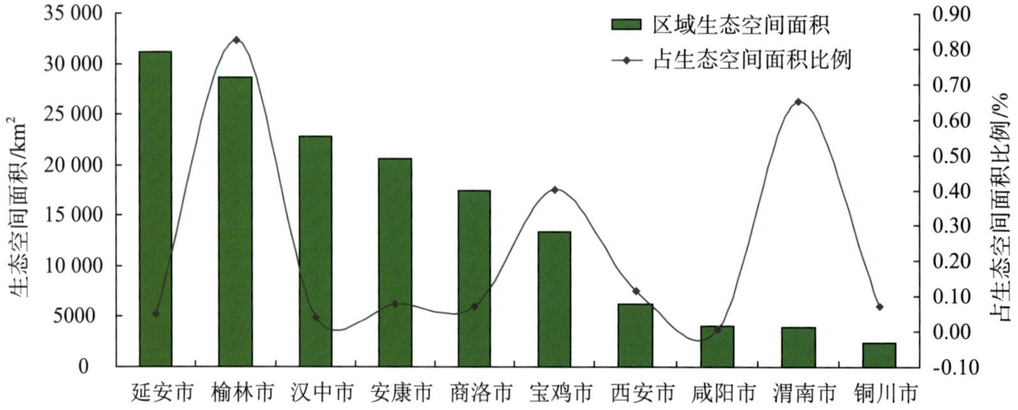

图 5-28　陕西省各市荒地（漠）变化

4.1　裸土地

裸土地是指表层为土质，植被覆盖度≤ 5% 的土地。不包括滩涂中的泥滩。全省裸土地总面积 83.08 km^2，主要分布在榆林、宝鸡及延安三地，其余地市为零星分布。

榆林市裸土地面积 54.67 km^2，约占全市荒地（漠）面积的 23.10%。其中，北六县裸土地面积显著多于南部各县，裸土地分布面积最广的是神木市和定边县，分别占到全市裸土地总面积的 24.34% 和 23.98%，占比最小的为南部绥德县，仅占全市裸土地面积的 0.91%（见图 5–29）。

宝鸡市全市裸土地面积 13.0 km^2，约占全市荒地（漠）面积的 23.63%，主要分布在太白县和陇县，分别占全市裸土地面积的 55.53% 和 39.52%，其余各县（区）均为零星分布（见图 5–30）。

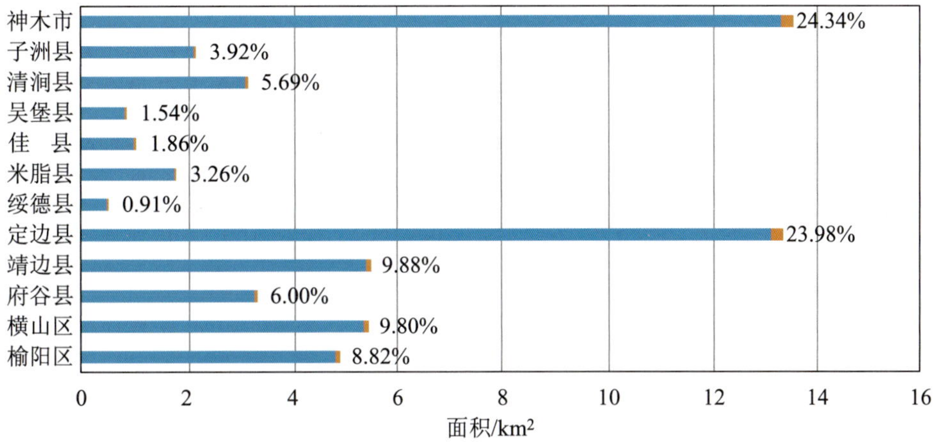

图 5–29　榆林市裸土地分布

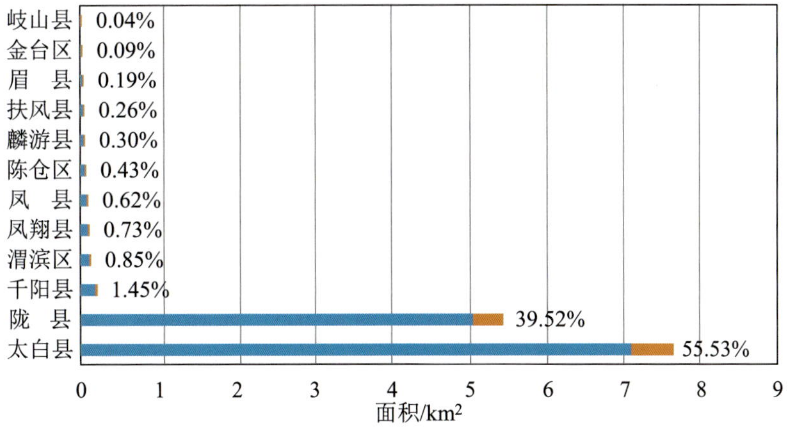

图 5–30　宝鸡市裸土地分布

延安市裸土地面积 9.62 km^2，约占全市裸土地面积的 59.47%（见图 5–31）。其中，志丹县、子长市、延长县、吴起县和延川县分布相对较为广泛，分别占全市裸土地面积的 24.90%、18.49%、14.88%、9.93% 和 9.27%，而安塞区、甘泉县和宝塔区次之，约占全市裸土地面积的 6.49%、6.40% 和 4.19%，其余各县（区）均为零星分布。

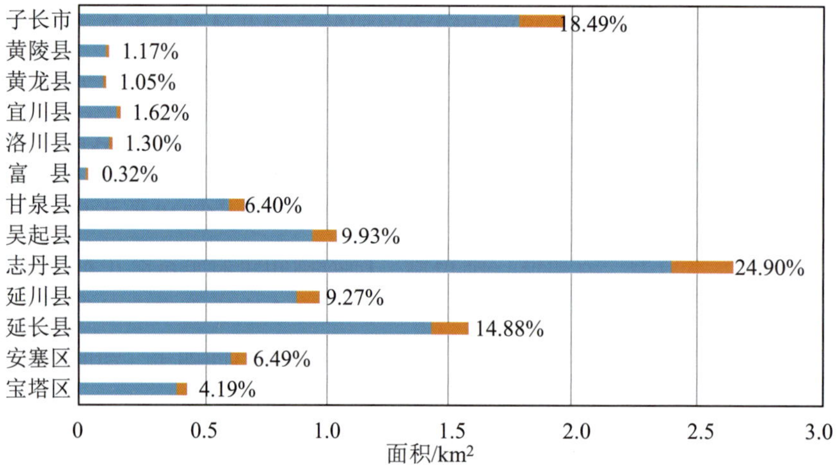

图 5-31　延安市裸土地分布

4.2　裸岩石砾地

裸岩石砾地是指表层为岩石或石砾，其覆盖面积≥ 70% 的土地。不包括滩涂中的石滩。全省裸岩石砾地总面积达 146.17 km^2，约占全省荒地（漠）面积的 38.38%。其中，宝鸡市、榆林市和渭南市裸岩石砾地面积分别达到 41.20 km^2、35.10 km^2 和 20.43 km^2，约占全省裸岩石砾地面积的 28.18%、24.16% 和 13.98%，约占区域荒地（漠）面积的 76.37%、14.83% 和 78.39%。安康市、商洛市、汉中市、西安市和延安市分别为 14.04 km^2、11.81 km^2、8.0 km^2、7.34 km^2 和 6.55 km^2，约占全省荒地（漠）面积的 3.69%、3.10%、2.10%、1.93% 和 1.72%，约占区域荒地（漠）面积的 85.36%、93.07%、84.70%、99.07% 和 40.49%。而铜川市和咸阳市裸岩石砾地面积仅为 1.68 km^2 和 0.01 km^2，为零星分布（见图 5-32）。

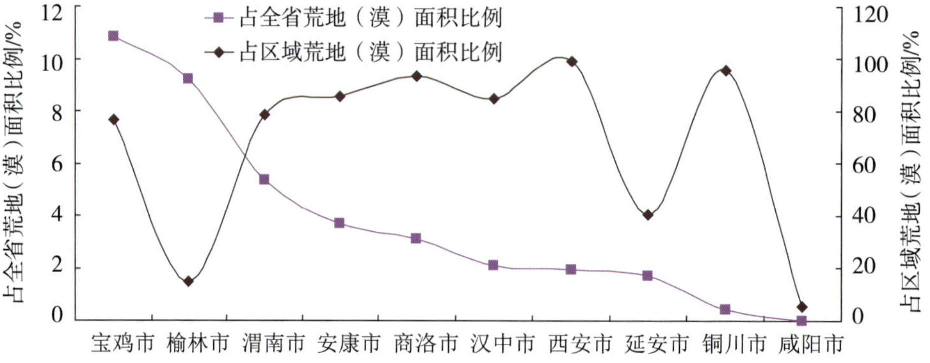

图 5-32　陕西省裸岩石砾地分布

宝鸡市裸岩石砾地为面积 41.20 km^2，约占全省裸岩石砾地面积的 28.18%。主要分布在太白县和眉县，面积分别为 35.81 km^2 和 2.59 km^2，占全市裸岩石砾地的面积的 86.93% 和 6.27%，其余各县（区）面积均不足 1 km^2，为零星分布（见图 5-33）。

榆林市裸岩石砾地面积为 35.10 km^2，约占全省裸岩石砾地面积的 24.16%，主要分布在府谷县和神木市，面积分别为 22.96 km^2 和 8.89 km^2，约占全市裸岩石砾地面积的 65.42% 和 25.34%，其次为佳县和靖边县，面积分别为 1.66 km^2 和 1.39 km^2，约占全市裸岩石砾地面积的 4.75% 和 3.96%，其余各县（区）面积均不足 1 km^2，为零星分布（见图 5-34）。

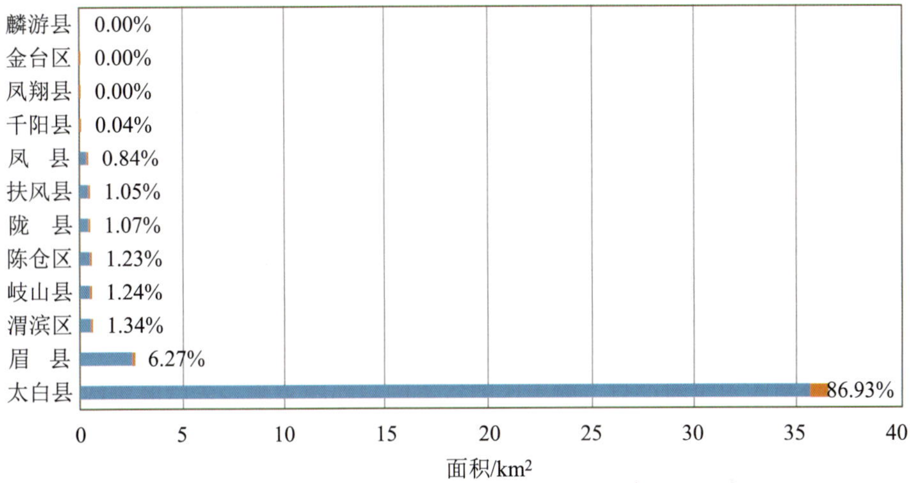

图 5-33　宝鸡市裸岩石砾地分布

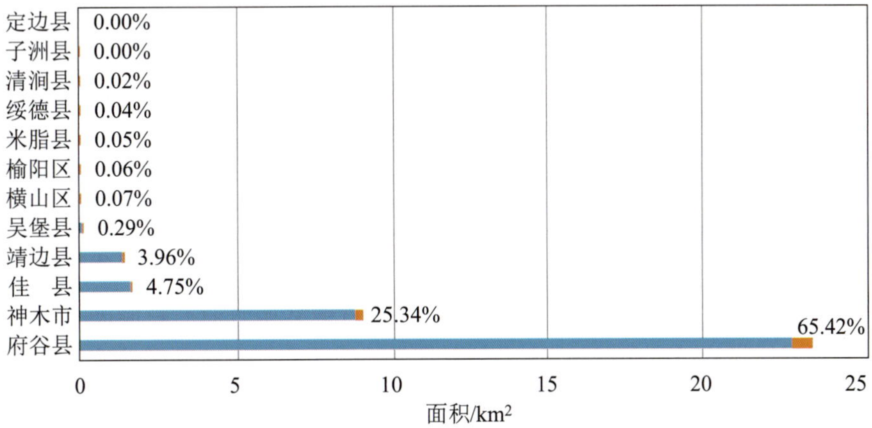

图 5-34　榆林市裸岩石砾地分布

渭南市裸岩石砾地面积为 20.43 km^2，约占全省裸岩石砾地面积的 13.98%。主要分布在华阴市、韩城市和华州区，面积分别为 15.36 km^2、2.86 km^2 和 1.79 km^2，约占全市裸岩石砾地面积的 75.18%、14.01% 和 8.78%，其余各县（区）均不足 1 km^2，为零星分布（见图 5-35）。

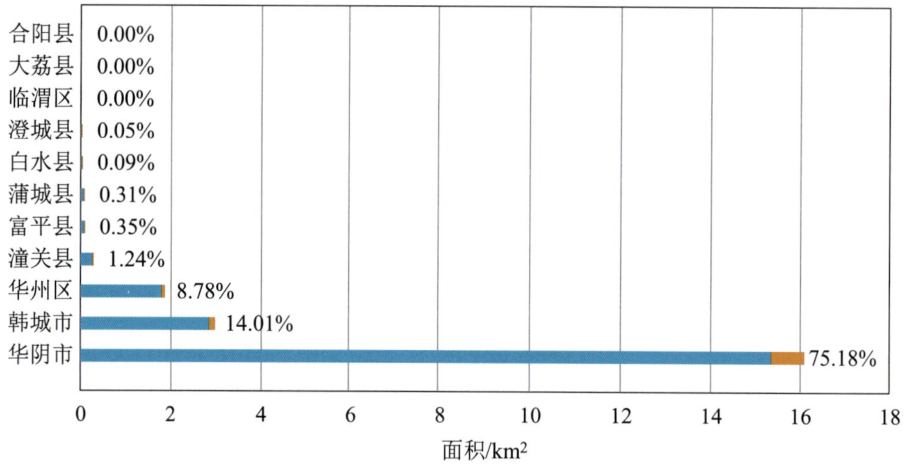

图 5-35　渭南市裸岩石砾地分布

4.3　沙地

沙地指表层为沙覆盖，植被覆盖度≤ 5% 的土地。不包括滩涂中的沙地。全省沙地总面积 73.35 km^2，主要分布在榆林市毛乌素沙地，面积达到 70.92 km^2，约占全省沙地的 97%，约占全市荒地（漠）面积的 30%，渭南市仅在大荔县有少分布，面积为 2.43 km^2。榆林沙地主要分布在北六县，西北部是毛乌素沙地南沿，东南部是覆盖薄层片沙的黄土丘陵，榆阳和定边两地沙地面积分布占比较大（见图 5-36）。

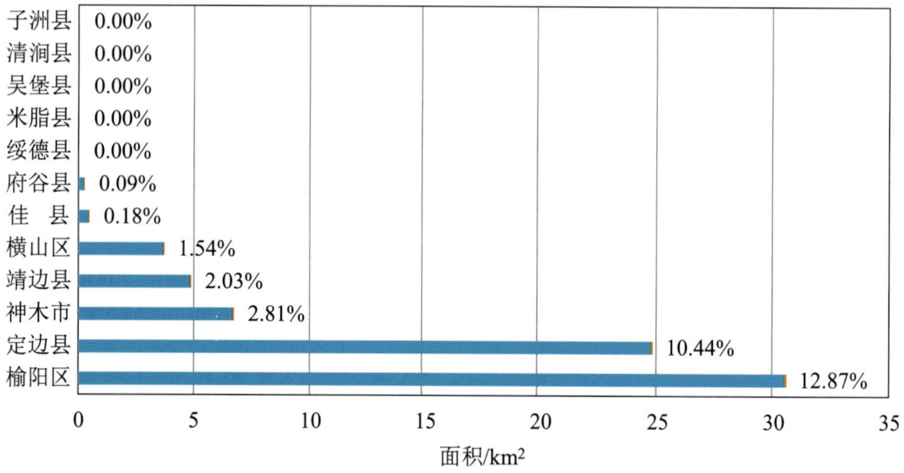

图 5-36　陕西省沙地面积分布

近年来，通过植物引种、飞播造林等工程实施，沙区林草植被覆盖度在 40% 以上，生物多样性日益增多，呈现出沙化土地总面积减少，沙化扩展趋势得到有效控制的局面，榆林成为我国乃至世界治沙的一个典型代表。

渭南市沙地仅在大荔县有少量分布，关中东部的黄、渭、洛三河交汇处的三角地带是一条狭长的沙区，即大荔沙苑，洛河发源于陕北，陕北水土流失严重，加上渭河每年大量的泥沙下泄，除部分输入黄河外，大量泥沙淤塞在洛渭三角洲，风沙堆积形成沙漠。沙苑地区土壤全属风沙土，特点是通透性良好，易耕种，但质地粗疏，易漏水漏肥，养分贫瘠，风蚀较重，宜种植林果和经济作物，可通过设立保护区，实行植树种草，防风固沙，同时采取多项示范工程引导当地发展农林产业，真正实现区域可持续发展。

4.4　盐碱地

盐碱地指表层盐碱聚集，生长天然耐盐碱植物的土地。陕西省盐碱地总面积 78.28 km^2，约占全省荒地（漠）面积的 20.55%，主要分布在榆林市和渭南市。其中，榆林市盐碱地面积为 75.99 km^2，占全省盐碱地面积的 97% 以上，位于榆林西部的定边县盐碱地面积达到 74.88 km^2，占全省盐碱地面积 95.7%。渭南市盐碱地面积仅为 2.29 km^2，主要分布在临渭区、富平县和蒲城县交界区域（卤泊滩周边）及黄河、渭河、洛河交汇处的大荔县部分区域（盐池洼周边）。渭北整体属盆地地貌，地势南北高、中间低、东西开阔，并形成有卤泊滩和盐池洼两大构造的侵蚀洼地，成土母质中的可溶性盐类会随水迁移至排水不畅的低平地区，如卤泊滩、盐池洼和黄河、渭河、洛河滩地等，这些地区地下水位浅，地下水含盐量高、地势环境再加上地下水埋深较浅、矿化度较高的状况导致该地区土壤易发生盐碱化。

第五节　其他生态空间

其他生态空间指除了林地、草地、湿地和荒地（漠）四大生态空间外，既具有生态服务功能，又兼有其他经营性质的土地，在国土三调中被独立设为一类——园地，也就是共享生态空间中的一部分。园地是种植以采集果、叶、根、茎、汁等为主的集约经营的多年生木本和草本作物，覆盖度大于 50% 或每亩株数大于合理株数 70% 的土地，包括用于育苗的土地。国土三调数据显示，陕西省园地总面积约为 1.23 万 km^2，约占全省生态空间的 8.16%。其中，果园面积相对较大，约占全省园地面积的 74.52%，集中种植区主要位于榆林市、延安市、渭南市和咸阳市，分别占全省园地面积的 19.46%、15.07%、14.68% 和 14%（见表 5-10）。果园主要以种植苹果、红枣、猕猴桃为主，基本形成了优势栽培区。苹果生产集中在黄土高原，延安市洛川县种植规模最大，榆林市黄河沿岸土石山区为优质红枣连片种植主产区，猕猴桃重点生产区涉及秦岭北麓渭河流域。茶园分布较少，总面积占全省园地面积的 3.19%，主要位于陕南地区。

陕南地区是我国最北缘的茶树自然生长区，汉中、安康、商洛三市茶园以绿茶为主，红茶、黑茶为辅。其他园地面积约为 2745.81 km^2，占全省园地总面积的 22.31%。

表 5-10　陕西省各市园地面积及占全省园地面积比例

地市	园地面积 /km^2			面积总计 /km^2	占全省园地面积比例 /%
	果园	茶园	其他园地		
榆林市	2395.48	0.00	40.48	2435.96	19.79
延安市	1854.86	64.14	190.89	2109.89	17.14
西安市	482.30	0.00	126.97	609.27	4.95
铜川市	230.79	0.00	84.91	315.70	2.56
宝鸡市	495.33	58.66	323.98	877.97	7.13
咸阳市	1723.66	0.01	108.92	1832.59	14.89
渭南市	1807.23	0.00	1506.56	3313.79	26.92
汉中市	134.35	124.43	107.93	366.71	2.98
安康市	38.48	95.31	91.76	225.55	1.83
商洛市	8.83	49.57	163.41	221.80	1.80
陕西省	9171.31	392.12	2745.81	12 309.23	100

5.1　果园

榆林市果园总面积 2395.48 km^2，以长城为界，北部为风沙草滩区，南部为黄土丘陵沟壑区，整体来看，榆林南六县果园面积大于北六县，红枣、葡萄和苹果为目前发展的主要种类。各区县中佳县果园面积最大，达 520.24 km^2，占榆林全市果园总面积的 21.72%；清涧次之，为 377.27 km^2；绥德为 353.82 km^2，三地黄河沿岸县主要以种植红枣为主。陕北长城沿线榆阳区、横山区、定边县、靖边县等风沙区主要布局葡萄产业，山地苹果布局在米脂、绥德、清涧和子洲四县（见图 5-37）。

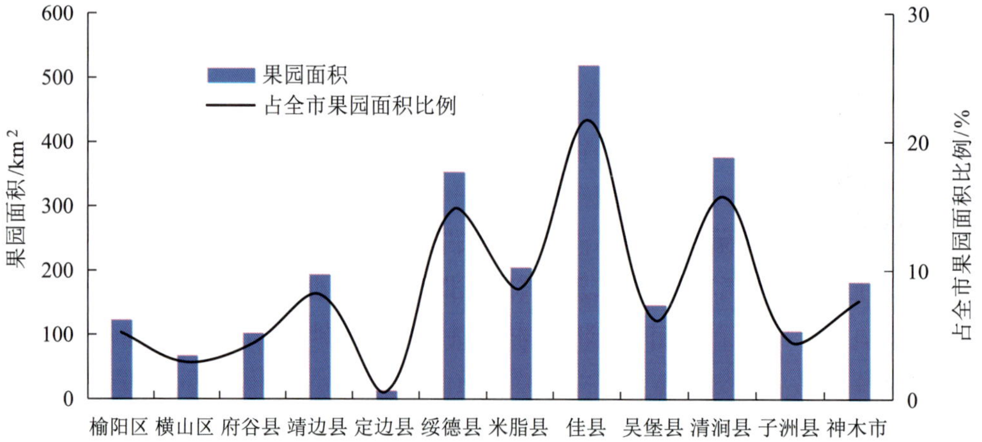

图 5-37　榆林市各县（区、市）果园面积及占比

延安市果园总面积 1854.86 km^2，占全省果园总面积的 20.23%。在各区县中，洛川和延川果园占比较大，分别占到全市果园总面积的 20.37% 和 17.74%（见图 5-38）。苹果产业是延安农业的支柱产业，延安最新统计年鉴数据显示，延安市苹果种植面积占园地总面积的 88.46%，以洛川为代表的延安南部的富县、黄陵、宜川、黄龙均是苹果的主产县，上述五县地处渭北旱源北部，土层深厚，保肥保水能力强，是苹果的最佳优生区。除苹果外，红枣也是延安农业发展的主要产业。枣树具有抗旱、抗寒、耐瘠薄的优良特性，十分适合在黄土高原种植，成为当地的"致富果"。

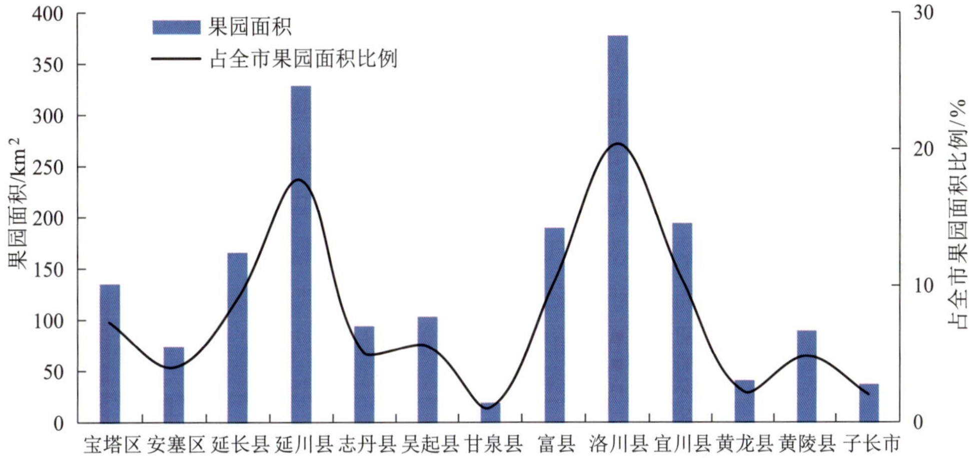

图 5-38　延安市各县（区、市）果园面积及占比

西安市地处关中平原中部，南依秦岭，北临渭水，属于暖温带半湿润的季风气候区，具有适合果树生长发育的自然环境。西安市果园总面积 482.30 km^2，约占全省果园总面积的 5%，其中周至县占比最大，约占全市果园面积的 45%，鄠邑、临潼和灞桥三区基本持平，占全市果园面积的 15% 左右，面积分别为 76.66 km^2、60.79 km^2 和 52.57 km^2。西安市结合自身自然资源条件，形成了周至猕猴桃、临潼石榴、鄠邑葡萄、灞桥樱桃等优势地块产业，兼具经济效益和生态效益，是生态空间中不可或缺的重要组成部分（见图 5-39）。

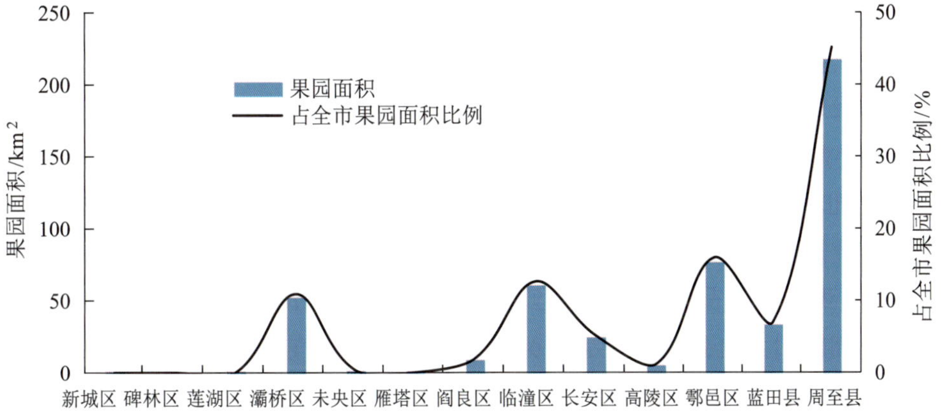

图 5-39　西安市各县（区）果园面积及占比

铜川市地处西北黄土高原和关中平原过渡带优势苹果产业带中心，是北方水果优生区，铜川市果园总面积 230.79 km^2，其中耀州区占比最大，达 40.93%，宜君县和印台区分别占 11.49%、15.69%，上述三个区县均被确定为绿色食品苹果生产基地。除苹果外，樱桃也是铜川优势农业产业，它们共同形成了多元化水果发展格局（见图 5-40）。

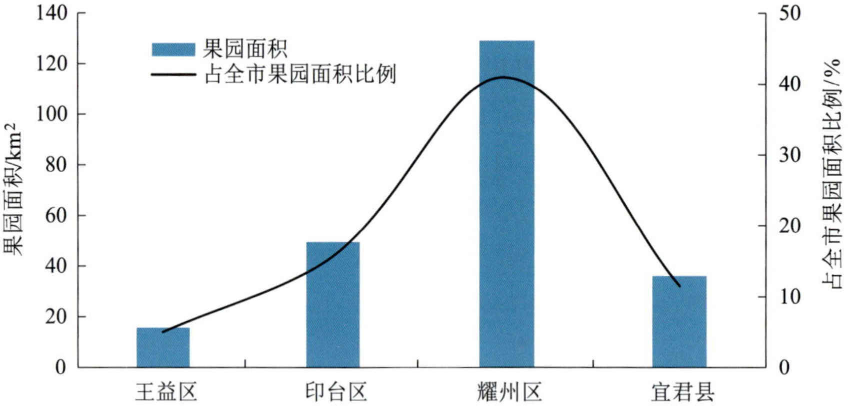

图 5-40　铜川市各县（区）果园面积及占比

宝鸡市果园总面积 495.33 km^2，其中眉县、扶风县面积较大，分别为 174.24 km^2、105.98 km^2。眉县地处关中西部，是秦岭北麓百万亩猕猴桃产业带的辐射源和集散地，是陕西省猕猴桃最佳适生区之一，猕猴桃产业为当地乡村振兴和脱贫攻坚作出了重要贡献。扶风县主要以苹果产业为主，已被确定为国家级优质苹果生产基地县。其余区县果园面积均低于 40 km^2（见图 5-41）。

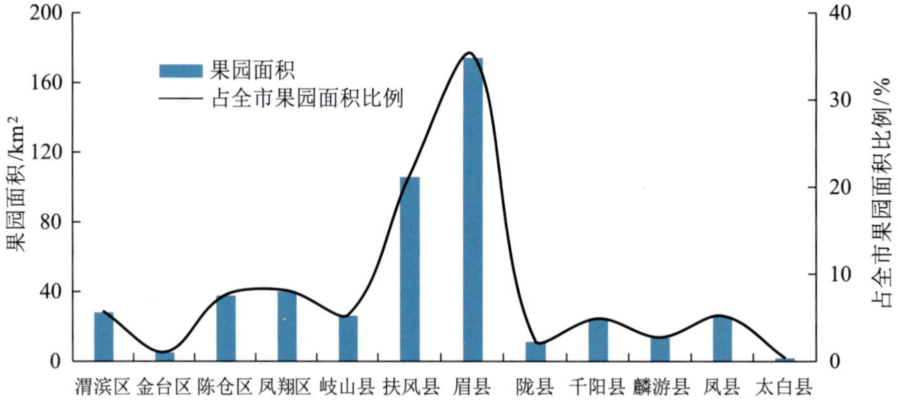

图 5-41　宝鸡市各县（区）果园面积及占比

咸阳市地处关中平原腹地，渭水穿南，嵕山亘北，是陕西果业大市，果园总面积 1723.66 km^2，占全省果园总面积的 18.79%，全市以种植苹果、梨、葡萄为主。各区县中，礼泉县果园面积最大，为 577.80 km^2，占全市果园总面积的 33.52%；乾县次之，面积为 256.94 km^2，占全市果园总面积的 14.91%（见图 5-42）。

近年来，咸阳加快果业产业结构调整，初步形成了北五县，乾县、礼泉北部及三原北部部分区域海拔 800 m 以上地区晚熟苹果产业带；乾县、礼泉南部及三原、泾阳部分适生区早中熟苹果产业带；泾阳、三原“旱腰带”地区酿酒葡萄产业带；淳化、三原、泾阳、乾县、礼泉海拔 800 m 以下地区的鲜食葡萄产业带；彬州市泾河流域和礼泉、乾县海拔 800 m 以下地区梨产业带；三原、泾阳、礼泉北部“旱腰带”地区石榴产业带；武功渭河北岸猕猴桃产业带；长武、彬州、淳化、永寿、乾县、三原山区柿子产业带；咸阳市城郊的桃杏樱桃等杂果产业带；果业发展已初具规模，为促进农民增收、推动乡村振兴提供了强有力的支撑。

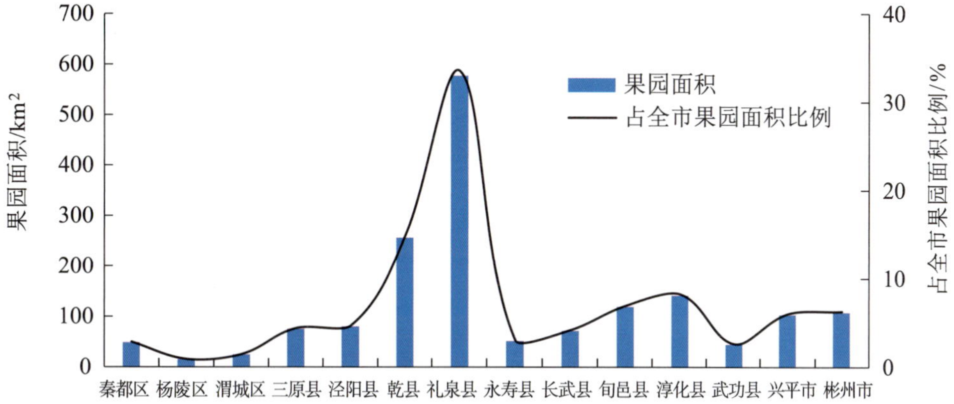

图 5-42　咸阳市各县（区、市）果园面积及占比

渭南市东濒黄河，南依秦岭，黄、洛、渭三河环城而过，光照充足，雨量适中，地势平坦，土壤肥沃，是陕西省优越的农业生态区，果园总面积 1807.23 km²，占全省果园总面积的 19.70%，是关中地区果园面积第一大市。其中大荔县果园面积最大，为 654.36 km²，占全市果园面积的 36.21%。大荔县种植冬枣以品质著称，被冠以“中国大枣之乡”的美名。蒲城县果园面积占全市果园面积的 15.21%，与临渭区、富平县同处全国梨优生区，享有“酥梨之乡”的美誉。白水、澄城、合阳几个区县果园面积接近，占全市果园面积的 10% 左右，同属国家优势苹果产业带，其中白水被授予“苹果之乡”称号（见图 5–43）。

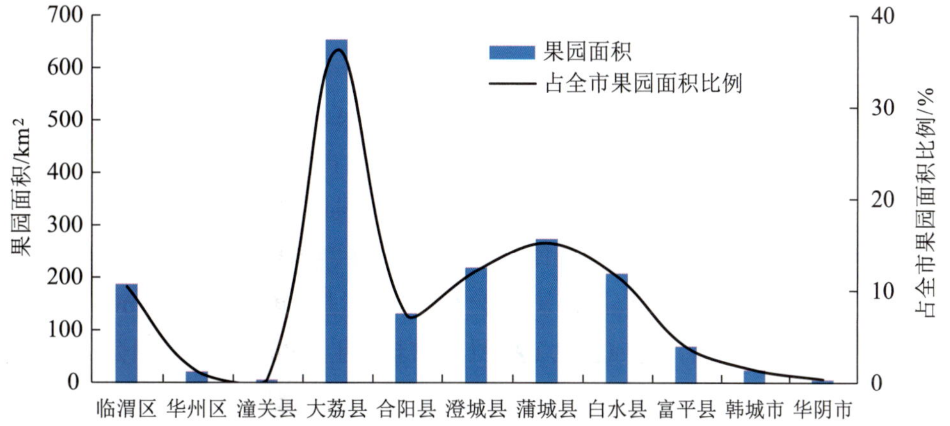

图 5-43　渭南市各县（区、市）果园面积及占比

汉中市果园总面积 134.35 km^2，占全省果园总面积的 1.5%。在各区县中，城固县果园面积最大，达到 81.69 km^2，占全市果园总面积的 61.80%。城固县位于汉中盆地中部，北靠秦岭、南依巴山，具有北亚热带向暖温带过渡的特征，具有适宜柑橘生长的气候资源，是柑橘北缘产区最大的柑橘生产基地。汉台区、洋县、西乡县三个区县果园面积相当，约占全市果园面积的 10% 左右，除柑橘外，汉中市还大力发展猕猴桃、枇杷、樱桃等产业（见图 5-44）。

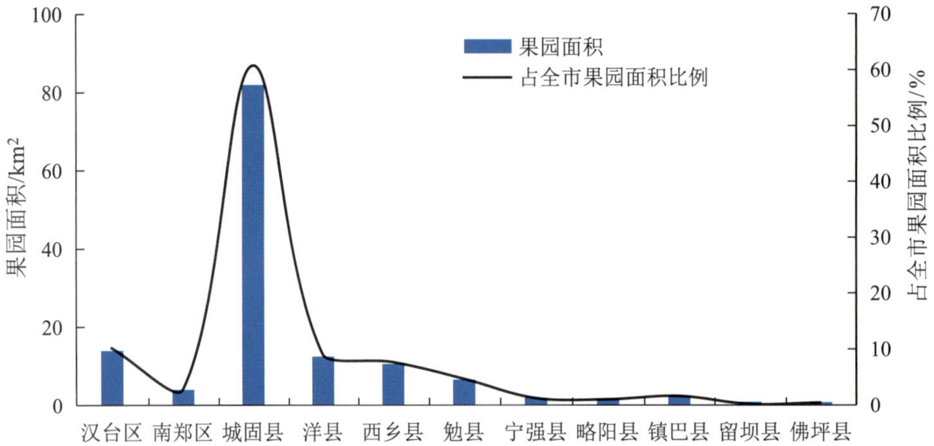

图 5-44　汉中市各县（区）果园面积及占比

安康市北靠秦岭、南依巴山，地处南北气候交界带，气候温和，雨量充沛，是多种经济林果的最佳适生区，主要种植柑橘、猕猴桃、樱桃等鲜果。安康市果园总面积达 38.48 km^2，占全省果园总面积的 0.04%，其中汉滨区果园面积占全市果园面积的 36.70%，旬阳市和汉阴县果园面积在 6 km^2 左右。旬阳市是拐枣主产区，所产拐枣品质优良、果实大、甜度高，是极具地方特色的经济林果树种。白河县果园面积为 1.82 km^2，占全市果园面积的 4.8%，以种植木瓜为主，兼具经济价值和涵养水土的功能（见图 5-45）。

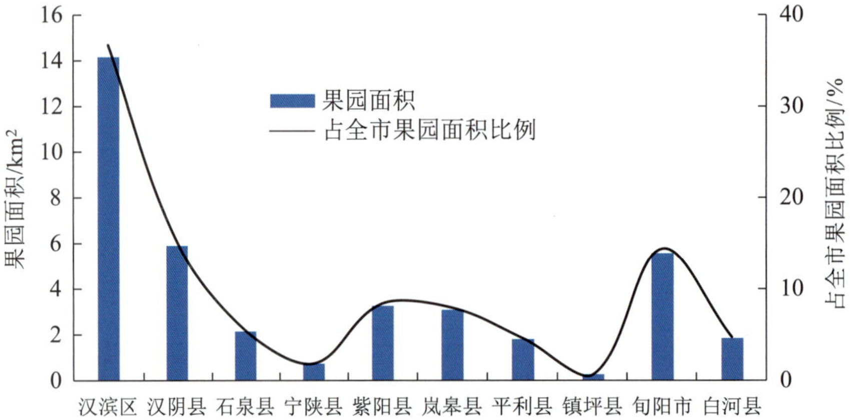

图 5-45　安康市各县（区、市）果园面积及占比

商洛市地处秦岭东段南麓，属北亚热带向暖温带过渡的气候带，雨量适中，气候温和，是樱桃、葡萄、猕猴桃等水果适生区，果园面积 8.83 km²，占全省果园面积比例较小。该市果园面积较大的区县有商州区、丹凤县、商南县，均超过全市果园面积的 20%，洛南和山阳占比在 15% 左右，镇安县和柞水县果园面积分布较少。依托自然资源优势，商洛市已建成商州三岔河镇大樱桃、丹凤棣花镇葡萄和万湾李梅、商南富水镇猕猴桃、山阳漫川镇水果、杂果基地等一批初具规模的标准化生产基地，果业发展迅速（见图 5–46）。

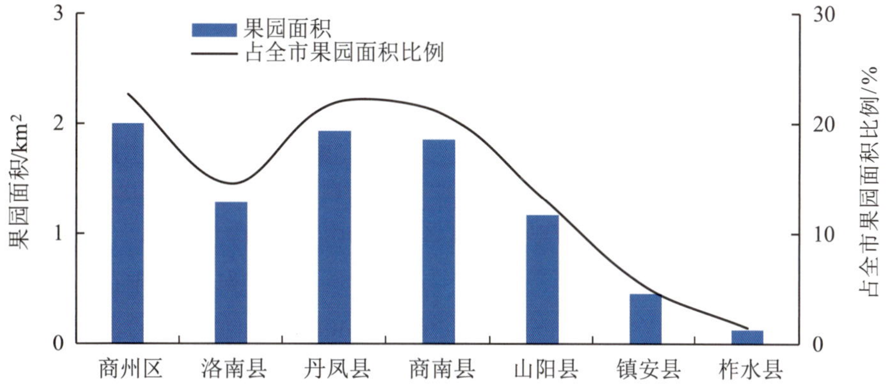

图 5–46　商洛市各县（区）果园面积及占比

5.2　茶园

茶园是指种植茶树的园地，陕西省茶园总面积 392.11 km²，茶产业主要分布在陕南，关中和陕北地区分布较少，关中地区茶园总面积 58.67 km²，西安市和咸阳市茶园面积不足关中区域茶园总面积的 0.01%，宝鸡市茶园面积以眉县居多（见表 5–11）。

表 5–11　关中地区茶园面积及占区域茶园面积比例

地市	区县	茶园面积/km²	占区域茶园面积比例/%
西安	周至县	4.99×10^{-4}	0.00
宝鸡	陈仓区	3.50×10^{-4}	0.00
	岐山县	4.24	7.23
	扶风县	1.51	2.58
	眉　县	52.40	89.32
	凤　县	0.43	0.74
	太白县	0.078	0.133
咸阳	乾　县	0.0073	0.00
合计		58.67	100

陕南地区北有秦岭阻断，南有巴山相依，是中国海拔最高的茶种植地区，北亚热带湿润的季风气候和三千里汉江的水源涵养，使得陕南地区自古便是贡茶的主要出产地。陕南三市茶园总面积 269.31 km^2，占全省茶园面积的 68.62%，其中汉中市和安康市是茶园主产区，茶园面积分别占到陕南地区茶园面积的 46%、35%。陕南三市先后形成了“汉中仙毫”“安康富硒”“秦岭泉茗”等品牌，茶叶种类丰富，基本形成了以绿茶为主，红茶、白茶、黑茶、乌龙茶等为补充的全品类发展的产品体系（见图 5-47）。

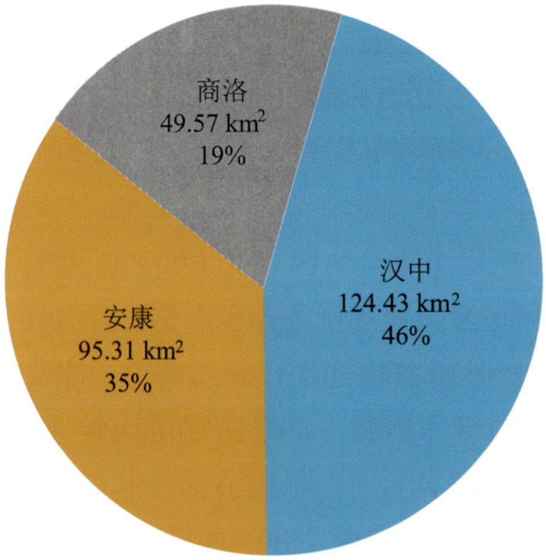

图 5-47　陕南三市茶园面积及占比

汉中市位于陕西省西南部，北依秦岭、南屏巴山，北纬 33° 的秦巴核心生态区纬度高、海拔高、云雾多、富含锌硒，给予了茶叶良好风味，其中汉中仙毫享誉全国。汉中茶区属于江北茶区，茶园总面积 124.43 km^2，占全省茶园总面积的 31.63%，是陕茶第一大市，主要种植区是西乡县、南郑区、勉县、镇巴县，绿茶、白茶、红茶、黑茶多类型茶产业齐头并进，发展格局良好（见图 5-48）。

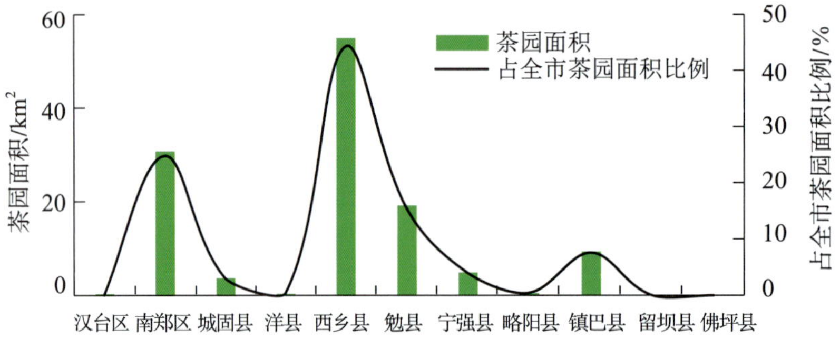

图 5-48　汉中市各县（区）茶园面积及占比

安康市南靠巴山、北依秦岭，汉江贯穿全境，具有典型亚热带山地气候特征，茶园总面积 95.31 km^2，适宜茶树生长，占全省茶园面积的 24.23%，主要产区是紫阳县、平利县、汉滨区、汉阴县。其中紫阳县茶园面积占比最大，约占全市茶园总面积的 53.49%，紫阳县位于汉江上游、大巴山北麓，是陕西茶叶的中心产地，紫阳富硒茶是全世界首个通过认定的富硒茶，紫阳毛尖也是全国名茶。平利县茶园面积 18.39 km^2，占全市茶园面积的 19.3%，研发生产的“平利女娲茶”深受市场喜爱，成为当地支柱产业（见图 5-49）。

商洛市位于陕西省东南部秦岭腹地，气候温和、雨量充沛，属半湿润山地气候，是中国西部最北端的产茶区，全市茶园总面积 49.57 km^2，占全省茶园面积的 12.5%，主要产区是商南县、山阳县、镇安县，面积分别是 34.63 km^2、6.09 km^2 和 8.31 km^2，占全市茶园总面积的 69.87%、12.29% 和 16.76%，“商南仙茗”“商南白茶”是具有一定市场影响力的品牌（见图 5-50）。

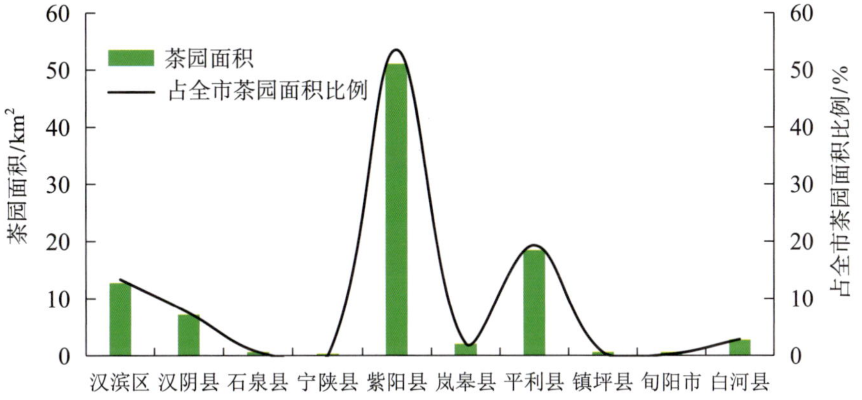

图 5-49　安康市各县（区、市）茶园面积及占比

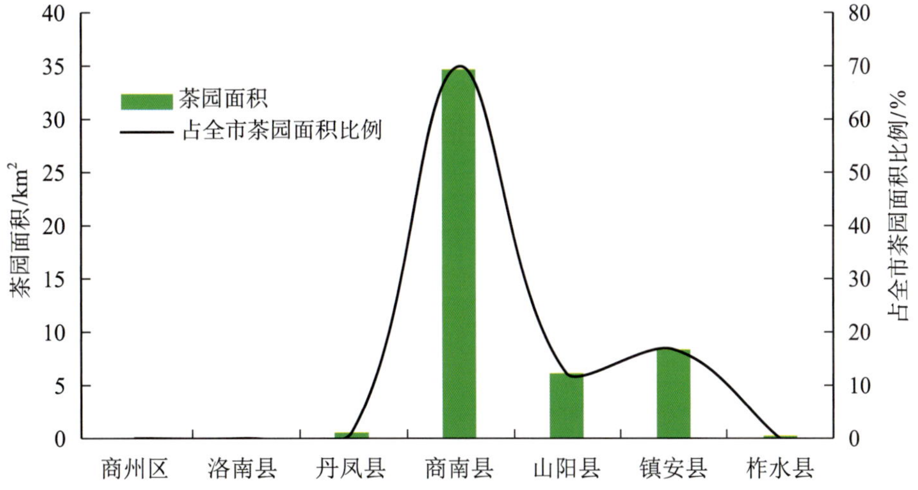

图 5-50　商洛市各县（区、市）茶园面积及占比

5.3　其他园地

其他园地，指种植桑树、可可、咖啡、油棕、胡椒、药材等其他多年生作物的园地。陕西省其他园地以种植中草药为主，关中盛产柴胡、党参，陕南丹参、天麻品质

优良，陕北主产甘草、黄芪等。陕西其他园地总面积 2745.81 km^2，占全省园地总面积的 22.31%，其中关中面积最大，为 2151.34 km^2，占全省其他园地总面积的 78.42%。陕北和陕南面积分别为 231.37 km^2、363.1 km^2，占全省其他园地总面积的 8.42%、13.22%。关中地区其他园地主要分布在渭南市，面积达到 1506.51 km^2，约占关中其他园地总面积的 70.03%，其次是宝鸡市，面积为 323.98 km^2，约占 15.06%，西安市和咸阳市其他园地面积接近，分别占关中其他园地总面积的 5% 左右。陕北地区其他园地主要分布在延安市，约占区域其他园地总面积的 80%（见表 5-12）。

表 5-12　陕西各地市其他园地面积及占区域其他园地面积比例

区域	地市	其他园地面积 /km^2	占区域其他园地面积比例 /%
关中	西安市	126.97	5.90
	咸阳市	108.92	5.06
	宝鸡市	323.98	15.06
	铜川市	84.91	3.95
	渭南市	1506.56	70.03
合计		2151.34	100
陕北	榆林市	40.48	17.50
	延安市	190.89	82.50
合计		231.37	1000
陕南	安康市	91.76	25.48
	汉中市	107.93	29.97
	商洛市	163.40	44.54
合计		363.10	100
全省		2745.79	

第六章　生态空间治理体系建设

新一轮机构改革后，森林、草原、湿地、荒地（漠）、自然保护地等生态空间统一划归林业部门。党的十九届四中全会，将“坚持和完善生态文明制度体系，促进人与自然和谐共生”作为坚持和完善中国特色社会主义制度、推进国家治理体系和治理能力现代化的重要内容之一。国土空间治理体系和治理能力现代化是国家治理体系和治理能力现代化重要组成部分，这就为生态空间治理体系和治理能力现代化指明了新方向，开辟了新路径，赋予了新动能。

第一节　自然保护地体系

自然保护地是生态空间建设的核心载体、中华民族的宝贵财富、美丽中国的重要象征，在维护国家生态安全中居于首要地位。建立分类科学、布局合理、保护有力、管理有效的以国家公园为主体的自然保护地体系，能确保重要自然生态系统、自然遗迹、自然景观和生物多样性得到系统性保护，提升生态产品供给能力，维护国家生态安全，为建设美丽中国、实现中华民族永续发展提供生态支撑。

1.1　建设背景

我国经过 60 多年的努力，已建立数量众多、类型丰富、功能多样的各级各类自然保护地，在保护生物多样性、保存自然遗产、改善生态环境质量和维护国家生态安全方面发挥了重要作用，但仍然存在重叠设置、多头管理、边界不清、权责不明、保护与发展矛盾突出等问题。陕西生态空间复杂多样，从北到南依次形成了陕北高原、关中平原和秦巴山地等自然地貌景观，生态空间差异性大。自然保护地是核心生态空间，是生态保护红线范围内最为精华的部分，包括国家公园、自然保护区、自然公园和风景名胜区等，是以国家公园为主体、自然保护区为基础、各类自然公园为补充的保护地体系。陕西省核心生态空间主要包括整合优化后的国家公园、自然保护区、自然公园等（见表 6–1）。

表 6–1　陕西省自然保护地（优化整合后）分布情况

序号	类型		个数 / 个	面积 / 万 hm^2
1	国家公园		1	43.86
2	自然保护区		47	83.30
3	自然公园	湿地公园	43	4.55
		森林公园	91	42.40
		地质公园	18	7.90
		国家沙漠公园	2	1.15
4	风景名胜区		35	24.20
总 计			237	207.36

截至 2020 年 10 月，按照整合优化预案，陕西自然保护地整合后全省各类自然保护地共 237 处 207.36 万 hm^2，约占全省国土空间面积的 10.07%（见表 6–1）。其中，大熊猫国家公园面积 43.86 万 hm^2，是核心生态空间的核心；自然保护区 47 个，面积 83.30 万 hm^2，是规模最大的自然保护空间；自然公园 154 个，面积 60 万 hm^2，由森林公园、地质公园、湿地公园、沙漠公园等类型组成，是最能亲近体验的、永续利用的生态空间。

此外，有风景名胜区 35 个暂未纳入优化整合范围，面积为 24.20 万 hm^2，是提供游览或进行科学、文化活动的生态空间。

全省自然保护地总面积超过 3000 km^2 以上的地市达 4 个，以宝鸡市最大，为 3519.28 km^2；延安市次之，为 3289 km^2；汉中市第三，为 3144.13 km^2；西安市第四，为 3095.98 km^2。面积 1000 ~ 3000 km^2 之间的地市达 3 个，分别为安康市 2333.93 km^2，渭南市 1496.70 km^2，商洛市 1254.54 km^2。而榆林市、咸阳市和铜川市均在 1000 km^2 以下，分布范围相对较小（见图 6–1）。

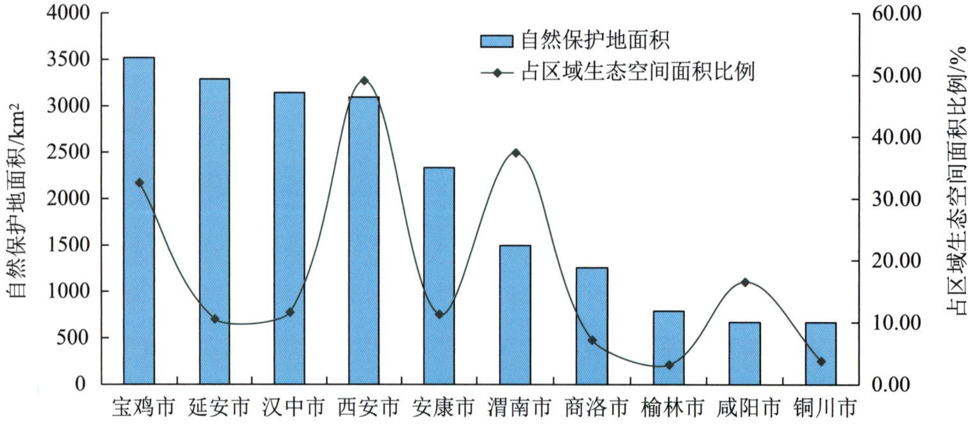

图 6–1　陕西省自然保护地各市变化图

从自然保护地分布区域来看，陕北高原和关中平原自然保护地分布面积相对较少，类型相对单一，是未来加强生态保护修复的重点区域。而黄土高原腹心（黄龙山、桥山）和秦巴山地是自然保护地的富集区，形成了两个独特的自然保护地群，是保护生态空间系统性、原真性、连通性、完整性的重点生态空间。

1.2　总体思路

1.2.1　指导思想

以习近平新时代中国特色社会主义思想为指导，全面贯彻党的十九大和十九届二中、三中全会精神，贯彻落实习近平生态文明思想，认真落实党中央、国务院决策部署，紧紧围绕统筹推进“五位一体”总体布局和协调推进“四个全面”战略布局，牢固树立新发展理念，以保护自然、服务人民、永续发展为目标，加强顶层设计，理顺管理体制，创新运行机制，强化监督管理，完善政策支撑，建立分类科学、布局合理、保护有力、管理有效的以国家公园为主体的自然保护地体系，确保重要自然生态系统、自然遗迹、自然景观和生物多样性得到系统性保护，提升生态产品供给能力，维护国家生态安全，为建设美丽中国、实现中华民族永续发展提供生态支撑。

1.2.2　基本原则

（1）坚持严格保护，世代传承

牢固树立尊重自然、顺应自然、保护自然的生态文明理念，把应该保护的地方都保护起来，做到应保尽保，让当代人享受到大自然的馈赠和天蓝地绿水净、鸟语花香的美好家园，给子孙后代留下宝贵的自然遗产。

（2）坚持依法确权，分级管理

按照山水林田湖草是一个生命共同体的理念，改革以部门设置、以资源分类、以行政区划分设的旧体制，整合优化现有各类自然保护地，构建新型分类体系，实施自然保护地统一设置，分级管理、分区管控，实现依法有效保护。

（3）坚持生态为民，科学利用

践行绿水青山就是金山银山理念，探索自然保护和资源利用新模式，发展以生态产业化和产业生态化为主体的生态经济体系，不断满足人民群众对优美生态环境、优良生态产品、优质生态服务的需要。

（4）坚持政府主导，多方参与

突出自然保护地体系建设的社会公益性，发挥政府在自然保护地规划、建设、管理、监督、保护和投入等方面的主体作用，建立健全政府、企业、社会组织和公众参与自然保护的长效机制。

（5）坚持中国特色，与国际接轨

立足省情，继承和发扬我国自然保护的探索和创新成果；借鉴国际经验，注重与国际自然保护体系对接，积极参与全球生态治理，共谋全球生态文明建设。

1.2.3 总体目标

建成中国特色的以国家公园为主体的自然保护地体系，推动各类自然保护地科学设置，建立自然生态系统保护的新体制、新机制、新模式，建设健康稳定高效的自然生态系统，为维护国家生态安全和实现经济社会可持续发展筑牢基石，为建设富强、民主、文明、和谐、美丽的社会主义现代化强国奠定生态根基。

到 2020 年，提出国家公园及各类自然保护地总体布局和发展规划，完成国家公园体制试点，设立一批国家公园，完成自然保护地勘界立标并与生态保护红线衔接，制定自然保护地内建设项目负面清单，构建统一的自然保护地分类分级管理体制。到 2025 年，健全国家公园体制，完成自然保护地整合归并优化，完善自然保护地体系的法律法规、管理和监督制度，提升生态空间承载力，初步建成以国家公园为主体的自然保护地体系。到 2035 年，显著提高自然保护地管理效能和生态产品供给能力，自然保护地规模和管理达到世界先进水平，全面建成中国特色自然保护地体系。自然保护地占陆域国土面积 18% 以上。

1.3 主要任务

1.3.1 构建保护体系

（1）明确自然保护地功能定位

自然保护地是由各级政府依法划定或确认，对重要的自然生态系统、自然遗迹、自然景观及其所承载的自然资源、生态功能和文化价值实施长期保护的陆域或海域。建立自然保护地的目的是：守护自然生态，保育自然资源，保护生物多样性与地质地貌景观多样性，维护自然生态系统健康稳定，提高生态系统服务功能；服务社会，为人民提供优质生态产品，为全社会提供科研、教育、体验、游憩等公共服务；维持人与自然和谐共生并永续发展。要将生态功能重要、生态环境敏感脆弱以及其他有必要严格保护的各类自然保护地纳入生态保护红线管控范围。

（2）科学划定自然保护地类型

按照自然生态系统原真性、整体性、系统性及其内在规律，依据管理目标与效能并借鉴国际经验，将自然保护地按生态价值和保护强度高低依次分为以下三类。

1）国家公园

国家公园指以保护具有国家代表性的自然生态系统为主要目的，实现自然资源科学保护和合理利用的特定陆域或海域，是我国自然生态系统中最重要、自然景观最独特、自然遗产最精华、生物多样性最富集的部分，其保护范围大，生态过程完整，具有全球价值、国家象征，国民认同度高。

2）自然保护区

自然保护区指保护典型的自然生态系统、珍稀濒危野生动植物种的天然集中分布区、有特殊意义的自然遗迹的区域。本区具有较大面积，要确保主要保护对象安全，维持和恢复珍稀濒危野生动植物种群数量及赖以生存的栖息环境。

3）自然公园

自然公园指保护重要的自然生态系统、自然遗迹和自然景观，具有生态、观赏、文化和科学价值，可持续利用的区域。要确保本区森林、海洋、湿地、水域、冰川、草原、生物等珍贵自然资源，以及所承载的景观、地质地貌和文化多样性得到有效保护。包括森林公园、地质公园、海洋公园、湿地公园等各类自然公园。

制定自然保护地分类划定标准，对现有的自然保护区、风景名胜区、地质公园、森林公园、海洋公园、湿地公园、冰川公园、草原公园、沙漠公园、草原风景区、水产种质资源保护区、野生植物原生境保护区（点）、自然保护小区、野生动物重要栖息地等各类自然保护地开展综合评价，按照保护区域的自然属性、生态价值和管理目标进行梳理调整和归类，逐步形成以国家公园为主体、自然保护区为基础、各类自然公园为补充的自然保护地分类系统。

（3）确立国家公园主体地位

做好顶层设计，科学合理确定国家公园建设数量和规模，在总结国家公园体制试点经验基础上，制定设立标准和程序，划建国家公园。确立国家公园在维护国家生态安全关键区域中的首要地位，确保国家公园在保护最珍贵、最重要生物多样性集中分布区中的主导地位，确定国家公园保护价值和生态功能在全国自然保护地体系中的主体地位。国家公园建立后，在相同区域一律不再保留或设立其他自然保护地类型。

（4）编制自然保护地规划

落实国家发展规划提出的国土空间开发保护要求，依据国土空间规划，编制自然保护地规划，明确自然保护地发展目标、规模和划定区域，将生态功能重要、生态系统脆弱、自然生态保护空缺的区域规划为重要的生态空间，纳入自然保护地体系。

（5）整合交叉重叠的自然保护地

以保持生态系统完整性为原则，遵从保护面积不减少、保护强度不降低、保护性质不改变的总体要求，整合各类自然保护地，解决自然保护地区域交叉、空间重叠的问题，将符合条件的优先整合设立国家公园，其他各类自然保护地按照同级别保护强度优先、不同级别低级别服从高级别的原则进行整合，做到一个保护地、一套机构、一块牌子。

（6）归并优化相邻自然保护地

制定自然保护地整合优化办法，明确整合归并规则，严格把控报批程序。对同一自然地理单元内相邻、相连的各类自然保护地，打破因行政区划、资源分类造成的条块割裂局面，按照自然生态系统完整、物种栖息地连通、保护管理统一的原则进行合并重组，合理确定归并后的自然保护地类型和功能定位，优化边界范围和功能分区，被归并的自然保护地名称和机构不再保留，解决保护管理分割、保护地破碎和孤岛化问题，实现对自然生态系统的整体保护。在上述整合和归并中，对涉及国际履约的自然保护地，可以暂时保留履行相关国际公约时的名称。

1.3.2 建立管理体制

（1）统一管理自然保护地

理顺现有各类自然保护地管理职能，提出自然保护地设立、晋（降）级、调整和退出规则，制定自然保护地政策、制度和标准规范，实行全过程统一管理。建立统一调查监测体系，建设智慧自然保护地，制定以生态资产和生态服务价值为核心的考核评估指标体系和办法。各地区各部门不得自行设立新的自然保护地类型。

（2）分级行使自然保护地管理职责

结合自然资源资产管理体制改革，构建自然保护地分级管理体制。按照生态系统重要程度，将国家公园等自然保护地分为中央直接管理、中央地方共同管理和地方管理三类，实行分级设立、分级管理。中央直接管理和中央地方共同管理的自然保护地由国家批准设立；地方管理的自然保护地由省级政府批准设立，管理主体由省级政府确定。探索公益治理、社区治理、共同治理等保护方式。

（3）合理调整自然保护地范围并勘界立标

制定自然保护地范围和区划调整办法，依规开展调整工作。制定自然保护地边界勘定方案、确认程序和标识系统，开展自然保护地勘界定标并建立矢量数据库，与生态保护红线衔接，在重要地段、重要部位设立界桩和标识牌。确因技术原因引起的数据、图件与现地不符等问题可以按管理程序一次性纠正。

（4）推进自然资源资产确权登记

进一步完善自然资源统一确权登记办法，每个自然保护地作为独立的登记单元，清晰界定区域内各类自然资源资产的产权主体，划清各类自然资源资产所有权、使用权的边界，明确各类自然资源资产的种类、面积和权属性质，逐步落实自然保护地内全民所有自然资源资产代行主体与权利内容，非全民所有的自然资源资产实行协议管理。

（5）实行自然保护地差别化管控

根据各类自然保护地功能定位，既严格保护又便于基层操作，合理分区，实行差别化管控。国家公园和自然保护区实行分区管控，原则上核心保护区内禁止人为活动，一般控制区内限制人为活动。自然公园原则上按一般控制区管理，限制人为活动。结合历史遗留问题处理，分类分区制定管理规范。

1.3.3　创新发展机制

（1）加强自然保护地建设

以自然恢复为主，辅以必要的人工措施，分区分类开展受损自然生态系统修复。建设生态廊道、开展重要栖息地恢复和废弃地修复。加强野外保护站点、巡护路网、监测监控、应急救灾、森林草原防火、有害生物防治和疫源疫病防控等保护管理设施建设，利用高科技手段和现代化设备促进自然保育、巡护和监测的信息化、智能化。配置管理队伍的技术装备，逐步实现规范化和标准化。

（2）分类有序解决历史遗留问题

对自然保护地进行科学评估，将保护价值低的建制城镇、村屯或人口密集区域、社区民生设施等进行整合，将原址纳入自然保护地范围。结合精准扶贫、生态扶贫，核心保护区内原住居民应实施有序搬迁，对暂时不能搬迁的，可以设立过渡期，允许开展必要的、基本的生产活动，但不能再扩大发展。依法清理整治探矿采矿、水电开发、工业建设等项目，通过分类处置方式有序退出；根据历史沿革与保护需要，依法依规对自然保护地内的耕地实施退田还林还草还湖还湿。

（3）创新自然资源使用制度

按照标准科学评估自然资源资产价值和资源利用的生态风险，明确自然保护地内自然资源利用方式，规范利用行为，全面实行自然资源有偿使用制度。依法界定各类自然资源资产产权主体的权利和义务，保护原住居民权益，实现各产权主体共建保护地、共享资源收益。制定自然保护地控制区经营性项目特许经营管理办法，建立健全特许经营制度，鼓励原住居民参与特许经营活动，探索自然资源所有者参与特许经营收益分配机制。对划入各类自然保护地内的集体所有土地及其附属资源，按照依法、自愿、有偿的原则，探索通过租赁、置换、赎买、合作等方式维护产权人权益，实现多元化保护。

（4）探索全民共享机制

在保护的前提下，在自然保护地控制区内划定适当区域开展生态教育、自然体验、生态旅游等活动，构建高品质、多样化的生态产品体系；完善公共服务设施，提升公共服务功能；扶持和规范原住居民从事环境友好型经营活动，践行公民生态环境行为规范，支持和传承传统文化及人地和谐的生态产业模式；推行参与式社区管理，按照生态保护需求设立生态管护岗位并优先安排原住居民；建立志愿者服务体系，健全自然保护地社会捐赠制度，激励企业、社会组织和个人参与自然保护地生态保护、建设与发展。

1.3.4 加强监督考核

实行最严格的生态环境保护制度，强化自然保护地监测、评估、考核、执法、监督等，形成一整套体系完善、监管有力的监督管理制度。

（1）建立监测体系

建立国家公园等自然保护地生态环境监测制度，制定相关技术标准，建设各类各级自然保护地“天空地一体化”监测网络体系，充分发挥地面生态系统、环境、气象、水文水资源、水土保持、海洋等监测站点和卫星遥感的作用，开展生态环境监测。依托生态环境监管平台和大数据，运用云计算、物联网等信息化手段，加强自然保护地监测数据集成分析和综合应用，全面掌握自然保护地生态系统构成、分布与动态变化，及时评估和预警生态风险，并定期统一发布生态环境状况监测评估报告。对自然保护地内基础设施建设、矿产资源开发等人类活动实施全面监控。

（2）加强评估考核

组织对自然保护地管理进行科学评估，及时掌握各类自然保护地管理和保护成效情况，发布评估结果。适时引入第三方评估制度。对国家公园等各类自然保护地管理进行评价考核，根据实际情况，适时将评价考核结果纳入生态文明建设目标评价考核体系，作为党政领导班子和领导干部综合评价及责任追究、离任审计的重要参考。

（3）严格执法监督

制定自然保护地生态环境监督办法，建立包括相关部门在内的统一执法机制，在自然保护地范围内实行生态环境保护综合执法，制定自然保护地生态环境保护综合执法指导意见。强化监督检查，定期开展“绿盾”自然保护地监督检查专项行动，及时发现涉及自然保护地的违法违规问题。对违反各类自然保护地法律法规等规定，造成自然保护地生态系统和资源环境受到损害的部门、地方、单位和有关责任人员，按照有关法律法规严肃追究责任，涉嫌犯罪的移送司法机关处理。建立督查机制，对自然保护地保护不力的责任人和责任单位进行问责，强化地方政府和管理机构的主体责任。

1.4 建设成效

1.4.1 陕北高原

陕北高原，即陕北黄土高原，位于“关中北山”以北，陕蒙边界以南的区域，是我国黄土高原的腹心部分。该地区地势西北高，东南低，由风沙草滩、盖沙黄土、黄土梁、峁、沟、塬等组成，在行政区域上大致包括榆林市和延安市。

（1）榆林市

榆林市自然保护地面积 790.18 km^2，约占全市生态空间面积的 3.22%、国土空间面积的 2.11%。其中，各类自然保护区面积为 439.43 km^2、自然公园 338.25 km^2、风景名胜区 12.51 km²，分别占全市自然保护地面积的 55.61%、42.81% 和 1.58%，自然保护地类型相对单一。其中，自然保护区主要分布在神木市、横山区、榆阳区和府谷县，面积分别达到 219.09 km²、93.11 km²、79.14 km² 和 48.08 km²，包括陕西红碱淖国家级自然保护区、陕西无定河湿地省级自然保护区等，其余县（市、区）均无分布。自然公园主要涉及定边县、横山区、佳县、清涧县、榆阳区和靖边县，包括陕西定边马莲滩国家级沙漠自然公园、陕西榆林金沙湾省级森林自然公园、陕西榆林白云山省级森林自然公园等。风景名胜区主要有榆林白云山风景名胜区、榆林红石峡—镇北台风景名胜区、榆林神木红碱淖风景名胜区等，主要分布在神木市、佳县和榆阳区。全市自然保护地分布以神木市最多，面积达 229.4 km²，横山区次之，为 148.3 km²，榆阳区和定边县面积均在 100 km² 以上，而米脂县、吴堡县和子洲县均无自然保护地分布，榆林市各县（市、区）自然保护地面积排序为：神木市＞横山区＞榆阳区＞定边县＞佳县＞府谷县＞清涧县＞靖边县＞绥德县＞（米脂县、吴堡县、子洲县）（见图 6–2）。

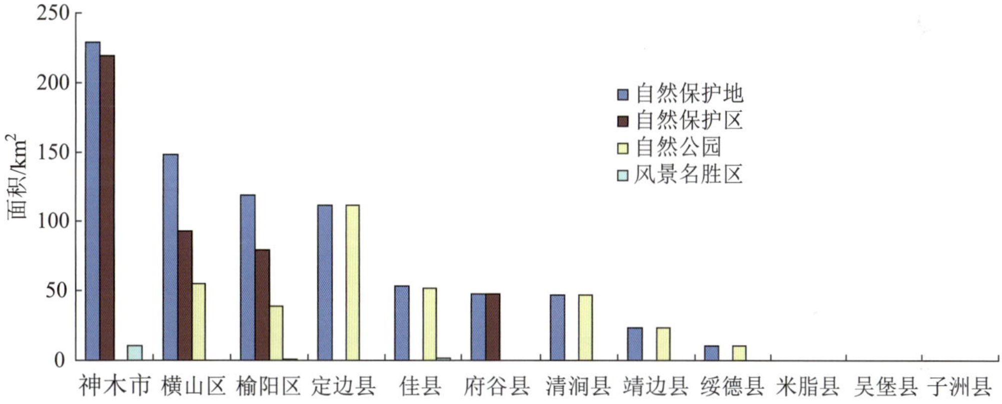

图 6–2 榆林市各县（市、区）自然保护地面积分布变化

（2）延安市

延安市全市自然保护地面积为 3289.74 km²，约占全市生态空间面积的 10.57%、国土空间面积的 8.88%。其中，全市各类自然保护区面积为 2379.07 km²、自然公园 695.74 km²、风景名胜区 200.77 km²、其他保护区 14.14 km²，分别占整个自然保护地面积的 72.32%、21.15%、6.10% 和 0.43%，自然保护地类型较为齐全。

全市 13 个县（市、区）中除志丹县、子长市和安塞区无自然保护地分布外，其余的县（市、区）均有分布，生态空间格局较为均一，其中，自然保护区主要分布在黄龙县、富县、宜川县、黄陵县和甘泉县，面积分别达到 958.49 km²、575.94 km²、392.37 km²、250.89 km² 和 201.38 km²，包括陕西延安黄龙山褐马鸡国家级自然保护区、陕西延安柴松省级自然保护区、陕西黄龙山天然次生林省级自然保护区等。自然公园主要分布在富县、黄龙县、宝塔区、延川县、吴起县等，特别是富县、宝塔区和黄龙县自然公园分布密集，面积分别超过 100 km² 以上，占整个延安市自然公园面积的 63.58%，境内分布有陕西延川黄河蛇曲国家级地质自然公园、陕西黄龙山国家级森林自然公园等。延安市风景名胜区主要涉及宜川县和黄陵县，面积分别达到 1515.69 km^2 和 85.08 km^2，主要有黄河壶口瀑布风景名胜区、黄帝陵风景名胜区等。其他保护区分布面积较小，仅有黄陵县沮河上游国家级水产种质资源保护区，其他县（市、区）均无。全市自然保护地面积为全省第二，超过 500 km^2 的县达 4 个，以黄龙县分布最为广泛，高达 1074 km^2，富县次之，为 783.7 km^2，宜川县第三，为 560 km^2，另外安塞区、延长县、志丹县、子长市均无自然保护地分布，延安市各县（区）自然保护地面积排序为：黄龙县＞富县＞宜川县＞黄陵县＞甘泉县＞宝塔区＞延川县＞吴起县＞洛川县＞（安塞区、延长县、志丹县、子长市）（见图 6-3）。

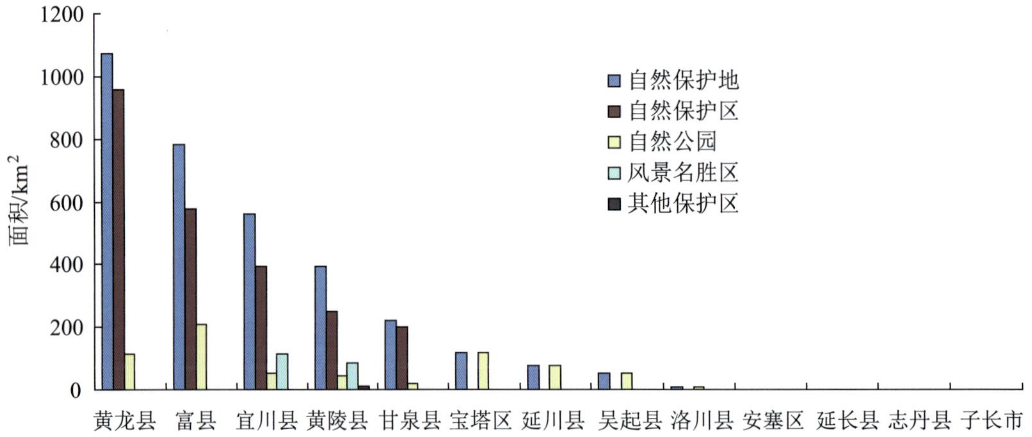

图 6-3　延安市各县（市、区）自然保护地面积分布变化

1.4.2　关中平原

关中平原也称渭河平原，居关中盆地中部，是中国第四大平原，在区域上主要包括宝鸡市、咸阳市、西安市、渭南市及铜川市。

（1）宝鸡市

宝鸡市全市自然保护地总面积 3519.28 km^2，约占全市生态空间面积 32.59%、国土空间面积的 22.84%。区内自然保护地类型较为齐全，分布有大熊猫国家公园 1708.86 km^2、自然保护区 525.65 km^2、自然公园 925.75 km^2、风景名胜区 263.26 km^2 和其他保护区 95.75 km^2，分别约占整个自然保护地面积的 48.56%、14.94%、26.31%、7.48% 和 2.72%。从自然保护地生态空间分布格局来看，宝鸡市 12 个县（区）自然保护地分布并不均匀，国家公园主要分布在太白县，面积达 1657.02 km^2，约占全市自然保护地面积的 47.08%，眉县仅有少许分布，为 51.84 km^2。境内自然保护区主要分布在凤县、扶风县、渭滨区和麟游县，面积分别达到 174.42 km^2、109.71 km^2、100.16 km^2 和 66.43 km^2，其余各县均在 50 km^2 以下。全市自然公园广布，以凤县为最多，达到 318.64 km^2，眉县、陈仓区和渭滨区次之，面积均在 100 km^2 左右，而金台区和麟游县基本无分布。区内风景名胜区主要分布在渭滨区、岐山县、凤翔区、陇县和陈仓区，面积分别达到 141 km^2、50.06 km^2、29.18 km^2、26.82 km^2 和 13.62 km^2，其他县（区）零星分布。其他保护区全市为 95.75 km^2，主要为水产种质资源保护区，占全市自然保护地面积的 2.72%，分布在陈仓区、陇县、凤县和眉县境内，其余各县仅为零星分布或者基本无分布。全市自然保护地面积超过 200 km^2 的县（区）达到 4 个，其中太白县高达 1686.7 km^2，金台区分布最少，仅为 0.4 km^2，全市自然保护地面积排序为：太白县＞凤县＞渭滨区＞眉县＞陈仓区＞陇县＞扶风县＞岐山县＞麟游县＞凤翔区＞千阳县＞金台区（见图 6–4）。

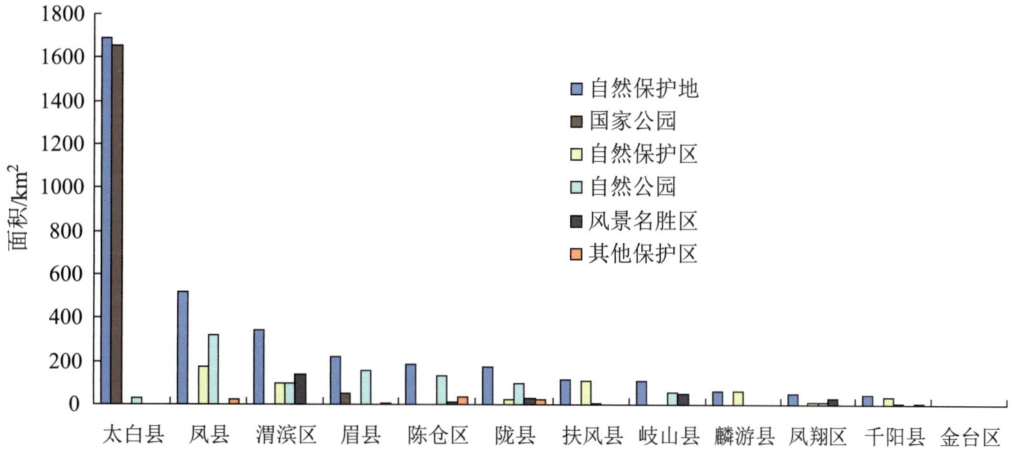

图 6–4　宝鸡市各县（区）自然保护地面积分布变化

（2）咸阳市（杨陵区）

咸阳市自然保护地面积 670.12 km^2，约占全市生态空间面积的 16.56%、国土空间面积的 6.50%。其中，各类自然保护区面积为 362.34 km^2、各类自然公园面积为 307.78 km^2，分别约占整个自然保护地的 54.07% 和 45.93%，全市无国家公园、风景名胜区和其他保护地分布，自然保护地的类型相对较为单一。全市自然保护地生态空间分布格局较为零散，14 县（市、区）中仅 7 个县（市、区）有分布，其中自然保护区只涉及旬邑县和淳化县，面积分别为 323.26 km^2 和 39.07 km^2，境内分布有陕西咸阳淳化爷台山省级自然保护区、陕西石门山省级自然保护区等。自然公园主要分布在永寿县、旬邑县、淳化县、三原县、礼泉县、泾阳县和乾县等，包括陕西旬邑石门山国家级森林自然公园、陕西省永寿翠屏山森林公园等。特别是位于咸阳西北部的旬邑县和永寿县，森林覆盖率分别达到 56.2% 和 42.7%，是渭北旱塬上的“绿色明珠”，自然公园面积在全市前列，占全市自然公园总面积半数以上。全市各县（市、区）自然保护地分布范围相对较小，境内秦都区、彬州市及渭城区等 7 个县（市、区）均无自然保护地存在。全市自然保护地面积以旬邑县最大为 409.3 km^2，乾县最小，为 5 km^2，全市自然保护地面积排序为：旬邑县＞永寿县＞淳化县＞三原县＞礼泉县＞泾阳县＞乾县＞（秦都区、彬州市、渭城区、武功县、兴平市、武功县、杨陵区、长武县）（见图 6–5）。

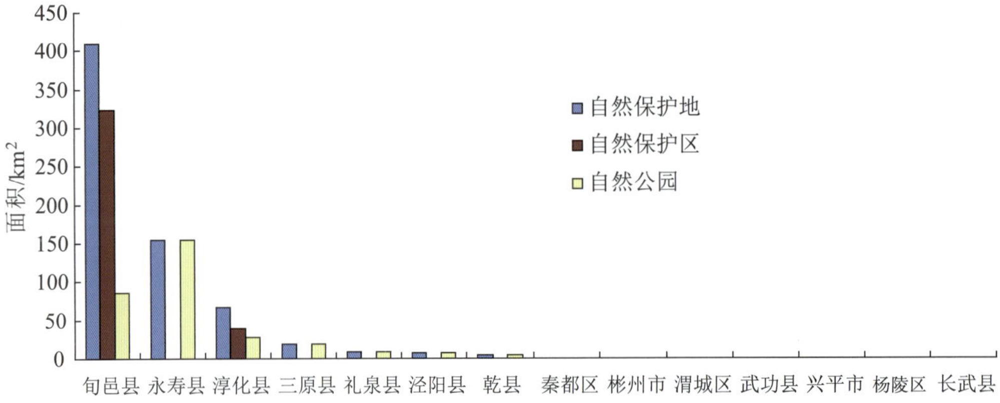

图 6-5　咸阳市各县（市、区）自然保护地面积分布变化

（3）西安市

西安是陕西省省会城市，全市自然保护地面积为 3095.98 km²，约占全市生态空间面积的 49.13%、国土空间面积的 30.65%，为全省自然保护地类型最为齐全的区域之一。其中，大熊猫国家公园 830.93 km²、各类自然保护区 692.80 km²、自然公园 1132.02 km²、风景名胜区 371.18 km²、其他保护区 70.05 km²，分别约占整个自然保护地面积的 26.84%、22.38%、36.53%、11.99% 和 2.26%。从全市自然保护地生态空间分布格局来看，区内自然保护地格局分布不均，大熊猫国家公园主要涉及周至县和鄠邑区，面积分别为 810.43 km² 和 20.50 km²。自然保护区主要分布在南部的周至县、蓝田县、鄠邑区、长安区等涉及秦岭的区域，面积分别达到 356.91 km²、201.12 km²、69.06 km² 和 65.71 km²，是域内为秦岭最雄伟且资源丰富的一段，拥有陕西周至黑河森林湿地省级自然保护区、秦岭国家植物园等，其余各县（区）均无自然保护区存在。自然公园主要分布在周至县、长安区、鄠邑区和蓝田县，面积分别为 574.77 km²、265.29 km²、176.95 km²、46.50 km²，包括陕西终南山国家级地质自然公园、陕西黑河国家级森林自然公园、陕西楼观台国家级森林自然公园等。临潼区、灞桥区、高陵区和未央区也有少量分布，如陕西骊山国家级森林自然公园、陕西洪庆山国家级森林自然公园等。风景名胜区在西安市分布不均，仅周至县、蓝田县和临潼区有分布，面积达到 185.98 km²、105.48 km² 和 77.58 km²，约占整个自然保护地面积的 11.99%。其他保护区主要分布在秦岭北麓的蓝田县、周至县、鄠邑区和长安区，总面积约 70.05 km²，约占整个自然保护地面积的 2.26%。全市自然保护地超过 100 km² 以上的县（区）达到 5 个，其中周至县分布最多，总面积高达 1950.1 km²，蓝田县和长安区次之，均超过 300 km²，鄠邑区第三，为 273.1 km²，临潼区为 103.7 km²，灞桥区和高陵区分别为 23.6 km² 和 10.9 km²，而碑林区、莲湖区、新城区、阎良区及雁塔区均无自然保护

地分布。西安市各县（区）自然保护地面积排序为：周至县>蓝田县>长安区>鄠邑区>临潼区>灞桥区>高陵区>未央区>（碑林区、莲湖区、新城区、阎良区、雁塔区）（见图 6-6）。

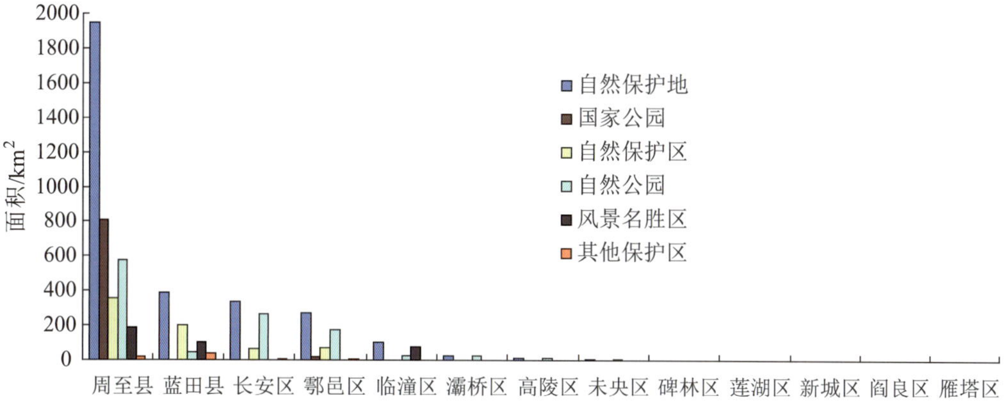

图 6-6 西安市各县（区）自然保护地面积分布变化

（4）渭南市（韩城市）

渭南市自然保护地总面积 1496.70 km²，约占全市国土空间面积的 11.49%、生态空间面积的 37.45%。其中，各类自然保护区 807.53 km²、自然公园 412.60 km²、风景名胜区 180.93 km²、其他保护区 95.64 km²，分别占整个自然保护地面积的 53.95%、27.57%、12.09% 和 6.39%。从全市自然保护地生态空间分布格局来看，境内自然保护区主要分布在韩城市、大荔县、合阳县、华州区和潼关县，面积分别达 473.13 km²、124.88 km²、99.43 km²、92.76 km² 和 17.34 km²，而白水县、澄城县、临渭区和蒲城县均无自然保护区分布。特别是位于东北部黄河沿岸的韩城市是渭南自然保护地分布最广的地区，境内有陕西韩城黄龙山褐马鸡国家级自然保护区，对于生物多样性保护和生态系统恢复有重要意义，极具生态价值。区内自然公园分布格局较为均一，除了澄城县，其他县（市、区）均有分布，其中以华阴市、华州区最为显著，面积分别达 125.40 km² 和 149.33 km²，最为典型代表的就是陕西华山国家级地质自然公园、陕西少华山国家级森林自然公园、少华山省级地质自然公园和陕西省桥峪国家级森林自然公园等，其余各县（市、区）代表性自然公园有陕西武帝山国家森林公园、陕西白水林皋湖国家湿地公园等。风景名胜区主要有韩城市的黄河龙门、司马迁祠风景名胜区，合阳县洽川风景名胜区等，面积分别达到 38.24 km²、71.88 km² 和 70.54 km²。其他保护区在华阴市、韩城市分布较多，面积达到 44.50 km² 和 31.88 km²，大荔县、合阳县、华州区和潼关县仅有零星分布。全市自然保护地面积超过 100 km² 以上的县（市、区）达到 5 个，其中以韩城市分布最为广泛，面积高达 559.9 km²，而澄城县则为无。渭南市各县（市、区）自然保护地面积排序为：韩城市>华州区>华阴市>合阳县>大荔县>富平县>潼关县>白水县>临渭区>蒲城县>澄城县（见图 6-7）。

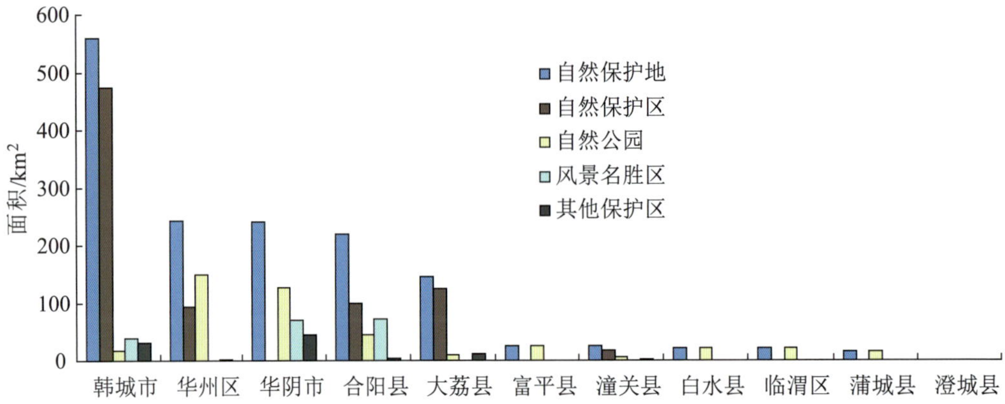

图 6-7　渭南市各县（市、区）自然保护地面积分布变化

（5）铜川市

铜川市自然保护地总面积 668.09 km²，约占全市生态空间面积的 27.66%、约占国土空间面积的 17.20%。境内主要分布有各类自然保护区、风景名胜区和自然公园，其中王益区无自然保护地分布，耀州区和宜君县自然保护区面积分别为 180.9 km²、228.7 km²，约占全市自然保护地面积的 61.31%，城内主要有陕西省香山省级自然保护区、太安省级自然保护区等。自然公园在耀州区、宜君县和印台区均有分布，总面积为 66.57 km²，约占全市自然保护地面积的 9.96%，有陕西玉华宫国家级森林自然公园等。风景名胜区主要分布在耀州区和宜君县，面积分别为 140.87 km² 和 49.33 km²，印台区仅有零星分布，主要有药王山风景名胜区、玉华宫风景名胜区、香山—照金风景名胜区、福地湖风景名胜区等。全市各县（区）自然保护地以耀州区为最多，达 350.1 km²，宜君县次之，为 291.8 km²，印台区第三，为 26.2 km²，而王益区为零分布（见图 6–8）。

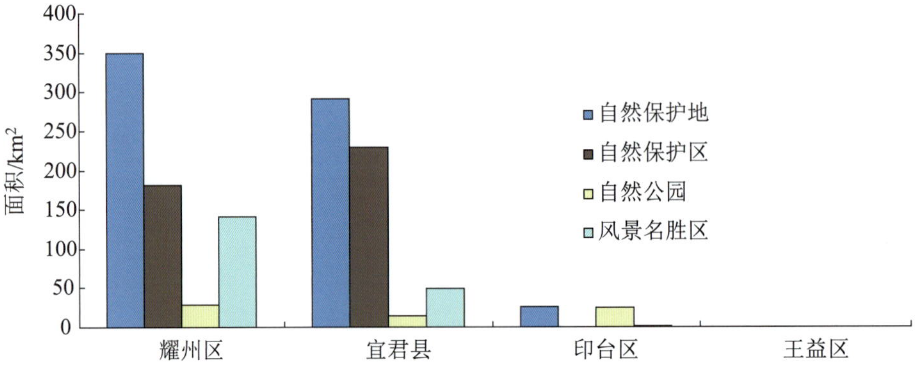

图 6-8　铜川市各县（区）自然保护地变化

1.4.3　秦巴山地

关中以南的秦巴山地，两山夹一川的地势结构十分突出。秦岭、巴山的西部有汉中盆地，东部为安康盆地。在区域上主要包括安康市、汉中市和商洛市。

（1）安康市

安康市自然保护地总面积达到 2333.93 km^2，约占全市生态空间面积的 11.33%、国土空间面积的 9.92%，区内 10 个县（市、区）均有自然保护地存在。

其中，分布有大熊猫国家公园 909.98 km^2、自然保护区 588.63 km^2、自然公园 648.01 km^2、风景名胜区 159.02 km^2、其他保护区 28.29 km^2，分别约占全市整个自然保护地面积的 38.99%、25.22%、27.76%、6.81% 及 1.21%，自然保护地类型在全省最为齐全。从自然保护地生态空间分布格局来看，国家公园主要分布在宁陕县境内，面积达到 909.98 km^2，也是全市唯一分布有国家公园的区域。自然保护区主要分布在镇坪县、宁陕县、汉滨区和平利县，面积分别达到 238.05 km^2、227.02 km^2、80.55 km^2 和 43.01 km^2，包括陕西瀛湖湿地省级自然保护区等。安康市境内自然公园广布，达到 100 km^2 以上县（市、区）为岚皋县、石泉县、宁陕县，面积分别达到 174.81 km^2、138.56 km^2 和 109.91 km^2，其余各县（市、区）均有分布。风景名胜区主要涉及汉滨区和岚皋县，面积分别达到 97.81 km^2 和 61.18 km^2，包括安康香溪洞风景名胜区、南宫山风景名胜区等。其他保护区主要以紫阳县为主，面积达 25.01 km^2，石泉县仅为零星分布，面积为 3.28 km^2。全市自然保护地面积宁陕县为最大，达到 1246.92 km^2，约占全市自然保护地面积的 53.43%，境内分布有大熊猫国家公园、自然保护区、各类自然公园等，县域内森林覆盖度高达 90.2%，是全市生物多样性最为丰富、生态系统最为独特的区域。另外，镇坪县、岚皋县和汉滨区自然保护地分布较广，面积均超过 200 km^2 以上，自然生态系统功能较为完整。全市旬阳县自然保护地面积最小，仅分布有 1.01 km^2 的自然公园。全市各县（市、区）自然保护地面积排序为：宁陕县＞镇坪县＞岚皋县＞汉滨区＞石泉县＞汉阴县＞平利县＞白河县＞紫阳县＞旬阳市（见图 6–9）。

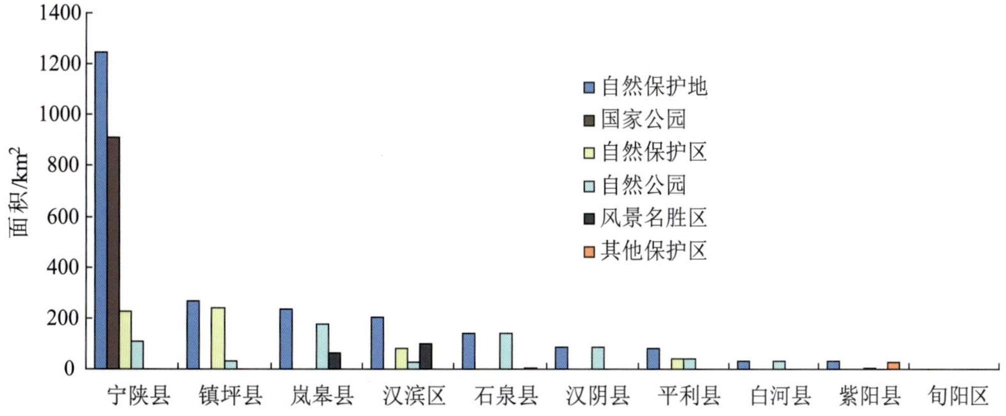

图 6–9 安康市各县（市、区）自然保护地变化

（2）汉中市

汉中被公认为地球上同一纬度自然生态条件最好的地区之一，自然保护地总面积 3144.33 km^2，约占全市生态空间面积的 11.66%、国土空间面积的 9.64%。

区内自然保护类型相对较为全面，分布有大熊猫国家公园 936.53 km^2、自然保护区 1353.95 km^2、自然公园 651.02 km^2、风景名胜区 92.46 km^2、其他保护区 110.18 km^2，分别占整个自然保护地面积的 29.79%、43.06%、20.71%、2.94% 和 3.50%。从自然保护地生态空间分布格局来看，全市 11 个县（区）自然保护地分布较为均匀，涉及大熊猫国家公园范围的主要有佛坪县、留坝县和洋县，面积分别达到 526.79 km^2、134.73 km^2 和 275.01 km^2。佛坪县位于秦岭腹地，境内森林覆盖率高达 90.3%，是秦岭山脉中生物多样性最为丰富和自然生态系统最为完整的区域之一，也是大熊猫国家公园陕西片区核心，是我国大熊猫野外分布密度最大的地区。境内西乡县、洋县、略阳县和城固县自然保护区分布范围较大，分别达到 376.85 km^2、356.16 km^2、281.33 km^2 和 138.45 km^2，约占全市整个自然保护区面积的 85.14% 以上，除了佛坪县和镇巴县基本没有分布外，其余各县均为零星分布，特别是洋县境内生活着世界上最濒危的鸟类——有“东方宝石”之称的朱鹮，姚家河、金家河、三岔河等地都是朱鹮自然保护区范围。区内自然公园分布格局较为均一，其中，南郑区的自然公园分布最为集中连片，面积达 268.64 km^2；汉台区、勉县和留坝县自然公园分布格局次之，面积均为 50 km^2 以上，其余各县为零星分布；而城固县、佛坪县和洋县则基本无分布。汉中市风景名胜区主要分布在留坝县、西乡县和城固县，面积分别为 48.84 km^2、27.84 km^2 和 8.91 km^2，约占整个风景名胜区面积的 92% 以上，剩余的汉台区、略阳县、南郑区和勉县仅有少量分布，而佛坪县、宁强县、洋县和镇巴县则为零。全市其他保护区总面积达到 110.18 km^2，主要分布在留坝县、南郑区和西乡县，其他各县（区）仅为少量分布或无。全市自然保护地超过 300 km^2 的县（区）达到 6 个，其中以洋县为最多，高达 638.2 km^2，镇巴县最小，为 75.2 km^2。全市县（区）自然保护地面积排序为：洋县＞佛坪县＞西乡县＞留坝县＞略阳县＞南郑区＞城固县＞宁强县＞汉台区＞勉县＞镇巴县（见图 6-10）。

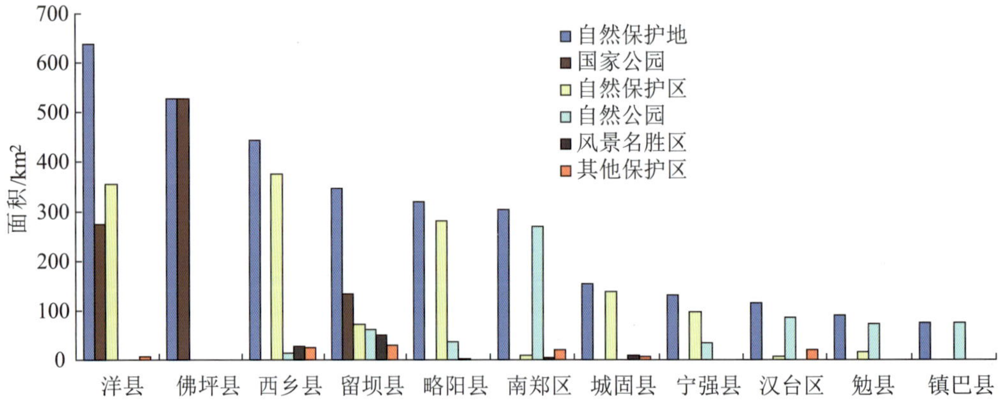

图 6-10　汉中市各县（区）自然保护地面积分布变化

（3）商洛市

商洛市自然保护地总面积 1254.54 km^2，约占全市生态空间面积的 7.20%、国土空间面积的 6.41%。

其中，境内有各类自然保护区 662.97 km^2，各类自然公园 578.19 km^2，两者约占整个自然保护地面积的 98% 以上，而风景名胜区仅为 9.47 km^2、其他保护区为 3.91 km^2。从全市自然保护地生态空间分布格局来看，境内六县一区均分布有自然保护区和自然公园，其中自然保护区以山阳县和商南县分布最为集中，面积分别达到 213.54 km^2 和 128.01 km^2，丹凤县、洛南县、柞水县和镇安县次之，面积均在 100 km^2 以下。境内主要有陕西洛南大鲵省级自然保护区、陕西新开岭省级自然保护区等，而商州区是唯一没有自然保护区分布的区域。自然公园以洛南县、商州区和柞水县为主，面积均在 100 km^2 以上，其余各县（区）均为 50 km^2 左右，有陕西省丹凤上运石省级地质自然公园、陕西金丝大峡谷国家森林自然公园、陕西商州丹江源国家湿地自然公园、陕西省秦王山省级森林自然公园等，分布格局较为均匀。其他保护区只有商州区和洛南县仅有 3.82 km^2 和 0.09 km^2 的分布，其余各县（区）均无分布。全市各县（区）自然保护地面积均在 100 km^2 以上，其中以山阳县为最多，达到 262.3 km^2；商州区最小，也高达 106.8 km^2，全市各县（区）自然保护地面积排序为：山阳县＞商南县＞柞水县＞洛南县＞丹凤县＞镇安县＞商州区（见图 6-11）。

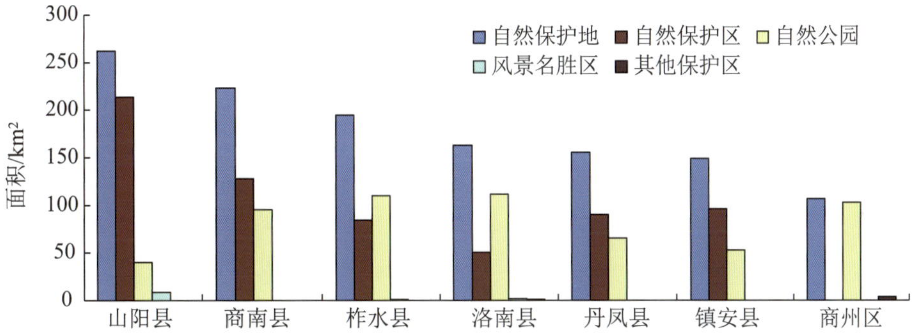

图 6-11　商洛市各县（区）自然保护地面积分布变化

第二节　生态保护红线体系

2.1　建设背景

2017 年，中共中央办公厅、国务院办公厅《关于划定并严守生态保护红线的若干意见》指出，生态保护红线是指在生态空间范围内具有特殊重要生态功能、必须强制性严格保护的区域，是保障和维护国家生态安全的底线和生命线。生态保护红线落界为自然保护地边线或自然生态系统完整空间边线，如林线、雪线、流域界线，江河、湖库，以及海岸向陆域延伸线。划定并严守生态保护红线是管控重要生态空间的关键举措，是提高生态产品供给能力和生态系统服务功能的有效手段。生态保护红线以内生态空间，与自然保护地体系保护级别相当，原则上按禁止开发区管控，以封禁保护为主，改善和提升生态功能。2019 年，中共中央、国务院《建立国土空间规划体系并监督实施的若干意见》明确，生态空间是国土空间中的一个独立空间，中国生态空间规划迈入世界前列。生态空间类型具有多样性，陆地生态空间主体是森林、草原、湿地、荒地、荒漠等。严格控制生态空间开发利用活动，依法实行空间准入和用途转用许可制度，确保生态空间不减少，生态功能不降低，改善森林草原结构，提升生态系统质量，增加生态产品生产能力。

陕西省地处我国内陆腹地，横跨黄河和长江两大流域中部，是连接东西部地区的重要纽带。在国家“两屏三带”生态安全战略格局中地位非常重要，是国家黄土高原—川滇生态屏障和大江大河水系的重要组成部分。根据《全国生态功能区划》（修编版）和《陕西省主体功能区规划》，秦巴生物多样性保护与水源涵养功能区、黄土高原丘陵沟壑水土保持功能区（陕北黄土丘陵沟壑土壤保持功能区、陕中黄土丘陵土壤保持功能区）和鄂尔多斯高原防风固沙功能区属于国家重点生态功能区域，涉及西安、宝鸡、咸阳、铜川、延安、榆林、汉中、安康、商洛、渭南等 10 市，总面积 81 000 余平方千米，约占全省国土空间面积的 40%。

根据《中国生物多样性保护优先区域范围》，陕西省涉及的生物多样性保护优先区域有秦岭生物多样性保护优先区域、六盘山—子午岭生物多样性保护优先区域、大巴山生物多样性保护优先区域和岷山—横断山北段生物多样性保护优先区域，分布在西安、宝鸡、渭南、铜川、咸阳、延安、汉中、安康、商洛 9 市 61 县（区），总面积 83 229.18 km^2，占全省国土空间面积的 40.46%。区内有国家重点保护野生植物约 120 种，国家重点保护动物 80 余种。其中银杏、红豆杉、华山新麦草、珙桐和独叶草属于国家Ⅰ级重点保护植物，大熊猫、金丝猴、羚牛、朱鹮为全国珍稀濒危野生动物。

2.2 总体思路

2.2.1 指导思想

以习近平新时代中国特色社会主义思想为指导，全面贯彻党的十九大精神，紧紧围绕统筹推进“五位一体”总体布局和协调推进“四个全面”战略布局，牢固树立新发展理念，坚持以追赶超越为主线，认真落实党中央、国务院和省委省政府决策部署，以改善生态环境质量为核心，以保护生态功能为主线，按照山水林田湖草系统治理和保护的要求，划定并严守生态保护红线，实现一条红线管控重要生态空间，确保生态功能不降低、面积不减少、性质不改变，维护全省生态安全，促进经济社会可持续发展。

2.2.2　基本原则

（1）科学性原则

统筹考虑自然生态整体性和系统性，开展科学评估，按生态功能重要性、生态环境敏感性与脆弱性划定生态保护红线，并落实到国土空间，系统构建区域生态安全格局。

（2）依法依规原则

根据《关于规定并严守生态保护红线的若干意见》《环境保护法》等要求，在事关国家和区域生态安全的重点生态功能区、生态环境敏感区和脆弱区以及其他重要的生态保护地内，划定生态保护红线，严格实施保护。

（3）协调性原则

建立协调有序的工作机制，强化部门联动，上下结合，充分与主体功能区规划、生态功能区划、城乡规划、土地利用现状、永久基本农田等相衔接，共同形成合力，增强生态保护效果。

（4）可行性原则

生态保护红线划定与经济社会发展需求和当前监管能力相适应，预留适当的发展空间和环境容量空间，确保生态保护红线落到实处，能够有效监管。

（5）相对稳定性原则

生态保护红线划定后需要刚性管理，具有相对稳定性，面积可随生态保护能力增强和国土空间优化适当增加，生态保护红线边界和阈值受外界环境的变迁而发生变化时，可适时进行局部调整。

（6）强制性原则

生态保护红线是保障、维护国家和区域生态安全的底线和生命线，必须依法依规强化用途管制，严禁任意改变用途，杜绝不合理开发建设活动对生态保护红线的破坏。

2.2.3　总体目标

按照《关于划定并严守生态保护红线的若干意见》有关要求，开展科学评估，将生态功能极重要区、生态环境极敏感区、各类重要保护地纳入生态保护红线进行严格保护，做到“应划尽划，应保尽保”，与相关规划、区划空间边界及土地利用现状相衔接，为社会经济可持续发展留足发展空间。

2018 年年底前，完成全省生态保护红线划定；2020 年年底前，全面完成全省生态保护红线划定和勘界定标工作，基本建立生态保护红线制度，全省国土生态空间得到优化和有效保护，生态功能保持稳定、生态安全格局更加完善，推动形成人与自然和谐发展的现代化建设新格局。到 2030 年，区域生态安全得到有效保障，推进生态系统服务功能显著提升，促进人与自然和谐发展的现代化建设新格局的全面形成。

2.3 主要任务

2.3.1 划定生态保护红线

依托“两屏三带”为主体的陆地生态安全格局和“一带一链多点”的海洋生态安全格局，采取国家指导、地方组织，自上而下和自下而上相结合，科学划定生态保护红线。

（1）明确划定范围

按照《关于划定并严守生态保护红线的若干意见》，制定并发布生态保护红线划定技术规范，明确水源涵养、生物多样性维护、水土保持、防风固沙等生态功能重要区域，以及水土流失、土地沙化、石漠化、盐渍化等生态环境敏感脆弱区域的评价方法，识别生态功能重要区域和生态环境敏感脆弱区域的空间分布。将上述两类区域进行空间叠加，划入生态保护红线，涵盖所有国家级、省级禁止开发区域，以及有必要严格保护的其他各类保护地等。

（2）落实生态保护红线边界

按照保护需要和开发利用现状，主要结合以下几类界线将生态保护红线边界落地：自然边界，主要是依据地形地貌或生态系统完整性确定的边界，如林线、雪线、流域分界线，以及生态系统分布界线等；自然保护区、风景名胜区等各类保护地边界；江河、湖库边界；全国土地调查、地理国情普查等明确的地块边界。将生态保护红线落实到地块，明确生态系统类型、主要生态功能，通过自然资源统一确权登记明确用地性质与土地权属，形成生态保护红线全国“一张图”。在勘界基础上设立统一规范的标识标牌，确保生态保护红线落地准确、边界清晰。

（3）有序推进划定工作

提出生态保护红线空间格局和分布意见，做好跨省域的衔接与协调，指导各地划定生态保护红线；明确生态保护红线可保护的湿地、草原、森林等生态系统数量，并与生态安全预警监测体系做好衔接。各地市要按照相关要求，建立划定生态保护红线责任制和协调机制，明确责任部门，组织专门力量，制订工作方案，全面论证、广泛征求意见，有序推进划定工作，形成生态保护红线。

2.3.2 严守生态保护红线

落实地方各级党委和政府主体责任，强化生态保护红线刚性约束，形成一整套生态保护红线管控和激励措施。

（1）明确属地管理责任

地方各级党委和政府是严守生态保护红线的责任主体，要将生态保护红线作为相关综合决策的重要依据和前提条件，履行好保护责任。各有关部门要按照职责分工，加强监督管理，做好指导协调、日常巡护和执法监督，共守生态保护红线。建立目标责任制，把保护目标、任务和要求层层分解，落到实处。创新激励约束机制，对生态保护红线保护成效突出的单位和个人予以奖励；对造成破坏的，依法依规予以严肃处理。根据需要设置生态保护红线管护岗位，提高居民参与生态保护积极性。

（2）确立生态保护红线优先地位

生态保护红线划定后，相关规划要符合生态保护红线空间管控要求，不符合的要及时进行调整。空间规划编制要将生态保护红线作为重要基础，发挥生态保护红线对于国土空间开发的底线作用。

（3）实行严格管控

生态保护红线原则上按禁止开发区域的要求进行管理。严禁不符合主体功能定位的各类开发活动，严禁任意改变用途。生态保护红线划定后，只能增加，不能减少，因国家重大基础设施、重大民生保障项目建设等需要调整的，由省级政府组织论证，提出调整方案，经生态环境部、国家发展改革委会同有关部门提出审核意见后，报国务院批准。因国家重大战略资源勘查需要，在不影响主体功能定位的前提下，经依法批准后予以安排勘查项目。

（4）加大生态保护补偿力度

财政部会同有关部门加大对生态保护红线的支持力度，加快健全生态保护补偿制度，完善国家重点生态功能区转移支付政策。推动生态保护红线所在地区和受益地区探索建立横向生态保护补偿机制，共同分担生态保护任务。

（5）加强生态保护与修复

将实施生态保护红线保护与修复，作为山水林田湖生态保护和修复工程的重要内容。以县级行政区为基本单元建立生态保护红线台账系统，制订实施生态系统保护与修复方案。优先保护良好生态系统和重要物种栖息地，建立和完善生态廊道，提高生态系统完整性和连通性。分区分类开展受损生态系统修复，采取以封禁为主的自然恢复措施，辅以人工修复，改善和提升生态功能。选择水源涵养和生物多样性维护为主导生态功能的生态保护红线，开展保护与修复示范。有条件的地区，可逐步推进生态移民，有序推动人口适度集中安置，降低人类活动强度，减小生态压力。

（6）建立监测网络和监管平台

完善生态保护红线综合监测网络体系，充分发挥地面生态系统、环境、气象、水文水资源、水土保持等监测站点和卫星的生态监测能力，布设相对固定的生态保护红线监控点位，及时获取生态保护红线监测数据，建立国家生态保护红线监管平台。运用云计算、物联网等信息化手段，加强监测数据集成分析和综合应用，强化生态气象灾害监测预警能力建设，全面掌握生态系统构成、分布与动态变化，及时评估和预警生态风险，提高生态保护红线管理决策科学化水平。实时监控人类干扰活动，及时发现破坏生态保护红线的行为，对监控发现的问题，通报当地政府，由有关部门依据各自职能组织开展现场核查，依法依规进行处理。

（7）开展定期评价

建立生态保护红线评价机制，从生态系统格局、质量和功能等方面，建立生态保护红线生态功能评价指标体系和方法。定期组织开展评价，及时掌握重点区域、县域生态保护红线生态功能状况及动态变化，评价结果作为优化生态保护红线布局、安排县域生态保护补偿资金和实行领导干部生态环境损害责任追究的依据，并向社会公布。

（8）强化执法监督

加强生态保护红线执法监督，建立生态保护红线常态化执法机制，定期开展执法督查，不断提高执法规范化水平。及时发现和依法处罚破坏生态保护红线的违法行为，切实做到有案必查、违法必究。有关部门要加强与司法机关的沟通协调，健全行政执法与刑事司法联动机制。

（9）建立考核机制

根据评价结果和目标任务完成情况，对各级党委和政府开展生态保护红线保护成效考核，并将考核结果纳入生态文明建设目标评价考核体系，作为党政领导班子和领导干部综合评价及责任追究、离任审计的重要参考。

（10）严格责任追究

对违反生态保护红线管控要求、造成生态破坏的部门、地方、单位和有关责任人员，按照有关法律法规和《党政领导干部生态环境损害责任追究办法（试行）》等规定实行责任追究。对推动生态保护红线工作不力的，区分情节轻重，予以诫勉、责令公开道歉、组织处理或党纪政纪处分，构成犯罪的依法追究刑事责任。对造成生态环境和资源严重破坏的，要实行终身追责，责任人不论是否已调离、提拔或者退休，都必须严格追责。

2.4 建设成效

陕西省生态保护红线维持了“两屏三带”的生态安全空间格局。“两屏”分别指黄土高原生态屏障和秦巴山地生态屏障，主要生态功能为水土保持、生物多样性维护、水源涵养。其中，黄土高原生态保护红线主要分布在延安市南部的子午岭、黄龙山、桥山地区，以及延安市北部和榆林市南部的丘陵沟壑区。秦巴山地的生态保护红线主要分布在西秦岭地区和巴山的中高山地区。“三带”分别是长城沿线防风固沙林带、渭河沿岸生态带和汉江、丹江两岸生态安全带，其中汉江、丹江两岸生态安全带是南水北调水源和水质的重要保护区域（见表 6–2）。

表 6–2 陕西省生态保护红线划定分类结果

序号	分区	类型	面积/km^2	占全省国土空间面积比例/%	区块数量/个
1	长城沿线	防风固沙区	3789.82	1.85	774
2	黄土丘陵沟壑	水土流失防控区	7817.31	3.80	739
3	子午岭— 黄龙山	生物多样性保护区	6089.11	2.96	742
4	渭河流域黄土台塬	水土保持区	3858.75	1.88	1706
5	秦岭山地	水源涵养与生物多样性保护区	19 762.35	9.61	3055
6	汉江两岸丘陵盆地	水土流失防控区	2776.22	1.35	922
7	米仓山—大巴山	水源涵养区	6152.12	2.99	598
合计			50 254.69	24.33	8536

全省生态保护红线面积为 50 254.69 km^2，占全省国土空间面积的 24.43%。其中，共纳入 534 个禁止开发区以及全省一级国家级公益林，包括 61 个自然保护区、94 个森林公园的生态保育区和核心景观区、33 个自然风景名胜区的核心景区、16 个地质公园的地质遗迹保护区、43 个湿地公园的湿地保育区和恢复重建区、1 个国家公园、116 个饮用水源地一级保护区、20 个水产种质资源保护区的核心区、55 个重要湿地、91 个重要水库、4 个重点文物遗址中的生态环境优良区域，并全部纳入一级国家级公益林 6955.83 km^2。在划定的生态保护红线范围内，林地面积为 40 264.70 km^2、草地面积为 6666.92 km^2、其他生态用地为 2449.85 km^2，农业、开发建设等非生态用地面积为 873.22 km^2，分别占全省生态保护红线面积的 80.12%、13.27%、4.87%、1.74%。

2.4.1 长城沿线

长城沿线主要为防风固沙生态保护红线，分布于定边县、靖边县、神木市、榆阳区、横山区等长城沿线，主要以温性草原、旱地、稀疏草地生态系统为主，面积分别为 2067.59 km^2、596.87 km^2、451.35 km^2，占区内红线面积的比例分别为 54.43%、15.71%、11.88%，地带性植被从西北到东南由荒漠、荒漠草原向森林草原过渡，生态保护红线面积为 3798.82 hm^2，占全省生态保护红线面积的 7.56%，占全省国土空间面积的 1.85%。区内含红碱淖国家级自然保护区、马莲滩国家森林公园、榆阳区榆林沙漠国家森林公园和一级国家级公益林，重点保护现有地带性植被野大豆、裂瓣角盘兰，野生珍稀动物金钱豹、石貂等以及湿地生态系统。通过大力植树造林，防风固沙，合理安排人类活动强度，科学实施生态恢复工程，逐步修复退化的生态环境，合理开发利用水资源，维持湿地生态系统，确保沙漠化得到有效控制，土壤侵蚀不再增加，减少向黄河的泥沙输送。

2.4.2 黄土丘陵沟壑

黄土丘陵沟壑主要为水土流失防控生态保护红线，分布于府谷县、神木市、佳县、子洲县、清涧县、吴起县等县（市），生态保护红线面积为 7817.31 hm^2，占全省生态保护红线面积的 15.56%，占国土空间面积的 3.80%。其中，以温性草原、旱地、落叶阔叶灌丛为主，面积分别为 4175.43 km^2、1212.50 km^2、1090.96 km^2，占区内红线面积的比例分别为 53.41%、15.51%、13.96%，区内含黄河壶口瀑布国家级风景名胜区，南泥湾国家湿地公园和一级国家级公益林。重点保护野生动植物有角盘兰、小羊耳蒜、裂瓣角盘兰、金钱豹、丹顶鹤等，实施退耕还林还草，完善水保工程设施，控制人类活动强度，有效开展中尺度流域综合治理，防止水土流失，逐步修复退化的生态环境。

2.4.3 子午岭—黄龙山

子午岭—黄龙山主要为生物多样性维护生态保护红线，分布于黄龙县、宜川县、富县等县（区），以落叶阔叶灌丛、落叶阔叶林为主，面积分别为 2408.88 km^2、2330.51 km^2，占区内红线面积的比例分别为 39.56%、38.27%，生态保护红线面积为 6089.11 hm^2，占全省生态保护红线面积的 12.12%，占国土空间面积的 2.96%，是各类重要保护地的密集分布区。区内含陕西子午岭国家级自然保护区、延安黄龙山褐马鸡国家级自然保护区，陕西石门山国家森林公园、陕西劳山国家森林公园、陕西玉华宫国家森林公园、延安国家森林公园、陕西蟒头山国家森林公园、陕西子午岭国家森林公园、陕西黄陵国家森林公园、陕西黄龙山国家森林公园，陕西旬邑马栏河国家湿地公园、陕西宜君福地湖国家湿地公园、陕西耀州沮河国家湿地公园和一级国家级公益林。重点保护区内天然次生林生态系统，加强珍稀野生动植物细叶石斛、角盘兰、小羊耳蒜、杜松、台湾盆距兰、金钱豹、黄脚渔鸮、水獭、中华鳖、华北豹、丹顶鹤、林麝、石貂、原麝、白肩雕等保护工作，控制煤炭等矿产资源开发和其他人类活动，维护生物多样性和水源涵养功能。

2.4.4 渭河流域黄土台塬

渭河流域黄土台塬水土保持生态保护红线，主要分布于陈仓区、韩城市、黄龙县、周至县等县区，生态保护红线面积为 3858.75 hm^2，占全省生态保护红线面积的 7.68%，占国土空间面积的 1.88%。以温带落叶阔叶林、落叶阔叶灌丛以及草丛生态系统为主，温带落叶阔叶林面积为 1297.77 km^2、落叶阔叶灌丛面积为 1215.55 km^2，占区内红线面积的比例分别为 33.63%、31.50%。区内含陕西陇县秦岭细鳞鲑国家级自然保护区、韩城黄龙山褐马鸡国家级自然保护区、陕西黑河珍稀水生野生动物国家级自然保护区，洽川风景名胜区、韩城龙门风景名胜区、韩城司马迁祠风景名胜区、宝鸡天台山风景名胜区，陕西洪庆山国家森林公园、陕西骊山国家森林公园、太白山国家森林公园、陕西武帝山国家森林公园、陕西楼观台国家森林公园、陕西天华山国家森林公园、西安浐灞国家湿地公园、陕西三原清峪河国家湿地公园、陕西蒲城卤阳湖国家湿地公园、陕西大荔朝邑国家湿地公园、礼泉甘河国家湿地公园、眉县龙源国家湿地公园、千湖国家湿地公园、岐山落星湾国家湿地公园、陕西潼关黄河国家湿地公园、陕西富平石川河国家湿地公园、铜川赵氏河国家湿地公园、淳化冶峪河国家湿地公园、千渭之会国家湿地公园、陕西合阳徐水河国家湿地公园、陕西白水林皋湖国家湿地公园、陕西临渭区沋河国家湿地公园和一级国家级公益林。重点保护区内次生林生态系统，加强珍稀野生动植物细叶石斛、大花杓兰、裂唇虎舌兰、手参、紫点杓兰、金钱豹、丹顶鹤、黄脚渔鸮、水獭、中华鳖、原麝、大鲵、白冠长尾雉、秦岭细鳞鲑、白肩雕、大鸨、林麝、石貂、金猫、黑眉锦蛇的保护工作。禁止开山采石，控制煤炭、建材等矿产资源开发和其他人类活动，维护区域水源涵养功能，防止水土流失。

2.4.5　秦岭山地

秦岭山地水源涵养与生物多样性维护生态保护红线，主要分布于宁陕县、太白县、周至县、留坝县、山阳县以及凤县等县（区），生态保护红线面积为 19 762.35 hm^2，占全省生态保护红线面积的 39.32%，占国土空间面积的 9.61%。区内含大熊猫国家公园 / 牛背梁自然保护区、周至自然保护区、太白山自然保护区、周至老县城自然保护区、黑河珍稀水生野生动物自然保护区、丹江武关河自然保护区、平河梁自然保护区、天华山自然保护区、黄柏塬自然保护区、太白湑水河水生野生动物保护区、紫柏山自然保护区、佛坪自然保护区、长青自然保护区、汉中朱鹮自然保护区、观音山自然保护区、摩天岭自然保护区、桑园自然保护区、略阳珍稀水生动物自然保护区，华山风景名胜区，朱雀国家森林公园、太平国家森林公园、王顺山国家森林公园、终南山国家森林公园、黑河国家森林公园、金丝大峡谷国家森林公园、木王国家森林公园、牛背梁国家森林公园、天竺山国家森林公园、鬼谷岭国家森林公园、上坝河国家森林公园、通天河国家森林公园、天台山国家森林公园、太白山国家森林公园、太白青峰峡国家森林公园、五龙洞国家森林公园、汉中天台山国家森林公园、少华山国家森林公园，丹凤丹江国家湿地公园、商州丹江源国家湿地公园、洛南洛河源国家湿地公园、旬河源国家湿地公园、太白石头国家河湿地公园、凤县嘉陵江国家湿地公园和一级国家级公益林。主要以落叶阔叶林、落叶阔叶灌丛为主，面积分别为 9342.25 km^2、7048.87 km^2，占区内红线面积的比例分别为 47.27%、35.67%，是各类重要保护地的密集分布区，有银杏、红豆杉、华山新麦草、独叶草等重要保护植物和朱鹮、大熊猫、羚牛、金丝猴等重要珍稀动物，还有白及、黄花白及、紫点杓兰、手参、叉唇无喙兰、翅果油树、弧距虾脊兰、大花杓兰、套叶鸢尾兰、裂唇虎舌兰、小白及、细叶石斛、太白杓兰、朱鹮、林麝、金钱豹、大鸨、黑鹿、中华秋沙鸭等，是汉江、丹江和渭河的重要水源涵养区，重点保护区内中高山森林生态系统，禁止开山采石和房地产开发，控制有色金属等矿产资源开发、旅游开发和其他人类活动，维护水源涵养功能和生物多样性。

2.4.6 汉江两岸丘陵盆地

汉江两岸丘陵盆地水土流失防控生态保护红线，主要分布于汉滨区、旬阳县、白河县、汉阴县等县（区），生态保护红线面积为 2776.22 hm^2，占全省生态保护红线面积的 5.52%，占国土空间面积的 1.35%。以落叶阔叶林、落叶阔叶灌丛为主，面积分别为 1039.51 km^2、1034.51 km^2，占区内红线面积的比例分别为 37.44%、37.26%。区内含陕西化龙山国家级自然保护区、陕西米仓山国家级自然保护区，陕西南宫山国家森林公园、陕西千家坪国家森林公园、陕西黎坪国家森林公园，宁强汉水源国家湿地公园和一级国家级公益林。分布有红豆杉、白及、黄花白及、大叶火烧兰、角盘兰、蜻蜓舌唇兰、东亚舌唇兰、细叶石斛、小白及、弧距虾脊兰、紫点杓兰、大花杓兰、叉唇无喙兰、套叶鸢尾兰、朱鹮、林麝、金钱豹、黑鹿、云豹、中华秋沙鸭等珍稀野生动植物。重点保护区内低山丘陵植被和水土保持工程设施，控制人类活动强度，有效开展中尺度流域综合治理，防治水土流失，逐步修复退化的生态环境。

2.4.7 米仓山—大巴山

米仓山—大巴山水源涵养生态保护红线，主要分布于平利县、岚皋县、镇坪县、南郑区、镇巴县等县（区），生态保护红线面积为 6152.12 hm^2，占全省生态保护红线面积的 12.24%，占国土空间面积的 2.99%，是各类重要保护地的密集分布区。区内含陕西青木川国家级自然保护区，陕西汉阴凤凰山国家森林公园和一级国家级公益林，以落叶阔叶林、落叶阔叶灌丛为主，面积分别为 2373.28 km^2、2263.63 km^2，占区内红线面积的比例分别为 38.58%、36.79%。竹类资源丰富，有红豆杉、珙桐、白及、黄花白及、小白及、长序榆、弧距虾脊兰、独花兰、大叶杓兰、细叶石斛等重要保护植物和朱鹮、羚牛、金钱豹、云豹、林麝等重要珍稀动物，是汉江南岸的重要水源涵养区，重点保护区内中高山森林生态系统，禁止开山采石，控制有色金属等矿产资源开发、旅游开发和其他人类活动，维护水源涵养功能和生物多样性。

第三节 林长制体系建设

3.1 建设背景

森林和草原是重要的自然生态系统，对于维护国家生态安全、推进生态文明建设具有基础性、战略性作用。早在2016年，江西省抚州市委办公室、市政府办公室印发《抚州市“山长制”工作实施方案》，设立市县乡村四级“山长”，党政领导分别担任“山长”“副山长”，对所辖区域森林资源保护管理负责，这种做法，开全国先河。同年7月，江西省武宁县党代会决定探索建立“林长制”。2017年4月，武宁县委、县政府印发《武宁县“林长制”工作实施方案》，设立县乡村三级林长615名，在全国率先推行林长制。同年6月，安徽省在合肥、安庆、宣城3市进行林长制改革试点。同年9月，印发《中共安徽省委、安徽省人民政府关于建立林长制的意见》，设立省市县镇村五级林长5.2万余名，率先在全省范围全面推行林长制。2018年7月，江西省委办公厅、省政府办公厅印发《关于全面推行林长制的意见》，在全省推行林长制。2019年4月，国家林业和草原局同意安徽省创建“全国林长制改革示范区”，为全国提供更多可复制、可借鉴的经验。同年，山东省、重庆市全面推行林长制。2020年1月，安徽省安庆市出台《安庆市实施林长制条例》，成为全国第一个林长制地方性法规。2020年年底，23个省开展林长制改革试点，多地开花结果。

2020年新修订《中华人民共和国森林法》规定“地方人民政府可以根据本行政区域森林资源保护发展的需要，建立林长制”。同年10月，党的十九届五中全会通过《中共中央关于制定国民经济和社会发展第十四个五年规划和二〇三五年远景目标的建议》要求“推行林长制”。同年11月，中央深化改革委员会第十六次会议审议通过《关于全面推行林长制的意见》。同年12月，中共中央办公厅、国务院办公厅印发《关于全面推行林长制的意见》，要求2022年6月全面建立林长制体系。2021年3月，国家林业和草原局印发《贯彻落实〈关于全面推行林长制的意见〉实施方案》，就全面推行林长制作出具体安排部署。各省市自治区按照党中央、国务院决策部署，相继出台实施方案，组建林长制组织体系，纵向设置省市县镇村五级林长，横向设置林长制成员单位、林长制办公室；结合森林草原生态区，划定林长责任区，形成林长制会议、考核、工作督查、信息公开、部门协作等制度规范。截至2022年5月底，全国31个省市自治区林长组织体系全部建立，设立林长110余万名，林长制在全国全面施行。

3.2　总体思路

3.2.1　指导思想

以习近平新时代中国特色社会主义思想为指导，全面贯彻党的十九大及十九届历次全会精神，深入践行习近平生态文明思想，坚定不移贯彻新发展理念，坚决落实习近平总书记来陕考察重要讲话，按照“生态优先、保护为主，绿色发展、生态惠民，问题导向、因地制宜，党委领导、部门联动”工作原则，构建党政同责、属地负责、部门协同、源头治理、全域覆盖的长效机制，统筹山水林田湖草沙系统治理，加快推进美丽陕西建设，全面建立省市县镇村五级林长制体系。

3.2.2 基本原则

（1）坚持生态优先、保护为主

全面落实《中华人民共和国森林法》《中华人民共和国草原法》等法律法规，建立健全最严格的森林草原资源保护制度，加强生态保护修复，保护生物多样性，增强森林和草原等生态系统稳定性。

（2）坚持绿色发展、生态惠民

牢固树立和践行绿水青山就是金山银山理念，积极推进生态产业化和产业生态化，不断满足人民群众对优美生态环境、优良生态产品、优质生态服务的需求。

（3）坚持问题导向、因地制宜

针对不同区域森林和草原等生态系统保护管理的突出问题，坚持分类施策、科学管理、综合治理，宜林则林、宜草则草、宜荒则荒，全面提升森林草原资源的生态、经济、社会功能。

（4）坚持党委领导、部门联动

加强党委领导，建立健全以党政领导负责制为核心的责任体系，明确各级林（草）长的森林草原资源保护发展职责，强化工作措施，统筹各方力量，形成一级抓一级、层层抓落实的工作格局。

3.2.3 总体目标

到 2025 年，使陕西省森林覆盖率达到 46.5%，森林蓄积量达到 6.3 亿 m^3，草原综合植被盖度稳定在 60% 左右，湿地保护率达到 50%，70% 的可治理沙化土地得到治理。到 2035 年，初步实现三秦大地山青、天蓝、水净、景美。

3.3 组织结构及体系

（1）设立省总林长、副总林长

陕西省总林长由省委书记、省长担任，对全省森林草原等生态资源保护发展负总责，负责研究解决全省森林草原等生态资源保护发展重大问题。省副总林长由省委副书记、常务副省长、分管副省长担任，负责协助省总林长工作。

陕西根据全省森林草原等生态资源分布特点和保护发展需要，在秦岭、巴山、关中北山（含关山）、黄桥林区、白于山（含毛乌素沙地）等 5 个生态区域设立省级林长，分别由省委书记、省委副书记，省长、常务副省长、分管副省长兼任，负责组织领导责任区域森林草原等生态资源保护发展工作，协调解决突出问题。省发展改革委、省财政厅、省生态环境厅、省自然资源厅、省林业局分别为省级林长联络单位。

（2）设立省林长制办公室

承担林长制组织实施具体工作，落实省总林长、副总林长、省级林长确定事项，负责林长制推进和实施的组织协调、调度督导、检查考核等具体工作。办公室设在省林业局，办公室主任由省林业局主要负责同志兼任，副主任由省林业局副局长和省级林长联络单位一名负责同志兼任。

（3）市县镇村结合本地实际建立林长制

各市县设立总林长、副总林长和林长，镇村设立林长和副林长，各级林长对责任区域森林草原等生态资源保护发展负责。市县林长制办公室设在同级林业主管部门，承担林长制组织实施具体工作。

3.4 主要任务及模式

3.4.1 主要任务

（1）科学编制规划

各级党委和政府要结合区域自然条件、资源特点和经济社会发展基础，依据国土空间规划，合理区划林地、草地、湿地、荒地沙地和自然景观等生态空间，明确功能定位、主攻方向和目标任务，组织编制森林、草原、湿地等保护发展规划计划，落实目标责任，统筹规划、分区施策、协调发展，全面提升生态系统功能。

（2）严格生态保护

严守生态保护红线，严格控制林地、草地、湿地等生态用地转为建设用地。加强重点生态功能区和生态环境敏感脆弱区域的森林草原等生态资源监管。确定天然林保护重点区域，完善天然林管护制度，科学实施修复措施，提高天然林质量。逐步完善湿地分级管理，严格落实基本草原保护、禁牧和草畜平衡等制度，加大湿地、草原保护力度。严格执行《陕西省秦岭生态环境保护条例》，加大秦岭保护力度。加快推进秦岭国家公园建设，构建以国家公园为主体的自然保护地体系。强化野生动植物及其栖息地保护。

（3）加快生态修复

持续推进国土绿化，深入实施退耕还林还草、防护林体系建设、草原生态修复等重点工程，加强白于山区、毛乌素沙地、关中北山、黄河西岸等重要区域生态系统保护和修复。以秦巴山区、黄桥林区为重点，强化森林抚育经营，优化林分结构，推进森林质量精准提升。落实部门绿化责任，创新义务植树机制，提高全民义务植树尽责率，积极推进森林城市、绿化模范单位创建。

（4）加强灾害防控

严格执行《森林防火条例》和《陕西省林业有害生物防治检疫条例》，落实政府负责制，建立健全森林草原有害生物防控机制和防灭火体系，坚决遏制松材线虫病、美国白蛾扩散蔓延，提升森林草原火灾综合防控能力。

（5）全面深化改革

巩固扩大国有林场改革成果，探索森林草原资源资产有偿使用，推动国有林场可持续发展。健全草原承包经营制度，规范草原流转。深化集体林权制度改革，完善森林生态效益补偿制度，因地制宜发展生态旅游、森林康养、林下经济等绿色富民产业。

（6）加强监测监管

加快生态空间云平台建设，逐步建立重点区域实时监控网络，及时掌握资源动态变化，不断完善森林草原资源“一张图”动态监测体系，提升资源监测智慧化水平。加强林业行政执法队伍和能力建设，依法查处乱砍滥伐、乱捕乱猎、毁林开垦和非法占用林地、草原、湿地等案件，严厉打击破坏森林草原等生态资源的违法违规行为。

（7）加强基层基础建设

加强生态护林员等管护队伍建设，逐地逐片落实林长和生态护林员责任，实现网格化管理全覆盖。加强乡镇林业（草原）管理机构和基层护林站能力建设，改善基础设施条件，强化管护人员培训和日常管理。

3.4.2 工作机制

（1）协作机制

省级林长制成员单位依据相关法律法规和“三定”规定相关职能职责，落实责任，密切配合，协调联动，共同推进森林草原等生态资源保护发展工作。省级林长制成员单位包括省委组织部、省委宣传部、省委编办、省发展改革委、省教育厅、省公安厅、省财政厅、省自然资源厅、省生态环境厅、省交通运输厅、省水利厅、省农业农村厅、省文化和旅游厅、省应急管理厅、省审计厅、省市场监管局、省林业局、省气象局、省消防救援总队等。

（2）会议制度

建立省总林长会议制度，贯彻落实党中央、国务院有关决策部署，明确森林草原等生态资源保护发展目标任务，研究解决重大问题。省总林长会议由省总林长或委托省副总林长召集，原则上每年召开不少于 1 次。

建立省级林长会议制度，研究解决责任区内森林草原等生态资源保护发展突出问题。会议由省级林长根据需要组织召开。

建立省林长制办公室会议制度，落实省总林长会议和省级林长会议确定的各项工作部署。会议由省林长制办公室主任召集，省级林长制各成员单位参加。

3.5 建设成效

2018 年，旬邑县率先开展推行林长制试点工作，建立县镇村三级林长体系。2019

年，林长制试点扩大到淳化、彬州、长武、柞水 4 县（市），汉中市建立了“山长制”。2021 年 5 月，省委办公厅、省政府办公厅印发《关于全面推行林长制的实施方案》，开启全面推行林长制历史进程。同年 9 月，召开首次全省林长制办公室主任会议，明确镇村林长设立规范。截至 10 月底，全省 12 个市（区）、104 个县（市、区）、1263 个镇、16 227 个村全面推行林长制，设立林长 5.4 万余名，省市县镇村五级林长组织体系全面建立。省委书记、省长任省总林长，省委副书记、常务副省长、分管副省长任省副总林长，同时兼任省级林长，分别负责秦岭、巴山、关中北山、黄桥林区、白于山 5 个省级责任区。制定实施《陕西省林长制省级会议制度》《陕西省林长制省级考核制度》《陕西省林长制工作督查制度》《陕西省林长制信息公开制度》4 项制度，林长制“四梁八柱”建立。2022 年是全面建立林长制体系后的第一年，也是推动林长制走深走实的关键之年。4 月 6 日，全省总林长会议顺利召开，省市县三级总林长同频共振，发布陕西 1 号总林长令，全面安排部署生态空间治理工作。启动实施“基层林长责任年”活动，制定林长巡林、发令、激励配套制度，实施林长制考核，建设林长制智慧平台，推动林长制迈向有名有实有效新阶段。

第四节　生态法制体系建设

4.1　建设背景

党的十八大以来，以习近平同志为核心的党中央高度重视生态文明建设，新一轮国家机构改革后，生态空间治理成为新林业部门主责主业，加强生态保护修复，促进生态系统健康高效，提高生态空间生产力、承载力和支持力成为林政根本。2012 年，国务院办公厅印发《国家森林火灾应急预案》。2013 年，国家林业局印发《推进生态文明建设规划纲要》。2015 年，中共中央、国务院印发《国有林场改革方案》和《国有林区改革指导意见》，明确实施以生态建设为主的林业发展战略，推进政事企分开，推动生态保护修复。2015 年，中共中央、国务院《生态文明体制改革总体方案》明确建立国家公园体制，建立天然林、草原、湿地、沙化土地等保护制度。2016 年，国务院办公厅印发《湿地保护修复制度方案》。2016 年，国家林业局印发《沙化土地封禁保护修复制度方案》。2017 年，中央办公厅、国务院办公厅印发《东北虎豹国家公园体制试点方案》《大熊猫国家公园体制试点方案》。2017 年，中共中央办公厅、国务院办公厅印发《建立国家公园体制总体方案》。2019 年，中共中央、国务院《关于建立国土空间规划体系并监督实施的若干意见》明确，到 2035 年，基本形成生产空间集约高效、生活空间宜居适度、生态空间山清水秀的国土空间格局。2019 年，中共中央办公厅、国务院办公厅印发《关于建立以国家公园为主体的自然保护地体系的指导意见》，标志着我国自然保护地进入全面深化改革新阶段。同年，中共中央办公厅、国务院办公厅印发《天然林保护修复制度方案》。2021 年，中共中央办公厅、国务院办公厅陆续印发了《关于全面推行林长制的意见》《关于加强草原保护修复的若干意见》《关于进一步加强生物多样性保护的意见》和《关于科学绿化的指导意见》。同年，国家发展改革委、自然资源部印发《全国重要生态系统保护和修复重大工程总体规划（2021—2035 年）》，生态保护修复进入系统治理新阶段，生态空间治理进入战略机遇期。

进入新时代，生态空间的法制体系建设，统筹推进山水林田湖草沙系统治理，促进人与自然和谐共生成为法治鲜明导向。2006 年，国家林业局制定实施《关于全面推进林业法治建设的实施意见》，森林、草原、湿地、荒漠陆地四大生态系统都有了专门的法律，生态空间治理全面步入法治化轨道。2019 年，十三届全国人大常委会第十五次会议审议通过森林法修订草案。新修订的森林法深入贯彻习近平生态文明思想，践行绿水青山就是金山银山理念，充分吸收集体林权制度改革、国有林场和国有林区改革等林业改革发展实践经验，建立森林分类经营管理制度，完善森林权属制度和林木采伐等林业管理制度，健全森林生态效益补偿制度，实行天然林全面保护制度，加大森林资源保护和造林绿化力度，“建立林长制”“推动森林城市建设”“三月十二日植树节”等被写入《中华人民共和国森林法》。《中华人民共和国草原法》逐渐由保障畜牧业发展转向生态建设，1985 年颁布后历经 2002 年、2009 年、2013 年、2021 年四次修改，在承包经营、草原保护、建设、利用规划、草原建设、草原利用、草原保护以及监督检查和法律责任等方面进行了修改、补充和完善，让草原保护修复和科学利用更加规范具体，可操作性更强。《中华人民共和国湿地保护法》成为我国第一部关于湿地保护的专门法律。2021 年，十三届全国人大常委会第三十二次会议表决通过。湿地保护法以维护湿地生态功能及生物多样性为立法目的，建立了湿地资源调查评价制度、总量管控制度、分级管理制度、生态保护补偿制度、湿地修复制度等，确定了林业部门的湿地资源监督管理法定职责，填补了湿地生态系统法律空白，为湿地保护治理提供了基本遵循。《中华人民共和国防沙治沙法》《中华人民共和国野生动物保护法》于 2018 年第十三届全国人民代表大会常务委员会第六次会议审议通过。新修正的防沙治沙法、野生动物保护法，主要是对应新一轮机构改革，国务院机构名称、职能等发生变化作出相应法律条文的调整和修订，确保相关行政主体行使权限有法可依，充分体现依法行政法治要求。2022 年，国家林业和草原局（国家公园管理局）印发《国家公园管理暂行办法》，为国家公园保护、建设和管理工作在相关法律法规正式颁布前提供了规范和准则。同时，国家林业主管部门陆续制定出台了《湿地保护管理规定》《国家级公益林管理办法》《陆生野生动物收容救护管理规定》《国家沙化土地封禁保护区管理办法》《中国森林旅游节管理办法》等部门规章和规范性文件，对相关法律制度进行了有效补充（见表 6–3）。

表 6-3 生态空间治理法制体系

类别	国际公约		中华人民共和国		
	公约	中国方案	法律	法规	规章
林地 生态空间	国际热带木材协定，1983； 国际植物保护公约，1999	中国加入“国际植物保护公约”，2005	中华人民共和国森林法	中华人民共和国森林法实施条例； 森林采伐更新管理办法； 国务院关于开展全民义务植树运动的实施办法； 森林病虫害防治条例； 森林防火条例； 植物检疫条例； 退耕还林条例	林木种子质量管理办法； 林木种质资源管理办法； 森林资源监督工作管理办法； 集体林权制度改革档案管理办法； 建设项目使用林地审核审批管理办法； 林业工作站管理办法； 中华人民共和国主要林木目录（第一批）； 中华人民共和国主要林木目录（第二批）； 林木林地权属争议处理办法； 主要林木品种审定办法； 林木良种推广使用管理办法； 林木种子生产经营许可证管理办法； 松材线虫病疫木加工板材定点加工企业审批管理办法
草地 生态空间			中华人民共和国草原法		
湿地 生态空间	关于特别是作为水禽栖息地的国际重要湿地公约	中国加入“湿地公约”，1992； 《武汉宣言》，2022	中华人民共和国湿地保护法； 中华人民共和国长江保护法； 中华人民共和国黄河保护法		湿地保护管理规定

续表

类别	国际公约		中华人民共和国		
	公约	中国方案	法律	法规	规章
荒地 / 漠生态空间	联合国关于在发生严重干旱和 / 或沙漠化的国家特别是在非洲防治荒漠化的公约，1994	中国执行联合国防治荒漠化公约国家行动方案，1994； 中国防治荒漠化国家报告大纲，1994； 中国荒漠化监测原则技术方案，1994	中华人民共和国防沙治沙法		营利性治沙管理办法
自然保护地生态空间	保护世界文化和自然遗产公约，1972； 濒危野生动植物物种国际贸易公约，1973； 生物多样性公约，1992	中国加入“世界遗产公约”，1985； 中国加入“国际濒危野生动植物公约”，1981； 中国加入“生物多样性公约”，1992	中华人民共和国野生动物保护法； 中华人民共和国动物防疫法	中华人民共和国陆生野生动物保护实施条例； 中华人民共和国野生植物保护条例； 中华人民共和国濒危野生动植物进出口管理条例； 重大动物疫情应急条例； 中华人民共和国自然保护区条例； 森林和野生动物类型自然保护区管理办法； 中华人民共和国植物新品种保护条例； 风景名胜区条例	森林公园管理办法； 国家重点保护野生动物名录； 国家重点保护野生植物名录； 国家级森林公园管理办法； 在国家级自然保护区修筑设施审批管理暂行办法； 中华人民共和国植物新品种保护条例实施细则（林业部分）； 中华人民共和国植物新品种保护名录（林业部分）（第一批）； 中华人民共和国植物新品种保护名录（林业部分）（第二批）； 中华人民共和国植物新品种保护名录（林业部分）（第三批）； 中华人民共和国植物新品种保护名录（林业部分）（第四批）； 中华人民共和国植物新品种保护名录（林业部分）（第五批）； 中华人民共和国植物新品种保护名录（林业部分）（第六批）； 国家保护的有益的或者有重要经济、科学研究价值的陆生野生动物名录； 国家级森林公园设立、撤销、合并、改变经营范围或者变更隶属关系审批管理办法； 大熊猫国内借展管理规定

续表

类别	国际公约		中华人民共和国		
	公约	中国方案	法律	法规	规章
综合性	世界气象组织公约，1947； 人类环境宣言，1972； 世界环境行动计划，1972； 里约环境与发展宣言，1972； 21 世纪议程，1972； 世界环境公约，1972； 保护臭氧层维也纳公约，1985； 关于消耗臭氧物质的蒙特利尔议定书，1987； 联合国气候变化框架公约，1992； 京都议定书，1997； 巴黎协定，2015； 国际防止船舶造成的污染公约，1987； 卡塔赫纳生物安全议定书，1995	中国应对气候变化国家方案，2007； 中国 21 世纪人口、环境与发展白皮书，2000； 国家适应气候变化战略，2013； 国家应对气候变化规划（2014—2020 年），2014； 中国加入“气候公约”，1992	中华人民共和国土地法； 中华人民共和国农村土地承包法； 中华人民共和国种子法	血吸虫病防治条例； 城市绿化条例	国家重点保护野生动物驯养繁殖许可证管理办法； 陆生野生动物资源保护管理费收费办法； 植物检疫条例实施细则（林业部分）林业行政处罚程序规定； 林业行政执法监督办法； 野生动物及其制品价值评估方法； 野生动物收容救护管理办法； 林业行政处罚听证规则； 林业标准化管理办法； 突发林业有害生物事件处置办法； 林业行政处罚案件文书制作管理规定； 普及型国外引种试种苗圃资格认定管理办法； 引进陆生野生动物外来物种种类及数量审批管理办法； 林业行政许可听证办法； 陆生野生动物疫源疫病监测防控管理办法； 野生动植物进出口证书管理办法； 国家林业局委托实施林业行政许可事项管理办法； 农村土地承包经营纠纷仲裁规则； 农村土地承包仲裁委员会示范章程； 开展林木转基因工程活动审批管理办法； 关于修改部分部门规章的决定（国家林业局令第 37 号）； 关于废止和修改部分部门规章的决定（国家林业局令第 26 号）

新时代生态空间法治以习近平法治思想为指导，深入践行绿水青山就是金山银山理念，从生态空间治理实际需求出发，建立起法制体系、法治思维和法治能力。2018年，国家组建国家林业和草原局，将原国家林业局的职责，农业部的草原监督管理职责，以及国土资源部、住房和城乡建设部、水利部、农业部、国家海洋局等部门的自然保护区、风景名胜区、自然遗产、地质公园等管理职责整合，并加挂国家公园管理局牌子。2018年，中共中央办公厅、国务院办公厅印发《行业公安机关管理体制调整工作方案》，森林公安全面转隶。2020年，国务院办公厅印发《关于生态环境保护综合行政执法有关事项的通知》，“在自然保护地内进行非法开矿、修路、筑坝、建设造成生态破坏的行政处罚”被纳入生态环境保护综合行政执法事项。2020年，国家林业和草原局办公室印发《关于做好林草行政执法与生态环境保护综合行政执法衔接的通知》。2021年，国家林业和草原局印发《国家林业和草原局行政许可工作管理办法》。2022年，最高人民法院发布《关于审理森林资源民事纠纷案件适用法律若干问题的解释》，进一步规范森林资源民事案件受理、林地林木交易、森林生态环境损害修复和赔偿等问题。

4.2 总体思路

以习近平新时代中国特色社会主义思想为指导，认真践行习近平生态文明思想，牢固树立绿水青山就是金山银山的理念，以全面深化改革为总抓手，以推动高质量发展为总要求，按照党中央、国务院的系列决策部署，全面推进山水林田湖草沙系统治理，构建系统完备、科学规范、运行有效的生态空间治理法制体系，全面提升系统治理、依法治理、综合治理、源头治理的能力，为生态空间治理能力现代化建设提供坚实保障，更好地推动生态文明和美丽中国建设。

4.3 主要任务

4.3.1 建立生态保护制度

（1）自然保护地保护管理制度

全面落实《关于建立以国家公园为主体的自然保护地体系的指导意见》，对各类自然保护地进行统一管理、全面保护、系统治理。明确各类自然保护地的功能，整合优化自然保护地，合理调整边界范围和功能分区，加快形成以国家公园为主体、自然保护区为基础、各类自然公园为补充的自然保护地体系。坚持一个保护地一套机构、一块牌子，划清保护地内各种自然资源资产的所有权、使用权边界，构建自然保护地分级分类分区管理体制。推行特许经营制度，制定产业准入负面清单，完善评估考核机制。加强自然保护地建设和管理，构建“天地空一体化”监测监管网络体系，强化生物多样性和自然资源监测，着力提升自然保护地生态功能。

（2）国家公园保护制度

坚持国家公园统一设立、规划和评估，推动建立统一规范高效的管理体制，实行中央政府直接管理或委托省级政府管理，组建统一管理机构，明确国家公园管理机构与地方政府相关职能部门的权责。完善国家公园设立标准、空间布局和发展规划，将具有全球价值、国家象征、国民认同度高的自然生态系统纳入国家公园体系，确保国家公园在自然保护地体系中处于主体地位。完善生态保护制度，科学划定核心保护区和一般控制区，实行差别化保护管理，有序推进生态移民搬迁、已设矿业权退出等，保护自然生态系统的原真性、完整性。建立以财政投入为主的多元化投入保障机制，完善国家公园自然资源资产管理、特许经营、访客管理、资源调查、生态监测等制度标准体系。明确园区内居民生产生活边界，设立生态管护公益岗位，建立志愿者队伍，引导各方面参与国家公园保护和建设。

4.3.2　健全生态修复制度

（1）国土绿化制度

充分发挥全民绿化的制度优势，坚持数量和质量并重、质量优先，走科学、生态、节俭的绿化发展之路。尊重自然规律和经济规律，因地制宜、量水而行，宜林则林、宜草则草、宜湿则湿、宜荒则荒，乔灌草结合、封飞造并举。按照山水林田湖草系统治理的要求，深入实施重大生态工程，以治理流域和区域为基本单元，采取造林种草、退耕还林还草、封山育林、低效林改造、森林抚育等综合措施，建设稳定健康的以林草植被为主的自然生态系统。坚持森林分类经营，完善森林经营制度体系，建立健全以森林经营规划和方案为基础的资源管理机制。全面开展森林抚育和退化林分修复，完善国家储备林制度，着力提高森林资源质量和木材供给能力。加强种质资源保护利用，建立良种供需对接机制。落实部门绿化责任制，创新全民义务植树尽责形式，探索建立先造后补、以奖代补、购买服务、赎买租赁、以地换绿等机制，引导各方面参与国土绿化。建立城乡绿化美化一体化制度，统筹推进森林城市、森林城市群、森林乡村建设。

（2）森林资源保护修复制度

坚持用严格的制度、高效的手段保护发展森林和野生动植物资源。健全地方各级党委政府保护发展森林资源目标责任制，全面推行林长制，开展领导干部森林资源资产离任审计，强化对森林覆盖率、森林蓄积量、林地保有量等指标考核。坚持和完善林地分类分级管理制度，实行林地用途管制和定额管理，健全国家、省、县三级林地保护利用规划体系，严格限制重点区域的林地转为建设用地，确保林地保有量不减少。

认真落实《天然林保护修复制度方案》，加快建立全面保护、系统恢复、用途管控、权责明确的天然林保护修复制度体系。全面停止天然林商业性采伐，实行天然林保护与公益林管理并轨，促进天然林休养生息。全面保护古树名木。稳定和扩大生态护林员队伍，壮大资源管护力量。完善森林督查制度，建立“天上看、地面查”的全覆盖督查体系。强化林草防火部门协作，落实行业管理责任和火灾防范措施，加强专业消防队伍和基础设施建设，提高火灾综合防控和早期处置能力，最大限度减少灾害损失。完善重大林业有害生物防治目标责任制，强化松材线虫病生态灾害督办追责，健全监测预报体系和防治检疫管理制度，推进联防联治、社会化防治和无公害防治。确定野生动物重要栖息地名录，调整国家重点保护野生动植物名录，完善野生动物收容救护制度，开展极小种群物种抢救性保护，健全野生动物疫源疫病监测防控体系，维护野生动植物及其栖息地安全。

（3）草原保护修复制度

强化草原改革顶层设计，建立健全草原保护修复制度，缓解草原保护与利用的矛盾。健全草原产权制度，推进草原资源调查和确权登记，摸清草原资源底数，明确草原权属。完善草原承包经营制度，规范草原经营权流转。完善草原资源用途管制制度，加强征占用审核审批。落实基本草原保护制度，科学划定基本草原并严格保护管理。坚持规划引领、分区施策，采取围封禁牧、补播改良、鼠虫病害防控、植被重建等综合措施，加快退化草原治理，提升草原生态系统质量和功能。严格落实禁牧和草畜平衡制度，推行划区轮牧、返青期休牧以及打草场、采种场轮割轮采，促进草原资源可持续利用。

（4）湿地保护修复制度

认真落实《湿地保护修复制度方案》，加快建立系统完整的湿地保护修复制度。实施湿地保护修复工程，多措并举增加湿地面积，恢复湿地功能。完善湿地分级管理体系及相关管理办法，及时发布和更新国家重要湿地、地方重要湿地名录，健全以国家公园、湿地自然保护区、湿地公园为主的湿地保护体系。加强各级湿地保护管理机构能力建设。层层分解湿地面积管控目标，完善湿地保护成效奖惩机制，确保湿地面积不减少。制定湿地负面清单，建立完善湿地监测预警机制和评价体系，全面加强湿地监管。

（5）荒漠化综合治理制度

认真落实《沙化土地封禁保护修复制度方案》，加快防沙治沙步伐。健全沙地用途管制和沙区植被保护制度，加大沙化土地封禁保护力度，严格管控沙区开发建设活动。抓好京津风沙源治理和石漠化综合治理工程，规划实施工程固沙、盐碱地治理等项目。加强抗旱节水技术研究和应用，完善荒漠化沙化监测和重大沙尘暴灾害监测预警机制，全面提升防沙治沙科技水平。完善省级政府防沙治沙目标责任考核奖惩制度，优化考核指标，严格问责问效，切实把防沙治沙责任和任务落到实处。统筹治沙与致富，适度发展沙区特色产业。

4.3.3　完善资源管理制度

（1）国有林管理制度

深化国有林区林场改革，建立健全保护生态和改善民生双赢的国有林管理体制机制。全面剥离森工企业和国有林场社会管理和公共服务职能，着力提升国有林区林场公共服务能力和水平。完善国有林区森林资源管理体制，明确森林资源所有者、经营者、监管者及各自职责，建立与履行所有者职责相关的森林资源及资产管理制度，明确森工企业受托经营保护森林资源的具体事项并强化考核评价。开展国有林场场长任期森林资源考核和离任审计，建立职工绩效考核激励机制。全面推行国有林区林场森林经营方案制度。支持发展绿色循环经济，增强林区林场发展内生动力。

（2）集体林权制度

继续完善集体林权制度，保持集体林地承包关系长久稳定。健全集体林地“三权”分置运行机制，放活集体林地经营权，鼓励各种社会主体通过租赁、入股、合作等形式参与林权流转，积极培育新型经营主体，促进集体林地适度规模经营。规范林权流转市场运行行为，创新林权流转交易监管方式，平等保护所有者、承包者、经营者的合法权益。完善集体林权保护制度，赋予商品林经营主体更多自主权，建立重要区域集体公益林政府赎买置换机制。完善林权抵质押贷款制度，推行集体林经营收益权和公益林、天然林保护补偿收益权市场化质押担保，支持林权收储机构开展市场化收储担保，引导金融资本和社会资本进山入林。

（3）资源利用监管制度

牢固树立绿水青山就是金山银山理念，坚持集约节约、合理高效利用林草资源。完善森林采伐限额、林木采伐许可证制度，推广应用“互联网＋采伐”管理模式，全面推行“一站式办理”。实行国有森林、草原资源资产有偿使用，明确有偿使用范围和方式，制定使用权转让和出租具体办法。完善野生动物特许猎捕证、狩猎证和野生植物采集证管理制度，严格执行国家重点保护野生动物人工繁育许可证、经营利用专用标识和进出口管理制度，坚决遏制非法经营利用野生动植物及其制品。鼓励利用非木质林草资源，大力发展生态旅游、森林康养、木本粮油、林下经济、花卉竹藤、森林食品等绿色富民产业。推进木竹材精深加工，用好林区“三剩物”和次小薪材，提高森林资源利用水平。健全林产品质量安全标准体系，加快实施森林生态标志产品建设工程。完善森林认证体系，推动森林认证产品纳入政府采购目录。

4.3.4　建立生态保障制度

（1）法治保障制度

坚持立改废并举，加强自然保护地、国家公园、草原、湿地、荒地（漠）等重要领域立法，完善已有法律法规，建立全面覆盖自然生态系统、野生动植物保护和自然保护地的生态空间治理法律法规体系。理顺行政执法体制，整合木材检查、草原监理、森林植物检疫、林草种苗等执法队伍，推动国家公园等自然保护地统一执法，建立森林督查与执法协作机制。完善多部门联合执法机制，发挥好森林公安作用，严厉打击各类破坏林草资源的违法犯罪行为。加强执法监督和宣传教育，增强法治观念和法治思维，促进尊法学法守法用法。建立健全林草资源损害赔偿和责任追究制度。

（2）政策支持制度

坚持森林、草原、湿地、荒漠等领域公益事业属性定位，建立健全以全面保护资源、推动各项改革为重点的多元投入机制。创新投融资体制机制，充分发挥财政资金引导作用，运用开发性政策性金融贷款、绿色债券和地方政府专项债券、政策性森林保险等多种金融工具，吸引社会资本投入生态空间治理事业。完善森林生态效益补偿制度，建立健全草原、湿地、荒漠生态保护以及野生动物肇事补偿机制。鼓励各地探索建立跨地区、跨流域的横向生态保护补偿机制，加快推进林业碳汇交易。构建资金项目监督约束长效机制，完善预算绩效管理制度，确保项目资金高效安全。同时，统筹国内国际两个大局，用好国内国际两个市场、两种资源，不断完善国际合作制度，认真履行国际公约，积极参与全球生态治理，广泛开展务实交流合作，为我国生态空间高质量发展营造良好外部环境。

（3）科技和人才支撑制度

加强科技创新体系建设，完善创新激励机制和政策制度，推进创新平台建设，优化运行机制。强化重大战略问题和基础研究，争取在生态保护修复、资源高效利用、重大灾害防控、基础装备发展上取得重大突破。抓好科技成果转移转化，形成产学研紧密结合、多主体协同推进的机制。加强科技创新组织保障，健全标准体系，强化知识产权保护。推动现代信息技术广泛应用于各领域和全过程，加快资源整合共享，强化网络平台和应用系统建设，以信息化促进生态空间治理现代化。坚持党管干部、党管人才，加强干部和人才队伍建设，完善人才引进、培养、使用机制，强化干部人才教育培训。健全基层专业技术人才职称评审、技能人才技能鉴定和岗位晋升激励制度，落实艰苦边远地区人才待遇，引导支持专业人才扎根基层。加强林业工作站等基层站所建设，稳定机构队伍，改善装备水平，提高综合服务保障。

4.4 建设成效

陕西已颁布实施以生态空间治理为行政管理主体的地方性法规 15 部，分别是《陕西省森林管理条例》《陕西省实施〈中华人民共和国草原法〉办法》《陕西省湿地保护条例》《陕西省实施〈中华人民共和国防沙治沙法〉办法》《陕西省森林公园条例》《陕西省风景名胜区管理条例》《陕西省实施〈中华人民共和国野生动物保护法〉办法》《陕西省野生植物保护条例》《陕西省秦岭生态环境保护条例》《陕西省古树名木保护条例》《陕西省封山禁牧条例》《陕西省实施〈中华人民共和国种子法〉办法》《陕西省林业有害生物防治检疫条例》《陕西省天然林保护修复条例》《陕西省人民代表大会常务委员会关于贯彻〈全国人民代表大会常务委员会关于全面禁止非法野生动物交易、革除滥食野生动物陋习、切实保障人民群众生命健康安全的决定〉的实施意见》，基本形成陕西生态空间治理地方法制体系。

2018 年，撤销陕西省林业厅，组建陕西省林业局，为省政府直属机构。全省 9 个设区市、75 个县（区）组建了独立的林业行政机构，秦岭沿线临潼、长安、鄠邑、蓝田、周至 5 个县（区）组建了秦岭生态环境保护和综合执法局，加挂林业局牌子。2022 年，商洛市成立林政执法支队，榆林市成立林草资源管护中心。靖边县成立林草稽查大队，神木市、绥德县、丹凤县、洋县、勉县、三原县、旬邑县成立综合执法大队。全省形成以林业行政主管部门执法监管为主，委托具备管理公共事务的事业组织执法为补充的行政执法监督体系。陕西省林业局制定《林业行政执法权责清单》《林业行政处罚自由裁量权细化指导基准》《林业行政执法人员基本行为规范》《林业行政执法案卷评查办法》《加强林业行政执法工作的指导意见》。联合省法院、省检察院、省公安厅出台《陕西省林业行政执法与刑事司法衔接工作办法》。

第五节　生态文化体系建设

5.1　建设背景

党的十八大报告将生态文明建设作为“五位一体”建设的重要内容之一。党的十八届三中全会提出，要紧紧围绕建设美丽中国深化生态文明体制改革，加快建立生态文明制度。2015 年，中共中央、国务院印发《关于加快推进生态文明建设的意见》，提出坚持把培育生态文化作为推进生态文明建设的重要支撑，加强生态文化的宣传教育，倡导勤俭节约、绿色低碳、文明健康的生活方式和消费模式，提高全社会生态文明意识。

长期以来，陕西高度重视生态文明建设工作，立足自身独特生态资源禀赋，着力打造以秦岭生态保护、黄土高原退耕还林和毛乌素沙地防沙治沙文化为主线的生态文化宣传品牌，大力发展自然体验、森林康养等自然教育事业。2013 年成立陕西省森林文化协会，2020年成立省级关注森林活动组委会，桥联社会各界，开展生态文化理论研究、生态文化挖掘、文化产业开发等相关工作，组织开展“关爱森林、关注自然”等相关文化宣传活动，制作播出《我们的绿水青山》等各类视频宣传产品，广泛宣传推广陕西生态文明建设成果。

5.2 总体思路

5.2.1 指导思想

以习近平新时代中国特色社会主义思想为指导，全面贯彻落实习近平生态文明思想，积极践行“绿水青山就是金山银山”理念，以促进人与自然和谐发展为目标，以满足人民群众的生态文化需求为原则，紧紧依托陕西省丰富的森林资源、人文资源、景观资源，积极培育和弘扬生态文化，逐步形成高品位生态文化体系，为全方位高质量推进生态空间治理作出新贡献。

5.2.2 基本原则

（1）坚持正确导向，传播“绿色陕西”声音

将统一思想、凝聚力量作为宣传工作的中心环节，牢牢把握正确的政治方向、舆论导向、价值取向，深入宣传习近平生态文明思想，认真学习贯彻习近平总书记来陕考察重要讲话重要指示精神，及中央和省委省政府关于生态建设的方针政策。

（2）坚持突出重点，打造精品宣传品牌

将把握机遇、抓住重点作为谋划宣传工作的关键起点，以重要事件为载体，创新丰富宣传形式，策划开展了一系列富有成效的宣传活动。

（3）坚持示范引领，选树一批先进典型

将挖掘先进、树立典型作为宣传工作的重点内容，以生态空间治理一线干部的典型事迹、感人故事，展现陕西林业践行习近平生态文明思想的实绩，激发全体生态绿军奋战美丽陕西的昂扬斗志。

（4）坚持守正创新，繁荣生态文化产品

将创作一批有深度、有温度、有力度的生态文化产品作为宣传工作的重要手段，鼓励引导社会各界积极参与生态文化产品的创作和推广，不断激发生态文化发展活力，用群众喜闻乐见的形式成风化人、凝心聚力。

（5）坚持制度先行，健全宣传工作机制

将加强宣传工作制度建设作为推动全省生态空间宣传工作高质量发展的核心要求，着力建立健全宣传工作制度体系。

5.2.3　总体目标

积极培育生态文化、生态道德，使生态文明成为社会主流价值观，成为社会主义核心价值观的重要内容，引导全社会树立生态文明意识。充分发挥新闻媒体作用，树立理性、积极的舆论导向，加强生态文化宣传，普及生态文明法律法规、科学知识等，提高公众节约意识、生态意识，形成人人、事事、时时崇尚生态文明的社会氛围。培育绿色生活方式，倡导勤俭节约的消费观，推动全民在衣、食、住、行、游等方面加快向勤俭节约、绿色低碳、文明健康的方式转变。大力推广绿色低碳出行，倡导绿色生活和休闲模式。

5.3　主要任务及工作

5.3.1　秦岭生态文化建设

全面保护秦岭自然与文化景观，围绕“秦岭和合南北、泽被天下”“中央水塔”“中华民族祖脉和中华文化重要象征”等生态价值和文化价值，加强秦岭生态和历史文化空间的立体化保护，依托国家公园、自然保护区、自然公园、重要湿地以及“秦岭四宝”等优势动植物资源，整合秦岭古道、古镇、传统村落、自然遗产等文化资源，凸显秦岭观赏价值、生态价值、历史价值、教育价值和文化价值，建设秦岭生态文化走廊。

5.3.2　黄河生态文化建设

保护传承弘扬黄河生态文化，串联黄河流域自然生态资源及生态文明保护区、自然遗产、文化遗迹、历史文化名城名镇名村、生态文化产业园区等优势资源，加快推进沿黄公路生态文化配套设施建设，构建中华母亲河文化和品牌体系，打造具有国际影响力的黄河生态文化廊道。

5.3.3　沙区生态文化建设

凝练和弘扬榆林治沙精神，注重培育防沙治沙典型，继续挖掘诸如治沙英雄石光银、牛玉琴，治沙专家漆建忠、孙祯元等一批典型，铸就“顽强拼搏、开拓创新、真抓实干、无私奉献”的治沙精神，在他们的影响和感召下，形成全社会关心、支持、参与防沙治沙工作的良好氛围，把榆林治沙打造成为全国乃至世界治沙的一面旗帜。

5.3.4　做强做大生态旅游

立足陕西独特的生态资源，积极推进以自然公园等为主体的生态旅游产业发展，完善基础设施，提升景区建设标准。打造以黑河大峡谷、太白山、傥骆道、山水温泉为代表的秦岭七十二峪美丽田园乡村旅游带，推进以华山、乾坤湾、壶口瀑布、关山草原、卤阳湖湿地为目的地的自然观光旅游带，推广以沿黄公路为主轴的生态休闲旅游带，构建黄河生态旅游大格局。

5.3.5 其他生态文化建设

以秦岭北麓、黄桥、关山等为重点的森林康养、自然体验基地名录，推进森林康养、自然体验、生态文明教育等生态文化基地建设，深入开展多种形式的自然体验和生态教育活动，弘扬黄河文化，传承发扬延安精神、榆林治沙精神，提升公众生态文明意识。合力推动森林康养基地的业务培训、基础设施建设、康养项目落地、服务项目规范化等工作，使其成为黄河流域生态富民和生态服务的新业态。

5.4 建设成效

5.3.1 秦岭生态文化

秦岭和合南北、泽被天下，孕育了周秦汉唐四大鼎盛王朝及长安、洛阳两大千年帝都，是中华民族的祖脉和中华文化的重要象征。秦岭是黄河第一支流渭河和长江最大支流汉江的发源地，是我国的“中央水塔”，也被誉为“绿色水库”。三千里大秦岭，五千年中华史。秦岭不单单是“一座山脉”“一道山岭”“一个生物基因库”，还承载着厚重的中华历史，积淀着博大的中华文化，养育护佑着中华民族，见证着华夏的崛起兴衰。秦岭文化发源于秦岭独特、富集的自然生态资源，在历史的长河中，文化与生态融为一体，形成了独具秦岭特色的生态文化。

2010 年，《大秦岭》在中央电视台科教频道热播，首次以纪录片的形式从中华文明、中国历史的进程来审视秦岭。2013 年，在秦岭率先开展中小学生自然体验、创建生态文明教育基地、实施生态文明教育进课堂“三位一体”的青少年生态文明教育活动。截至目前，秦岭范围已建成自然体验基地 11 处，生态探秘线路 3 条，创建国家级和省级生态文明教育基地 6 处，年接待人数超过 150 万人次。2016 年，历时 10 年完成的纪录片《野性秦岭》，在优酷等网络平台播出，真实展现了秦岭野生动物的生存和延续；同年，《秦岭主峰——太白山》在中央电视台纪录片频道播出，从自然、地理、历史、文化的视角解读太白山；出版《秦岭四库全书》，全面展示了秦岭水文地质、动植物谱系，解读易儒道释、诗文书画与秦岭的羁绊。2018 年，出版了《秦岭简史》，首次绘制出《大秦岭全域图》、刻画出大秦岭的结节纹理，系统讲述了秦岭的地质故事、地理故事、生态故事、人文故事和保护故事；出版《秦岭七十二峪》，全景呈现了秦岭七十二峪自然生态现状。2020 年，“十三五”国家重点图书出版规划项目《中国秦岭》正式出版，原创性地阐释了秦岭与中国历史的关系，并从世界地质发展的角度对秦岭崛起的意义和保护进行了深入研究，全方位展示了秦岭秀美的山水、珍稀的动植物资源、独特的人文精神以及宝贵的生态功能；编印《我们爱秦岭》宣传册，向中小学生免费发放30余万册。展示秦岭野生动物独特魅力的“秦岭四宝”科学公园，于2021年6月开园。越来越多的人开始了解秦岭、认识秦岭，秦岭生态文化已经成为陕西生态文化的一张靓丽名片。

5.3.2　黄土高原退耕还林文化

退耕还林工作是陕西省进入20世纪以来的林业工作重心之一，退耕还林工作一直是全国退耕还林工程的样板，也是展现人类对大自然进行生态恢复和生态重建的最佳范本之一。2001年7月，陕西省委宣传部和林业厅联合组织“再造山川秀美新延安”新闻采访团，中央和省上30余家新闻媒体赶赴延安采访，重点报道退耕还林后出现的“绿色延安”新气象。2001年8月，陕西省林业厅召开纪念江泽民总书记“再造一个山川秀美的西部地区”重要批示4周年和朱镕基总理提出的关于退耕还林“十六字”综合措施2周年座谈会。《人民日报》、新华社、《陕西日报》、陕西电视台、陕西人民广播电台等新闻单位分别对座谈会进行了报道。2020年9月，全国退耕还林还草工作会议在延安召开。陕西省林业局局长党双忍在会上提出“陕西绿”要从“浅绿”向“深绿”发展，“陕西绿”是“中国绿芯”，“陕西绿”关系父亲山、母亲河，关系“中国绿”的大格局。首次将林业工作对全省甚至全国生态文明建设的重要性作了关键的阐述。

5.3.3　榆林防沙治沙文化

榆林治沙工作是陕西林业在20世纪最突出、最具示范意义的成绩之一，对防沙治沙的宣传让世人认识到林业对改变人居环境的巨大意义，切身体会到林业与人类的生存是息息相关的。1990年，美国《时代》杂志刊登《向沙漠挑战》的文章，肯定了榆林地区造林治沙的成就。1995年10月，联合国开发计划署电视中心记者杜别·海伦在榆林拍摄荒漠化危害专题片，并实地采访了治沙典型人物牛玉琴、石光银，向世界传播了他们的治沙造林事迹。1997年《中外交流》杂志专门以榆林地区防沙造林为“治沙大样板”向全世界宣布了这一了不起的成果。2010年，陕西省委宣传部、陕西省林业厅、陕西电视台等部门联合摄制了大型电视纪录片《陕北启示录》，于2011年7月7日在中央电视台十套播出，该纪录片全面展示了陕北生态建设的可喜变化。该电视片作为建党90周年献礼片在中央电视台和陕西电视台播出，深度反映了陕西林业建设新成就，充分展现了“绿色陕西、生态陕西”新形象。

5.3.4　大熊猫文化

秦岭大熊猫是“国宝中的国宝”，因其基因珍贵、独特，种群数量小，更值得世人关注与保护。长期以来，陕西林业围绕秦岭大熊猫保护成效，紧跟时代发展步伐，开展各类宣传活动，充分利用各媒体传播优势，广泛宣传秦岭大熊猫文化及保护成效。2018 年 11 月，在北京、西安成功举办“大美秦岭·熊猫陕西”首届秦岭大熊猫文化宣传活动，活动期间《秦岭大熊猫保护研究成果报告》对外发布，《保护秦岭大熊猫倡议》得到广泛响应。2019 年 6 月，第二届秦岭大熊猫文化宣传活动聘请院士、文化名人担任秦岭大熊猫文化推广大使；同年 8 月，秦岭大熊猫文化宣传活动走进北京世园会，北京地铁电视循环播放“大美秦岭·熊猫陕西”宣传短片；同年 11 月，“2019 秦岭大熊猫新生宝宝庆百日”活动在秦岭大熊猫研究中心成功举办，同时“大美秦岭·熊猫陕西”主题摄影、征文、书画、文创作品大赛开赛，收到作品近 700 件（幅），全球首部讲述大熊猫野外生命故事电影——《大熊猫秦岭奇遇记》已基本完成前期拍摄工作。2021 年 1 月，新生秦岭大熊猫宝宝“云庆生”、四只“萌宝”征名、“大美秦岭·熊猫陕西”美文、诗歌“云”征集等活动相继举办；同年 4 月，中日秦岭大熊猫线上宣介会拉开帷幕，掀起秦岭大熊猫网络宣传热潮。多元化、多层次传递“谦逊、博爱”的秦岭大熊猫精神，“秦岭大熊猫野外种群密度居全国之首、偶见率全国最高”等被社会公众熟知，极大地提升了社会公众对秦岭大熊猫的关注度，保护秦岭大熊猫已成为社会公众的自觉行动。

5.3.5 朱鹮文化

朱鹮是陕西特有的生态文化符号和生态保护名片，是我国鸟类保护事业的成功典范。讲好朱鹮保护故事、传播朱鹮文化，一直是陕西林业宣传工作的重点。2014 年，舞剧《朱鹮》问世，将自然保护和舞蹈艺术完美结合搬上舞台，并登上“2021 年春节联欢晚会”。2020 年 4 月，以“朱鹮陕西·鸟儿乐园”为主题的陕西省第 39 届“爱鸟周”宣传活动，在秦岭国家植物园成功举办，《爱鸟护飞倡议书》得到广泛响应。同年 6 月，在西安成功举办“祖脉秦岭·和美朱鹮”首届朱鹮文化宣传活动，《陕西朱鹮保护成果报告》对外发布，体操世界冠军、著名画家等社会名人受聘担任朱鹮文化宣传推广大使，以秦岭大自然、朱鹮艺术和大唐朱鹮故事为主线，共计 130 余幅作品的“秦岭家园·朱鹮油画作品展”在陕西美术博物馆开展。2021 年 5 月，举办“面向未来——朱鹮发现 40 年中日韩线上纪念活动”，三国朱鹮保护专家学者分享交流朱鹮保护经验，畅谈工作未来。2022 年 11 月，在上海举办“鹮美天下”中日韩友好交流活动，深入宣传推广了秦岭文化及“和美、高远”朱鹮文化，全方位、多角度、多维度展示朱鹮保护的陕西贡献，并与日韩朱鹮保护工作者分享朱鹮保护“陕西方案”，交流学习生物多样性保护的好做法和先进经验。“和美、高远”的朱鹮精神得以广泛传播，越来越多的人开始讲述保护朱鹮传奇壮美的“秦岭故事”“朱鹮故事”，“朱鹮从秦岭起飞”成为世界共识。

5.3.6 森林康养文化

近年来，陕西省还通过积极建设森林体验与森林康养基地，以丰富生态文化体验的内涵。2013 年 12 月 23 日，时任中共中央书记处书记、全国政协副主席杜青林、罗富和、马培华听取了陕西省林业厅创办牛背梁森林体验基地经验汇报，并要求向全国推广。目前全省已建立黄陵、楼观台 2 处森林养生国家重点基地，牛背梁、黄龙山 2 处森林体验国家重点基地，旬阳坝、黑河、天华山、劳山、朱雀 5 处国家森林康养基地。森林体验与康养基地为公众提供了绝佳的亲近大自然的机会，目前正处在加速发展阶段。与此同时，一大批具有陕西地域特征的森林体验项目已经深入人心，包括秦岭森林植物垂直分布带谱认知、珍稀濒危及野生动物认养和观赏等森林体验活动，峡谷、天坑、高山草甸、溪流瀑布等森林景观探奇，以及登山节、花卉节、冰雕节等各类节庆活动，跑马、滑翔、漂流、滑雪、森林氧吧等多种森林运动项目。

5.3.7 自然体验与教育文化

2009 年，陕西省林业厅、教育厅、共青团印发《关于开展“陕西省生态文明教育基地”创建工作的通知》，合力开展生态文明教育基地创建工作。同年，授予 4 家单位“陕西省生态文明教育基地”称号。2013 年，陕西省林业厅、教育厅印发《关于开展“中小学生森林体验活动”的通知》，在中小学校推进森林体验活动，在全国率先开展青少年森林体验、生态文明进课堂和生态文明教育基地创建“三位一体”的教育活动，将陕西经验进行全国推广。2016 年，陕西省林业厅等 4 机构印发《关于积极开展青少年生态文明教育活动的通知》，要求组织开展“中小学生森林体验”活动，完善提高森林体验基地建设，并要求自然保护区、森林公园、林场开展森林体验基地建设，凡基础设施建设健全，具有体验课程、引导师、接待能力的均可申请森林体验基地。2017 年，森林体验工作荣获中国林业最高奖第六届梁希科普活动奖。2018 年，牛背梁北沟森林体验基地被教育部评为全国中小学生研学实践教育基地。全省已建成森林体验基地 14 个、生态文明教育基地 16 处，教育培训人数超千万。2020 年，森林体验基地更名为自然体验基地。2021 年《陕西省林业发展“十四五”规划》明确，积极发展自然教育经济，加大自然体验基地建设力度。依托国家公园、自然保护区、自然公园、重要湿地、古驿道等载体，打造特点鲜明的自然教育体验基地和生态探秘线路，巩固完善现有生态文明教育基地、自然体验基地、生态探秘线路基础设施，建设自然教育标识、动植物属性解说和互动体验设施。2022 年，陕西省林业局、陕西省政协人口环境委员会等 8 部门印发《关于推进陕西省自然教育高质量发展指导意见》提出，要高标准建设自然教育基地、高起点提升自然教育能力、高质量打造自然教育特色、高素质培养自然教育人才、高效率推动自然教育合作，到 2035 年力争自然教育全覆盖，建成较为完备的自然教育网络体系，自然教育高质量发展格局基本形成。目前，全省已建成自然教育基地 48 处，其中自然体验基地 29 处、生态文明教育基地 16 处、生态探秘线路 3 条。

5.3.8 生态旅游文化

近年来，陕西大力推进旅游规划体系建设，生态旅游在陕西发展规模不断扩大。全省接待境内外游客 14.14 亿人次，旅游业总收入 1.07 万亿元，旅游人数年均增长 21%，旅游收入年均增长 25%。临潼区、华阴市、黄陵县、石泉县和柞水县已成功创建为国家全域旅游示范区，创建省级全域旅游示范区 17 个，评定省级旅游特色名镇 163 个，省级乡村旅游示范村 300 个。截至 2015 年年底，全省有 A 级旅游景区 312 家，其中 5A 级 7 家、4A 级 82 家；国家级风景名胜区 6 个，国家级森林公园 35 处，国家级自然保护区 19 个，国家级地质公园 9 处。2021 年，《陕西省“十四五”文化和旅游发展规划》以陕西自然地理和人文景观空间分布为依托，统筹全省文化和旅游资源，提出构建“一核四廊三区”文化和旅游发展新格局。同年 10 月，陕西省推出观赏红叶、油画森林、秦岭“四宝”寻踪、“东方红宝石”朱鹮、森林康养和生态体验 6 条生态旅游特色线路，覆盖了太白山国家森林公园、红河谷森林公园、青峰峡国家森林公园、紫柏山国家森林公园、朱雀国家森林公园、汉中南湖省级风景名胜区等 20 个生态旅游景点，尽显秦岭生态之美、雄奇之美、灵秀之美。2022 年 4 月，陕西省林业局在第一批生态旅游特色线路的基础上，再次确定秦岭印记、黄河湿地、陕北大漠风光、高山杜鹃、畅游草原 5 条生态旅游特色线路，切实践行“绿水青山就是金山银山”的理念，培育发展“旅游 +”新兴业态，推动全省生态旅游高质量发展。

习近平总书记曾经指出：“山水林田湖是一个生命共同体，人的命脉在田，田的命脉在水，水的命脉在山，山的命脉在土，土的命脉在树。”这句话简单明了地指出了人与大自然的关系，是对于生态文化最好的阐释，也是我们宣传生态文化的根本所在。生态文化的内涵是随着人们对生态的理解和利用而发生变化的。新时期陕西林业工作将以林地、草地、湿地和荒漠四大自然生态系统为主战场，生态文化传播的载体也将由森林逐渐延伸到整个生态空间，生态文化传播途径将更加多元，内容将日益丰富。

第六节 生态云体系建设

6.1 建设背景

云平台是将硬件、软件、网络等系列资源统一起来，实现数据计算、存储、处理和共享的一种信息技术服务。云平台具有可靠安全的数据储存能力、方便快捷的服务能力、快速高效的计算能力，改变了生产生活方式和管理模式，广泛应用于各个行业和领域。未来随着“云化”深入、多元化智慧云平台和定制化的智能云服务广泛应用，必将推动人类迈入一个全新的智能时代。

习近平总书记多次就“网络强国、数字中国”发表重要讲话，指出要以数据集中和共享为途径，推动技术融合、业务融合、数据融合，打通信息壁垒，形成覆盖全国、统筹利用、统一接入的数据共享大平台，为网络信息化建设指明了方向。陕西省委《关于制定国民经济和社会发展第十四个五年规划和二〇三五年远景目标的建议》中明确提出“加快数字陕西建设，强化数字基础设施和智能化技术创新应用”。国家林业和草原局出台的《关于促进林业和草原人工智能发展的指导意见》明确，到 2030 年实现林草智能信息平台相互连通，林草数据基本整合完成，基本建成面向全行业统一的林草大数据平台，实现全国林草信息资源的共建共享、统一管理和服务。随着互联网、云计算和人工智能等技术向各行业全面融合渗透，未来的林草事业不仅越来越“生态化”，也越来越“系统化”“数字化”“智慧化”，以云平台为支撑的融合创新、智能协同、安全可控的新一代信息技术产业体系，必将成为建设生态文明和美丽中国的强劲动力。

为加快网络信息化建设，陕西省林业局先后建立了林地资源管理、退耕还林工程管理、古树名木保护、森林防火、森林病虫害防控等信息管理平台。但目前各个平台独立封闭，管理方式传统落后，数据不精准、不丰富、不及时，数据资源利用率不高，规范标准不一，信息孤岛化严重，远远不能适应新时代生态空间系统治理需求。建设生态空间云平台（以下简称“生态云”），是推动传统管理模式向现代化转变的根本途径，是实现生态空间系统治理的有力抓手，是促进生态空间决策科学化、治理精准化、服务高效化的重要举措。

新一轮机构改革，森林、草原、湿地、荒漠、自然景观统一划归到新组建的林业部门管理，新林业部门直面“三大新变局”，即新空间、新归口、新飞跃，担负着生态空间之治重任。必须主动顺应生态文明建设新态势，围绕生态空间山清水秀的总目标，站在生态空间治理大局的角度，系统谋划生态空间之治，实现高质量开局，将信息化手段贯穿“生态保护、生态恢复、生态重建、生态富民、生态服务、生态安全”六条战线的全过程、各板块，实现生态空间决策科学化、治理精准化、服务高效化。建设生态空间云平台，是实现推动生态空间高质量发展的必然选择，也是加快实现生态空间山清水秀的重要支撑。

调查监测伴随着林政历程，牵动着资源保护管理、发展规划、生态修复、工程管理等多条战线。林政调查监测是对生态空间资源分布、数量、质量、结构和动态变化等数据进行采集、统计、分析和评价的过程。调查与监测在时间跨度上长短结合、在采集内容上粗细搭配、在分析评价上相辅相成。

调查——查清长周期的宏观现状，分为基础调查和专项调查。基础调查以国土三调为底图，查清生态空间森林、草原、湿地、荒漠分布、范围、面积、权属性质，融合形成“一张图”；专项调查是查清生态空间资源数量、质量、结构及生态功能等多维度信息，如森林资源规划设计调查、野生动植物资源调查、退化林调查、林木种质资源调查等。

监测——掌握短周期的具体动态，包括常规监测、专题监测和应急监测。常规监测是定期开展的全覆盖动态遥感监测，及时掌握年度变化等信息，支撑基础调查成果年度更新，也服务年度督察执法以及林长制考核工作等，主要指以图斑监测为主的“一张图”年度更新。专题监测是对某一区域、某一类型生态资源特征指标进行动态跟踪，掌握地表覆盖及资源数量、质量等变化情况，如沙化荒漠化监测、自然保护地生态环境变化监测、生态系统碳汇监测、森林草原火灾风险普查等；应急监测主要针对森林草原火灾、重大林业有害生物及社会关注的焦点和难点问题，第一时间为决策和管理提供第一手的资料和数据支撑。

通过多年来的各项监测工作推进，监测体系和技术规范逐步完善，监测手段和方法逐步现代化，监测数据逐步丰富优化，特别是开展生态综合监测，通过与国土三调对接融合，生态空间的边界、面积基本清晰，将林地、草地和湿地等统一到一个矢量空间体系，林地分地类、林种、森林类别等边界进一步明确，初步形成了生态空间“一张图”。

（1）森林资源连续清查

森林资源连续清查简称“连清”或一类调查。从 1975—1976 年建立样地开始，每 5 年一次，截至 2014 年，共开展了九次清查工作，主要任务是对全省 7519 个固定样地（其中国家级样地 6440 个，省级加密样地 1079 个）进行复位和调查，并计算全省、五大林区和各市森林资源现状数据，分析其变化趋势。

（2）森林资源规划设计调查

森林资源规划设计调查简称二类调查。1957 年至 1990 年，陕西省对部分国有林区进行了调查，但未统一组织开展全省范围调查。2004 年，在宁陕和宜君开展试点，2006 年开始在全省陆续启动，2010 年，各县级单位调查工作基本结束。2011—2012 年，对全省二调进行了汇总，并建立了信息管理系统。本次调查利用卫星数据和 GPS 定位对照，建立解译标志，室内判读区划，外业抽查验证，最后以基础地形图为底图，叠加森林资源属性图层，利用 GIS 建立森林资源信息管理系统。主要成果包括成果报告、小班数据库、图形数据库、影像数据库及信息管理系统等。通过本次调查，将全省森林资源第一次落实到山头地块，并建立了电子档案和信息管理系统，可便捷查询、区划展示和编辑开发。

（3）林地年度变更调查

该项工作是在二类调查的基础上，利用最新卫星数据进行修正和变更完成的，与二类调查的区别在于增加了部分林地因子，但减少了大部分林分因子，重点在落实清楚林地数量、类型和位置。2011 年，为编制林地保护利用规划，陕西省开展了一次基础调查，从 2016 年起，每年进行一次变更调查持续到现在，主要成果为林地年度变更调查数据库和变更调查报告。

（4）公益林区划界定

公益林区划界定的目的是规范和加强对公益林保护管理，厘清公益林、商品林的边界，落实到山头地块。公益林以森林生态和社会服务功能为主要经营目的，商品林以生产木材、薪材、干鲜品和其他工业原料等为主要经营目的。2001 年天保中心进行过公益林区划，但未审定公布。2004 年，陕西省进行了一次系统的公益林区划，全省共区划公益林 1.39 亿亩，并经申报和认定国家级公益林 5702.5 万亩。2009 年，将 2004 年申报认定的 5702.5 万亩国家级公益林落实到山头地块，建立了电子档案，并补充申报认定国家级公益林 4160.31 万亩，全省国家级公益林达到 9862.81 万亩。2012—2013 年，再次将补充申报认定的国家级公益林落实到山头地块，建立了电子档案。后续逐年完善和优化，区划工作由资源处负责，界定和补偿兑现由发改处负责。

（5）营造林综合核查

该项工作被列为三类调查，主要是检查营造林完成情况及其成效。为了做好此项工作，各相关单位建立了一套计划下达、完成情况的统计报表，退耕、天保等还建立过管理系统，各县作业设计将工程落实到了山头地块。核查只抽取了部分地块核实验证。

（6）各类专项调查

各类专项调查主要包括荒漠化和沙化监测、湿地资源调查、草原调查、森林督查、三北防护林工程区退化林调查、古树名木普查、野生动植物资源调查、林业三级区划、林权落地上图、林业局（场）勘界等。荒漠化和沙化监测从 1994 年开始至今，已经开展了六次。2019 年开展第六次荒漠化和沙化监测，建立 17 000 多个图片库点、采集 85 800 多张实地照片，在对接融合国土三调数据基础上，区划小班数量由上期的 27 万个增加到 240 多万个，成果数据库已通过国家技术审查。监测范围包括榆林市 11 个区县和延安市吴起县、渭南市大荔县，主要是对荒漠化沙化面积、程度的趋势监测。湿地专项调查共开展两次，第一次湿地资源调查于 2000 年完成，调查结果显示全省湿地面积 439.34 万亩，第二次湿地资源调查于 2012 年完成，调查显示全省湿地面积 461.1 万亩。草原在 2019 年新一轮机构改革前隶属农业部门管理，1984 年组织开展了第一次草地资源调查，调查全省草地面积 8167 万亩，2020 年启动全省草原基况监测与评价工作。

（7）生态综合监测

按照国家林草局的安排，开展了以三调融合、样地监测、图斑监测为主要内容的林草生态综合监测评价工作。监测选取 1130 个（约 1/5）国家级连清固定样地和 138

个遥感判读变化样地进行实测，将全省 107 个县（市、区）1800 多万个遥感图斑的林草湿数据与国土三调数据对接融合，对上年度林地一张图数据进行变更，对全省国家级公益林进行优化，形成了全省林草湿生态综合监测数据库、林地年度变更数据库和国家级公益林优化成果库。目前，各项成果数据已按要求上报国家林草局进行技术审查，待审查完成后，将对林草湿生态状况和各类资源状况进行分析评价。通过本次监测，将基本查清全省森林、草原、湿地等生态资源的种类、数量、质量、结构和分布。以后每年监测，将实现林草湿资源年度出数，并根据年度消长动态变化，每五年产出林草湿生态综合监测评价报告，分析评价林草生态系统状况、功能效益以及演替阶段和发展趋势，为制定和调整林草湿资源监督管理和生态系统保护修复方针政策，支撑林长制督查考核、碳达峰碳中和战略，编制林草发展规划、国民经济与社会发展规划等提供科学依据。

（8）监测技术体系构建

逐步完善连清、二类调查、林地变更调查、公益林区划等技术规范。探索总结出一套利用 3S 技术开展监测工作的方法。在周至县启动秦岭“天空地一体化”森林资源调查试点。在榆阳区、定边县开展森林资源实时监测试点，开发建立了森林督查智慧云平台，实现卫星照片智能判读、外业现地验证、违法查办处理、数据统计汇总信息化。完成生态空间监测成果数据和专项监测数据标准化处理。建设林业资源卫星遥感云服务平台节点，实现多源海量遥感数据自动处理。

6.2 总体思路

6.2.1 指导思想

以习近平生态文明思想为指导，深入贯彻落实党中央网络强国、数字中国战略部署，以实现生态空间山清水秀为总目标，以生态空间治理现代化需求为导向，以推动新一代信息技术与生态空间治理体系融合创新为动力，着力构建“平台共建、信息互通、数据共享、安全高效”的生态空间管理体系，努力实现生态空间决策科学化、治理精准化、服务高效化，加快推动生态空间治理体系和治理能力现代化，助力生态空间高质量发展，为实现陕西生态空间山清水秀作出新的贡献。

6.2.2 建设原则

（1）坚持统一规划、分步实施原则

做好顶层设计，搭好建设框架，统一标准规范、统一空间参考、统一数据本底、统一分类体系，先易后难、先急后缓，试点先行、稳步推进。

（2）坚持整合资源、共建共享原则

以信息共享、互联互通为重点，充分整合现有资源，提高资源利用效率，加强工作协调，明晰权责，形成省、市、县三级联动，各部门协同推进的共建共享机制。

（3）坚持适度超前、讲求实效原则

立足当前，充分考虑长远发展需求，采用先进、成熟、可靠的云计算产品，适度超前布局，预留发展空间。聚焦生态空间治理需求，合理确定建设规模，务求高效实用，杜绝盲目开发，避免重复建设。

（4）坚持改革创新、转型升级原则

充分利用大数据、云计算、互联网等现代技术手段，搭建先进高效的“生态云”管理平台，推动生态空间治理模式转型升级，提升数据分析和应用能力，为生态空间治理决策提供科学依据。

（5）坚持规范管理、安全高效原则

建立生态空间数据标准规范和平台运维管理办法，健全信息安全管理体系，严格执行平台分级管理和涉密信息分级保护制度，提升信息安全防护能力，确保平台安全稳定运行。

6.2.3 建设目标

围绕生态空间治理能力现代化需求，充分利用移动互联网、云计算、大数据、人工智能等新一代信息技术，建成以生态空间资源数据为基础，面向生态空间“五大阵地”“六条战线”的信息化体系，提升生态空间资源一体化、精细化和智能化水平，形成生态空间“一个体系”监测、“一套数”评价、“一张图”管理、“一个平台”服务，科学支撑“省—市—县”多级数据共享、业务协同智能化管理体系，实现生态空间治理能力现代化。

按照统筹谋划、分步实施的原则进行生态空间云平台建设，“十四五”期间重点完成生态空间云数据中心、生态空间云服务平台、生态卫士系统和视频会议系统建设，为各级生态空间治理业务和相关部门提供统一的生态空间资源业务数据，力争到2025年年底，使生态空间云平台总体框架初步建成（见图6-12、图6-13），子平台不断完善，省、市、县三级互联互通，形成“天空地一体化”数据采集体系、覆盖“五大阵地”“六条战线”的应用体系和“平台共建、信息互通、数据共享、安全高效”管理体系，实现生态空间“一张图”管理、“一个平台”服务、“一套数”评价。实现对全省各级生态卫士精细化管理、森林资源网格化管理，实现省、市、县三级互联互通。

图 6-12　生态空间云平台总体框架图

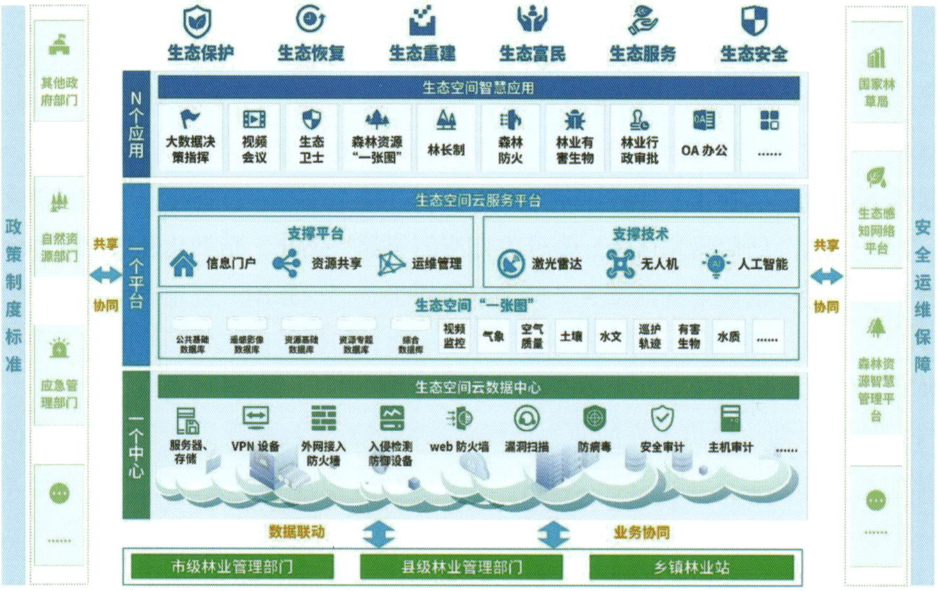

图 6-13　生态云平台总体框架图

6.3　组织结构及体系

根据全省生态空间治理需求和林业信息化建设实际，全省生态空间云平台总体按“1+N”框架布局，包括“1+N”平台建设和“1+N”数据中心建设。

6.3.1　“1+N”平台建设

建设一个综合平台，多个应用子平台。

（1）综合平台

基于云计算、云存储、互联网、数据库等新一代信息技术，以生态空间数据为基础，建成信息联动、开放共享、安全高效的综合平台，为各应用平台提供数据支撑、平台支撑和技术支撑，为林草资源监管、灾害预警预报、趋势分析、发展规划等提供科学决策依据。

（2）应用子平台

在综合平台框架下，建设多个覆盖生态空间"五大阵地"和"六条战线"的应用子平台，各业务部门通过子平台及时更新资源数据，保障数据的时效性、准确性和丰富度。加强平台信息安全与运维管理体系建设，推进生态空间各类业务之间的协同联动。

6.3.2 "1+N"数据中心建设

建设 1 个省级数据中心，11 个市级数据分中心，多个县级数据终端站。

省级数据中心是生态空间基础数据的运维管理主体，主要承担综合平台与各子平台业务应用部署、省级任务部署，以及为省级各业务部门和直属单位应用提供服务。

市级数据分中心是省级数据中心的组成部分，主要承担市域范围内各项业务应用部署、市级任务部署，根据实际需求建设符合云平台标准规范的应用，负责本区域数据收集、整理、传输、初审，支撑市级和县级相关业务。

县级数据终端站为省级和市级数据中心的重要节点，是各项业务应用的终端，负责数据采集上报、基础数据更新等。

6.4 主要任务

结合陕西生态空间治理工作实际需要，充分利用现有数据资源、网络资源以及基础设施等，重点建设数据采集系统、数据传输系统、数据存储系统、应用平台系统和运维管理系统。

6.4.1 数据采集系统建设

全面收集整理现有的各类数据，按照数据标准、规范要求，对数据在空间、时序、比例尺上进行标准化整合、对接、去重、融合、分层处理，形成全省内容完整、标准权威、动态更新的生态空间资源数据库。

立足生态空间资源数据共享与更新要求，充分利用卫星遥感、雷达、无人机、固定监测站等监测手段和云计算、物联网、移动互联网、大数据、人工智能等新一代信息技术，探索林木感知、林区环境感知、智能监测感知等方面物联网建设，构建"天空地一体化"监测与感知体系、数据采集与更新体系，实时采集各类业务数据，并汇集至省级数据中心。对各类数据进行存储、转换、融合等处理后，形成全省多维度的生态空间实时和历史数据，以满足生态空间治理系统化和指挥决策精准化需要，实现生态空间治理"数据到小班，管理到地块"。

生态空间基础数据库目录详见表 6–4。

表 6–4　生态空间基础数据库目录

编号	组名	数据库名	数据内容、主要指标	数据类型	更新频率	备注
1	基础地理数据	基础地理数据	水系、道路、基础设施、数字地形图等。	矢量、栅格	变化时更新	收集整理
2		行政区划界线	省、市、县（局）、乡镇（林场）、村（林班）界线等。	矢量	变化时更新	收集整理
3		生态环境因子	气候、降水、土壤等。	矢量、属性	变化时更新	收集整理
4		卫星遥感影像	GF1 号、GF2 号、ZY3 号等各类卫星遥感影像数据。	栅格	及时更新	收集整理
5	资源数据	森林资源	森林资源“一张图”、二类调查、森林资源连续清查、生态公益林、森林资源动态监测等数据，获取全省森林覆盖率、森林蓄积量以及起源、树种、龄组、郁闭度等指标数据。每年发布森林蓄积量、森林覆盖率等重要数据。	矢量、属性	根据调查监测频率及时更新	收集整理
6		草原资源	草原普查数据、草原动态监测数据等，获取全省草原植被覆盖度、草原综合植被盖度、草原生产力等指标数据，掌握全省草原植被生长、利用、退化、鼠害病虫害、草原生态修复状况等信息。每年发布草原综合植被盖度等重要数据。	矢量、属性	根据监测频率及时更新	收集整理
7		湿地资源	湿地调查数据、重要湿地数据、湿地动态监测数据等，全面掌握湿地生态质量状况及湿地损毁等变化趋势，形成湿地面积、分布、湿地率、湿地保护率等数据。每年发布湿地保护率等数据。	矢量、属性	根据监测频率及时更新	收集整理
8		荒漠化资源	沙化资源监测数据、荒漠化资源监测数据。	矢量、属性	根据监测频率及时更新	收集整理

续表

编号	组名	数据库名	数据内容、主要指标	数据类型	更新频率	备注
9	资源数据	自然保护地	各类自然保护地范围、分布情况。	矢量、属性	调整更新	收集整理
10		生态保护红线数据	生态保护红线范围。	矢量、属性	调整更新	收集整理
11		野生动植物资源	野生动植物资源。	图表	变化时更新	收集整理
12	生态修复	天然林资源保护	天然林分布、面积、树种、管护情况。	矢量、属性	年度更新	收集整理
13		退耕还林	退耕还林面积、实施年度、栽植树种、林种、兑现情况、保存情况等。	矢量、属性	年度更新	收集整理
14		重点防护林	重点防护林工程实施年度、培育树种、保存情况等。	矢量、属性	年度更新	收集整理
15		其他营造林工程	工程设计图斑、检查验收成活率、保存率等情况。	矢量、属性	年度更新	收集整理
16	生态安全	森林防火	基础设施、防火点、瞭望塔、监控情况等。	矢量、属性	实时更新	收集整理
17		林业有害生物防治监测	有害生物普查数据、有害生物防治数据等。	矢量、属性	实时更新	收集整理
18		生态卫士	管护范围、责任人员、巡护情况等。	矢量、属性	实时更新	收集整理
19	生态富民	特色经济林	核桃、红枣、花椒、板栗等特色经济。	矢量、属性	实时更新	收集整理
20			经济林面积、示范基地分布情况和龙头企业基本情况。	矢量、属性	实时更新	收集整理
21		林下经济	示范基地分布情况。	矢量、属性	实时更新	收集整理
22		苗木花卉	主要苗木花卉基地分布、供应类型和数量等。	矢量、属性	实时更新	收集整理
23		森林旅游	森林旅游、森林康养等。	矢量、属性	实时更新	收集整理

6.4.2 数据传输系统建设

按照实用性、前瞻性的原则，充分利用互联网、VPN、移动终端、无线微波等数据传输方式，构建具有管控、网络服务等功能的运行管理与服务支撑数据传输系统。不断扩充现有带宽，以满足各类业务平台快速传输大数据量的遥感影像、GIS 数据、音视频数据等需要。积极推进全省重点林区以互联网为主、林区自建数字超短波网为辅的无线网络建设，提高林区的通信能力与监测管理水平，为智能化设备在林区的应用提供网络条件。最终实现省、市、县林业管理部门数据集成无缝对接，形成互联互通的网络环境。

6.4.3 数据存储系统建设

充分利用云存储、云计算技术，分级整合省、市、县现有的数据存储设施设备，进一步优化资源配置，扩展和强化省级数据中心、市级数据分中心、县级数据终端站建设，构建集中与分布相结合、公有云与本地存储相结合，省、市、县分级的数据存储体系，满足生态空间综合平台及各业务应用子平台的部署需求。

生态空间数据主要采用云端存储，存储时限根据各业务应用实际需要确定，横向为公有云和本地存储，纵向为省、市、县三级存储。在本地进行数据预处理和数据备份，利用公有云完成数据处理、存储、发布、共享、计算、备份等。完善省级数据中心设施设备，提高本地存储和处理能力；市级数据分中心、县级数据终端站在充分利用公有云的基础上，根据实际需要自行建设和完善。

6.4.4 应用平台系统建设

生态空间应用平台系统包括综合平台应用和子平台应用。

（1）综合平台应用

通过提供统一的技术开发、架构和应用支撑环境，实现对各类资源数据服务的管理、汇聚、承载和共享，为子平台提供支撑。综合平台提供安全可靠、高效运行的虚拟化环境，为全省林业大数据分析、挖掘、研发、生产服务。

（2）基于综合平台的指挥决策应用

通过大数据分析、处理、建模等，对生态空间海量数据进行管理和分布式运算，实现生态空间资源数据的统计分析和数据挖掘，建立生态空间发展预测预报和推演模型，为生态空间治理指挥决策提供数据支撑和科学依据。

（3）子平台应用

以综合平台为基础，建立面向生态空间和服务对象的应用体系，建设覆盖“五大阵地”、贯穿“六条战线”的应用子平台，将各类业务应用、基础数据等内容转换成云服务，由省级数据中心统一对外提供，为全省各级林业部门、涉林企业和社会公众等提供共享数据。同时，根据业务工作实际需要，开发生态卫士等移动终端 App，实现社会化交互应用。

6.4.5　运维管理系统建设

建立省、市、县三级“生态云”平台运维管理体系，按照“谁建设、谁负责、谁维护”的原则，横向建立跨层级、跨业务，纵向建立省、市、县三级协同联动的云平台运维管理机制，确保“生态云”平台的安全高效运行。采取集中管理、分级负责、上下联动的方式，实现“生态云”平台的管理维护与数据更新。省级数据中心负责“生态云”综合平台的开发建设、系统升级、数据维护和标准规范体系建设；局各处室及直属单位根据业务需要，委托省级数据中心共同建设应用子平台，负责数据更新、数据核定、应用管理等；市级数据分中心和县级应用终端站负责本级数据更新、平台应用。

“生态云”平台运维管理应充分考虑物理安全、网络安全、数据安全、应用安全、终端接入安全等，设立数据安全管理专职人员，提升数据安全管理技能，并做好数据的定期备份与恢复等。

6.5　建设成效

为推动生态空间治理体系和治理能力现代化建设，省林业局先后组织编制了《陕西省生态空间云平台建设总体方案》《陕西省智慧林业管理平台建设项目实施方案》，充分应用卫星遥感、5G、云计算、大数据等新一代信息技术，全面增强国土增绿、碳汇计量、资源综合管理、森林防火、自然保护地管理等方面动态感知能力、政务服务能力和决策支持能力，不断提升林草资源管理的一体化、精细化和智能化水平，达到林业资源“天上看、地上查、网上管”的目标，为加强陕西省林业资源数字管理与信息服务、履行林业资源监管职能、提升生态保护修复决策能力提供基础支撑。

（1）国土绿化方面

深入贯彻科学绿化要求，以国土空间规划“一张图”为底图，合理确定造林用地和提质增效地块，开发上线“造林绿化上图管理系统”，对实施项目进行全过程的监督管理，实现绿化潜力、计划任务和作业实施上图，国土绿化科学化、精细化水平进一步提升。

（2）碳汇计量方面

建设林业碳汇计量监测中心，建立“碳汇计量监测管理系统”，完成碳汇样地监测和栎类、油松等主要树种生物量建模，初步形成生态系统碳汇计量监测体系。以绿色碳库、双储林场项目为重点，加强计量评价分析和碳汇效益核算，基本实现可测量、可报告、可核查。

（3）森林草原防火方面

建立“森林草原防火智能化监控管理系统”，火灾预防、监测、扑救、保障体系基本形成。全面推广使用“防火码”小程序，对进山入林人员车辆进行扫码登记，实现管理全链条、火因可追溯。建立“互联网＋防火督查系统”平台，及时堵塞漏洞，消除火灾隐患。

（4）资源监管方面

建立“森林督查系统”，通过叠加对比年度卫星遥感影像的变化情况，判读确定疑似图斑并下发各省开展现地自查验证，实行“天上看、地面查”，推动涉林违法违规问题早发现、早处置。建立“自然保护区基础信息系统”，基本形成自然保护地数字化家底数据。

（5）数据治理方面

挂牌成立“陕西省生态空间数据中心”，积极推进数据分中心试点建设，与榆林、商洛、宝鸡等市实现对接互联。建成生态空间基础数据库，“生态云综合服务平台、生态卫士平台、视频会议平台”等上线运行，生态云管理体系基本形成。

陕西省智慧林业建设取得积极成效，但整体上看，各类业务数据整合还不够充分、信息资源类型较为单一、多元化分析还处于较低水平。下一步，将认真落实《陕西省数字政府建设“十四五”规划》，按照“1+N”平台建设和“1+N”数据中心建设布局，加快生态空间云平台和重点区域实时监控网络建设，丰富“智慧林业”平台功能，加快构建数字化、信息化、现代化的生态空间智慧治理体系。

第七章 生态空间治理典型案例

党的十八大以来，全省聚焦生态空间山清水秀总目标，围绕“一山、两河、四区、五带”的生态空间发展新格局，布局森林、草原、湿地、荒地（漠）、自然保护地五大阵地，统筹生态保护、生态修复、生态重建、生态服务、生态富民、生态安全六条战线，承担生态空间源头治理、系统治理、综合治理和依法治理的职责，不断夯实智能、人文、资金、法治、组织五项保障，加快生态空间治理体系和治理能力现代化建设。

第一节 秦岭生态空间治理

秦岭处于我国腹心地带，被誉为世界物种基因库、中华绿芯、中华地理自然标识，是中华民族永续发展的生态根脉，是黄河支流渭河与长江支流嘉陵江、汉水的分水岭。由于秦岭南北的温度、气候、地形均呈现差异性变化，因而秦岭—淮河一线成为中国地理上最重要的南北分界线。秦岭主峰太白山海拔 3771.2 m，位于陕西省宝鸡市境内。秦岭的主体和精华在陕西。《陕西省秦岭生态环境保护条例》确定的陕西秦岭范围总面积 5.82 万 km^2，涉及西安、宝鸡、渭南、汉中、安康和商洛 6 市 39 个县（市、区）（见图 7–1）。拥有种子植物 3883 种、陆生脊椎动物 587 种，其中国家重点保护野生植物 22 种、重点保护野生动物 119 种，是我国生物多样性保护优先区和具有全球意义的生物多样性保护关键地区。

党的十八大以来，国家开启全新的国土空间规划，从制度层面明确了生态空间、农业空间和城镇空间。新一轮机构改革后，林业部门成为森林、草原、湿地、荒漠、自然保护地等生态空间治理的主体。陕西秦岭范围林地面积 515.84 万 hm^2、草原 3.12 万 hm^2、湿地 7.49 万 hm^2，生态空间面积占 89% 以上，生态功能完备，是中国顶级生态空间。秦岭生态空间治理是秦岭生态环境保护和修复工作的关键。

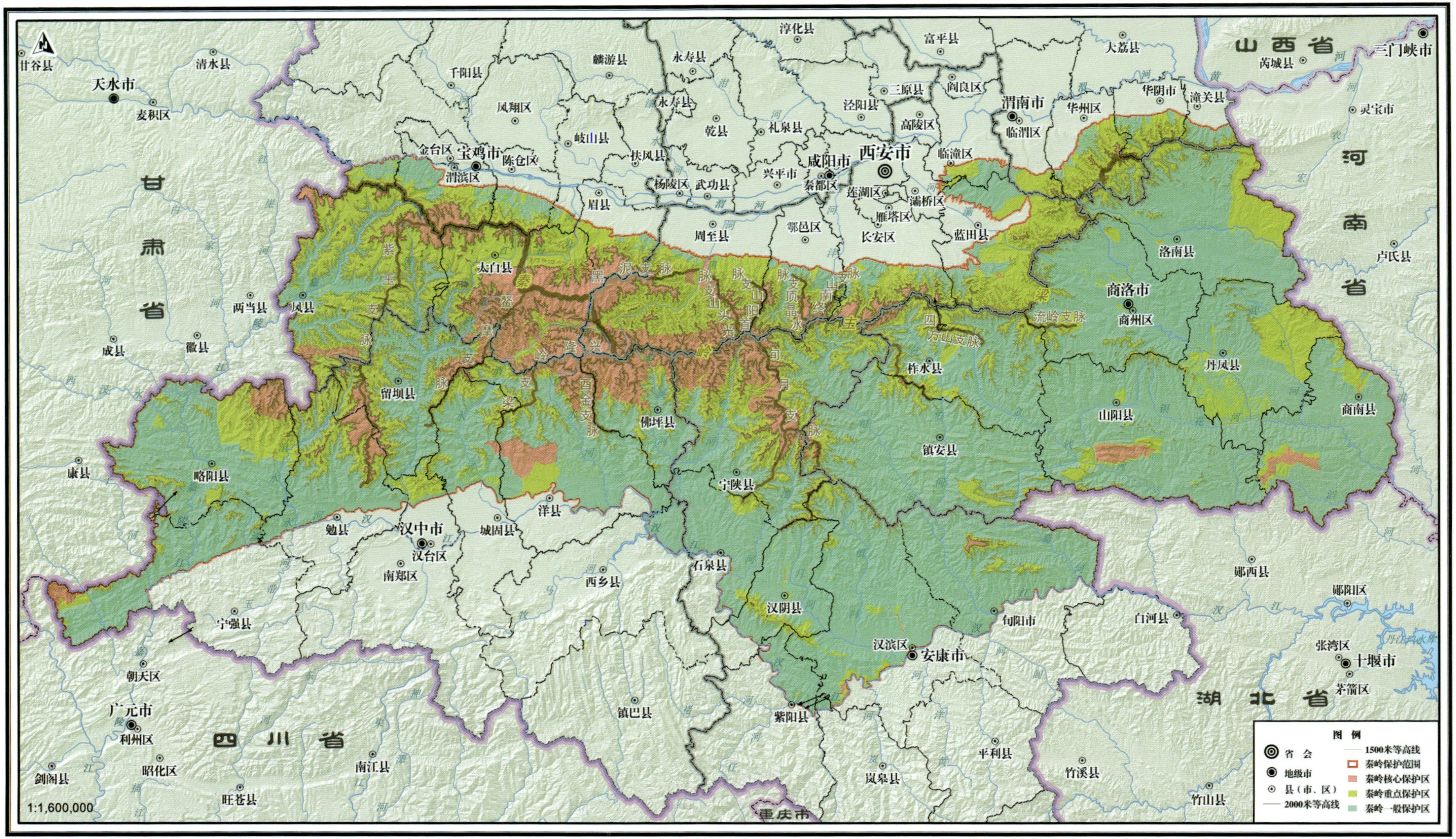

图 7-1　秦岭生态空间治理范围图

1.1 基本情况

1.1.1 秦岭范围

陕西省行政区域内东西以省界为界、南北以秦岭山体坡底为界的秦岭山体区域为秦岭的范围，总面积为5.82万km^2，共涉及6市、39个县（区）、358个乡镇、4020个行政村，常住人口约489万（户籍人口680万人），包含国家公园、自然保护区、饮用水水源保护区、风景名胜区、地质公园、森林公园、湿地公园、文物保护单位等各类保护单元647个。秦岭保护范围地理位置为，北：东经110°07′34″，北纬34°32′33″，华阴市太华路街道；南：东经108°37′07″，北纬32°28′53″，紫阳县洞河镇；东：东经111°01′54″，北纬33°22′13″，商南县青山镇；西：东经105°29′18″，北纬32°53′06″，宁强县青木川镇。秦岭保护范围内有基本农田45.80万hm^2，耕地66.18万hm^2。高速公路22条（包括在建5条），普通国省干线公路48条，县乡公路1.1万km，通村公路2.53万km。水电站422座，总装机容量103.23万kW，占全省的61%，装机容量占全省的65.5%。采矿权892处（68处位于各类自然保护区的已退出）。4A以上旅游景区38个，尾矿库313个，宗教场所402个，农家乐（民宿）3920个。

1.1.2 秦岭保护历程

1965年，建立第一个自然保护区——太白山自然保护区。经过多年努力，秦岭范围建立各类保护区33处，形成了秦岭自然保护区群。

1982年，在秦岭建立第一个自然公园——楼观台国家森林公园。迄今森林公园数量已达50个，地质公园、湿地公园、风景名胜区等相继开展。

1998年，陕西省政府颁布命令，全面停止森林采伐，森工企改革，下岗分流。国家陆续启动实施天然林保护、退耕还林工程，秦岭生态进入全面修复新阶段。

2001年，秦岭成为首批国家级生态功能区建设试点之一，陕西省政府批准建设秦岭国家植物园，2002年编制完成《陕西秦岭国家级生态功能保护区规划》。

2005年，发布实施《陕西省汉江丹江流域水污染防治条例》。

2007年，颁布《陕西省秦岭生态环境保护条例》。陕西省政府发布《陕西秦岭生态环境保护纲要》。

2014年，习近平总书记高度重视秦岭生态环境保护工作，陆续做了重要批示。

2017年，修订《陕西省秦岭生态环境保护条例》。

2018年，陕西省委出台《关于全面加强秦岭生态环境保护工作的决定》。大熊猫国家公园陕西省管理局揭牌。

2019 年，陕西省委、省政府召开第一次全省秦岭生态环境保护大会。再次修订《陕西省秦岭生态环境保护条例》。省政府印发《秦岭生态环境保护行动方案》。陕西省林业局实施《秦岭生态空间治理十大行动》。

1.1.3 秦岭保护分区

（1）核心保护区

包括秦岭保护范围内海拔 2000 m 以上、主梁两侧各 1000 m 和主要支脉两侧各 500 m 且海拔 1500 m 以上投影面积，国家公园核心保护区，自然保护区核心区，饮用水水源一级保护区等范围，去除城镇开发边界范围后，面积约为 0.81 万 km^2，占秦岭保护范围的 13.92%。核心保护区涉及 36 个县（市、区）（不涉及西安市灞桥区、临潼区和汉中市西乡县），51 个乡镇、149 个行政村（24 个行政村驻地在核心区），人口 12.99 万人，占秦岭保护范围人口的 2.66%。核心保护区有基本农田 0.36 万 hm^2，耕地 0.73 万 hm^2，分别占总数的 0.78%、1.1%。国道 210、省道 218 部分路段海拔超过 2000 m，通村公路 81.2 km，涉及建制村 17 个。采矿权 24 处（采石 8 处），占总数的 2.69%。水电站 18 座，装机容量 1.16 万 kW，占总装机容量的 1.12%。尾矿库 5 个，4A 以上景区 12 个。

（2）重点保护区

重点保护区包括秦岭保护范围内海拔 1500 ～ 2000 m 以内面积，国家公园、自然保护区的一般控制区，饮用水水源二级保护区，国家级和省级风景名胜区、地质公园、湿地公园、森林公园、湿地公园的重要功能区，植物园、水利风景区，水产种质资源保护区、野生植物原生境保护区（点）、野生动物重要栖息地，国有天然林分布区，重要湿地，重要的大中型水库、天然湖泊，全国重点文物保护单位、省级文物保护单位等范围，去除上述范围中与核心保护区重叠面积以及城镇开发边界范围后，面积约为 1.76 万 km^2，占秦岭保护范围的 30.24%，涉及 38 个县（不涉及汉中市西乡县）、330 个镇（其中 23 个镇全域处于核心保护区和重点保护区）、563 个行政村，人口 39.2 万人，占秦岭保护范围人口的 8.02%。

重点保护区有基本农田 3.94 万 hm^2，耕地 6.54 万 hm^2，分别占秦岭范围内基本农田、耕地总数的 8.61%、9.89%。30 户以上的通组乡村道路建设需求 124.2 km，涉及自然村 60 个。采矿权 108 处（采石 28 处），占秦岭范围内总数的 12.11%。水电站 116 座，装机容量 64.42 万 kW，占秦岭范围内总装机容量的 62.4%。尾矿库 38 个，4A 以上景区 10 个。

（3）一般保护区

秦岭保护范围内除核心保护区、重点保护区以外的区域，为一般保护区。城镇开发边界范围属一般保护区。一般保护区面积约为 3.25 万 km^2，占秦岭保护范围的

55.84%，涉及 39 个县、335 个乡镇、3582 个行政村，常住人口 436.81 万人，占秦岭保护范围人口的 89.32%。秦岭区域内城镇开发边界范围中，汉中、商洛、安康 3 市建成区和 21 个县建成区面积约为 111 km²。一般保护区有基本农田 41.50 万 hm²，耕地 58.91 万 hm²，分别占秦岭范围内总数的 90.61%、89.01%。采矿权 692 处（采石 131 处），占秦岭范围内总数的 77.58%。小水电站 228 座，装机容量 37.65 万 kW，占总装机容量的 36.47%。尾矿库 270 个，4A 以上景区 16 个（见表 7-1）。

表 7-1　秦岭基本情况

项目		总体情况	核心保护区		重点保护区		一般保护区	
			数量	占比/%	数量	占比/%	数量	占比/%
保护范围		5.82 万 km²	0.81 万 km²	13.92	1.76 万 km²	30.24	3.25 万 km²	55.84
涉及的镇		358 个	51 个	—	330 个	—	335 个	—
涉及的村		4020 个	149 个	—	563 个	—	3582 个	—
常住人口		489 万人	12.99 万人	2.66	39.2 万人	8.02	436.81 万人	89.32
基本农田		45.80 万 hm²	0.36 万 hm²	0.78	3.94 万 hm²	8.61	41.50 万 hm²	90.61
耕地		66.18 万 hm²	0.73 万 hm²	1.1	6.54 万 hm²	9.89	58.91 万 hm²	89.01
水电站	座数	422 座	18 座	4.27	116 座	27.49	228 座	68.24
	装机容量	103.23 万 kW	1.16 万 kW	1.12	64.42 万 kW	62.4	37.65 万 kW	36.47
采矿权		892 处	24 处（采石 8 处）	2.69	108 处（采石 28 处）	12.11	692 处（采石 131 处）	77.58
4A 以上景区		38 个	12 个	28.9	10 个	28.9	16 个	42.2
尾矿库		313 个	5 个	1.6	38 个	12.1	270 个	86.3

1.2　典型模式

1.2.1　秦岭保护版本

在秦岭生态保护上，陕西已经经历了五个阶段，也可称为五个“版本”。

1.0 版本，片区保护模式。在秦岭主峰太白山建立全省第一个自然保护区——太白山国家级自然保护区，开启秦岭生态“片区保护模式”。

2.0 版本，全面修复模式。从 1999 年起，实行全面禁伐，实施天然林保护工程和退耕还林工程，开启秦岭生态“全面修复模式”，秦岭山林休养生息。

3.0 版本，整体保护模式。2007 年《陕西省秦岭生态环境保护条例》颁布实施，开启秦岭生态“整体保护模式”。这也是生态保护“秦岭模式”的开端，具有全球山脉生态保护的典范意义。

4.0 版本，高质量保护模式。2018 年，陕西省委、省政府出台《关于全面加强秦岭生态环境保护工作的决定》《秦岭生态环境保护行动方案》，省人大修订《陕西省秦岭生态环境保护条例》，开启秦岭生态“高质量保护模式”。

5.0 版本，顶格保护模式。秦岭新时代，推动祖脉秦岭保护成为国家战略行动，实施“国家绿芯工程”。每年 7 月 15 日召开秦岭生态环境保护大会，全面落实《陕西省秦岭生态环境保护条例》规定，扎实推进各类专项规划、《秦岭生态空间治理十大行动》落地落细，加快生态卫士体系建设、自然保护地整合优化、秦岭国家公园建设前期工作和“天空地一体化”防护体系建设，创建秦岭国家级生态空间治理示范区，切实守护好秦岭核心生态空间，让秦岭的美景永驻、青山常在、绿水长流。

2020 年 4 月 29 日，国家卫星气象中心、陕西省气象局卫星遥感数据监测评估显示：近五年来，秦岭植被覆盖总体好转，土壤湿度逐年增加，大气光学厚度持续下降，生态环境质量综合指数提高。经过多年努力，森林面积增加，覆盖率提升，国宝数量恢复性增加。秦岭大熊猫数量由最少时的 119 只，恢复到 2014 年的 345 只；朱鹮野外种群由发现时的 7 只，恢复到目前的 5000 只以上。

1.2.2 秦岭治理模式

秦岭是陕西的“封面”，秦岭生态空间是陕西最重要的生态空间。陕西保护好秦岭生态环境就是对确保中华民族长盛不衰、实现“两个一百年”奋斗目标、可持续发展贡献生态力量。经过半个多世纪的艰苦奋斗，在保护绿水青山上，陕西探索出“秦岭模式”。秦岭模式有四大支柱：整体立法、分区施策、系统治理、首长负责。

（1）整体立法

率先为一座山脉立法，整座山脉就是一个自然保护区，开启全方位保护秦岭新阶段，是践行“两山论”的生动法律实践。2007 年，陕西省颁布《陕西省秦岭生态环境保护条例》，2017 年第一次修订，2019 年进行了第二次修订。2018 年，陕西省委出台了《关于全面加强秦岭生态环境保护工作的决定》。

（2）分区施策

《秦岭生态环境保护条例》把整座山脉划分为三个保护区。以海拔为基准，结合各功能区划分，定了核心、重点和一般保护区范围。建立起“海拔 + 园区 + 廊道”为特色的秦岭核心保护区，构建了分区保护体系，实行分区保护。

（3）系统治理

陕西省政府出台《秦岭生态环境保护行动方案》，秦岭生态环境保护委员会编制《秦岭生态环境保护总体规划》，形成以总体规划为统领、以省级专项规划为依托，以设区市保护规划为支撑的规划体系。陕西省林业局发布《秦岭生态空间治理十大行动》，在“五大阵地、六条战线”开展十大行动，对秦岭生态空间进行系统治理。

（4）首长负责

建立起省、市、县、乡、村五级行政负责制。陕西省人民政府对秦岭生态环境保护工作负总责，设立了省秦岭生态环境保护委员会，由省长担任省秦岭生态环境保护委员会主任。构建了“综合 + 专业”的秦岭生态大保护格局。

1.3 建设成效

1.3.1 自然保护地体系日趋完善

陕西省委、省政府高度重视秦岭生态保护，并持续升级保护模式。1965 年，在秦岭主峰太白山建立全省第一个自然保护区——太白山自然保护区，使秦岭生态进入“片区保护模式”。1999 年起，秦岭全面禁止天然林商品性采伐，实施天然林保护工程和退耕还林工程，使秦岭生态进入“全面修复模式”。2007 年，颁布《陕西省秦岭生态环境保护条例》，在世界上率先为保护一座山脉立法，使秦岭生态进入“整体保护模式”。2018 年以来，陕西省全面整治秦岭北麓违建别墅问题，并出台《关于全面加强秦岭生态环境保护工作的决定》，省政府印发《秦岭生态环境保护行动方案》，省人大常委会修订实施《陕西省秦岭生态环境保护条例》，全面加强保护措施，抓实抓牢保护责任，使秦岭生态进入“高质量保护模式”。

经过 50 多年的努力，秦岭范围内共建成 1 个国家公园、31 个自然保护区、2 个自然保护点、50 个森林公园、11 个湿地公园、7 个地质公园和 16 个风景名胜区，总面积 0.92 万 km^2，占秦岭面积的 15.81%，形成了规模庞大、相对集中连片的自然保护地群，有效保护了全省 75% 以上的自然生态系统类型，70% 以上的野生动植物种群类型，80% 以上的国家重点保护野生动物、省级重点保护动物和“三有动物”种群类型。2020 年 3 月，国家启动自然保护地整合优化工作，遵循“保护面积不减少、保护强度不降低、保护性质不改变”的总体要求，对秦岭交叉重叠、相邻相近的自然保护地进行归并整合。根据《陕西省自然保护地整合优化预案》，将秦岭范围参与整合优化的 98 个自然保护地整合优化为 93 个，其中国家公园 1 个、自然保护区 23 个、自然公园 69 个，较整合优化前面积增加 26.33%。以国家公园为主体、自然保护区为基础、各类自然公园为补充的秦岭自然保护地体系初具雏形（见表 7–2）。

表 7–2　秦岭自然保护地体系统计

类别	数量（个）	名　录
国家公园	1	大熊猫国家公园陕西片区
自然保护区（点）	33	陕西黄柏塬国家级自然保护区、陕西佛坪国家级自然保护区、陕西老县城国家级自然保护区、陕西周至国家级自然保护区、陕西瀛湖湿地省级自然保护区、陕西皇冠山省级自然保护区、陕西牛背梁国家级自然保护区、陕西天华山国家级自然保护区、陕西平河梁国家级自然保护区、陕西青木川国家级自然保护区、陕西长青国家级自然保护区、陕西汉中朱鹮国家级自然保护区、陕西汉江湿地省级自然保护区、陕西宝峰山省级自然保护区、陕西桑园国家级自然保护区、陕西摩天岭国家级自然保护区、陕西观音山国家级自然保护区、陕西新开岭省级自然保护区、陕西天竺山省级自然保护区、陕西鹰嘴石省级自然保护区、陕西太白山国家级自然保护区、陕西紫柏山国家级自然保护区、陕西太白牛尾河省级自然保护区、陕西周至黑河湿地省级自然保护区、陕西黑河珍稀水生野生动物国家级自然保护区、陕西太白湑水河珍稀水生生物国家级自然保护区、陕西略阳珍稀水生动物国家级自然保护区、陕西丹凤武关河珍稀水生动物国家级自然保护区、陕西神沙河省级自然保护区、陕西洛南大鲵省级自然保护区、洛南黄龙铺—石门小秦岭元古界剖面省级自然保护点、东秦岭泥盆系岩相剖面省级自然保护点、陕西华县大鲵水生野生动物自然保护区
饮用水水源保护区	40	黑河金盆水库水源地、田峪水源地、就峪水源地、甘峪水库水源地、石砭峪水源地、沣峪水源地、李家河水库水源地、岱峪水库水源地、嘉一清水源地、白石铺饮用水源地、石头河饮用水源地、沈河水库水源地、涧峪水库水源地、蓝田灞河水源地、略阳县金池院水源地、石泉县水电站库区水源地、冷水河饮用水源地、红土岭水库水源地、马坡岭及许家台水源地、西门河水源地、长滩沟水源地、汉江抽水站水源地、大木坝水源地、渔洞河水源地、二龙山水库水源地（备用）、龙潭水库水源地、洛南县洛河上游水源地、商南县县河水库水源地、山阳县薛家沟水库饮用水源地、镇安县城区集中式饮用水源地、留坝县石峡子沟水源地、乾佑河水源地、太白县石沟河水源地、城区饮用水水源保护区、蔺河水库水源地、商洛市区城市地下水源地、四季河仓水水源地、西郊水源地、柞水县城市集中饮用水源地
风景名胜区	16	宝鸡天台山风景名胜区、磻溪钓鱼台风景名胜区、瀛湖风景名胜区、三国遗址—五丈原风景名胜区、张良庙—紫柏山风景名胜区、月亮洞风景名胜区、汉中天台山—娅姑山风景名胜区、华山风景名胜区、临潼骊山风景名胜区、柞水溶洞风景名胜区、玉山风景名胜区、楼观台风景名胜区、翠华山—南五台风景名胜区、三国遗址武侯墓祠定军山风景名胜区、南沙河风景名胜区、江神庙—灵岩寺风景名胜区

续表

类别	数量（个）	名录
地质公园	7	秦岭终南山世界地质公园、陕西柞水溶洞国家地质公园、商南金丝峡国家地质公园、华山国家地质公园、渭南市华州区少华山省级地质公园、丹凤上运石省级地质公园、翠华山国家地质公园
森林公园	50	陕西汉阴凤凰山国家森林公园、陕西上坝河国家森林公园、陕西鬼谷岭国家森林公园、陕西省擂鼓台森林公园、陕西五龙洞国家森林公园、陕西紫柏山国家森林公园、陕西省云雾山森林公园、陕西省雷神谷森林公园、陕西省褒河森林公园、陕西汉中天台国家森林公园、陕西牛背梁国家森林公园、陕西省玉皇山森林公园、陕西金丝大峡谷国家森林公园、陕西省苍龙山森林公园、陕西天竺山国家森林公园、陕西木王国家森林公园、陕西省商山森林公园、陕西太白山国家森林公园、陕西嘉陵江源国家森林公园、陕西青峰峡国家森林公园、陕西黑河国家森林公园、陕西省翠峰山森林公园、陕西楼观台国家森林公园、陕西省沣峪森林公园、陕西省西安祥峪森林公园、西安市太兴山森林公园、陕西终南山国家森林公园、陕西朱雀国家森林公园、陕西太平国家森林公园、陕西省雪山洞森林公园、陕西省红河谷森林公园、陕西洪庆山国家森林公园、陕西少华山国家森林公园、陕西天华山国家森林公园、陕西王顺山国家森林公园、陕西省华山森林公园、陕西省江山森林公园、陕西通天河国家森林公园、陕西省灵崖寺森林公园、陕西省宁东森林公园、陕西省秦岭十寨沟森林公园、陕西省紫云山森林公园、陕西省莲花山森林公园、陕西省凤凰山森林公园、陕西省玉山森林公园、陕西省桥峪森林公园、陕西骊山国家森林公园、陕西省石鼓山森林公园、陕西省西安白鹿原森林公园、陕西省凤县紫柏山森林公园
湿地公园	11	陕西商州区丹江源国家湿地公园、陕西太白石头河国家湿地公园、陕西西安田峪河国家湿地公园（试点）、陕西汉阴观音河国家湿地公园（试点）、陕西岐山落星湾国家湿地公园、陕西凤县嘉陵江国家湿地公园、陕西临渭沋河国家湿地公园（试点）、陕西宁陕旬河源国家湿地公园、陕西丹凤丹江国家湿地公园、陕西石泉汉江莲花古渡国家湿地公园、陕西洛南洛河国家湿地公园（试点）
植物园	1	秦岭国家植物园
水利风景区	21	翠华山、金龙峡、嘉陵江源、黄柏塬、青峰峡、太白山、红河谷、钓鱼台、沋河、涧峪水库、石门、瀛湖、凤堰古梯田、山水太极、雁山、仙娥湖、龙驹寨、金丝峡、桃花谷、乾佑河源、西川河
水产种质资源保护区	7	嘉陵江特有鱼类国家级水产种质资源保护区、褒河特有鱼类国家级水产种质资源保护区、黑河多鳞铲颌鱼国家级水产种质资源保护区、甘峪河秦岭细鳞鲑国家级水产种质资源保护区、库峪河特有鱼类国家级水产种质资源保护区、辋川河特有鱼类国家级水产种质资源保护区、丹江源国家级水产种质资源保护区

续表

类别	数量（个）	名　录
野生植物原生境保护区（点）	3	旗舰植物物种原生境保护点、旗舰植物物种母树林保护基地、珍稀及濒危大型真菌保育区
野生动物重要栖息地	4	朱鹮栖息地、朱鹮捕食投食点、朱鹮野外种群繁殖地、中华虎凤蝶栖息地
国有天然林分布区	84	西安市（5县13个林场）、宝鸡市（6县16个林场）、渭南市（4县5个林场）、汉中市（7县21个林场）、安康市（5县6个林场）、商洛市（7县15个林场）、陕西省楼观台国有生态实验林场、西北农林科技大学火地塘试验林场、陕西省森林资源管理局（6个）
重要湿地	17	安康旬河湿地、宝鸡石头河湿地、汉中褒河湿地、汉中石门水库湿地、汉中湑水河湿地、洛南洛河湿地、陕西汉江湿地、陕西黑河湿地、陕西嘉陵江湿地、陕西太白湑水河湿地、陕西渭河湿地、商洛丹江湿地、商洛二龙山水库湿地、商洛金钱河湿地、西乡子午河湿地、长安浐河湿地、长安沣河湿地
重要的大中型水库	15	黑河水库、李家河水库、石砭峪水库、麻家砭水库、涧峪水库、石门水库、马家沟电站水库、党河水库、卡房水库、巨亭水电站水库、葫芦头水电站、安康水库、新民水库、二龙山水库、鱼岭水库
天然湖泊	5	玉皇池、三太白池、梨韵湖、二爷海、翠湖
全国重点文物保护单位	42	西安市：蓝田猿人遗址、西峪遗址、秦始皇陵、水陆庵、仙游寺法王塔、鸠摩罗什舍利塔、长安圣寿寺塔、大秦寺塔、敬德塔。宝鸡市：茹家庄遗址。渭南市： 魏长城、十二连城烽火台遗址、潼关故城、西岳庙、渭华起义旧址。汉中市：龙岗寺遗址、李家村遗址、何家湾遗址、宝山遗址、武侯墓、蔡伦墓和祠、张骞墓、宁强羌人墓地、褒斜道石门及其摩崖石刻、开明寺塔、张良庙、五门堰、汉中东塔、良马寺觉皇殿、智果寺、武侯祠、灵岩寺摩崖、青木川老街建筑群、青木川魏氏庄园。安康市：刘家营遗址、瓦房店会馆群。商洛市：花石浪遗址、东龙山遗址、洛南盆地旧石器地点群、紫荆遗址、商洛崖墓群、骡帮会馆
省级文物保护单位	291	略

1.3.2 生态资源监管不断加强

经过多年努力，陕西省在秦岭范围建立了完善的生态空间资源监管和森林草原防火、有害生物防治、生态资源防破坏的“一管三防”体系，生态资源监管工作走上制度化、规范化、科学化轨道。

（1）制度体系基本形成

1998 年 10 月，陕西省政府发布“禁伐令”，以秦岭为重点全面停止天然林商品性采伐。2007 年，陕西省人大常委会审议通过《陕西省秦岭生态环境保护条例》，并于 2017 年、2019 年两次修订，将秦岭整体纳入保护范围。2008 年，施行《陕西省封山禁牧条例》。2018 年，陕西省委出台《关于全面加强秦岭生态环境保护工作的决定》。2019 年，陕西省政府印发《秦岭生态环境保护行动方案》，省林业局为全面贯彻习近平生态文明思想，履行好生态空间治理职责，把《陕西省秦岭生态环境保护条例》落到实处，制定并发布了秦岭生态空间治理十大行动。2020 年，陕西省人大常委会颁布实施《陕西省林业有害生物防治检疫条例》。秦岭生态空间治理制度体系不断完善（见表 7–3）。

表 7–3　秦岭立法建设情况

序号	法律法规名称	立法时间	施行时间
1	《陕西省汉江丹江流域水污染防治条例》	2005 年 12 月 3 日省十届人大常委会第二十二次会议通过	2006 年 3 月 1 日
2	《陕西省秦岭生态环境保护条例》	2007 年 11 月 24 日省十届人大常委会第三十四次会议通过	2008 年 3 月 1 日
3	《西安市秦岭生态环境保护条例》	2013 年 6 月 27 日西安市十五届人大常委会第十次会议通过；2013 年 7 月 26 日省十二届人大常委会第四次会议批准	2013 年 10 月 1 日
4	《西安市秦岭生态环境保护管理办法》	2016 年 11 月 24 日西安市政府第 156 次常务会议审议通过	2016 年 12 月 25 日
5	《陕西省秦岭生态环境保护条例》	2007 年 11 月 24 日陕西省第十届人民代表大会常务委员会第三十四次会议通过	2008 年 3 月 1 日
		2017 年 1 月 5 日陕西省第十二届人民代表大会常务委员会第三十二次会议修订通过	2017 年 3 月 1 日
		2019 年 9 月 27 日陕西省第十三届人民代表大会常务委员会第十三次会议修订	2019 年 12 月 1 日

（2）监管机制更加完备

2009 年，陕西省政府设立陕西省秦岭生态环境保护委员会，涉及秦岭的西安、宝鸡、渭南等 6 市相继成立秦岭生态保护专门机构。2019 年，西安市成立秦岭生态环境保护管理局，下辖各区县成立秦岭生态环境保护和综合执法局；汉中市秦巴生态保护委员会办公室与市林业局合署办公。2011 年，涉秦岭市、县《林地保护利用规划》全面编制完成，“林地一张图”和“卫片执法检查”在林地监管中得到充分利用。2020 年，陕西秦岭生态环境保护信息化网格化监管平台上线，覆盖6市39县508个乡镇，2510个网格单元、近8000名网格员实现动态监管，对秦岭北麓子午峪、仙峪等31个峪口实现智慧化管理。

（3）专项治理成效明显

2018年以来，陕西省深入开展秦岭北麓西安境内违建别墅专项整治，持续组织“绿卫”森林草原执法、清山查套、打击野生动物非法贸易等行动，扎实推进“五乱”治理。2019年，陕西省坚持“打防管控”并举，组织开展打击毁林专项行动、打击整治破坏秦岭野生动物资源违法犯罪专项行动。2020年，认真贯彻全国人大常委会《关于全面禁止非法野生动物交易、革除滥食野生动物陋习、切实保障人民群众生命健康安全的决定》，完成人工繁育禁食野生动物退出处置工作。

1.3.3 生物多样性持续恢复

秦岭是全球生物多样性最丰富的区域之一，拥有国家Ⅰ级重点保护野生植物4种、国家Ⅱ级重点保护野生植物18种，陕西省地方重点保护野生植物154种。国家Ⅰ级重点保护野生动物23种、国家Ⅱ级重点保护野生动物96种，陕西省地方重点保护野生动物31种。通过多年努力，秦岭珍稀濒危野生动植物及其生境得到有效保护，生物多样性实现恢复性增长。

（1）野生动植物种群日益增长

对野生植物采取“就地保护为主，迁地保护为辅，离体保护为补充”的措施，秦岭红豆杉、珙桐、独叶草、华山新麦草、太白红杉等珍稀濒危野生植物得到了有效保护，野生蕙兰种群分布扩大到秦岭北麓，陕西羽叶报春时隔多年被重新发现。对野生动物采取“野外种群保护和人工繁育放归相结合”的措施，秦岭大熊猫野外种群数量由20世纪80年代的109只增加到全国第四次大熊猫调查时的345只，增幅、密度、DNA调查获取率均为全国第一。1981年，一度被认为已经灭绝的朱鹮在洋县姚家沟重新发现。据陕西汉中朱鹮国家级自然保护区管理局统计，经过40年的保护，朱鹮种群数量由7只发展到全球的7000多只，被国际鸟类保护联盟誉为“世界拯救濒危物种的成功典范”。金丝猴、羚牛种群均突破5000只。

（2）野生动物栖息地不断扩大

2001年，野生动植物保护及自然保护区建设工程正式启动，通过设立自然保护区、建设生态廊道等途径，野生动物栖息地持续扩大。秦岭大熊猫分布范围不断北扩西移，栖息地面积扩大到3600 km^2。朱鹮栖息地面积由发现时不足5 km^2 扩大到1.5万 km^2，由最初发现地逐步向历史分布地恢复。2021年4月，延安富县葫芦河流域发现朱鹮，栖息地范围向北又扩展了160多千米。羚牛栖息地面积超过1.5万 km^2，金丝猴栖息地面积扩大到4000多平方千米。

（3）人工繁育技术日益成熟

在植物人工扩繁方面，成功繁育老子手植银杏组培苗 37 株，陕西羽叶报春、秦岭石蝴蝶、长序榆等珍稀濒危极小植物种群人工繁育保护也取得了新突破。“南竹北移”成功引种保存竹类 20 属 180 种，在秦岭北麓建成了北方面积最大、品类最多的竹类品种园。在动物人工繁育方面，成功繁殖朱鹮个体 10 余代，2004 年野化放飞试验成功，截至目前已在安康市宁陕县、汉中市洋县、西安市周至县、铜川市耀州区、宝鸡市千阳县等地实施朱鹮野化放飞 12 次 229 只，2020 年启动秦岭北麓 10 年连续放飞计划。人工繁育秦岭大熊猫 24 胎 27 只，圈养数量达 32 只。2021 年，启动秦岭大熊猫佛坪救护繁育研究基地建设。林麝特种养殖发展迅速，目前秦岭人工繁育林麝存栏数量超过 2.5 万只，居全国第一。

1.3.4　生态修复成效显著

多年来，陕西省先后启动实施长江防护林工程、天然林保护工程、退耕还林还草、湿地保护修复等生态修复工程，通过人工造林、封山育林、飞播造林、森林抚育等方式修复秦岭生态环境，不断加大秦岭生态修复力度。森林资源管理“一张图”数据显示，目前秦岭范围森林面积达到 424.94 万 hm^2，森林覆盖率 72.95%，较 1998 年提高 16.7%。森林蓄积达 2.26 亿 m^3，较 1998 年增长 22.2%。

（1）天然林保护修复不断深化

天然林是森林资源的主体和精华，秦岭范围天然林面积占陕西省全省天然林面积的 57.16%。1998 年 10 月，陕西省先后在秦岭宁西、太白、宁东、龙草坪、汉西、长青 6 个森工采育企业和宝鸡市辛家山、马头滩林业局开展天然林保护工程（简称“天保工程”）试点，2000 年全面启动实施，秦岭由以木材生产为主转向为以生态建设为主。目前已完成天保工程一期、二期建设任务，秦岭范围天然林面积达到 355.65 万 hm^2，占秦岭乔木林面积的 88.11%。2020 年，陕西省林业局、发展改革委、财政厅等六部门联合印发《关于贯彻落实〈天然林保护修复制度方案〉的实施意见》，编制《秦岭天然林保护修复专项规划》，天然林保护由周期性、区域性工程措施转向长期性、全面性公益事业。

（2）退耕还林还草工程深入实施

1999 年，商洛市山阳县启动退耕还林试点。2002 年，退耕还林工程全面铺开，涉及秦岭 6 市 39 县。2014 年，国家启动新一轮退耕还林还草工程，涉及秦岭 5 市 31 县。截至目前，累计完成退耕还林任务 84.05 万 hm^2，占秦岭面积的 14.44%。其中，退耕地还林 39.90 万 hm^2、荒山荒地造林 36.38 万 hm^2、封山育林 7.77 万 hm^2，在秦岭生态修复和生态重建中发挥了重要作用。

（3）湿地保护修复持续加力

2006 年，陕西省颁布实施《陕西省湿地保护条例》，秦岭范围 17 处湿地被划入省级重要湿地名录。2009 年，丹凤丹江、凤县嘉陵江、宁陕旬河源和太白石头河湿地被国家林业局正式批准为国家湿地公园，成为秦岭范围第一批批准建设的国家湿地公园。截至目前，秦岭范围湿地面积 7.49 万 hm^2，占秦岭面积的 1.29%，占陕西省湿地总面积的 24.29%。2017 年，陕西省政府印发《全省湿地保护修复制度方案》。2020 年，陕西省编制实施《陕西省秦岭湿地保护专项规划》，秦岭湿地进入系统性、整体性、协同性保护修复的新阶段。

1.3.5 生态产业提速发展

秦岭自然资源丰富，生态环境优美，文化底蕴深厚，是发展生态产业的最佳区域之一。通过实施生态产业化和产业生态化，秦岭特色经济林、林下种养殖、生态旅游等生态产业发展迅速，为打赢脱贫攻坚战、实施乡村振兴战略提供了强力支撑。

（1）生态旅游成为新时尚

1982 年，陕西省在秦岭北麓楼观台建立了全省首个森林公园。2012 年，陕西省颁布实施《陕西省森林公园条例》，确定了陕西省森林公园的社会公益属性和保护优先理念。截至目前，秦岭范围已建成森林公园 50 个、湿地公园 11 个、地质公园 7 个、风景名胜区 16 个，年接待游客超 850 万人次。其中，牛背梁国家森林公园入选森林体验国家重点建设基地，楼观台国家森林公园入选森林养生国家重点建设基地。2019 年，国家林业和草原局、民政部、国家卫生健康委和国家中医药局发布促进森林康养产业发展的意见，楼观台国有生态实验林场、天竺山国家森林公园入选首批国家森林康养基地。秦岭生态旅游产品不断丰富，生态服务功能更加完备，以森林旅游为主体的生态旅游成为新时尚。

（2）林业特色产业升级换挡

特色经济林是秦岭传统产业。1958 年，商洛专区“每户种一升核桃”得到了毛主席的肯定。商洛核桃享誉全国，商洛市丹凤县棣花镇、洛南县柏峪寺镇等 4 个核桃基地被认定为国家级核桃示范基地。2010 年，陕西省政府出台《关于加快推进核桃等干杂果经济林产业发展的意见》。截至 2020 年，围绕“3+X”产业体系，秦岭范围共发展核桃、花椒等特色经济林 82.46 万 hm^2，总产值突破 652 亿元，成为秦岭地方经济发展和群众增收“新引擎”。

（3）生态富民步伐愈发稳健

脱贫攻坚战打响以来，陕西省坚持生态建设和生态富民同步推进，倾斜安排扶持资金 85 亿元，通过精准落实选聘生态护林员、吸纳贫困人口参与生态建设、兑付森林生态效益补偿资金、发展生态富民产业等措施，带动秦岭范围 33.97 万户、117.2 万建档立卡贫困人口稳定脱贫。随着生态空间治理和乡村振兴战略融合推进，秦岭生态产业取得长足发展，生态富民的步伐愈发稳健。2020 年 4 月 20 日，习近平总书记在柞水县金米村考察脱贫攻坚时指出，“小木耳，大产业”。

1.3.6 秦岭文化广泛传播

秦岭文化博大精深、源远流长。习近平总书记关于秦岭“中央水塔”“中华民族的祖脉”“中华文化的重要象征”重要论述，引发社会各界强烈反响，守护和传承好秦岭优秀文化成为社会共识，生态自信正从秦岭走来。

（1）文化研究日益深入

2010 年，《大秦岭》纪录片在央视播出，全国掀起关注秦岭热潮。相继推出《秦岭主峰太白山》《野性秦岭》等专题纪录片，故事片《秦岭花开》《红豆杉之恋》上映，电影《大熊猫秦岭奇遇记》《太白山之恋》《爷爷的牛背梁》《鸟语人》开机拍摄。《秦岭四库全书》《秦岭简史》《秦岭七十二峪》《中国秦岭》《秦岭鸟类原色图鉴》等专著相继出版，全面展示秦岭自然生态、社会经济、历史人文，秦岭已成为陕西的靓丽名片。

（2）自然教育快速兴起

2013 年，陕西省在秦岭率先开展中小学生自然体验、创建生态文明教育基地、实施生态文明教育进课堂“三位一体”的青少年生态文明教育活动。截至目前，秦岭范围已建成自然体验基地 11 处，生态探秘线路 3 条，创建国家级和省级生态文明教育基地 6 处，年接待人数超过 150 万人次。2020 年，省林业局组织编印《我们爱秦岭》宣传册，向中小学生免费发放 30 余万册。“秦岭四宝”科学公园已经建成，于 2021 年 6 月 1 日开园。

（3）秦岭大熊猫走进公众视野

2006 年，省林业局组织开展秦岭大熊猫冠名认养活动以来，已有 11 个社会组织或个人认养秦岭大熊猫 17 只。2018 年、2019 年连续举办秦岭大熊猫文化宣传活动，聘请院士和文化名人担任秦岭大熊猫文化推广大使，秦岭大熊猫文化走进北京大学、北京世园会以及北京地铁等公众场合。2020 年，举办新生秦岭大熊猫“网络征名”“云庆生”等活动。2021 年 4 月，中日秦岭大熊猫线上宣介会拉开帷幕。秦岭大熊猫社会关注度持续提升。

（4）朱鹮文化飞向世界

1985 年以来，“华华”“友友”“洋洋”等 14 只朱鹮先后出借或赠送日本、韩国。2017 年，大型舞剧《朱鹮》全球巡演。2019 年，“友好之轮，和美世界”朱鹮文化展在日本大阪开幕。2020 年，“祖脉秦岭 · 和美朱鹮”首届朱鹮文化宣传活动在西安举办，体操世界冠军、著名画家等社会名人受聘担任朱鹮文化宣传推广大使。以朱鹮卡通形象为火炬手，带领“秦岭四宝”组团成为“十四运”吉祥物。“朱鹮从秦岭起飞”成为世界共识。

第二节 黄土高原生态空间治理

黄河是中华民族的母亲河，保护黄河是事关中华民族伟大复兴的千秋大计。党的十八大以来，习近平总书记多次实地考察黄河流域生态保护和高质量发展情况，作出重要指示。2019 年 9 月 18 日，习近平总书记在黄河流域生态保护和高质量发展座谈会上发表重要讲话，黄河流域生态保护和高质量发展上升为重大国家战略。随后，在 2020 年新年贺词中、在中央财经领导小组第六次会议上均有提及。2020 年 4 月 23 日，习近平总书记在来陕考察重要讲话中再次强调，陕西黄河流域生态保护治理对陕西乃至全国十分重要。黄河流域位于我国三北防护林体系的中位关键带，在北方生态屏障中占有十分重要的战略地位。黄河流经的黄土高原又是我国典型的生态脆弱区和世界上水土流失最为严重的区域，这里产生的大量泥沙使黄河下游成为世界闻名的“地上悬河”，严重威胁我国华北地区的防洪安全和生态安全。大力推进黄河流域水土保持，加强生态环境保护，是保障黄河长治久安、推动黄河流域高质量发展的根本举措。

2.1 基本概况

陕西省黄河流域位于陕西省中北部黄河中游，西连甘肃，东临黄河相望山西，北接内蒙古，南至秦岭主梁。南北长约 627 km，东西宽约 400 km，流域面积 1327.8 万 hm^2，占陕西省国土总面积的 64.5%。陕西境内黄河干流长 716.6 km，支流流域面积在 100 km^2 以上的河流共 349 条，其中直接入黄河较大的一级支流有皇甫川、孤山川、窟野河、无定河、秃尾河、延河、渭河、南洛河等。

陕西黄河流域涉及榆林、延安、铜川、宝鸡、咸阳、西安、渭南和商洛等 8 市，79 个县（区、市），885 个乡镇（街办），19 769 个行政村（社区），涉及国有林场 141 个。涉及人口约 2915 万，占陕西省总人口（2018 年年鉴 3864 万）的 75.4%（见表 7–4）。

表 7–4 陕西黄河流域涉及市县（区）情况

序号	地市	县区数量 / 个	县（市、区）	乡镇 / 个	行政村 / 个
1	西安	13	新城、碑林、莲湖、雁塔、灞桥、未央、阎良、临潼、长安、蓝田、周至、鄠邑、高陵	164	2926
2	铜川	4	王益、印台、耀州、宜君	38	527
3	宝鸡	11	渭滨、金台、陈仓、凤翔、岐山、扶风、眉县、陇县、千阳、麟游、太白	103	1785

续表

序号	地市	县区数量/个	县(市、区)	乡镇/个	行政村/个
4	咸阳	14	秦都、杨陵、渭城、兴平、三原、泾阳、乾县、礼泉、永寿、彬州、长武、旬邑、淳化、武功	141	2784
5	渭南	11	临渭、华州、潼关、大荔、合阳、澄城、白水、蒲城、富平、韩城、华阴	133	3077
6	延安	13	宝塔、吴起、志丹、安塞、子长、延长、延川、宜川、甘泉、富县、洛川、黄陵、黄龙	106	2908
7	榆林	12	榆阳、府谷、神木、横山、靖边、定边、佳县、吴堡、清涧、绥德、米脂、子洲	184	5519
8	商洛	1	洛南	16	243
合计		79		885	19 769

2.2 典型模式

2.2.1 吴起样板——“封山禁牧、退耕还林(草)”治理模式

吴起县地处陕北黄土高原的丘陵沟壑区，水土流失严重，自然灾害频繁，是贫困县。但近年来在生态环境建设上连迈大步，走在了全国前列。1998 年该县实现彻底封山禁牧；1999 年 10.3 万 hm^2 坡耕地实现一次性退耕还林还草；目前，全县林草覆盖率有了明显提高，水土流失逐步减少，产业结构开始转型，农民收入稳中有增，吴起县探索了一条改善生态环境、增加农民收入的双赢之路，是对西部地区生态环境建设作出的一大创举。吴起县双赢之路最根本的经验是：以退田还林（草）为突破口，以科技为先导，坚持“封山退耕、植树种草、舍饲养羊、林牧主导、强农富民”的逆向开发战略，把生态环境建设与经济发展紧密结合起来，进一步加快生态型特色农业建设步伐，力争 5 年初见成效，10 年大见成效。

（1）实施全面退耕

在吴起县 3791.5 km^2 的总土地面积中，水土流失面积为 3677.7 km^2，占 97%，年土壤侵蚀模数高达 1.53 万 t/ km^2。全县 12.4 万 hm^2 农耕地中，坡地面积 11.7 万 hm^2，占 95%。1999 年秋冬，吴起县在实行封禁的同时，将 10.3 万 hm^2 低产坡耕地全部退耕，加快了退耕还林（草）的步伐。

（2）大搞舍饲养羊

吴起县全县保留人工草地稳定达到 5.3 万 hm^2，其中新种植草地 4 万 hm^2，保证用于舍饲养羊的人工草地在 4 万 hm^2 以上，年产草量在 60 万 t 以上。同时，大力推广饲草、秸秆、青贮、粉碎等技术，保证年均增补青贮饲草 5 万 t，粉碎作物秸秆和杂草 1 万 t，加工草粉 5000 t，年均补充精饲料 500 t，使舍饲养羊健康发展。

（3）建设高标准基本农田

在退耕之初，吴起县就决定以少种多收、精种高效为目标，大力发展集约自给型高效农业。历经 20 年，全县新修基本农田 0.3 万 hm^2，累计达到 1.1 万 hm^2。同时指导农民大力推行各种旱作农业实用技术，注重培植羊、杏、草等后续产业。

经过 20 年的不懈努力，延安市累计完成退耕还林面积 72 万 hm^2，2012 年和 2018 年林地保护数据相比，森林覆盖率由 41.4% 提高到 46.6%，华北豹、原麝等珍稀野生动物重新出现，延安成为全国生态建设的一面旗帜，为世界生态脆弱区提供了生态修复的“延安样本”。

2.2.2 延河样板——“养、护、治、防”综合治理模式

延河是黄河的一级支流，也是陕北第二条大河。全长 287 km，发源于靖边县天赐湾，流经安塞、宝塔、延长 3 个县（区），于延长县南河沟凉水岸附近汇入黄河，境内流域面积 7321 km^2，占全市总面积的 20%，流域内人口占全市总人口的 35.3%。延河流域属极强烈侵蚀区，河流泥沙含量大，多年平均输沙量为 7160 万 t，占黄河陕县站 16 亿吨的 5.0%。延安市对延河进行了综合治理，以“养、护、治、防”为重点，实施综合治理，尽快提升防洪能力，大力改善生态环境，带动革命老区发展的经济带、城镇带、产业带、景观带，塑造圣地之水、魅力延河，圣地延安、生态延安。延河综合治理范围包括延河流域安塞区、延长县全域、宝塔区大部和志丹县部分区域，治理内容包括防洪保安、水土保持、水资源配置、水环境治理、水生态修复“五大工程”，规划总投资 90 亿元，规划治理期限为“十三五”期间。2016—2018 年完成了治理规划确定的主要工程建设任务，初步显现治理成效。

（1）防洪保安工程

新建延河干支流堤防 228 km（城镇段、园区段等人口聚集区域采用人工砌护堤防，其他河段以自然生态河堤为主），河道清淤 115 km，建成了较完整的防洪保安体系和监控预警平台，使延安城区、安塞和延长县城及沿线工业园区防洪标准达到 30 年一遇，重点乡镇达到 20 年一遇。

（2）水土保持工程

实施 112 条清洁小流域综合治理，新建、加固淤地坝 1000 座，实施人工造林 48 666.7 hm^2，新增水土流失治理面积 1740 km^2，治理程度达到 75%，有效减少了河流泥沙。

（3）水资源配置工程

加快黄河引水工程建设，实施了王瑶水库加坝、引洛济延及 9 座中小型水库工程，使市区和县城实现多水源供水，年供水能力从 8500 万 m^3 提高到 1.35 亿 m^3，保障工农业生产及群众生活用水需求。

（4）水环境治理工程

实施流域内城镇和农村污水垃圾处理、石油废水处理、水源地保护工程，以及王瑶水库、红庄水库水生态修复工程，对延河流域内全部城镇和人口较多的农村社区污水进行收集处理和达标排放，使污水处理率达到 80%，废水排放达标率达到 100%，供水水源地水质达标率达到 100%，延河水质达到三类以上。率先在延河流域建立农村保洁制度和生活垃圾村收集、乡转运、县（城）处理机制，基本实现流域内生活垃圾无害化处理。

（5）水生态修复工程

对城镇、园区等人口聚集区域河段实施人工水面、滨河生态长廊、河滩湿地、河道修复、两岸及山体绿化、山体公园、城市夜间景观提升等工程，新增水域面积 3286.7 hm^2，城市绿化面积 183.1 hm^2。其他河段以保护为主，自然修复水生态。

通过系统、全面、综合治理，延安主城区段防洪标准将达到 100 年一遇，安塞、延长县城段达到 30 年一遇，重点乡镇达到 20 年一遇；延河水质达到三类以上，水土流失治理程度达到 75%，力争恢复延河水清岸绿、两岸文明和谐的历史风貌。

2.2.3　泥河沟样板——“混农林业”模式

泥河沟试验示范区位于淳化县城东南 8 km 处，流域面积 9.48 km^2，涉及大店、石桥、秦庄 3 个乡，包括 7 个行政村和县园林场。流域北高南低，海拔 712 ～ 1193 m，呈长条状，是一个破碎原区（残原沟壑区）。多年平均气温 9.8℃，大于 10℃积温为 3281℃，多年平均降雨量为 600.6 mm，7、8 月集中了年降雨量的 53%，最高 878.9 mm（1983 年），最低 409.5 mm（1977 年），1986—1990 年平均降雨量 554.3 mm。干燥度介于 1.1 ～ 1.38 之间，属于半湿润地区森林草原地带。

泥河沟采用工程措施和生物措施相结合，依靠本地资源优势开展地埂花椒、椒—粮间作、果—粮间作、粮—桐间作等混农林业模式进行治理。该区从“七五”开始治理，历经“开发商品型农业经济模式”（“七五”）、“农业—农林复合生态经济模式”（“八五”）、“高产型粮果林综合发展模式”（“九五”）取得了良好的治理效益，实现了经济、社会、环境的协调发展，树立了开发治理的实体样板。在农耕上采用新技术——地膜覆盖种植，地膜小麦和起垄套种秋作物，增产增收效益和水土保持效益显著。据调查，地膜小麦一般比无膜小麦增产 16.2% ～ 22.6%，若套种马铃薯增产可达 58.7%；地膜小麦投资较无膜小麦大但产出高，其净收入可达 3301 元 /hm^2，产投比为 2.11。地膜小麦套种马铃薯净收入可增加到 6777 元 /hm^2，产投比提高为 2.84；地膜小麦起垄种植、留茬，和起垄套种马铃薯水土保持效益依次增大，单一起垄种植减沙 28.3%，起垄留茬减沙 54.6%，起垄套种马铃薯减沙 86.5% ～ 89.5%。地膜小麦的上述效益是地膜覆盖形成的良好生境和管理共同产生的，主要集中在聚水保水、增湿抗逆、蓄肥保肥，提高水、肥、光、热资源利用率等方面。

2.2.4 渭河样板——“山水林田湖一体化”模式

渭河是黄河最大的支流，发源于甘肃省渭源县鸟鼠山，流经甘肃、宁夏、陕西三省区，干流全长 818 km，陕西境内渭河干流河长 512 km。渭河流域总面积为 13.5 万 km^2，陕西境内流域面积为 6.71 万 km^2。渭河在陕西省境内流经 4 市 2 区（宝鸡市、杨凌示范区、咸阳市、西咸新区、西安市、渭南市）26 个县（市、区）。渭河流域的主体——关中地区约占陕西省 1/3 的国土空间面积，集中了全省 64% 的人口，经济总量占全省的 65%，是陕西省政治、经济、文化的核心区域，也是全国重要的工业、国防、科研教育基地，是连接我国东西南北的交通枢纽，在陕西及西部经济社会发展中占有十分重要的地位。按照巩固、提升、综合的治理要求，坚持以系统化的思维推进山水林田湖一体化治理与保护，沿渭河两岸堤防向外侧扩展 200 ～ 1500 m，以“一河、两堤、两带、六区”的总体布局，统筹兼顾左右岸、上下游关系，实施滩面整治、河道疏浚、水污染治理、生态修复及湿地建设、水量保障、水生物保护、河湖连通、综合开发利用、建设管护等工程项目，推进沿河地区在特色优势产业和重点领域加快发展，形成流域协调联动发展新格局，把渭河打造成“安澜河、生态河、景观河、文化河、致富河”，实现渭河沿岸“生态环境优美、历史文化相连、产业集群发展、基础设施完备”的特色生态区目标。

基于渭河沿岸水利资源、文化资源、旅游资源、农业资源、城乡空间及相关产业资源的分布、开发现状，渭河生态区总体形成“一河、两堤、两带、六区”的空间格局。“一河”，建设宽畅、水量充沛、灵动、生物多样性特征明显的渭河，形成一年四季或奔腾或静静流淌的大河景观；“两堤”，渭河左岸与右岸堤防按生态化、景观化、绿色交通化的标准提升其防洪、应急与日常交通的功能，并沿途设置管理、服务、休息、警示等功能区域；“两带”，渭河堤顶外侧，分别结合不同的地形地貌、交通环境、城乡格局、产业布局、自然景观、文化特点，形成两条复合产业集聚、观光休闲、绿色交通等功能的滨河产业带；“六区”，按照渭河生态区所串联的沿渭 4 市 2 区不同行政管辖与资源特色，建设宝鸡渭河生态区、杨凌渭河生态区、咸阳渭河生态区、西咸新区渭河生态区、西安渭河生态区、渭南渭河生态区等 6 个各具特色的生态区。目前一条长 512 km，宽 1 ～ 6 km 的生态区横贯关中平原，形成秦岭、渭河南北相望的两大生态景观带，使这条古老的河流焕发出勃勃生机。

2.2.5 安塞样板——方塔小流域“坝系农业”治理模式

方塔流域隶属于陕西省安塞区，位于杏子河中下游，流域面积 10.3 km^2，有 5 个村民小组，107 户，550 人。该流域曾被列入中国科学院水土保持研究所主持的陕西省科技攻关项目示范区，1989 年列入世界粮食计划署援建的杏子河流域“3225”工程项目重点治理小流域，现已建成 4 座淤地坝。其中 1974—1975 年建成 1 号坝，1977 年大洪水时遭到严重破坏，1978—1979 年补修完好；1989—1990 年建成 2、3、4 号坝。目前沟道建成 1、2、3、4 号连环淤地坝体系，与林草措施和高质量梯田组合，基本控制了水土流失。20 世纪 80 年代初期水土保持研究所在安塞区进行水土保持综合治理和科研示范，当时就规划方塔流域为以坝系为主要措施的山、水、田、林、路综合治理试验示范区。20 世纪 70 年代建成的 1 号坝已淤地 8 hm^2，种植的果树、树苗取得了显著的经济效益，据调查，玉米单产较山坡地高出 1 ～ 2 倍，较梯田高出 50% ～ 100%，平均单产 7500 kg/hm^2，最高可达到 15 000 kg/hm^2。一般情况下，坝地也比川地产量高，特别是在枯水年，由于坝地土层厚，更显出坝地农业的优势。20 世纪 80 年代末期利用“3225”项目建成的 2、3、4 号坝，有效地拦蓄了泥沙，但由于该流域几十年来的综合治理山坡地基本梯田化（人均 0.2 hm^2），沟洼地全为林草植被，因而坝地比原计划推迟淤成。坝地把流下不多的泥水经过沉淀后放入杏子河，形成了只流水不流沙的态势。

对方塔流域的综合治理，不仅改善了生态环境，促进了农林牧各业的发展，还增加了农民收入。1995 年，方塔村被原延安地委、行署命名为“地级小康示范村”，1996 年，人均生产粮食 600 kg，人均纯收入 2214 元，村民生活面貌发生了巨大变化：住进了新石窑、喝上了自来水、用上了照明电。

2.2.6 关中“北山”样板——蒲城石质山体生态修复模式

关中“北山”蒲城段有金粟山、尧山及岳王山等山脉，山区面积为 70 733.12 hm^2，占县域面积的 38.86%，属黄河二级支流洛河流域，处于关中向陕北的过渡地带。2016 年，为了改变全省森林覆盖率排名倒数第一的被动局面，蒲城县委县政府贯彻“绿水青山就是金山银山”发展理念，把关中“北山”蒲城段生态修复作为保护唐代陵墓、发展旅游产业、带领山区群众脱贫致富、改善区域生态面貌的一项重大民生工程和高质量发展工程，决定实施“四陵四山”石质山体、矿山关停区、黄土台塬、洛河沿岸等生态脆弱区工程项目造林、新一轮退耕还林、封山育林、经济林基地建设等，生态文明建设取得了显著成效。为了保护好关中“北山”蒲城段分布的唐代桥陵、景陵、光陵、泰陵，蒲城县实施了以“四陵四山”为主体的石质山体生态修复试点工程，3 年累计投资 8 亿元，在石质山体立体造林 2 万亩，亩均投入 4 万元（包括道路整修、蓄水池建设、输水管道铺设、防火设施建设等基础建设，如单纯造林亩均投入 3 万元）。其中，唐桥陵栽植各类苗木 91 万余株，造林 4000 余亩；唐泰陵栽植苗木 120 万株，造林 5000 余亩；唐景陵栽植苗木 150 万株，造林 0.7 万亩；其他山体造林 0.4 万亩，基本实现唐桥陵、唐泰陵、唐景陵山体绿化全覆盖，苗木成活率普遍达到95%，填补了渭南市山地造林的空白，为关中“北山”整体绿化发挥了典型示范的牵引作用。为了恢复37家采石企业留下的0.6万亩采石场的生态环境，解决由此带来的地质灾害、植被破坏、周边环境被污染、群众生产生活受影响等一系列问题，2015年蒲城县成立专门机构，组织专门力量，集中开展采石企业专项整治活动，通过实施“先停产、再整治”和“谁破坏、谁治理”的方式，对采石、石渣加工企业开展专项整治，对全县37家采石企业、50多家石渣加工企业全部停产整顿。在此基础上，编制了《桥山南麓采石场工矿废弃地复垦利用项目规划》，制订了《蒲城县桥山南麓矿山生态恢复治理实施方案》，并按照“宜林则林、宜灌则灌、宜草则草”的原则，把采石场作为生态修复重点。目前已累计投资1.3亿元，修复4200亩，亩均投入3万元，栽植火炬、刺槐、臭椿等先锋树种63万余株，修复面积占关停矿山总面积的70%以上。特别是实施的卧虎山关停石渣厂植被恢复工程，改变了以往植被恢复就是植树种草的观念，坚持常绿树种与彩色树种结合、乔木与灌木结合、用材林与经济林结合，成为渭北关停矿山生态恢复治理的典范。针对关中“北山”蒲城段干旱少雨、土壤肥力差、缺少水利设施、种植农作物效益差，农村劳动力外流，相当数量土地荒芜和区域性贫困的实际，蒲城县把“北山”周边的黄土台塬作为全县经济林基地建设的重点，通过造林绿化，有效增加农民收入，加快产业结构调整，助推脱贫攻坚，实现生态效益、社会效益和经济效益的共赢。为此，蒲城县紧紧抓住国家实施新一轮退耕还林的机遇，对25°坡以上的坡台地鼓励全部实施退耕还林，结合县域实际，制定了《蒲城县金银花产业发展实施方案》和《蒲城县花椒基地建设实施方案》，农户栽植金银花、花椒每亩分别给予500元和100元的补助，在北山区域大力发展花椒、金银花、柿子等特色经济林产业，两年共计补助资金2900万元，发展金银花5万亩、花椒4万亩。针对重点区域，突出景观效果，大规模开展迎坡面造林绿化，相继实施了西禹高速、108国道、201省道平坡面造林绿化工程，在荒坡栽植侧柏、油松等常绿苗木，在台田地根据群众意愿栽植花椒、金银花等经济林，在地埂栽植蜀桧，营造塬面防护林、沟沿防护林、沟坡防护林，累计投资1.2亿元，实施主干道路迎坡面造林1.2万亩，亩均投入1万元，境内主干道路迎坡面实现全覆盖。

（1）确立“花冠戴帽、绿带缠腰、经济林作裙”的石质山生态修复模式

唐桥陵、唐泰陵、唐景陵、唐光陵等“四陵”景区所在山体岩石裸露、土层瘠薄，造林难度大，造林成本高，是北山生态修复的攻坚区域。对此，蒲城县在组织专人赴河北塞罕坝、山西永和、韩城象山等地考察学习的基础上，结合区域实际，确立了“花冠戴帽、绿带缠腰、经济林作裙”的石质山立体绿化目标。

（2）“鱼鳞坑”的工程造林绿化模式

对“四陵”所在山体进行立体造林的方法如下：一是在山体坡面挖掘鱼鳞坑。

在山体坡度较陡、机械上不去的地方，2～3人一组，通过风镐刨、钢棍撬、电钻打、铁镐掏，用砖混结构整理成圆形鱼鳞坑，有效破解了山体石质坚硬的整地难题。二是给鱼鳞坑内培土。通过采用滑索输送、骡马驼土及管道高位输土等方式，有效解决了石质山土层瘠薄、苗木及营养土运输的难题。三是建设蓄水池。采用逐级建设蓄水池，铺设输水管道，克服了造林区域水源紧缺的难题。

（3）探索出“上垂下攀”的绿化模式

对采石点进行生态修复。对采石坑采取“底部机械破碎、铺设石渣、覆盖黄土”的办法，通过栽植火炬、沙棘等根系发达苗木，绿化坑台。对采石立面的上下断面挖掘沟渠，沟内垫土，栽植爬山虎、常春藤等“上垂下攀”攀岩植物，逐步恢复景观效果。

2.3　建设成效

陕西持续坚持高位推进、规划引领，把生态保护和高质量发展摆在黄河综合治理的突出位置，大力实施退耕还林、天然林保护、三北防护林、京津风沙源治理、野生动植物保护与自然保护区建设等重大生态建设工程，绿色版图向北推进400多千米，黄土高原成为全国连片增绿面积最大的地区。党的十八大以来，中央将“生态文明建设”纳入“五位一体”总体布局，提高到前所未有的国家高度，陕西省上下“一盘棋”，扎实推进关中大地园林化、陕北高原大绿化、陕南山地森林化，在三秦大地上筑起了一座绿色丰碑，生态建设取得了历史性突破。

2.3.1　生态保护修复成效显著

为了改善脆弱的生态环境，陕西持续推动国土绿化。20世纪五六十年代主要采取多部门联合造林模式，主要造林地块分布在道路、河流、库区等沿线。1977年启动平原绿化工程，大力开展四旁植树、农田林网和道路、水系、荒地绿化。1978年启动三北防护林体系建设，1998年开始实施天然林资源保护工程，1999年率先实施退耕还林工程。20世纪90年代开始，与德国、日本、比利时、美国、韩国等国家开展了13个国际合作造林项目，引进外资14.6亿元人民币。进入21世纪，偏远地区大面积荒山荒沙绿化已经取得阶段性成果，全省国土绿化重心转移。2001年启动绿色通道建设工程，2004年启动了以创建国家森林城市为重点的“身边增绿”工程。2007年起，实施“三化一片林”绿色家园建设。2009年起，启动了陕西东大门、晋陕峡谷等重点区域绿化工程。2012年起，陆续启动关中大地园林化、陕北高原大绿化建设。

昔日陕北黄土高原“山高尽秃头，滩地无树林”、关中平原“八百里秦川尘土飞扬”的荒凉景象一去不复返。在延安子午岭林区发现的迄今最大华北豹种群，标志黄土高原脆弱的生态环境有了极大改善，野生动物种群和生物多样性呈现日益丰富的趋势。2018 年林地保护数据与 2012 年林地保护数据相比显示，黄河流域森林覆盖率由 33.84% 提高到 36.84%。2000—2018 年全省植被指数变化百分率平均为 17.9%，为全国平均值的 2 倍，植被指数平均值由 0.5751 增长到 0.7219。“榆林绿”“延安绿”和“关中绿”展示了黄河流域国土增绿的显著成效。通过林业建设各大工程的实施，陕西省黄河流域森林资源恢复性增长持续加快，森林蓄水保土能力显著增强，森林碳汇能力大幅度提升，区域经济迅速转型，生态扶贫贡献显著，黄土高原生态系统的功能、结构得到不断恢复。人与自然和谐共生的景象初步形成。

2.3.2 退耕还林还草引领全国

陕西是全国退耕还林的重点省份和先进省份。1999 年，党中央、国务院在延安提出了“退耕还林、封山绿化、个体承包、以粮代赈”的十六字方针，拉开了全国退耕还林的序幕。如今，陕西“退”出了秃岭荒山，“还”来了绿水青山。全省兑现退耕还林还草补助资金 370 亿元，惠及 300 万农户、1000 余万农民，人均获益 3700 元，带动贫困人口 73.6 万人。退耕还林还草成为陕西最有面子的工程，最有颜值的工程。一幅幅耀眼的“陕西绿”，一张张增收的“笑颜”，是 20 年来陕西退耕还林还草的最大奖章和最高奖励。

（1）退耕还林面积全国第一

1999 年在全国率先开展试点以来，工程覆盖全省 10 个市 102 个县区，退耕还林还草 269.31 万 hm^2，其中退耕地还林还草 124.50 万 hm^2，占全国退耕还林还草总面积的 9%，居全国第一。陕北黄土高原水土流失综合治理率 68% 以上，土壤流失量比退耕前减少了 85%。据气象局卫星资料分析表明，2018 年陕西植被覆盖度达到 73.17%，以陕北为核心的黄土高原，是全国连片增绿幅度最大的地区，黄土高原披上了绿装，为黄河流域生态治理提供了“陕西样本”。

（2）全国退耕还林第一市

延安是全国退耕还林还草策源地，被称为“全国退耕还林第一市”。经过 20 年的不懈努力，延安市累计完成退耕还林面积 71.83 万 hm^2，实现全域退耕，森林覆盖率由 33.5% 提高到 52.5%，植被覆盖度由 46% 提高到 81.3%，绿色全覆盖，成为黄土高原绿芯，华北豹、原麝等珍稀野生动物重新出现，延安成为全国生态建设的一面旗帜，为世界生态脆弱区提供了生态修复的“延安样本”。

（3）全国退耕还林第一县

1998 年，延安市吴起县率先掀起了一场史无前例的绿色革命，启动封山禁牧、退耕还林工程，1999 年一次性退耕还林 10.37 万 hm^2，是全国封得最早、退得最快、面积最大、群众得到实惠最多的县，建成全国首个退耕还林森林公园、全国唯一退耕还林展览馆，被誉为“全国退耕还林第一县”“全国退耕还林试点先进县”“全国水土保持先进集体”“全国造林先进县”“国家绿化模范县”等。

陕西退耕还林的三个“全国第一”，得益于党中央、国务院的关心支持和省委、省政府的高位推动，是各级党委政府和有关部门密切配合、共同推进的成果，凝聚了全省人民群众的衷心拥护、积极参与的强大力量，是宝贵经验的积累沉淀，也是对今后努力的激励鞭策，为我们决胜生态空间战场树立信心、注入动力。

2.3.3　天然林保护工程持续发力

1998 年，党中央、国务院在长江上游、黄河上中游地区及东北内蒙古等重点国有林区启动实施了天然林资源保护工程。陕西地跨长江、黄河两大水系，生态功能突出，是实施天保工程的重点省份。工程实施以来，中央财政已累计向陕西投资 230 多亿元，全省共 119 个县（局）级实施单位，现有天然乔木林 9324 万亩，占全省有林地面积的 69.4%。党的十八大以来，进一步加大了对天然林的保护力度，全面停止天然林商业性采伐。

天保工程二期实施以来，全省在黄河流域范围累计完成公益林建设任务 448.64 万亩，其中：人工造林 105.44 万亩，封山育林 147.6 万亩，飞播造林 195.6 万亩，完成中央预算内投资 71 523 万元，公益林建设任务量和投资量分别占同期全省总量的 44.5% 和 47.7%。

该工程使黄河流域天然林得到休养生息，生态环境得到了有效保护和恢复，生态富民成效显著，林业事业基本摆脱了“资源危机、经济危困”的困局，天然林保护工程的实施功不可没。

2.3.4　沿黄防护林高质量发展

多年来，通过持续实施三北防护林、天然林资源保护、退耕还林还草还湿、京津风沙源治理等重点生态工程，大力推进重点区域绿化，扎实开展身边增绿，着力加强森林资源保护，黄河干流西岸及其主要支流两岸森林植被逐年增长，生态环境状况持续改善，初步建立起以水源涵养林、防风固沙林、农田防护林、水土保持林、护堤护岸林、护路林为骨架的类型多样的沿黄防护林体系。各县区应用推广适宜黄河干支流沿线不同区域的营造林技术和模式，提高了造林成活率和保存率，逐步建成了一批科技含量高、示范作用强的示范样板，精准提升防护林质量。神木市以红碱淖国家级自然保护区为中心，辐射周边 1 个基地、2 个林场、3 个乡镇，统筹推进山水林田湖草沙综合治理，打造成榆林毛乌素沙地生态高质量发展国家级示范区。延长县依托国家储备林基地建设项目，用 3 年时间完成建设任务 60 万亩，为建设国家储备林基地提供试点示范。大荔县依托老枣树资源，以保护乡土树种种质资源为基础，建设 2000 亩大荔枣树公园，挖掘生态文化内涵，推动工程建设高质量发展。

但同时也要看到，目前黄河干流两岸及其主要支流两岸防护林体系还存在分布不均、质量不高、结构不合理以及缺行断带、退化低效林多等突出问题，生态环境依然脆弱，水土流失仍然严重。有关统计数据显示，我国 80% 的入黄泥沙来自黄河中游的河口镇至龙门之间，入黄泥沙量年均达到 11.80 亿吨，涉及黄河西岸泾河上游和洛河上游流域的 7.86 万 km^2。黄河是中华民族的母亲河，保护黄河是事关中华民族伟大复兴的千秋大计。实施沿黄防护林提质增效和高质量发展工程，是构筑黄河流域重要生态屏障的重大举措，是建设黄河流域高质量防护林体系的根本要求，也是巩固拓展脱贫攻坚成果，促进乡村振兴的有力抓手。

第三节　沙区生态空间治理

3.1　基本概况

毛乌素沙漠是中国四大沙地之一，面积约为 4.22 万 km^2。包括内蒙古自治区的鄂尔多斯南部、陕西省榆林市的北部风沙区和宁夏回族自治区盐池县东北部。榆林沙漠化土地面积约为 2 万 km^2，约占毛乌素沙地面积的 50%，是全国土地荒漠化和沙化危害严重的地区之一。根据第五次全国性沙化土地监测统计，1994 年到 2014 年，陕西省沙化土地面积由 2182 万亩减少到 2030.9 万亩，流动沙地面积由 219 万亩减少到 5.3 万亩（见图 7–2、图 7–3），沙区林草植被覆盖度 40% 以上，生物多样性日益增多，已呈现出沙化土地总面积减少、危害程度极大减轻、沙化扩展趋势得到有效控制，昔日滚滚黄沙，变为今日片片绿洲。

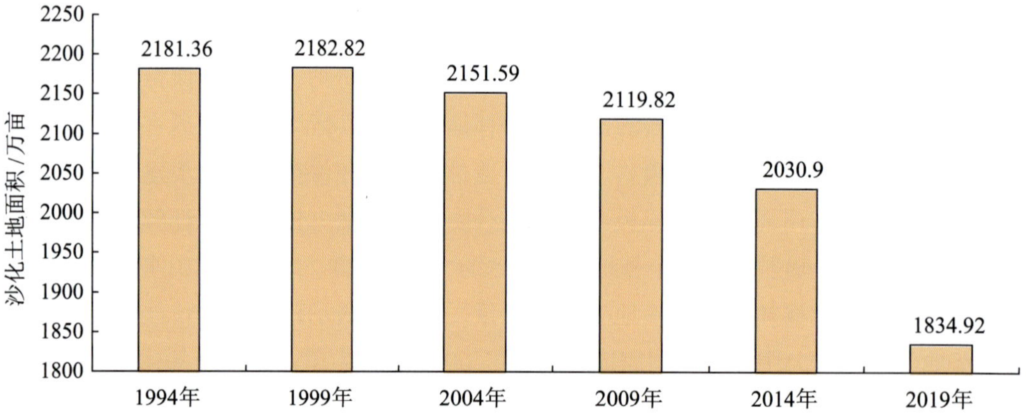

图 7–2　陕西省沙化土地面积变化情况

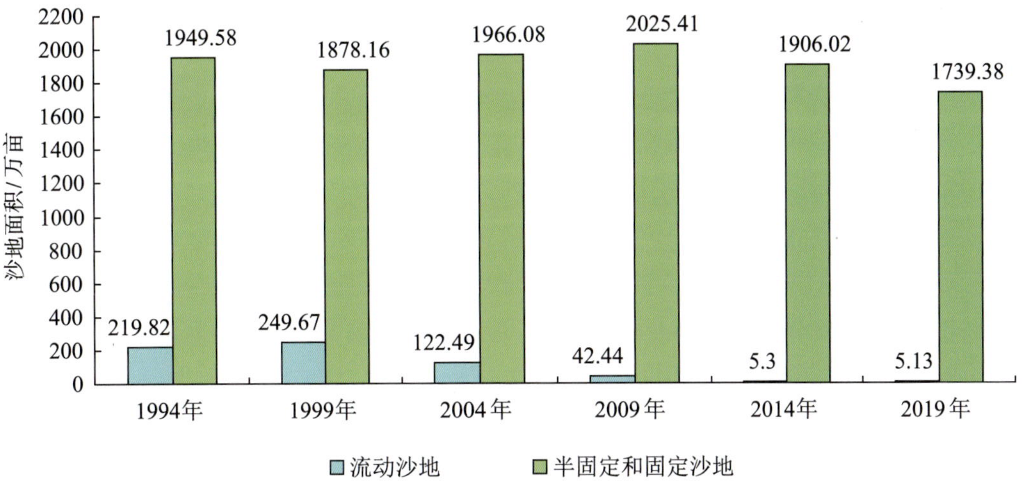

图 7-3　陕西省流动沙地、半固定和固定沙地面积变化情况

3.2　典型模式

3.2.1　"点"上探索

20 世纪 50—60 年代，榆林地区围绕防沙治沙的初始实践，从解决治沙造林面临的最基本的技术问题入手，组建专业治沙机构和队伍，将群众在实践中总结出来的土办法上升到科学的高度，积极开展防沙治沙技术研究和普及推广工作。1950 年，成立了第一个治沙造林林场——陕北防沙造林林场，正式拉开了同沙漠斗争的帷幕，随后陆续在长城沿线设立了 23 个国有林场和 10 多个国营苗圃，1959 年在中国科学院沙漠考察队基础上组建了陕西省治沙研究所，为大规模治沙造林奠定了基础。由于没有经验，造林只是在村庄、路旁、河流两岸及沙漠边缘进行。在风沙危害严重的地段采用什么样的手段治沙，造什么林、种什么草，种子苗木如何解决，怎样才能使农田、牧场、村庄、道路不受风沙侵袭等大量的技术问题摆在了相关科技人员的面前。为此，中国科学院、中国林科院和陕西省治沙研究所等相关部门组织广大科技人员展开了科技攻关，联合成立了植物引种、育苗驯化、造林试验三个科研攻关小组，先后从三北地区引进了多种耐干旱瘠薄、抗风沙适应性强的植物种，筛选出沙蒿（*Artemisia ordosica*）、沙柳（*Salix psammophila*）、花棒（*Hedysarum scoparium*）、踏郎（*Hedysarum mongolicum*）、紫穗槐（*Amorpha fruticosa* Linn.）、沙打旺（*Leguminosae*）等十几个优良固沙植物种，在多点造林试验的同时进行局部推广。树种草种的问题初步解决后，如何提高造林成效就成了当务之急，最为突出的问题是春天种子播撒下去或树苗栽植以后，几场大风过后，种子被大风吹走，树苗被连根刮起，导致造林成效很差。经过科研人员反复的试验研究，在总结群众经验的基础上，确立了以生物措施为主，工程

措施为辅的治沙方法，摸索出引水拉沙、沙障固沙、搼沙湾造林、前挡后拉、顺风推进、密集式造林等一系列治沙造林适用技术，大大提高了造林成活率，后来又逐步总结出了截干造林、大苗深栽、覆膜造林等抗旱、节水造林技术措施，在生产中获得了巨大的成功。解除了部分群众中存在的“见沙怕”“治沙愁”的畏难情绪，促进了治沙工作在点上的展开。

3.2.2 “线”上中试

到20世纪70年代，随着人口的增加，沙区农田面积不断扩大，畜牧业发展加快，防沙治沙的方向和模式也相应地进行了调整，实行以人工造林为主，辅之以封沙育林育草，把单一的栽树种草治理推向综合整治。科研人员选择在榆横川道、定靖滩区和北部草滩地区分别进行护田林网和护牧林网建设的试验研究，取得了重大突破。由此拉开了线上以集体营造林为主，山、水、田、林、路综合治理大会战的帷幕，将植树造林作为整治山河的根本战略，建成造林面积达175万亩的长城、北缘、环山、灵榆四条大型防风固沙林带，极大地改善了群众的生产生活条件。

1974年开创性地开展了我国最早的飞播治沙试验，在流动沙丘上飞播是世界治沙的空白，并无先例可鉴，科研人员通过对毛乌素沙地的发生发展规律和自然特点的总结分析，从宜播地类、植物种选择、播期播量确定等多个方面展开了广泛深入的试验研究，逐步解决了种子播前处理、落地、发芽及幼苗风蚀等科学问题，为20世纪80年代大规模的飞播治沙奠定了基础。同时，榆林沙区毛乌素沙地优良乔、灌、草种的选择和引进试验、樟子松（*Pinus sylvestris* var. *mongolica* Litv.）引种栽培造林技术研究、沙区乡土树种的造林、母树林的营造技术研究等一批科技攻关项目相继落地，切实解决了沙区老百姓生产生活中存在的问题。1978年，举世瞩目的三北防护林工程启动，在总结近30年治沙经验的基础上，按照以林促农的新思路，给每户百姓划拨3～5亩的治理荒沙地，通过造林种草，解决了群众丰衣足食的问题，迈出承包治沙的宝贵一步。

3.2.3 “面”上推广

20世纪80—90年代，围绕防沙治沙不断向纵深和更广领域推进的实际，从解决治沙造林面临的重大关键技术难题入手，推动和促进防沙治沙工作再上新台阶。此时，飞播治沙试验经过多年的研究与实践，取得重大突破，摸索出了一整套适用于特定自然条件下飞播造林治沙技术体系，开始“面”上推广，累计完成飞播治沙60多万公顷，并向内蒙古、宁夏、甘肃等省区推广1000多万公顷，其科技成果达到世界先进水平，在国内外产生了巨大的影响，榆林治沙由此走向全国，走向世界，先后荣获全国科学大会奖和国家科技进步二等奖。

当时，在国际上被誉为“中国的绿色长城”的三北防护林几乎为清一色的灌木树种，造成冬春季休眠落叶，防护效能显著下降。解决这个问题的根本途径在于增加优良常绿固沙乔木树种的比例，改善防护林的结构和质量。从樟子松的引种驯化开始，经过20多年艰苦卓绝的努力，逐渐攻克了引种、育苗、沙区栽培、沙荒治理和大面积的造林等多项技术，在科学研究与生态工程建设中取得了显著成效，成果获得多项国家、省部级奖励，樟子松成为我国防沙治沙工程的主要乔木造林树种之一，截至目前，仅在毛乌素沙地樟子松造林保存面积就有300万亩以上（榆林沙区130多万亩），不仅增强了防风固沙效益，使沙区生物多样性显著增多，林种结构及林分质量得到改善，还有效地提高了沙区人民的生活水平。1991年，美国《时代》周刊记者博珊迪刊载《向沙漠挑战》一文中指出："榆林治沙造林的成绩，这是与毛乌素沙漠斗争的一个成功例证。"

3.2.4 "全方位"提升

进入21世纪，在总结50年治沙经验的基础上，对沙区生态环境进行全方位、多因子、长时间定位监测，并实施了与沙区经济社会发展及资源开发相关的亟待解决的几大课题。一是进行了榆林毛乌素沙地荒漠化土地综合治理技术研究与示范，提出了"片、圈、面"治沙模式和沙漠绿洲生态农业农林牧开发技术，实现了生态农业与治沙为一体的复合技术；二是进行了植物种质资源收集保存及良种培育技术研究，通过采用现代分子生物学技术与常规育种相结合的方法，筛选出对榆林沙区可持续发展有重要意义的资源植物，进行新品种培育和次生代谢产物开发，建设了专门的珍稀濒危沙旱生植物种质资源基因库和陕西榆林珍稀沙生植物保护基地；三是进行了沙区水分动态变化及可持续发展防护林技术研究，通过对不同固沙林地水分状况研究，确定了防护林与沙地水分动态变化的关系，寻找出水分平衡条件下林水矛盾最小化的生态建设模式；四是进行了矿区植被恢复与重建技术研究与示范，建立了"陕西省陕北矿区生态修复重点实验室"，对矿区植被破坏和群落稳定性以及水分动态平衡机理进行了研究，提出了塌陷区、煤矸石山和露天矿区生态植被恢复与重建关键技术；五是进行了重大林木病虫害综合防治的研究，从可能引起植物死亡的生态环境、技术措施、虫害和病害因子等多方面进行系统观察和试验，提出了综合防治措施；六是开展了毛乌素沙地沙产业开发利用试验示范研究，先后建立榆林沙地公园、樟子松良种基地、沙地红枣基地、长柄扁桃良种繁育基地等，加大对沙区生态经济的全面研究。

此外，从服从和服务地方经济建设大局的需要出发，先后解决了神延铁路、榆靖高速公路、陕京输气管线、煤矿、电厂、气田等项目的全方位生态防护技术。其中，在榆靖沙漠高速公路的建设过程中，应用沙漠学、生态学理论和现代数字模拟技术提出了"四带一体"防风固沙体系及养护技术，解决了在我国半干旱地区修筑沙漠高速公路生物防护的重大理论和技术问题，其理论和技术达到国际先进水平。

3.3 取得的成效及问题

3.3.1 沙区生态环境建设水平仍处在初级阶段，生态系统稳定性亟待提升

新中国成立以来，经过 70 多年的建设，沙区的生态环境建设取得了明显的成绩，生物多样性日益丰富，局部生态状况逐步好转，但沙区生态环境建设水平仍处在初级阶段，生态系统结构极不稳定。一是林分质量差，分布不均，植被退化严重。20 世纪 60—70 年代营造的以杨树为主的防护林，已老化退化濒于死亡，飞播 30 年的灌丛植被已到过熟期，急需更新和改造，榆林沙区“三化”草地面积达到 1082 万亩，占天然草场面积的 44%，如果不及时解决上述问题，固定半固定沙丘可能会引起“二次”沙化危险。二是水土流失尚未得到根本性治理，风水蚀危害严重。全区仍有水土流失面积 1.67 万 km^2，占土地总面积的 38.7%，每年输入黄河泥沙量仍高达 2.9 亿 t，相当于流失 375 万亩耕地的熟土层，损失氮、磷、钾 166.8 万 t，是榆林年使用化肥总量的 5.5 倍。三是从 20 世纪 60 年代引种的樟子松，由于抗逆、抗旱、抗寒及生长适应强的特点，成为毛乌素沙地防沙治沙的最主要乔木造林树种，多年来形成了“一树独大”的局面，且多以纯林为主。从 21 世纪初以来，部分樟子松人工林出现了不同程度的衰退现象，给我们敲响了警钟，更为严重的是大部分樟子松人工成熟林不能自然更新，且目前樟子松人工造林仍在大面积推广，迫切需要解决樟子松存在的技术瓶颈。四是过去积累的近千万亩的林草资源，急需引入现代林业经营理念，发展相关产业及产业链，促进毛乌素沙地防沙治沙可持续发展。另外，大面积的防风固沙林，灾害性病虫问题突出，植物抗病虫害能力低，致使林内不断有害虫的侵入，对花棒、踏郎、沙柳、沙蒿、沙棘、柠条、紫穗槐等的危害日趋严重。沙区生态环境建设水平仍处在初级阶段，植被群落结构急需调整，生态系统稳定性亟待提升，整个防沙体系进入良性循环的道路仍很遥远。

3.3.2 沙区特有的植物和湿地资源锐减，生态恢复与重建极为困难

沙地柏、杜松和长柄扁桃是榆林沙区特有的 3 个濒临灭绝的珍稀树种，尤其是沙地柏和长柄扁桃，在我国乃至世界亦属稀有植物种。3 个树种天然分布于与榆阳、横山接壤的五十里沙、神木大保当、府谷孤山川和补浪河等地区。根据其濒危和珍稀程度本应受到很好的保护，但由于垦荒、放牧和樵采，天然林的面积迅速缩减。神木大保当沙地柏天然林保护区 1949 年有天然沙地柏林 23 万亩，现保留约 9 万亩，减少了 14 万亩。长柄扁桃曾在榆阳区补浪河、神木县圪丑沟等乡镇有集中连片的天然林分布，为 2 万多亩，现在仅存 2000 多亩，破坏现象十分严重。另外，沙区大面积发展非节水农业，导致地下水位迅速下降，20 世纪 50—60 年代地下水位为 2 ~ 3 m，到了 70—80 年代地下水位降至 5 ~ 10 m，90 年代以后地下水位急剧下降，农田机井由几米发展到几十米甚至百米以上，农业集中区浅层地下水几乎完全消失；70 年代，榆林沙区

共有大小湖泊 869 个，总面积约 105.35 km^2，进入 90 年代，由于气候干旱、农业开发、资源的大规模开采等原因导致湖泊总数锐减，仅剩大小湖泊 79 个，湖泊总面积已大大减小，水域面积较 10 年前减少了 1/3，尤其是近年来沙区湖泊（海子）的萎缩、干涸速度越来越快，我国北方最大的沙漠淡水湖红碱淖水面从 75 km^2 减少到目前的 30 km^2，引发了严重的生态危机。榆林沙区的这些特色资源，具有生物多样性功能、渔业功能、旅游功能、鸟类栖息功能、气候调节功能等，对毛乌素沙地来讲尤为宝贵，一旦失去，恢复极为困难。

3.3.3 能源开发规模空前，生态修复任务十分艰巨

近几年来，能源开发与生态环境治理的矛盾日益突出。随着国家能源化工基地建设速度的加快，煤、天然气、石油等自然资源的开发力度逐步加大，这本是利国利民的大好事。然而，目前重开发轻治理、先开发后治理的现象较为普遍，对该区域脆弱的生态环境构成较大威胁，如何破解资源开发与生态环境建设的矛盾，是榆林能源开发改革发展中的难题之一。据陕西省治沙所监测结果表明，近年来，仅煤田开发一项，形成煤炭采空塌陷区面积约 550 km^2，50 亩以上矸石山超过 1000 个，1.73 万亩植被被毁，2 万亩土地荒漠化，部分固定、半固定沙丘出现活化现象，由于不能及时恢复和绿化，造成新的沙化和水土流失；此外，水资源损失严重，漏斗现象普遍，仅大柳塔矿区使矿区范围内地下水位年均下降 1.54 m 左右，而整个神府矿区具有供水意义的两个含水层（萨拉乌素组和烧变岩）底界仅距煤层 3 ～ 50 m，若因煤层开采造成含水层破坏，其后果不堪设想。随着天然气的开发利用，靖（边）京（北京）、靖（边）西（安）天然气输气管道在榆林地区的总长达 550 km，大部分从沙区穿过，破坏植被达 9 万亩，形成了一条醒目的“黄色长廊”，已经成为榆林沙区“二次”荒漠化发展严重地区，必须引起高度重视。

3.3.4 创新机制滞后，影响防沙治沙的可持续发展

一是治沙人才作为科技支撑的载体，是推动治沙科技和“五位一体”建设发展的关键力量，但榆林市治沙人才结构性矛盾十分突出，产学研结合不够紧密，治沙科技对经济发展的贡献率不高；二是治沙部门对示范区建设的管理水平较低，建设的技术模式比较单一，科技含量和综合效益不高，示范区技术服务和科技推广体系建设滞后，一些成熟的防沙治沙适用技术和科研成果以及一些治沙新品种、新设备尚未得到有效推广应用；三是沙化土地常规化监测系统、定位监测站（点）网、监测数据信息库建设、沙尘暴灾害应急处置系统、防沙治沙重点实验室、沙产业工程技术中心等平台建设基本处于空白，难以为防沙治沙科学提供及时、准确、可靠的决策依据；四是生态效益与经济效益没有很好地结合，随着可持续发展思想的引入，实施生态修复工程，必须

充分考虑当地群众经济发展要求；五是投入机制缺乏活力，近几年来，治沙造林的预算投资较20世纪有了大幅度增加，但总的投入仍显不足。如按照榆林实际情况，樟子松造林每亩约需500元，而国家补助仅为200～300元，单位面积的投入不足制约了榆林防沙治沙的可持续发展。

3.4 沙区生态空间治理路径

3.4.1 推进以“提质增效”为主的美丽沙区建设

按照国家“一带一路”倡议部署和习近平总书记“绿水青山就是金山银山”的重要论述，要做好以下工作：一是促进科技成果转化，推动科研院所、高校、涉林企业建立协同研发创新联盟，总结和集成治沙经验，在构建更加稳定的沙区生态系统上下功夫，加强毛乌素沙地荒漠化防治关键技术攻关，在沙产业发展技术、有害生物防治、实用技术推广等方面，突破现有的技术瓶颈，建立沙区可持续发展的治沙技术模式；二是深入研究毛乌素沙地飞播更新与复壮技术问题，开展刺槐、榆树、樟子松等乔木树种无人机飞播试验，修正改造沙区飞播低效防护林的提质增效体系，构建与毛乌素沙地原生生态系统相符合的稀疏林景观，打造低成本飞播更新与复壮示范基地；三是对全区林木种质资源进行深入调查，健全系统种质资源库，科学制订方案，建立珍稀沙生植物示范园；四是探索沙区湿地生态系统格局、功能演变规律和驱动机制，研发湿地关键生物生态恢复与重建技术、重要栖息地修复与功能提升技术，从湿地生态保护与利用出发，建立毛乌素沙地旅游休闲示范基地；五是着力抓好沙区长柄扁桃、沙地红枣、欧李、文冠果等优良品种选育，积极开展沙地柏、杜松、旱柳等乡土树种的保护与利用工作，针对樟子松自然演替不明显的问题，提出解决方案，保护好现有资源，做好物种培育基础工作；六是积极争取中省支持，健全防沙治沙系统科技机构，增强科技研发力量，整合集成国内外优势力量，继续保持榆林防沙治沙水平在国内外相关领域领先地位。

3.4.2 实现沙区经济社会可持续发展

沙地以良好的渗透、储藏、调节能力，滋养着沙地边缘的“海子”、河流、草地，维持着沙地生态环境的协调，大面积沙丘地被物覆盖的改变，将影响并打破流沙—草地—河流—植物—食草动物这一生态系统的平衡，湖泊（海子）进一步地萎缩，引起局部的生态灾难。在干旱、半干旱沙区，绿色植物的数量并非多多益善，而应在充分考虑适地适树、因地制宜的基础上，合理谋划，科学适度，在基于沙区水分平衡的条件下，根据水的多少来确定栽多少树，造多少林。因此，治沙中应注意把民生改善与生态建设有机结合，在城镇周边为改善人类的生态环境，适当地多营造建设城市森林，而在沙区腹地和人烟稀少的地方推广稀植造林模式，并保留一定的沙荒面积，因地制宜地建设毛乌素沙地沙漠公园，不但可以最大限度地维持沙区水分平衡，而且可以为人们提供旅游、休闲和休憩的场所，让人民群众享受更多的生态福祉。

70 余年的经验教训昭示我们，在榆林沙区，水的珍贵程度绝不亚于任何地下资源。必须树立沙区治理水为基础的思想，增强民众的节水意识，实行科学用水，坚持在保护中开发、在开发中保护的原则。从生态平衡的角度出发，充分考虑沙区生态的承载能力和地下水资源的承受能力。通过节水来换取面积，以高附加值代替低附加值产品，改变大水漫灌，积极推广集水、节水等技术，逐步淘汰低质低效产品，推广沙区特有经济林规模化、标准化、精细化栽培模式，以质为先，转变只求大规模植树造林，一味追求沙地覆盖率的观念，兼顾沙区生态、经济和社会效益有机统一，服务民生，最终实现沙区经济社会的可持续发展。

3.4.3　加速防沙治沙成果转化转移

一是建设促进科技成果转移转化的创新载体，结合陕西“一带一路”的战略部署，加强共建“一带一路”国家治沙科技服务网络节点建设，深入推进“技术创新与产业化联盟”建设，形成覆盖中西部地区治沙科技孵化网络体系，全力推进二次治沙创业进程。加强荒漠生态系统定位站、沙产业工程（技术）研究中心、防沙治沙重点实验室等科研平台建设，构建榆林“丝绸之路”治沙科技联盟，打造毛乌素沙地特色经济林发展联盟和跨部门、跨地区平台以及产业链建设，提升榆林对行业和产业的服务能力。二是加强创新成果转化与示范共享效应，重点转化和示范推广先进、成熟、实用的科技成果，依托现有的成果转化示范基地，集中优先建立沙区林业科技成果推广示范基地 20 个，发挥治沙科技创新在区域社会经济发展中的示范共享效应与引领辐射作用，积极推广彰武松、班克松、异砧红松和欧洲赤松等优良治沙新品种，改变“一树独大”局面，最大限度地调整效益低下的防风固沙林结构，建立多树种抗逆性强的混交营林模式。三是培养培训成果转移转化的专业化人才队伍，依托中国林业科学研究院、北京林业大学、西北农林科技大学、北京师范大学等，探索产学研相结合的多元化创新创业人才培养模式。设立“产研人才扶持项目”，对从事科技成果转化、带动产业升级的科技人才给予重点支持，组织科技人员深入基层开展科技成果转移转化活动。

3.4.4　建立资源—环境—社会相互和谐机制

凝练和弘扬榆林治沙精神，注重培育防沙治沙典型，继续挖掘诸如治沙英雄石光银、牛玉琴，治沙专家漆建忠、孙祯元等一批典型，铸就“顽强拼搏、开拓创新、真抓实干、无私奉献”的治沙精神，在他们的影响和感召下，形成全社会关心、支持、参与防沙治沙工作的良好氛围，把榆林打造成为全国乃至世界治沙的一面旗帜。世界上一些国家在开发局部地区时，为了协调好开发与生态环境保护的关系，专门制定了相关法律法规。美国在“西部大开发”中，针对荒漠化制定过《麻梭浅滩与田纳西河流域开发法》和《西北条例》，有效地解决了开发与保护的矛盾。近年来榆林资源开发过程中边防治边破坏的问题突出，要解决这些问题，依法管理是一个重要方面，但现在还没有一部针对榆林市开发与荒漠化防治的地方性法规。因此，要借鉴国外的成功经验，积极推动资源开发与生态保护的立法工作，实现合理开发与依法保护，营造经济社会和谐发展的良好局面。

第四节　国家森林城市建设

森林是陆地生态系统的主体，也是人类文明的生态主根。习近平总书记强调，全社会都要切实增强生态意识，切实加强生态环境保护，把我国建设成为生态环境良好的国家；要坚定不移爱绿植绿护绿，把我国森林资源培育好、保护好、发展好，努力建设美丽中国。党的十九大报告首次把建设美丽中国确定为新时代社会主义现代化建设的重要目标，成为社会主义现代化建设的战略任务之一。国家美不美，看山和水，只有山青，才能水秀。没有森林，就没有青山绿水，就不会有良好生态，美丽中国便无从谈起。这就要求我们着力开展森林城市建设，加快城乡绿化步伐，完善城乡生态系统，增加森林资源总量，扩大城市生态空间，让森林走进城市，让城市拥抱森林，提升森林质量，改善生态景观，为建设美丽中国奠定坚实基础。

4.1　基本概况

森林城市指在城市管辖范围内形成以森林和树木为主体、山水林田湖草相融共生的生态系统，且各项指标达到标准要求的城市。

“森林城市”“园林城市”“生态城市”的建设理念，在我国历史悠久。早在西周就有“封人”负责国都植树，“掌固”负责全国城郭沟池造林。秦汉时皇家园林兴起，汉高祖“未央宫”、汉文帝“思贤园”、汉武帝“上林苑”、汉宣帝“乐游园”皆是著名苑囿。唐长安城“坊内街曲榆柳成行”，城郊“有茂林修竹之胜、园圃之美”。北宋汴梁城中心天街当中的御道与两旁的行道之间以“御沟”分隔，两条御沟“尽植莲荷，近岸植桃、李、梨、杏，杂花相间，望之如绣”。民国时期，初现现代城市绿地雏形。

近代以来，随着欧美国家率先完成工业化、城市化过程，率先引用“城市森林”概念。1962年，美国肯尼迪政府在户外娱乐资源调查中，首先使用“城市森林”一词，泛指城市范围内的所有树木。1972年，美国颁布施行《城市森林法》，对城市商务区树冠覆盖度、郊区森林覆盖率作出具体规定。德国、芬兰等国把城市森林定义为城内较大林区和市郊森林。欧洲主要城市绿化率在50%以上，城区零星细碎空间皆予绿植，营造出宜居宜业的优美生态环境。如今，城市森林已成为衡量城市生态品质的重要指标和城市文化品质的重要载体。

“城市森林”理念于20世纪90年代传入我国。为了鼓励和推动各省市发展城市森林，改善城市生态环境，1999年，全国政协人口资源环境委员会、全国绿化委员会、国家林业局等10家单位联合发起了关注森林活动。2004年，关注森林活动组委会启动中国“城市森林”论坛和创建国家“森林城市”活动。同年11月，首届中国城市森林论坛在贵阳市举办，时任中共中央政治局常委、全国政协主席贾庆林作出“让森林走进城市，让城市拥抱森林”重要批示。这一阶段，重点是扩大宣传，植入植绿、护绿、爱绿的意识和尊重自然、顺应自然、保护自然的理念，出台《“国家森林城市”评价指标》和《“国家森林城市”申报办法》，规范创建、推动创建，打造“林在城中、城在林中”的森林城市样板，率先授予贵阳等城市“国家森林城市”称号。党的十八大以来，森林城市地位日益凸显。2014年，《国家新型城镇化规划》《国家中长期改革实施规划》明确森林城市建设内容。2015年，国务院将“国家森林城市”列为政府内部审批事项，森林城市工程成为“十三五”165项重大工程项目之一，提出加快城乡绿道、郊野公园等城乡基础设施建设，发展森林城市，建设森林小镇。2016年1月，习近平总书记在中央财经领导小组第十二次会议上强调：“要着力开展森林城市建设，搞好城市内绿化，使城市适宜绿化的地方都绿起来。搞好城市周边绿化，充分利用不适宜耕作的土地开展绿化造林；搞好城市群绿化，扩大城市之间的生态空间。”2016年5月，国家林业局《林业发展“十三五”规划》提出，加快推进国家森林城市群、森林城市、森林乡镇、森林村庄建设，形成类型丰富、各具特色的森林城市格局。同年8月，国家森林城市创建成为国家林业局行政审批事项，9月，国家林业局《关于着力开展森林城市建设的指导意见》明确森林进城、森林环城等8项重点任务，修订评价指标体系，制定技术标准和管理办法。全国有12个省（区）启动了省级森林城镇创建工作，森林城市建设蓬勃发展。2018年7月，《全国森林城市发展规划（2018—2025年）》明确“四区、三带、六群”森林城市发展新格局和三步走战略愿景。2019年4月，习近平总书记参加首都义务植树时，再次强调，要“持续推进森林城市、森林乡村建设，着力改善人居环境”。2022年，国家林业和草原局制定了《国家森林城市管理办法（试行）》，进一步规范了国家森林城市的申报、批准、管理等，获得称号3年后国家林业和草原局将组织复查，复查整改不合格的将予以撤销，且2年内不允许申报，森林城市建设进入转型发展期。

截至目前，已建立起较为完善的森林城市评价指标、检查核验、批准授予等标准和程序，全国共 193 个城市已获得“国家森林城市”称号，484 个城市在创建中。511 个城市获得“省级森林城市”称号，179 个城市在创建中，取得了显著成效。

4.2 总体思路

4.2.1 指导思想

深入贯彻习近平新时代中国特色社会主义思想、党的十九大历次全会和党的二十大精神，按照“五位一体”总体布局和“四个全面”战略布局，牢固树立创新、协调、绿色、开放、共享的新发展理念，坚持以人民为中心的发展思想，以维护生态安全、增进生态福祉、增强生态意识为总目标，以构建功能完备、健康稳定的城市森林生态系统为总任务，以恢复城市自然生态、营造城市宜居环境为总抓手，扩大生态空间，增加生态产品供给，弘扬生态文化，为全面建成小康社会、建设生态文明和美丽中国提供生态保障。

4.2.2 基本原则

（1）坚持合理布局，突出重点

充分考虑区域自然地理特征、资源环境条件、森林植被分布，以及经济社会发展水平等因素，同时围绕国家重大战略、国家主体功能区划、城镇化发展布局等，对森林城市进行科学区划布局，确定建设重点和发展区域。

（2）坚持系统建设，统筹推进

按照山水林田湖草是一个有机生命共同体的战略思想，将发展森林作为森林城市建设的中心任务，充分发挥森林对维护山水林田湖草生命共同体的特殊作用。同时统筹兼顾湿地保护、河流治理、防沙治沙和野生动植物保护等方面，推进城市自然生态系统协调发展。

（3）坚持城乡一体，示范带动

把城区绿化与乡村绿化统筹考虑、同步推进，改变城乡生态建设二元结构，消除城乡人居环境差距，为城乡居民提供平等的生态福利。同时，通过开展国家森林城市群、国家森林城市、省级森林城市等创建活动，全面引领推动森林城市建设。

（4）坚持惠民富民，强化服务

坚持以人民为中心的建设思想，围绕方便老百姓进入森林、使用森林，保障老百姓身心健康，促进农民增收致富等需求，把森林作为城市重要的基础设施，强化生态公共服务功能，确保森林城市建设成果惠及全体人民。

（5）坚持循序渐进，科学推进

尊重自然规律和经济发展规律，把森林城市建设作为一项长期性、系统性工程，科学持续推进。坚持立足当前，务求实效，反对违背群众意愿的形象工程，特别是大树古树进城和非法移栽。坚持着眼长远，循序推进，反对违背自然规律的蛮干行为，特别是运动式推进。

4.2.3　总体目标

在国家层面，到 2020 年，森林城市建设全面推进，森林城市发展格局初步形成，建成 6 个国家级森林城市群、200 个国家森林城市；到 2025 年，基本建立以森林城市群和森林城市为主的森林城市建设体系，建成 300 个国家森林城市；到 2035 年，森林城市群和森林城市建设全面推进，城市森林结构与功能全面优化，森林城市生态服务均等化基本实现。在陕西层面，到 2025 年，建成陕北、关中、陕南三大森林城市群，达到国家森林城市全覆盖。

4.3　建设模式

国家森林城市是经国家林业和草原局按照《国家森林城市评价指标》，结合《国家森林城市测评体系操作手册》审评合格，按照规定程序批准的城市。国家森林城市管理坚持公开、公平、公正的原则，主动接受社会监督，由国家林业和草原局批准、监督和管理。

4.3.1　申报、批准及管理

申报城市范围包括地级及以上市、地区、自治州、盟，直辖市所辖区县，县级市、县、自治县、旗和自治旗。申报程序为申报城市人民政府向省级林业和草原主管部门提交建设备案申请、基本现状和《国家森林城市评价指标》对照表等申请材料，由省级林业和草原主管部门对申报城市提交的材料进行审核，对数据真实、具备条件的向国家林草局报送申报材料，国家林业和草原局对林草建设成效明显、自然生态禀赋良好的城市优先备案。经过备案的申报城市参照《国家森林城市建设总体规划编制导则》，组织编制规划期限 10 年以上的国家森林城市建设总体规划，及时将总体规划草案公告（公告时间不少于 10 个工作日），征求公众意见，并完善总体规划后，报送省级林业和草原主管部门审核，通过审核后，将总体规划报送国家林业和草原局进行预审，并由国家林业和草原局组织召开规划评审会，评审通过后由申报城市批准实施。

建设备案和规划批准实施均在 2 年以上的申报城市，经省级林业和草原主管部门向国家林业和草原局提交国家森林城市称号申请。国家林业和草原局依据《国家森林城市测评体系操作手册》进行审核检查，并对申报城市组织审评，确定拟批准国家森林城市称号公示名单（公示 10 个工作日），公示无异议的，由国家林业和草原局批准授予国家森林城市称号。

已备案和获得称号的城市，于每年 12 月 10 日前将本年度森林城市建设情况动态信息报送到国家林业和草原局。国家林业和草原局 3 年后组织一次复查，复查合格的，保留国家森林城市称号，复查不合格的，予以警告，限期整改，整改后仍不合格或逾期不整改的，撤销国家森林城市称号，且两年内不容许申报。

4.3.2　主要建设内容

按照《国家森林城市评价指标》（GB/T 37342—2019）的相关要求，地级城市必须完成 36 项指标考核，县级城市完成 33 项指标。主要围绕扩展绿色空间、完善生态网络、提升森林质量、传播生态文化、强化生态服务和保护资源安全等方面开展建设工作。

（1）扩展绿色空间

1）拓展城区生态空间

将森林科学合理地融入城市空间，使城市适宜绿化的地方都绿起来。充分利用城区有限的土地增加森林绿地面积，特别是要将城市因功能改变而腾退的土地优先用于造林绿化。积极推进森林进机关、进学校、进住区、进园区。积极发展以林木为主的城市公园、市民广场、街头绿地、小区游园。积极采用见缝插绿、拆违建绿、拆墙透绿和屋顶、墙体、桥体立体绿化等方式，增加城区绿量，提高树冠覆盖率。

2）建设环城森林

保护和发展城市周边的森林和湿地资源，建设以生态防护为主，具有休闲游憩功能的城周森林，利用城近郊道路、河流，建设景观防护林，构建环城森林屏障。

3）开展村镇绿化美化

开展村镇绿化美化，提升村旁、宅旁、路旁、水旁等“四旁”绿化和农田防护林水平，改善农村生产生活环境，打造乡风浓郁的山水田园。

（2）完善生态网络

1）保护现有森林资源

以优化城市、城市群发展格局为目标，在城市、城市群发展中优先保护好现有成片的地带性森林资源，保护好区域性湖泊、河流等湿地资源，形成大块自然森林湿地为主的结构，传承自然的山水生态格局，维护好城市自然脉络。

2）建设城市间成片森林、湿地

城市之间的森林、湿地等生态空间，是城市重要的生态屏障，可以有效避免城市无序扩张。要充分利用城市之间分布的自然森林、湿地，扩大现有生态空间，加强区域性水源涵养区、缓冲隔离区、污染防控区成片森林和湿地建设，形成城市间生态涵养空间，防止多个城市连片发展，优化城市群发展格局，消解城市热岛效应等问题。

3）建设区域生态廊道

依托自然山脉、骨干河流水系，通过保护、恢复拓宽、补缺造林等措施，建设足够宽度和群落结构自然的贯通性区域生态廊道，把孤岛状的山地森林、平原片林、湖泊湿地、河流网络连接起来，促进空气交流、水系连通、生物迁徙路径通畅，实现区域主要森林、湿地之间相互连接。

4）建设道路、水系林带

加强区域性道路、河流沿线造林绿化，注重公路、铁路等道路绿化与周边自然、人文景观相协调，建设“车行绿中、人在画中”的道路景观，适宜绿化的道路林木绿化率在 80% 以上。注重江、河、湖、库等水体沿岸生态保护和修复，打造“水清、岸绿、景美”的滨水景观，水体岸线自然化率在 80% 以上，适宜绿化的水岸林木绿化率在 80% 以上。

（3）提升森林质量

1）培育近自然森林

在城市森林培育过程中，根据森林生态系统演替规律和景观需求，以种植乡土乔木树种为主，合理调控林分密度、乔灌草比例、绿色彩色树种比例，培育近自然城市森林。对城市周边生态风景林，针对现有林分的状况开展林相改造，调节林分树种组成结构，形成多树种、多层次、多色彩的稳定森林景观。

2）提升乡村景观林

以原生地带性景观的恢复为目标，对现有村镇公园和村镇成片森林实施林分改造，补植原生树种，建设景观优美、乡风浓郁的乡村森林景观。注重保护大树古树、风景林，传承乡村自然生态景观风貌。

3）增加生物多样性

以保护与恢复本地区重要动植物栖息地为目标，加强自然保护区、自然保护小区建设，为本地动植物栖息提供足够的安全空间。保护和选用留鸟引鸟、食源蜜源植物，每个城市在城区和近郊区打造多处 5 hm^2 以上城市片林。

4）提高森林树木养护水平

在城市森林树木栽植、养护过程中，减少截干、修剪等过多的人为干扰，培育自然健康的城市森林树木；注重城市森林绿地土壤的有机覆盖和功能恢复。

（4）传播生态文化

1）增加生态文化场所

依托森林公园、郊野公园、植物园、湿地公园和自然保护区等自然游憩地，因地制宜地建设能够展现地方生态文化特色、功能实用、适合开展生态文化宣教活动的各类场所。

2）推动全民自然教育

大力推动全民自然教育工作，丰富森林城市生态文化内涵，特别是为城市少年儿童提供良好的户外学习条件，吸引更多的教师、学生亲近自然、了解自然和认识自然，促进城市少年儿童的身心健康发展，增强环境保护意识，帮助树立正确的生态伦理观。

3）开展宣传推广活动

健全义务植树、古树名木保护、生态节庆、环境教育等各类生态文化活动体系，创新生态文化传播推广形式，加强城市生态文化宣传教育工作，营造全社会关心、支持、参与环境保护的良好社会氛围，培养公众环境素养，提高公民环境保护意识。

（5）强化生态服务

1）拓展生态游憩空间

合理布局各类生态游憩地，健全立足市域、县区、乡镇、社区的多级游憩空间体系，发展森林公园、湿地公园、郊野公园、生态观光园、社区公园等各类游憩空间，提升城市森林服务半径，为城乡居民提供均衡的生态游憩场所。

2）完善休闲绿道网络

建设遍及城乡的绿道网络，使城乡居民每万人拥有的绿道长度在 0.5 km 以上，为市民提供亲近自然、绿色出行的空间，满足居民亲近自然、休闲游憩的生活需求。

3）发展惠民生态产业

积极发展以森林为依托的旅游、休闲、康养、种植、养殖等生态产业，拓展生态服务模式，促进生态产业发展。充分发挥森林休闲观光度假功能，打造一批森林康养、森林运动、森林风情小镇等精品森林生态旅游基地；积极发展森林旅游活动项目，建设露营基地、房车基地、婚纱摄影基地、森林采摘园等新型体验基地；发展经济林果、林下经济等生态产业，促进林农增收致富。

（6）保护资源安全

1）加强森林火灾

建立城市森林防火监测网络和应急指挥系统，加强扑火队伍和装备、物资储备设施建设，重点在大型城市生态片林、生态风景林、森林公园等资源分布集中、人为活动频繁的森林地带，实现火源实时摄像监测、火源定位、火灾现场实时传输，监测覆盖率达到 100%，无线通信网络覆盖率达到 100%。

2）加强有害生物防治

加强城市森林有害生物监测预警、检疫御灾、防治减灾三大体系建设。建立森林有害生物鉴定和诊断系统，组建森林有害生物防治专业队，开发和推广无公害防治技术；加强引进绿化植物及其对生物多样性潜在影响的评估，实现城市森林有害生物的持续防控和森林健康水平的不断提升。

4.4　陕西成效

陕西省先后于2011年、2014年制定和修订《陕西省推荐国家森林城市综合评定办法》着力推进森林城市建设。自2009年起，宝鸡、西安、延安、安康、榆林、汉中、商洛7市先后成功创建国家森林城市。目前，11个城市（3个地级市、1个计划单列市、7个县级城市）正在开展国家森林城市创建工作。2017年，陕西省出台《省级森林城市评定办法》，全省共48个县区开展了省级森林城市创建，其中获批42个，在建6个。同年，启动森林城市群建设工作，计划用5年时间，建成陕北、关中、陕南三大森林城市群。陕北、陕南森林城市群已基本建成，关中森林城市群正在持续创建中。"十四五"期间持续推进森林城市建设，加强森林城市动态管理，稳步推进关中森林城市群建设，实现全省国家森林城市全覆盖。

全省有宝鸡、安康、铜川、咸阳4市获得"全国绿化模范城市"称号，西安等6市获得"陕西省绿化模范城市"称号，有65个县获得"陕西省绿化模范县"称号。西安、宝鸡、咸阳、延安、汉中5市成功创建为"国家园林城市"。宝鸡市率先创建为西北唯一"国家生态园林城市"，全省10个地级市和杨凌示范区、韩城市全部创建为"省级园林城市"。

第五节　国家公园建设

建立国家公园体制，是以习近平同志为核心的党中央站在实现中华民族永续发展的战略高度作出的重大决策。建设国家公园，就是要把自然生态系统最重要、自然景观最独特、自然遗产最精华、生物多样性最富集的部分保护起来，保持自然生态系统的原真性和完整性，给子孙后代留下珍贵的自然资产。

5.1　建设背景

1996年，云南省开始将国家公园理念引入地方自然资源保护管理和可持续利用工作中。2008年，国家林业局下发《关于同意将云南省列为国家公园建设试点省的通知》，批准试点。云南在多年的探索中，制定了一系列地方政策法规和标准体系，形成了一套科学有效的申报审批和管理体制，培养了一支通晓国家公园理论和实践的专家队伍和管理骨干，积累了丰富的理论和实践经验，形成了较为成熟的"云南国家公园模式"，为推动国家开展体制试点作出了贡献。2013年中国共产党第十八届中央委员会第三次全体会议通过《中共中央关于全面深化若干重大问题的决定》提出：“坚定不移实施主体功能区制度，建立国土空间开发保护制度，严格按照主体功能区定位推动发展，建立国家公园体制。”建立国家公园体制被正式提出，成为加快生态文明制度建设的重要举措。随后，各部委积极开展了研究探索工作。2015 年国家发展改革委会同财政部、原国家林业局等 13 个部委联合印发《建立国家公园体制试点方案》，国家公园建设进入了体制试点阶段。同年，在《关于 2015 年深化经济体制改革重点工作意见的通知》（国发〔2015〕26 号）中提出，要在 9 个省份开展国家公园体制试点，中央全面深化改革领导小组第十九次会议审议通过了《中国三江源国家公园体制试点方案》，我国国家公园体制试点工作开始落地实施。2016 年《中国国民经济和社会发展第十三个五年规划纲要》中再次明确，要建立国家公园体制，整合设立一批国家公园。同年，《关于健全国家自然资源资产管理体制试点方案》《大熊猫国家公园体制试点方案》《东北虎豹国家公园体制试点方案》（中央全面深化改革领导小组第三十次会议）、《国务院关于全民所有自然资源资产有偿使用制度改革的指导意见》（国发〔2016〕82 号）等一系列重要政策文件密集出台，从生态保护补偿、总体方案研究、范围界定、国有森林资源有偿使用、自然资源资产管理、全民所有自然资源资产有偿使用、重大生态工程建设等多角度入手，加快推进国家公园建设。2017 年，中共中央办公厅、国务院办公厅印发《建立国家公园体制总体方案》（中办发〔2017〕55 号），在总结试点经验基础上，借鉴国际有益做法，立足我国国情，加快了全面、系统构建国家公园体制的步伐，10 个国家公园体制试点区的改革试点工作持续推进。2019 年中共中央办公厅、国务院办公厅印发《关于建立以国家公园为主体的自然保护地体系的指导意见》（中办发〔2019〕42 号），从全国系统性、整体性角度和国家顶层设计的高度着手，提出理顺管理体制、创新运行机制、强化监督管理、完善政策支撑的一系列意见，指导建立分类科学、布局合理、保护有力、管理有效的以国家公园为主体的自然保护地体系，以确保我国重要自然生态系统、自然遗迹、自然景观和生物多样性得到系统性保护，生态产品供给能力得以提升，国家生态安全得以维护，为建设美丽中国、实现中华民族永续发展提供生态支撑。2021 年，习近平总书记在《生物多样性公约》第十五次缔约方大会领导人峰会宣布正式设立三江源、大熊猫、东北虎豹、海南热带雨林、武夷山等第一批国家公园，标志着国家公园建设从体制试点阶段步入全面建设阶段。2022 年 9 月，国务院批复了财政部、自然资源部、生态环境部、国家林业和草原局（国家公园局）联合报送的《关于国家公园空间布局方案的批复》（国函〔2022〕101 号），确定了中国国家公园建设的发展目标、空间布局、创建设立、主要任务和实施保障等内容。为建立统一规范高效的管理体制，完成国家公园空间布局建设任务，建成全世界最大的国家公园体系制定了路线图。

5.2　大熊猫国家公园建设

大熊猫（*Ailuropoda melanoleuca*）是我国独有的珍稀物种，全球生物多样性保护旗舰物种，是我国和世界各国交流的和平使者，目前仅分布于四川盆地向青藏高原过渡的高山峡谷地带和秦岭山系，该区域是我国生态安全屏障的关键区域，也是全球生物多样性热点地区，自然文化景观丰富独特，具有全球意义的保护价值。

5.2.1　建设历程

大熊猫是我国特有物种，建立大熊猫国家公园，有利于增强大熊猫栖息地的连通性、协调性和完整性，实现大熊猫种群稳定繁衍；有利于加强大熊猫及其维护的生物多样性和典型生态脆弱区整体保护，打造国家重要生态屏障，维护国土生态安全；有利于创新体制机制，解决好跨地区、跨部门的体制性问题，实现对山水林田湖草重要自然资源和自然生态系统的原真性、完整性和系统性保护；有利于促进生产生活方式转变和经济结构转型，全面建成小康社会，形成生态保护与经济社会协调发展、人与自然和谐共生的新局面。

党中央、国务院高度重视大熊猫及其栖息地保护。2015 年初，在听取全国第四次大熊猫调查成果报告后，习近平总书记、李克强总理、张高丽副总理、汪洋副总理对全国大熊猫保护工作分别作出了重要批示。同年 8 月，国家林业局在云南省昆明市召开了全国野生动物类型国家公园建设座谈会，介绍了创建以保护大熊猫、亚洲象、东北虎豹等为主要目标的国家公园，把国家公园建设成为自然和生态文化的最佳保护地和展示体验地的构想，陕西省积极响应，主动作为，提出申建秦岭大熊猫国家公园。

申建工作启动后，中共陕西省委、省政府高度重视，将秦岭大熊猫国家公园建设纳入“十三五”规划，多次组织召开专题会和研讨会，并明确由陕西省林业厅牵头负责建设事宜。2015 年 9 月，国家林业局调查规划院技术团队来陕调研，陕西省林业局积极组织相关市县管理部门、大熊猫保护区召开秦岭大熊猫国家公园建设调研会，陕西秦岭大熊猫国家公园创申建系列准备工作启动。同年 10 月，国家林业局在北京召开了野生动物类型国家公园建设工作研究会议，下发《国家林业局关于加强野生动植物保护类型国家公园建设的指导意见》。同年 12 月，陕西省林业厅成立秦岭大熊猫国家公园建设委员会，并按照国家林业局要求和申建工作需要，邀请国家林业局调查规划设计院项目组对保护区进行实地调研，指定专人负责资料收集与提供，为编制《陕西秦岭大熊猫国家公园总体规划原则方案》和《陕西秦岭大熊猫国家公园总体规划》夯实基础。

2016 年 3 月 9 日，陕西省林业厅在北京组织召开了《陕西秦岭大熊猫国家公园总体规划原则方案》评审会，专家组对建立陕西秦岭大熊猫国家公园一致表示肯定。3 月 15 日，陕西省人民政府向国家林业局提报了《关于支持建设陕西秦岭大熊猫国家公园的函》（陕政函〔2016〕50 号）。3 月 18 日，国家林业局在北京组织召开了大熊猫国家公园专家论证会，来自国内相关行业的顶级专家组成的专家组及国家林业局领导对建立秦岭大熊猫国家公园给予充分肯定。

2016年4月8日，中央财经领导小组在北京组织召开“大熊猫、东北虎国家公园工作启动部署专题会议”，正式启动大熊猫、东北虎国家公园整合设立工作。会议明确大熊猫、东北虎国家公园由国家发展改革委牵头，会同有关部门抓好方案制定工作，具体管理和业务等方面的工作由国家林业局负责。其中，大熊猫国家公园申报由四川省牵头，与陕西省、甘肃省联合申报，设立方案于同年7月底前通过国家发展改革委上报国务院。

会后，川陕甘三省抽调熟悉情况的技术骨干集中在成都工作，国家林业局林草调查规划院技术团队共同开展《大熊猫国家公园体制试点方案（送审稿）》的编制。三省政府相关领导多次就大熊猫国家公园体制试点方案编制工作召开三省协调会议。2016年7月，川陕甘三省政府联合报送了三省联建大熊猫国家公园的《体制试点方案（送审稿）》。

2016年12月5日，习近平总书记在主持审定《大熊猫国家公园体制试点方案》时指出：“开展大熊猫和东北虎豹国家公园体制试点，有利于增强大熊猫、东北虎豹栖息地的连通性、协调性、完整性，推动整体保护、系统修复，实现种群稳定繁衍”。

2017年1月，中共中央办公厅、国务院办公厅印发《大熊猫国家公园体制试点方案》，陕西秦岭区域4386 km^2 纳入大熊猫国家公园体制试点区。

截至2020年9月，在陕西省委、省政府的坚强领导下，在国家林业和草原局的大力指导支持下，陕西四市八县（区）地方政府和省级相关部门密切协作，狠抓落实，强力推进，大熊猫国家公园陕西秦岭区体制试点工作进展顺利，圆满完成了运行机制、生态保护、社区发展、试点保障、宣传推广等各项目标任务，体制试点工作通过了国家组织的第三方评估验收。

2021年3月，综合秦岭国家公园创建工作进展情况，以及优化连通性、整体性等要求，按照国家林业和草原局国家公园总体布局，大熊猫国家公园陕西片区调整为与川、甘两省片区相连的98 km^2，即秦岭大熊猫种群所在的陕西青木川国家级自然保护区辖区，原试点区整体纳入秦岭国家公园创建区范围。2021年9月，国务院印发《关于同意设立大熊猫国家公园的批复》。同年10月12日，习近平总书记在《生物多样性公约》第十五次缔约方大会领导人峰会上，宣布正式设立大熊猫国家公园。

5.2.2 总体思路

（1）指导思想

大熊猫国家公园建设以习近平新时代中国特色社会主义思想为指导，深入贯彻习近平生态文明思想，认真落实党中央、国务院决策部署，牢固树立绿水青山就是金山银山理念，坚持山水林田湖草沙一体化保护和修复，坚持生态保护第一、国家代表性、全民公益性的国家公园理念，以大熊猫野生种群保护为核心，以自然生态系统原真性、完整性保护为主线，以建设全球最有影响力的国家公园为目标，强化监督管理，完善政策支撑，正确处理生态保护与经济社会发展的关系，实现大熊猫种群稳定繁衍和重要自然资源资产国家所有、全民共享、世代传承，维持人与自然和谐共生永续发展，为构建中国特色的以国家公园为主体的自然保护地体系、推进美丽中国建设作出贡献。

（2）基本原则

1）保护第一，永续发展

牢固树立尊重自然、顺应自然、保护自然的理念，坚持把生态保护放在第一位。对国家公园实行最严格的保护，为大熊猫及其他生物的生存繁衍保留良好的生态空间，为子孙后代留下最珍贵的自然遗产。

2）创新机制，有效管控

构建跨区域统一规范高效的管理机构，形成权属清晰的资源管理体制。科学划定管控分区，健全法律法规和政策体系，强化资源环境监测，严格用途管制和监督管理，实行差别化管控，实现对自然资源保护和利用的有效管控。

3）统筹协调，和谐共生

统筹山水林田湖草沙系统保护、合理利用，充分衔接经济社会发展规划和国土空间规划，强化生态保护与民生改善有机结合，提升社区居民幸福感、获得感，推动国家公园建设与当地经济社会发展相协调，实现人与自然和谐共生、共同发展。

4）政府主导，多方参与

发挥政府在大熊猫国家公园建设中的主导作用，有效整合现有资金渠道，加大投入力度，保障国家公园的公益属性和公共服务功能。坚持开放合作理念，积极引导当地居民、社会组织、国际社会参与，形成全社会共建共管共享新模式。

（3）建设目标

彰显国家代表性鲜明特色，促进区域高质量发展，努力把大熊猫国家公园建成全球最为著名、最具影响力的国家公园。

1）旗舰物种保护示范区

基本建立全方位多层次保护体系，使大熊猫栖息地适宜性和连通性显著增强，大熊猫野生种群和珍稀物种保护成效显著，大熊猫国家公园成为全球旗舰物种保护示范区。

2）生态价值实现先行区

逐步建立归属清晰、权责明确、监管有效的自然资源资产产权制度，使资源供给、环境调节等生态系统服务功能有效发挥，原住居民参与生态保护的利益分享机制和多元化的生态保护补偿机制不断完善，大熊猫国家公园成为生态文明体制创新、生态价值实现的先行区。

3）世界自然教育展示样板区

持续拓宽全民参与大熊猫保护的渠道，使国际交流合作不断深化，生态体验、自然教育的全球影响力显著增强，绿色发展方式和生活方式深入人心，逐步形成以大熊猫为主要特色的生态文化，使大熊猫国家公园成为世界生态教育和生态展示样板区。

4）人与自然和谐共处典范区

人与自然和谐共生的国家公园治理新方法与新模式逐步成型，基本实现生态保护与经济社会协调发展的新局面，使中国特色的国家公园治理之路广泛传播，大熊猫国家公园成为人与自然和谐共处典范区。

5.2.3 建设成效

根据野生大熊猫种群及重要栖息地和潜在栖息地分布现状，立足于生态系统原真性和完整性保护，充分考虑大熊猫栖息、扩散和种群繁育需要，兼顾当地经济社会发展，协调国家和地方国民经济建设相关规划，将大熊猫种群高密度区、大熊猫主要栖息地、大熊猫局域种群遗传交流廊道划入大熊猫国家公园。在大熊猫国家公园体制试点区 271.34 万 hm^2 基础上，将秦岭片区 43.52 万 hm^2 划入拟设立的秦岭国家公园，原陕西青木川国家级自然保护区 0.98 万 hm^2 划入大熊猫国家公园，成片人工集体商品林、农耕地和城镇聚集地 8.72 万 hm^2 不划入大熊猫国家公园，形成范围划定结果。

大熊猫国家公园范围跨四川、陕西、甘肃 3 省，东起陕西省宁强县青木川镇广坪河、西至四川省石棉县栗子坪彝族乡伊牛河南山、南自四川省石棉县栗子坪彝族乡麻木滴滴、北到四川省九寨沟县勿角乡双池。地理坐标为东经 102°11′06″ ～ 105°40′00″，北纬 28°51′03″ ～ 33°12′50″，总面积 219.7844 万 hm^2。涉及 3 个省 9 个市（州）23 个县（市、区）122 个乡（镇）。其中，四川 193.2777 万 hm^2，占总面积的 87.94%，涉及 7 个市（州）20 个县（市、区）110 个乡（镇）；陕西 0.9772 万 hm^2，占总面积的 0.44%，涉及 1 个市 1 个县 1 个乡（镇）；甘肃 25.53 万 hm^2，占总面积的 11.62%，涉及 1 个市 2 个县（区）11 个乡（镇）（见表 7–5、图 7–4）。

表 7–5 大熊猫国家公园范围

省区	涉及市（州）	面积 /hm^2	涉及县（市、区）
四川省	成都市	144 527	崇州、大邑、彭州、都江堰
	德阳市	57 649	绵竹、什邡
	绵阳市	419 426	平武、安州、北川
	广元市	86 786	青川
	雅安市	593 582	天全、宝兴、芦山、荥经、石棉
	眉山市	51 175	洪雅
	阿坝州	579 632	汶川、茂县、松潘、九寨沟
陕西省	汉中市	9772	宁强
甘肃省	陇南市	255 295	文县、武都
合计		2 197 844	—

按照县级行政单元划分，划入面积超过 10 万 hm^2 的依次为平武县、汶川县、宝兴县、文县、天全县、松潘县和茂县；面积最小的是宁强县，面积不足 1 万 hm^2。其余各县（市、区）划入面积在 1 万～10 万 hm^2 之间。

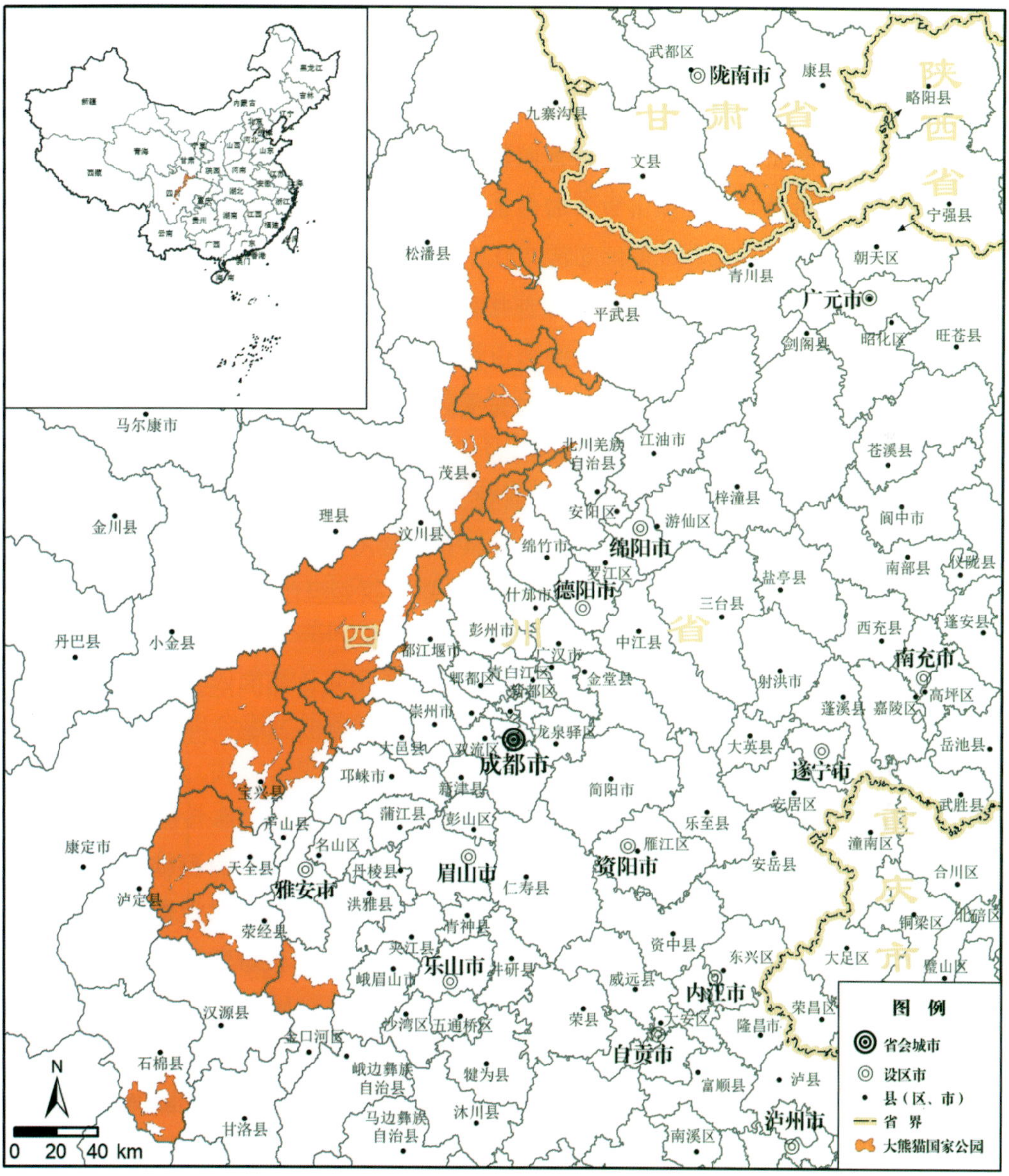

图 7-4 大熊猫国家公园位置示意图

大熊猫国家公园划分为核心保护区和一般控制区，实行分区管控。核心保护区是维护以大熊猫为代表的珍稀野生动物种群正常生存、繁衍、迁移的关键区域，采取封禁和自然恢复等方式对自然生态系统和自然资源实行最严格的科学保护。一般控制区是实施生态修复、改善栖息地质量和建设生态廊道的重点区域，也是大熊猫国家公园内社区居民、管理机构人员生产、生活的主要区域，还是开展与大熊猫国家公园保护管理目标相一致的自然教育、生态体验服务的主要场所。大熊猫国家公园核心保护区面积 1.48 万 km^2，占整个大熊猫国家公园总面积的 67%；有大熊猫栖息地 1 万 km^2，占大熊猫国家公园内核心保护区面积的 67%；有野生大熊猫 1074 只，占大熊猫国家公园内野生大熊猫数量的 80%。一般控制区面积 7211 km^2，占大熊猫国家公园总面积的 33%。有大熊猫栖息地 4986 km^2，占大熊猫国家公园内一般控制区面积的 69%；有野生大熊猫 266 只，占大熊猫国家公园内野生大熊猫数量的 20%，通过构建统一规范高效的管理体制、加强生态系统原真性完整性保护、实施社区共建共享机制、提升生态产品供给能力等措施，大熊猫国家公园将促进人与自然和谐共生，建成生物多样性保护示范区、生态价值实现先行区和世界生态教育样板。

5.3 秦岭国家公园创建

秦岭是“中国符号”，秦岭生态系统具有全球价值。习近平总书记强调，要以对党、对历史、对人民高度负责的精神，以“功成不必在我”的胸怀，把秦岭生态环境保护和修复工作摆上重要位置，履行好职责，当好秦岭生态卫士。设立秦岭国家公园是深入践行习近平生态文明思想，贯彻落实习近平总书记关于秦岭生态环境保护指示批示的重要举措，是保护祖脉秦岭的标准配置、应有待遇和必由之路，是坚持“国之大者”的具体体现，将为全球重要生态系统保护提供中国方案，为应对全球气候变化、碳减排作出中国贡献，彰显生态保护大国担当。

5.3.1 创建历程

秦岭和合南北、泽被天下，是我国的中央水塔，是中华民族的祖脉和中华文化的重要象征。推动建设秦岭国家公园，加强秦岭生态环境保护，是深入贯彻习近平生态文明思想的具体实践，是认真落实习近平总书记来陕考察重要讲话重要指示的具体行动。20 世纪 90 年代开始，社会各界聚焦秦岭生态，呼吁加强秦岭整体保护，众多人大代表、政协委员提出“建设秦岭中央公园、建设秦岭国家公园”的建议提案。

2015 年 6 月，时任国务院副总理汪洋在国家发展和改革委员会呈报的《关于支持建设秦岭国家公园有关问题的报告》上批示，陕西省积极落实批示精神。同年 11 月，陕西省林业厅提出，陕西林业应该贯彻中央精神，借鉴国内外建设国家公园先进经验，充分发挥陕西生态环境优势，紧紧抓住深化生态文明体制改革的机遇，率先在生态资源最为丰富的秦岭山脉建立国家公园，进而推动一水（黄河）三山（秦岭、桥山、嵯峨山）四带（黄河经济带、终南山经济带、桥山经济带、嵯峨山经济带）崛起，启动了相关筹备工作。

2019 年 4 月，国务院副总理韩正来陕调研，对陕西省提出设立秦岭国家公园的请示作出重要指示，要求积极做好前期工作。

2019 年 5 月，国家林业和草原局工作组来陕调研秦岭国家公园设立有关事宜，对陕西省工作予以肯定并提出初步设立思路。

2020 年 10 月，陕西省林业局完成《设立秦岭国家公园工作方案》起草，在省委、省政府主要领导批示同意后，广泛征求意见，进一步修改完善并通过专家论证。

2021 年 2 月，《秦岭国家公园设立方案（送审稿）》经省政府常务会议审议通过后正式报送国家公园管理局。按照国家林业和草原局国家公园总体布局调整，原大熊猫国家公园陕西秦岭体制试点区整体纳入拟设立的秦岭国家公园范围。

2021 年 6 月，国家林业和草原局关志鸥局长来陕调研，要求加快推进秦岭国家公园创建。同月，《秦岭国家公园总体规划》编制完成并在北京通过专家论证，国家林业和草原局公园办副主任唐小平来陕指导秦岭国家公园前期准备工作。

2021 年 10 月，陕西省人民政府向国家林业和草原局提报《关于报送秦岭国家公园创建方案的函》（陕政函〔2021〕136 号），并获批开展秦岭国家公园创建工作。

陕西省政府高度重视，2021 年 11 月成立由省长任组长、分管副省长任副组长、所涉 6 市人民政府和 22 个省级相关部门主要负责同志为成员的陕西省建设秦岭国家公园工作领导小组，办公室设在陕西省林业局。陕西省林业局成立秦岭国家公园创建工作专班，下设秘书处和 10 个业务处，明确了职责和下一步工作要求，对标对表 7 方面重点任务，扎实推进秦岭国家公园创建工作。

2022 年 4 月 3 日，时任陕西省委书记刘国中、省长赵一德签发总林长令第 1 号，将加快推进国家公园建设列为 2022 年全省林长制重点工作首位。

2022 年 4 月 20 日，时任省委书记刘国中在秦岭分水岭，实地了解秦岭国家公园创建进展，询问边界范围、管控分区、物种、林地等情况，要求以创建为契机，进一步完善常态长效工作机制，持之以恒有效地保护好秦岭生态环境。

在创建过程中，陕西省委书记（时任省长）赵一德多次在秦岭国家公园创建有关文件上作出重要批示，并亲自主持召开省政府常务会议，研究审定《秦岭国家公园设立方案》。

2022 年 3 月，国家林业和草原局委托中国科学院对秦岭国家公园创建工作进行评估质询和实地核查。

2022 年 6 月，国家林业和草原局函复陕西省人民政府，反馈了评估意见，提出了下一步工作要求（办函发字〔2022〕75 号）。陕西省委、省政府高度重视，按照要求，以省政府名义向国家林业和草原局提出设立申请，报送了秦岭国家公园设立方案及矛盾冲突处置方案、范围和分区论证报告、综合科学考察报告、社会影响评价报告、符合性认定报告、机构设置具体意见、范围矢量数据、专题片等材料。

2023 年 1 月，根据国家林业和草原局（国家公园管理局）发布以及联合财政部编制印发的《国家公园设立规范》《国家公园设立指南》等要求，陕西省政府再次向国务院提报了设立申请及相关材料。

目前，随着《国家公园设立指南》的进一步修订，陕西省积极行动，按照新要求充实完善设立报批阶段材料。

5.3.2 总体思路

秦岭国家公园创建区位于秦岭陕西段核心区域，沿秦岭山系主梁，东至渭南华阴华山，西至陕甘省界宝峰山，南至汉中市勉县，北至秦岭山体中下部。东西长约 363 km，南北宽约 143 km。涉及西安、宝鸡、渭南、汉中、安康和商洛 6 市的 21 个县（区）109 个乡镇 448 个村。总面积约 12 920 km^2，其中核心保护区 7775 km^2，占总面积的 60%，一般控制区 5145 km^2，占总面积的 40%。

（1）指导思想

以习近平新时代中国特色社会主义思想为指导，深入贯彻党的十九大和十九届历次全会精神，认真践行习近平生态文明思想，全面落实习近平总书记关于秦岭生态环境保护的重要指示批示精神，紧紧围绕“五位一体”总体布局和“四个全面”战略布局，牢固树立和贯彻落实新发展理念，按照党中央、国务院生态文明建设和改革决策部署，严守生态保护红线，遵循生态系统内在规律，以跨地区跨部门统一管理体制机制创新为突破口，加强对重要资源和生态系统的整体保护，切实做好守护秦岭生态的卫士，筑牢国家重要生态安全屏障，为建立以国家公园为主体的自然保护地体系提供示范引领，为建设美丽中国提供“秦岭样本”。

（2）基本原则

1）保护第一，世代传承

坚持生态保护第一，尊重自然、顺应自然、保护自然，严守生态保护红线，科学划定范围和确定保护目标，强化管理监督，实施最严格的保护措施，对秦岭生态系统实行整体保护、系统修复、综合治理，给子孙后代留下宝贵自然遗产。

2）创新体制，科学管控

坚持把创新体制和完善机制放在优先位置，整合优化现有各类保护地、国有林场等，构建统一有效管理体系，形成权责明确、归属清晰的资源管理体制。以核心资源分布为依据，考虑栖息地连通性，并结合地类、权属和社区居民居住情况，科学划定管控分区，实行差别化管理，实现对自然资源保护和利用的有效管控。

3）统筹协调，和谐发展

按照国家公园的理念和建设方向，充分衔接经济社会发展规划、国土空间规划和秦岭生态环境保护总体规划，合理划分中央和地方、管理机构和地方政府事权，加强统筹协调，统一标准、统一规划、统一建设，有序推进落实。生态保护与民生改善协调推进，实现人与自然和谐共生。

4）政府主导，多方参与

突出国家公园公益属性和公共服务功能，构建政府主导的资金保障机制，统筹相关财政资金，探索多渠道多元化的投融资模式，加大投入力度。坚持开放合作理念，积极引导企业、社会组织和公众参与，形成全社会共建共治共享新模式。

5）弘扬文化，正向引导

加强历史文化遗址遗迹保护与管理，加大中国传统文化教育宣传，促进物质文化与非物质文化的继承与发展，将山水秦岭与文化秦岭相结合，确立秦岭在中国自然与社会发展中的核心地位，将中华文明发扬光大，共创文化精神家园。

（3）创建目标

提高生态系统服务功能，探索绿水青山生态价值实现路径，实现生态保护与经济社会协调发展，建成人与自然相互依存和谐发展的先行示范区域，成为山水人文荟萃的文化名片，实现世代传承、世代共享。

1）以“秦岭四宝”为代表的野生动植物天堂

加强秦岭森林生态系统保护，结合生态保护红线、现有自然保护地及秦岭生态保护条例，构建秦岭生态系统整体保护格局，保护以“秦岭四宝”为代表的重点保护野生动植物栖息地，恢复栖息地范围，扩大种群数量，使秦岭国家公园成为野生动植物的天堂、生物多样性的基因库。

2）中华民族历史文化的名片

探索科普宣教及生态体验的新模式，完善科普宣教及生态体验配套设施设备，将秦岭的历史文化、景观、人文精华资源展示给更多的民众，提高国民生态保护素质，激发爱国热情，实现世代传承、世代共享，使秦岭国家公园成为山水人文荟萃的文化名片。

3）人与自然相互依存发展的先行示范区

以秦岭生态保护为起点，带动区域整体保护，搭建政府主导、社会参与的生态保护平台，将生态保护、民生保障和地方经济发展有机结合，开展自然教育和生态体验，适度发展生态产业，促进生产生活方式转变和经济结构转型，建立全社会参与、生态保护利益共建共治共享机制和多元化生态保护补偿机制模式，建成人与自然相互依存和谐发展的先行示范区。

5.3.3　创建成效

秦岭国家公园创建区总面积约 12 920 km^2，涉及西安、宝鸡、渭南、汉中、安康和商洛 6 市的 21 个县（市、区）109 个乡镇 448 个村。区域沿秦岭山系主梁，东至渭南华阴华山，西至陕甘省界宝峰山，南至汉中市勉县，北至秦岭山体北坡底（见图 7–5）。按照突出国家象征、完整系统保护、统一有效管理和协调社区发展的原则，综合分析秦岭范围内自然地理、自然资源、自然生态系统、景观资源、地质遗迹、人文历史资

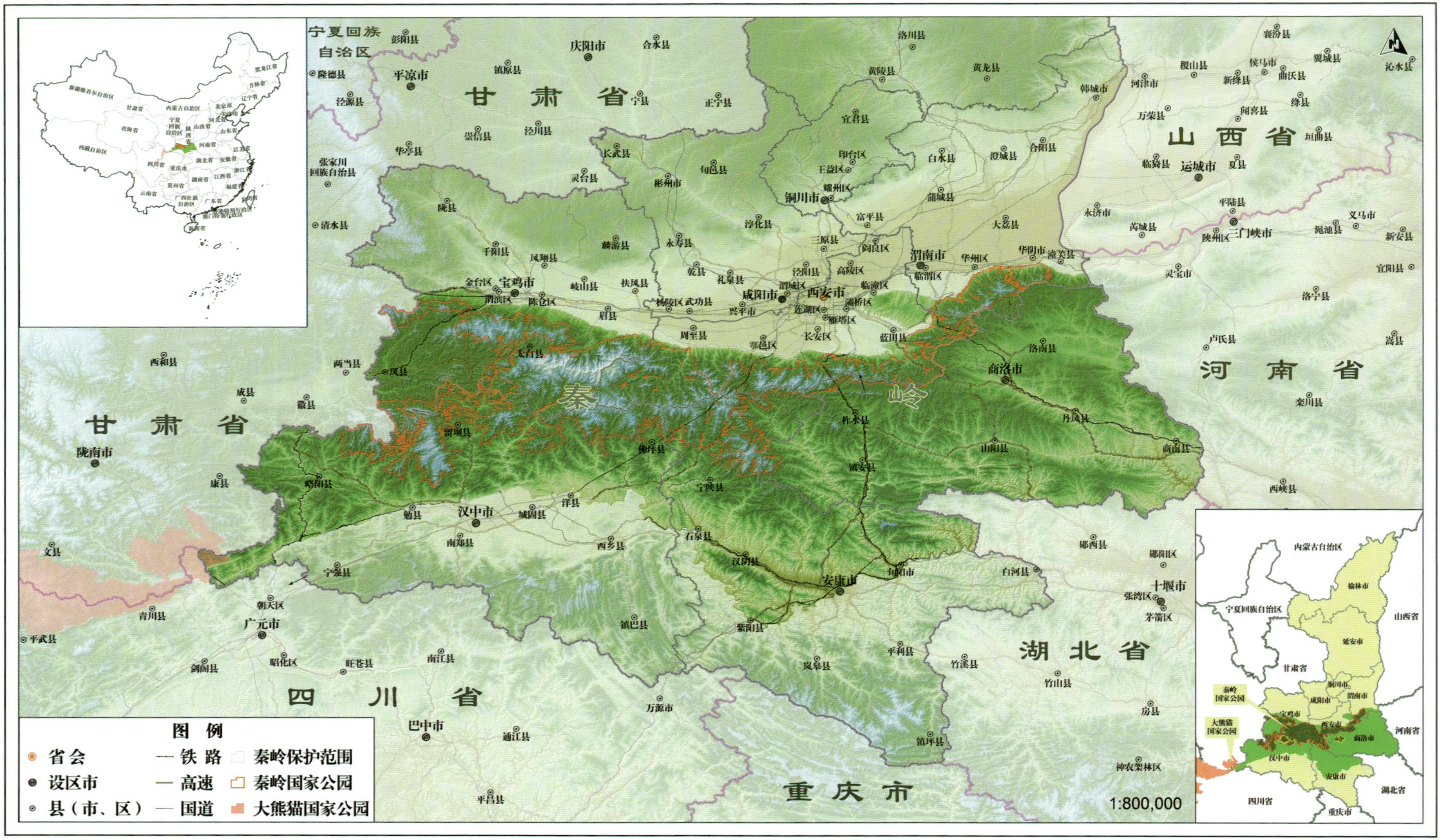

图 7-5　秦岭国家公园规划区范围及位置

源的现状、分布及特点，将“秦岭四宝”等珍稀濒危物种栖息地、重要生态廊道和连接带，典型山地森林生态系统和垂直景观带，重要水源涵养区以及重要地质遗迹、名山大川，以及《陕西省秦岭生态环境保护条例》核心保护区和重点保护区需要整体性、系统性保护的区域等纳入秦岭国家公园进行重点保护。同时，衔接大熊猫国家公园范围优化调整方案，将大熊猫国家公园体制试点秦岭片区 437 974 hm^2 纳入秦岭国家公园范围内，实现秦岭地区重要自然资源、生态系统和主体山系完整保护，涉及陕西省西安、宝鸡、汉中、安康、商洛、渭南 6 市 24 个县（市、区）125 个乡镇 841 个行政村。

秦岭国家公园创建区划分为核心保护区和一般控制区，实行分区管控。创建区将生物多样性保存完整、丰富区域，主要珍稀濒危野生动植物分布、活动区域等优先划入核心保护区，基本包括原有自然保护区核心区和部分一般控制区、森林公园生态保育区，以及风景名胜区、湿地公园、地质公园内重点保护区域，《陕西省秦岭生态环境保护条例》确定的集中连片核心保护区以及部分重点保护区等，采取最严格管控措施。适当考虑“秦岭四宝”等珍稀濒危物种迁移扩散和缓冲空间，结合当地经济社会可持续发展的需要，将相关区域划为一般控制区。一般控制区是实施生态修复、改善栖息地质量和建设生态廊道的重点区域，是国家公园内林场职工、社区居民居住、生产、生活的主要区域，也是开展与国家公园保护管理目标相一致的自然教育、生态体验服务的主要场所。秦岭国家公园创建区核心保护区 7775 km^2，占总面积 60%，一般控制区 5145 km^2，占总面积 40%。通过秦岭国家公园创建及建设，将建立统一规范高效体制机制，全面统筹自然资源管理，破解跨地区、跨部门体制性难题，维护秦岭中央水塔功能、传承秦岭历史文化，增强“秦岭四宝”等珍稀濒危物种栖息地连通性，提升栖息地质量，加强生态系统、物种和人文遗产保护，实现山水林田湖草整体保护、系统治理。

第六节　森林草原防火

森林草原是陆地生态系统的主体，是人类生存发展的根基。“枝繁叶茂一百年，化为灰烬一瞬间”。森林草原防火是生态文明建设的安全保障，是森林、草原资源保护的首要任务，是国家应急管理的重要内容，事关人民生命财产和林草资源安全，事关“山水林田湖生命共同体”安全，事关国土生态安全，森林草原防火责任重于泰山。

6.1　建设背景

党中央、国务院历来高度重视森林草原防火工作。2009 年，国务院批准实施了《全国森林防火中长期发展规划（2009—2015 年）》，2016 年发布了《全国森林防火规划（2016—2025）》，2017 年农业部印发《“十三五”全国草原防火规划》，2022 年国家林业和草原局、应急管理部联合颁布《“十四五”全国草原防灭火规划》，并将森林草原火灾预防与应急处置列入《国家突发公共事件总体应急预案》进行专项预案管理。党的十八大以来，党中央把生态文明建设纳入中国特色社会主义事业“五位一体”总体布局，对生态文明建设作出顶层设计和总体部署，我国发展进入了加快推进生态文明建设的新阶段。森林草原防灭火工作是关系国家生态安全与发展的大事，近年来随着气候变暖和极端天气增多，全球进入了森林草原火灾的高发期，我国仍将长期处于森林草原火灾的易发期和高危期，森林草原防火形势极其严峻。

长期以来，陕西省委、省政府高度重视森林草原防灭火工作，投入了大量的人力、物力和财力，森林防火基础设施和装备建设明显加快，预防、扑救和保障三大体系建设全面加强，综合能力显著提升，森林草原火灾损失明显下降。“十三五”以来，全省发生森林草原火灾 680 起，其中一般森林火灾 357 起，较大森林火灾 215 起，草原火灾 108 起，过火面积 3625.14 hm^2，受害森林面积 1146.24 hm^2，损失林木蓄积 5880.5 m^3，损失幼树 55.28 万株，因灾伤亡 16 人，森林草原火灾受害率控制在了 0.001‰～0.049‰之间，远低于国家 0.9‰的控制指标，未发生重特大森林草原火灾。特别是新一轮机构改革后，实现了火灾起数、过火面积、受害面积“三下降”，确保了全省火险形势稳定。其中，2019 年全省共发生森林草原火灾 202 起，过火总面积 1902.53 hm^2，受害森林草原面积 440.86 hm^2，造成 5 人死亡，9 人受伤。2020 年，全省共发生森林草原火灾 77 起，过火面积 358.58 hm^2，受害森林草原面积 188.76 hm^2，造成 1 人死亡。2021 年，全省共发生森林草原火灾 17 起，过火总面积 100.13 hm^2，受害森林草原面积 44.77 hm^2，未发生人员伤亡事件。

陕西森林草原防灭火工作虽然取得了显著成效，积累了丰富经验，全面提升了火灾综合防控能力，但随着全省生态文明建设的快速推进和社会经济的飞速发展，森林草原防灭火工作所面临的形势将更加严峻，“十四五”期间既是加快推进生态文明建设的关键时期，也是林业发展和森林草原防火工作重要战略机遇期。

6.2　总体思路

6.2.1　指导思想

以习近平新时代中国特色社会主义思想为指导，以促进生态文明和美丽陕西建设、保障人民生命财产和森林草原资源安全为根本，以改革创新为动力，坚持“预防为主、积极消灭、生命至上、安全第一”的工作方针和“突出重点、分区施策”的治理原则，加强防火基础设施和装备建设，健全森林草原火灾预防、扑救、保障体系，完善森林草原防灭火长效机制，全面提升森林草原防灭火防御工程标准，提高森林草原火灾综合防控能力，最大限度地减少火灾对林草资源和人民生命财产的危害，为加强生态保护、生态文明建设及美丽和谐新陕西的构建提供有力保障。

6.2.2　基本原则

（1）坚持预防为主、防扑并举的原则

防范胜于救灾，加强森林草原防灭火宣传教育，强化网格化管理，构建专群结合、群防群控的防控体系，把森林草原火灾预防工作放在首要位置，提高全民森林草原防灭火意识。推广新技术应用，加强火情预警监测、消防专业队伍装备、防灭火通信及信息指挥系统、森林航空消防、防灭火宣传体系、防灭火应急通道与阻隔系统等方面能力建设，加快补齐防灭火基础设施短板，全面提高森林草原火灾快速反应能力和综合防控能力。加强护林队伍建设，创新森林草原资源管护机制，提升防范森林草原火灾的能力。

（2）坚持以人为本、科学扑救的原则

森林草原防灭火主要目的是保护森林草原资源，但在森林草原火灾扑救中，应坚持以人为本，科学扑救，把保障林区广大人民群众和一线扑火人员生命安全放在第一位。精心组织，科学指挥，提高组织指挥、扑火队伍和扑火装备的专业化水平，提升空中灭火、以水灭火、机械化灭火能力，尽量减少森林草原火灾造成的人员伤亡和财产损失。

（3）坚持统筹规划、分区施策的原则

在遵循《全国森林防火规划（2016—2025 年）》和《全国草原防灭火规划（2021—2025 年）》分区布局的基础上，针对陕西自然地域分异规律、森林草原火险区划等级和森林草原资源分布特点，合理划分治理区域，制定符合区域实际的治理措施、发展目标和建设思路。明确全省重点建设区域，对重点区域加大建设力度，提升重点区域森林草原火灾防控能力，确保森林草原资源安全。

（4）坚持科学分类、标本兼治的原则

根据全省森林草原火灾发生的成因、特点和发展规律，加强森林草原防灭火基础设施和装备能力建设，突出火情瞭望监测能力、专业队伍装备能力和森林草原航空消防能力建设。加强防灭火专业队伍建设，健全经费保障机制，完善科学防火体系，坚持标本兼治，确保森林草原防灭火工作的可持续发展。

（5）坚持科技优先、落实责任的原则

充分发挥科技引领作用，利用现代科技手段防控森林草原火灾，积极开发、引进、推广先进实用的防扑火设备和技术手段，提高防扑火科技含量。全面贯彻《森林法》《森林防火条例》《草原防火条例》和《陕西省森林草原火灾应急预案》，各级人民政府履行属地管理和行政首长负责制，严格按照“党政同责、一岗双责、齐抓共管、失职追责”的要求，对森林草原防灭火全面负责。实行行政首长负总责，分管领导具体抓的政府责任制，并层层夯实责任，把森林草原防灭火作为公共突发事件应急处置系统建设的重要内容。

（6）坚持政府主导、部门共管的原则

以政府为主导，各级森林草原防灭火指挥部牵头，各成员单位通力合作，充分利用内、外部可利用资源和社会公共资源与协作条件，坚持建管并重，加强后续管理和设施设备资源的充分利用，最大限度地实现资源共享和优化配置。继续坚持广大群众自治联防和政府主导的相邻区域联防等行之有效的林火管理手段，促进形成政府主导、各级森林草原防灭火指挥部与成员单位通力协作、密切配合、各司其职、各尽其责、全社会共同关注和参与的森林草原防灭火机制。

6.2.3 总体目标

建设森林草原防灭火预防、扑救、保障三大体系，大幅提高森林草原防灭火装备水平，改善基础设施条件，增强预警监测、应急处置和扑救能力，实现预警响应规范化、火灾扑救科学化、火灾防控现代化、管理工作规范化、队伍建设专业化，森林草原防灭火长效机制基本形成，全面提升森林草原防灭火工作能力和水平，实现 24 h 火灾扑灭率在 95% 以上，受害森林面积控制在 0.9‰ 以内，受害草原面积控制在 2‰ 以内，防止重大森林草原火灾和人员伤亡事故的发生。

①完善省、市、县（区）三级森林草原火险预警监测系统，提高预警时效和精度，实现在防火期内制作并发布 48 h 的森林草原火灾发生概率及林火行为预报；使森林草原火情瞭望监测能力和水平得到进一步提高，使重点林（草）区瞭望监测覆盖率在 95% 以上。

②加强省、市、县（区）三级森林草原防灭火通信与信息指挥系统建设，建立重点区域防灭火常规通信网络，应急通信系统，以大数据、云计算等新一代信息技术为支撑，开发森林草原防火预警、防火通信、应急救援和应急指挥系统等信息化综合应用平台。

③加强森林草原消防队伍专业化建设，提高专业队伍装备水平、快速反应与火灾扑救能力，实现专业队伍标准化、装备现代化，使重点森林草原火险县（区）防灭火专业队伍配备率达到 100%。

④加强森林草原航空消防能力建设，推动“三站一中心、五保一基地”实施，配套建设森林草原航空消防野外巡护区设施（野外直升机停机坪与取水点），扩大森林草原航空消防航护范围，提高森林草原航空消防直接灭火能力，近期实现全省森林草原航空消防覆盖率达到 100%，确保建设全省森林草原航护救援“1 h”全覆盖。

⑤加强野外火源管理，完善进山入林卡口设置和森林草原防火宣传培训体系，全面设置防火检查站，加强火情瞭望和防护巡逻，全面推行防火码，推广“互联网 +”

系统应用，加大违法违规用火惩处力度，开展防火督查和安全隐患排查惩治。定期开展可燃物清理和防火隔离带开设，加强防火宣传教育，严格实施责任追究办法，制定重点区域、重点时段、重点人群工作台账和管控清单，健全专群结合、群防群治的防控体系，实现森林草原防灭火野外火源管理精细化、防治体系合理化，坚决遏制重大森林草原火灾发生，杜绝群死群伤事件发生。

⑥加强重点区域森林草原防火应急通道和阻隔系统建设。以全省重点国有林区和草原集中分布区为重点，建设完善的森林草原防火应急通道和林火阻隔系统，为火灾扑救、护林巡护、人员投送、物资运输、防止火灾蔓延等方面提供有力保障，发挥防火应急通道和林火阻隔系统在森林草原火灾扑救、应急救援、控制重特大森林火灾发生等方面的重要作用，力争实现重点国有林区路网密度达到 2.3 m/hm^2，阻隔网密度达到 3.5 m/hm^2。

6.3　典型模式

6.3.1　森林防灭火模式

根据分区依据和标准，陕西省共划分 78 个县级行政单位为森林火灾防灭火高风险区和 19 个县级行政单位为一般森林火灾风险区（见表 7–6）。

（1）森林火灾防灭火高风险区防控模式

该区域涵盖了全省巴山、秦岭、关山、桥山、黄龙山五大林区和国家级自然保护区、国家级森林公园、国家级风景名胜区等禁止开发区域及省、地市直属的其他林草部门。将森林火灾高风险区划分为陕北高原森林防灭火重点区、黄桥森林防灭火重点区、关山森林防灭火重点区、秦岭森林防灭火重点区、巴山森林防灭火重点区五个森林防灭火重点区域，作为全省森林防灭火工作的重点建设区。

森林火灾高风险区土地总面积为 1754.2 万 hm^2，占全省国土总面积的 85.24%。林地面积 1119.1 万 hm^2，占全省林地总面积的 90. 48%。有林地面积 857.8 万 hm^2，占全省有林地总面积的 96.73%。本区域基本涵盖了全省所有的天然林资源和国家级自然保护区、国家级森林公园等重点生态区域，是陕西森林资源最丰富、最集中的地区，也是生物多样性最为富集的地区，生态敏感性非常高，是全省森林防灭火工作的重点建设区。

该区域是全省森林火灾发生较多、风险程度较高的区域。该区域森林资源丰富，区域内分布有国家级自然保护区、国家级森林公园、国家级风景名胜区等禁止开发区，其中的秦巴林区和黄桥林区是陕西的天然物种基因库、遗传基因库、森林景观资源的精华，保护价值高，是重点保护区域，加之区内林农交错严重，人为活动频繁，农事、祭祀用火突出，火源管理难度大，火灾发生频繁。针对上述问题，在该区域主要采取以下措施：

表 7-6　陕西省森林草原防灭火分区布局

区域布局名称	森林草原火险区布局				
	地市	森林火灾高风险区	一般森林火灾风险区	草原火灾高风险区	一般草原火险区
陕北高原森林草原防灭火区	榆林市	定边县、府谷县、横山区、佳县、靖边县、榆阳区	神木市、吴堡县、清涧县、米脂县、绥德县、子洲县	榆阳区、定边县、靖边县、神木市、府谷县、横山区、吴堡县	清涧县
	延安市	安塞区、宝塔区、富县、甘泉县、黄陵县、黄龙县、洛川县、吴起县、延长县、宜川县、志丹县	延川县、子长市	吴起县、子洲县、宝塔区、富县、安塞区、黄龙县、宜川县、子长市	甘泉县、洛川县、黄陵县
黄桥森林草原防灭火区	铜川市	耀州区、宜君县、印台区	王益区		
	渭南市	富平县、韩城市	白水县、蒲城县、合阳县、大荔县、澄城县		
	咸阳市	淳化县、泾阳县、旬邑县	三原县		
关山森林草原防灭火区	咸阳市	彬州市、礼泉县、乾县、永寿县、长武县			
	宝鸡市	陈仓区、凤翔县、扶风县、金台区、麟游县、陇县、岐山县、千阳县			陇县、千阳县
秦岭森林草原防灭火区	宝鸡市	渭滨区、太白县、眉县、凤县			
	渭南市	华州区、华阴市、临渭区、潼关县			
	西安市	长安区、周至县、鄠邑区、蓝田县	临潼区、灞桥区、高陵区		
	汉中市	城固县、佛坪县、汉台区、留坝县、略阳县、勉县、洋县			略阳县
	安康市	汉滨区、汉阴县、宁陕县、石泉县、旬阳市		旬阳市	汉滨区、紫阳县、宁陕县、平利县
	商洛市	丹凤县、洛南县、山阳县、商南县、商州区、柞水县、镇安县		洛南县、山阳县	商州区
巴山森林草原防灭火区	汉中市	南郑县、宁强县、西乡县、宁强县			宁强县、镇巴县
	安康市	白河县、岚皋县、平利县、镇坪县、紫阳县			

①重点加强森林防灭火视频监控系统建设，提高林火瞭望监测能力和水平。

②重点突出森林消防专业队伍基础设施和装备建设，提高专业队伍快速反应能力。

③加强完善省应急救援与航空护林中心及配套野外巡护区设施建设，提高森林航空消防直接灭火能力和航空消防覆盖率。

④林火阻隔带建设，提高防范重特大森林火灾能力。

⑤加强以水灭火装备和水源地等设施建设，提高森林防灭火效能。

⑥加强森林消防扑火专业队伍建设和扑火队员、防火指挥员等人员技术培训，提升就地、就近、就快处置火情能力。

（2）一般森林火灾风险区防控模式

一般森林火灾风险区是陕西发生森林火灾次数较少、火灾危险程度较低的区域。该区域森林资源相对较少且分散。该区域多位于陕北黄土高原丘陵沟壑区，沟壑纵横，森林资源相对分布较少且分散，生态环境极为脆弱，火险等级较低，是森林火灾发生次数较少、火灾危险程度低的区域。

一般森林火灾风险区土地总面积 284.3 万 hm^2，占全省国土总面积的 13.82%。林地面积 116.1 万 hm^2，占全省林地总面积的 9.39%。有林地面积 27.8 万 hm^2，占全省有林地总面积的 3.13%。本区域森林资源多以人工林为主，生态环境较为脆弱，也是陕西森林防灭火工作的一般建设区。针对该区域特点，主要采取了以下措施：

①重点加强森林火灾预警监测体系建设，加大火情瞭望监测、地面巡护和宣传教育力度。

②根据各火险单位森林防火实际需要，进一步加强森林防火基础设施建设，组建森林草原防灭火专业、半专业队伍。

③建设一定数量的防火应急通道，完善扑火机具及装备配备，提高装备水平和火灾扑救能力，积极预防森林火灾的发生。

④加强生物防火林带建设，强化预防控制森林火灾治本措施。

6.3.2　草原防灭火模式

根据草原防火分区依据和标准，将全省有草原防灭火任务的 31 个草原火险县。分别区划为 7 个极高草原火险县，10 个高草原火险县，7 个中草原火险县和 7 个低草原火险县，并将 7 个极高草原火险县和 10 个高草原火险县区划为草原火灾高风险区，将 7 个中草原火险县和 7 个低草原火险县区划为一般草原火险区（见表 7–6）。

（1）草原火灾高风险区防控模式

草原火灾高风险区主要位于榆林市北部和延安市北部区域，以及商洛市和安康市的部分区域，涉及榆林市榆阳区、定边县、靖边县、神木市、府谷县，延安市吴起县、志丹县等 2 市 7 个极高草原火险县和榆林市横山区，延安市宝塔区、富县、安塞区、黄龙县、宜川县、子长市，商洛市洛南县、山阳县，安康市旬阳市等4市10个高草原火险县。该区域是全省草原分布最为广泛和集中的地区，草原火灾发生较多、风险程度极高。区内自然保护区、森林公园、湿地公园、沙漠公园、地质公园、风景名胜区等各类自然保护地纵横交错，景观资源丰富，森林与草原生境多样，是陕北黄土高原和毛乌素沙地生物多样性最为富集的区域，为陕西草原防火的重点区域，加之区内草农交错严重，人为活动频繁，农事、祭祀用火突出，火源管理难度大，火灾发生频繁且难以控制。

根据区域内草原资源分布情况、重点生态区位布局情况等，并结合草原资源分布、自然地理地貌特征等因素，按照全省草原重点生态区域布局战略，将草原火灾高风险区划分为陕北高原（含毛乌素沙地）草原防灭火区、黄桥草原防灭火区、秦岭草原防灭火区3个草原防火重点区域，上述区域为全省草原防灭火工作的重点建设区。主要采取以下措施进行防灭火工作：

①重点加强预警监测能力建设，建设防火视频监控系统和防火瞭望塔等瞭望监测设施，进一步提高火情瞭望监测能力和监测水平。

②加强森林草原消防专业队伍和装备能力建设，配备新型的扑火机具装备、指挥通信设备、消防车辆等，确保扑火设备保障率。

③加强防火应急通道建设，在林草交错区、重要设施分布区等重点区域内建设防火应急通道，结合现有防火道路，形成布局合理、便于通行，且具备一定阻火功能的防灭火应急道路，实现生产生活与防灾减灾的有机结合。

④加强草原防灭火阻隔系统建设，在省界沿线区域建设工程阻隔带和生物隔离带，提高防范境外草原火灾能力。

⑤加大防火宣传教育力度，在火灾重发频发区、林草交错区、重要设施接壤区等关键区域，增设草原防火宣传牌、宣传栏、多功能语音警示器等宣传设备，提高全民草原防火意识。

（2）一般草原火险区防控区

该区域多位于陕北黄土高原丘陵沟壑区、关山山地、秦岭山地和巴山山地部分区域，涉及榆林、延安、宝鸡、汉中、安康、商洛等6市14个草原火险县。该区域由于草地资源分布相对较少且分散，森林资源较为丰富，草原火险等级为中等，森林火险等级较高，发生草原火灾的概率小，但是该区域地形地貌多样，分别地处陕北黄土高原、关山山地、秦岭山地和巴山山地等地貌类型，区内人口居住分散，林草交错严重，预防扑救不力，容易发生草原火灾，进而引发森林火灾，须加强火情预警监测和火灾预防扑救，是全省草原防灭火工作的一般建设区。主要采取以下措施进行防灭火工作：

①加强草原火灾预警监测体系建设，建设防火视频监控系统和防火瞭望塔，加大瞭望监测与地面巡护力度。

②组建森林草原消防专业队伍，完善扑火机具及装备储备，提高装备水平和火灾扑救能力。

③加强防灭火宣传设施设备建设，加大防火宣传教育力度，提高全民防火意识。

6.4　建设成效

“十三五”以来，陕西省进入了社会经济飞速发展、生态文明建设快速推进期，同时也是森林草原防灭火工作取得有效进展的一个重要时期。森林草原防灭火作为生态建设的重要组成部分，取得了显著成效。森林草原防灭火基础设施和装备建设初具规模，森林草原防灭火专业队伍建设初步成形，森林草原火灾扑救科学化水平显著提高，森林草原火灾综合防控能力全面提升，有效保护了森林草原资源和人民群众生命财产安全，维护了社会经济的稳定。

（1）防灭火责任制得到进一步落实

近年来，全省森林草原防灭火行政领导负责制得到进一步完善和落实。各级政府实行森林草原防灭火行政首长负责制，切实履行属地管理责任、行业监管负责、经营部门主体责任，不断健全运行机制，形成了一级抓一级，一级促一级，一级对一级负责的良性工作机制。通过下发《陕西省森林草原防灭火指挥部关于调整省森林草原防灭火指挥部组成单位和人员的通知》（陕森防指〔2019〕1号）和《陕西省森林草原防灭火指挥部关于印发〈陕西省森林草原防灭火指挥部工作规则〉〈陕西省森林草原防灭火目标责任考核办法〉的通知》（陕森防指〔2020〕1号），明确指挥部成员单位，进一步落实责任，增强了森林草原防灭火工作的紧迫感。省森林草原防灭火指挥部提出了森林草原防灭火要做到两个靠前（指挥靠前、部队靠前）、突出两个必保（必保大桥山、必保大秦岭）、强化两个责任（领导责任、追究责任）、提升两个能力（火源管控能力、应急处置能力）、确保两个安全（生命安全、生态安全）的总体要求，各级人民政府认真落实森林草原防灭火行政首长负责制，做到领导亲自抓安排部署、亲自抓督导检查，亲自抓措施落实，夯实了领导责任、部门责任、岗位责任、地块责任和包片责任，确保森林草原防灭火责任制落到实处。

（2）野外火源管控力度进一步加大

“十三五”期间，全省各级人民政府根据火险形势，及时发布防火期戒严令，杜绝一切火种进山入林，严禁野外用火。对林草区内的中、小学生和智力低下人群等特殊群体落实专人监护，对进入重点防火区域的人员进行登记造册，逐人签订保证书。结合全省各大林区实际情况开展可燃物清理活动，降低森林草原火灾发生概率，减轻了春季森林草原防灭火工作压力。各级森林草原防灭火组织严格执行“十不准，六不烧”规定，突出抓好国有林场、重点林区、林农接合部等重点区域火源管控，设立临时防火检查站，对火灾易发地段巡回检查、严看死守，严禁火种进山入林。公安、应急、林业等部门联合开展“查火患、破火案”和“打击野外违法违规用火”专项行动，据统计，2016—2020年，全省共查处火灾案件和违规用火案件2031起（刑事案件295起、林政案件1736起），有效遏制了林区野外违规用火行为。

（3）防灭火基础设施建设明显改善

“十三五”期间，全省森林草原防灭火基本建设项目共批复立项17项，其中已组织验收3个、竣工待验收6个、已开工未完工7个、转隶应急部门1个，总投资29 511.02万元（其中，中央财政专项资金投资25 055万元，地方财政配套资金投资4456.02万元），建设内容包括火情预警监测系统、阻隔系统、通信和信息指挥系统、扑救装备能力建设、宣传能力建设、物资储备库建设、火灾评估与火案勘查系统等。已完成的建设内容及规模为：新建防火视频监控系统95套、新建瞭望塔80座、防火检查站12处、森林草原消防专业扑火队营房17 623.75 m^2、防灭火物资储备库3842.95 m^2，配备防灭火车辆44辆，以及必要的防火宣传设施设备和扑火机具、扑火装备、灭火设备等防灭火设备。

（4）防灭火宣传教育更加深入

“十三五”期间，全省始终坚持把宣传教育作为森林草原防灭火工作第一道工序，采取有力措施，扩大宣传覆盖面，提高宣传影响力，使森林草原防灭火人人有责的理念深入人心。一是制订了全省森林草原防灭火宣传工作方案，推行了全省森林草原防灭火宣传月活动。通过采取张贴宣传标语、发放宣传单、制作警示牌、出动宣传车、播放警示片、发送手机短信等方式开展全方位、多层次防火宣传，实现视频、图像、声音、文字有机结合，做到“电视里有影像、报纸上有文章、广播中有声音、网络上有文字、手机里有短信、林区内有标牌”。二是各地市、各部门通过在学校开展“六个一”“小手牵大手”活动，在清明节倡导文明祭祀、免费栽植纪念树、面向社会开展“手拉手护绿色屏障，心连心爱秦岭家园”森林草原防灭火万人签名等活动，掀起森林草原防灭火宣传工作新高潮。三是借助陕西广播电视台新闻中心《秦风热线》、中国森林草原防灭火网、新华网、陕西电视台、陕西日报等各种新闻媒体平台，进行森林草原防灭火宣传教育，对普及森林草原防灭火法规和森林火灾常识、提高群众防火意识等起到了积极促进作用，进一步提升了公民防火意识。

（5）防灭火工作机制进一步完善

根据《中华人民共和国森林法》《中华人民共和国草原法》《森林防火条例》《草原防火条例》和《国家森林草原火灾应急预案》等，结合陕西森林草原防灭火实际，起草并制定了《陕西省森林草原火灾应急预案》。参照国家相关法律法规，陕西省制定了《陕西省森林草原防灭火行政责任追究办法》和《陕西省森林草原防灭火工作目标责任考核办法》。通过条例、预案、办法的制定与实施，应急预案基本建立，应急响应进一步健全，区域联防机制进一步完善，约谈问责机制得到落实。全省各地陆续开展森林草原火灾扑救应急演练活动，进一步完善应急预案，细化、落实高火险时段分级响应措施，做好火灾扑救各项准备。与气象部门建立联合会商机制，科学研判，及时发布森林草原火险预报预警信息，进一步健全应急响应。启动约谈问责机制，充分发挥问责机制作用，因火灾而被问责的干部、群众得到了警示和警醒。与周边的四川、湖北、河南、甘肃、重庆等省（市）建立密切合作的 8 大区域性护林联防组织，形成了覆盖全省重点林区和省际互联互防体系。

（6）航空护林业务逐步开展

“十三五”期间，陕西省航空护林站已全面建设完成并正式开航运营，2019 年 11 月 13 日，按照《中共陕西省委机构编制委员会办公室关于陕西省飞机播种造林工作站陕西省航空护林站机构分设的通知》，明确了陕西省航空护林站整体转隶到陕西省应急管理厅，更名为陕西省应急救援与航空护林中心，业务上由应急管理部北方航空护林总站和陕西省应急管理厅领导，主要发挥森林航空消防空中优势，加大巡护力度，先后开通 9 条航线，实现全省重点林区全覆盖。航站运营初期在国家林业局北方航空护林总站的技术支持和指导下，安全、高效地完成了航空护林的各项巡护工作任务。据统计，2016—2020 年巡护期间，共投入航护资金 7530 万元，先后安排 36 架飞机共飞行 1150 余架次 2040 余小时，发现火（烟）点 300 余起，参与处置火情 41 起，洒水 3500 余吨，并且及时、全面、准确地向省森林草原防灭火指挥部报告火情信息，提出合理化扑救建议，有力地加强了全省森林草原防灭火工作，确保了陕西巴山、秦岭、关山、桥山、黄龙山五大林区森林草原资源和生态环境安全，并分别支援相邻省份扑救了 2015 年四川省甘孜州雅江县森林火灾，2016 年甘肃省甘南藏族自治州迭部县森林火灾和 2019 年山西省沁源县森林火灾，多次受到了上级部门的好评。陕西省应急救援与航空护林中心航空护林业务的全面开展，弥补了陕西航空护林和航空应急救援的空白，使陕西省森林草原防灭火全方位、多层次、立体化的网络体系日趋完善。

第七节　有害生物防治

林业有害生物是危害森林最为严重的自然灾害，是不冒烟的森林火灾，对森林资源安全和社会经济发展构成了严重威胁。陕西是林业有害生物发生严重的省份之一。随着全球气候变暖、林业资源不断增加、经济贸易增多、物流活动频繁等各种因素影响，有害生物对森林资源和生态安全构成严重威胁，特别是松材线虫病等重大林业有害生物灾害还未得到彻底遏制，防治形势严峻，任务艰巨。

7.1 防控背景

7.1.1 林业有害生物

陕西省是我国林业有害生物多发省份之一。经过多年的普查、研究，目前已知的森林病虫害种类有1800种，2010年以来每年发生森林病虫害600多万亩，约占有林地面积的7%。陕西可造成灾害的林业有害生物种类就有80余种，主要有松材线虫病、美国白蛾、红脂大小蠹、华山松大小蠹、松毛虫、杨树天牛、杨树食叶害虫、松针蚧、松叶蜂、草履蚧、沙柳木蠹蛾、春尺蠖及经济林病虫害等，每年因此造成的经济损失达30亿元，全省的林业有害生物发生和分布与森林类型和气候等有明显的相关性。

（1）长城沿线风沙滩地防风固沙林区

该区域植被以灌木林为主，常见病虫害种类有：杨树天牛、杨大透翅蛾、白杨透翅蛾、春尺蠖、侧柏毒蛾、柠条豆象、沙柳木蠹蛾、沙棘木蠹蛾、舞毒蛾、柳天蛾、柳毒蛾以及近年来严重危害中幼林地的蒙古草兔、甘肃鼢鼠等。

（2）陕北黄土丘陵沟壑水土保持林区

本区水土流失严重，植被以人工造林为主。常见病虫害种类有：杨大透翅蛾、白杨透翅蛾、沙棘木蠹蛾、柠条豆象、枣飞象、枣尺蠖、杨扇舟蛾、杨树天牛、枣镰翅小卷蛾、枣疯病及近年来严重危害中幼林地的蒙古草兔、甘肃鼢鼠等。

（3）桥山、黄龙山水源涵养林区

本区以天然次生林为主。常见病虫害种类有：蒙古草兔、甘肃鼢鼠、中华鼢鼠、油松毛虫、明纹侧柏松毛虫、油松球果小卷蛾、松梢螟、建庄油松梢小蠹、松横坑切梢小蠹、红脂大小蠹、天幕毛虫、森林鼠害、核桃举肢蛾、松黄叶蜂、侧柏毒蛾等。

（4）渭北黄土高原水土保持农田防护林区

本区常见病虫害种类有：中原草兔、中华鼢鼠、杨树天牛、刺槐尺蠖、松叶蜂、刺槐种子小蜂、松横坑切梢小蠹、松梢螟、松针小卷蛾、枣飞象、核桃举肢蛾、杨大透翅蛾等及花椒、柿树等经济林病虫害。

（5）关中平原四旁绿化农田防护林区

本区自然条件较好，林木以农田防护林和四旁植树为主。常见病虫害种类有：中原草兔、中华鼢鼠、杨树天牛、刺槐尺蠖、国槐尺蠖、枣尺蠖、栎尺蠖、杨小舟蛾、草履蚧、美国白蛾、泡桐大袋蛾、杨树溃疡病、猕猴桃溃疡病、泡桐丛枝病等。

（6）秦岭北坡、关山水源涵养防护林区

本区常见病虫害种类有：华山松大小蠹、松横坑切梢小蠹、油松小卷蛾、油松球果螟、松针蚧、松叶蜂、栓皮栎尺蠖、舞毒蛾、栗实象、松梢螟、中原草兔、中华鼢鼠、板栗疫病、猕猴桃溃疡病等。

（7）秦岭南坡中、高山地水源涵养用材林区

本区主要为天然次生林区。常见病虫害种类有：华山松大小蠹、松纵坑切梢小蠹、松横坑切梢小蠹、球果角胫象、油松球果小卷蛾、马尾松毛虫、油松毛虫、松针蚧、栎粉舟蛾、云斑天牛、银杏大蚕蛾、核桃小吉丁、核桃举肢蛾、松叶蜂、栗实象、陕西草兔、中华鼢鼠、秦岭鼢鼠、板栗疫病、松疱锈病、松针锈病、松落针病等。

（8）秦巴低山丘陵经济用材林区

本区自然条件较好，人工林较多。常见病虫害种类有：华山松大小蠹、松纵坑切梢小蠹、松横坑切梢小蠹、马尾松毛虫、双条杉天牛、油松球果小卷蛾、漆树叶甲、云斑天牛、柑橘矢坚蚧、吹绵蚧、银杏大蚕蛾、陕西草兔、中华鼢鼠、秦岭鼢鼠、板栗疫病、油松落针病、马尾松瘤锈病等。

（9）汉中盆地四旁绿化护岸林区

本区本区树木以人工林为主，有柑橘、马尾松、杉木、红椿等。常见病虫害种类有：华山松大小蠹、松纵坑切梢小蠹、松横坑切梢小蠹、马尾松毛虫、舞毒蛾、水杉小爪螨、银杏大蚕蛾、柑橘矢坚蚧、棘粉蚧、陕西草兔、中华鼢鼠、秦岭鼢鼠等。

（10）巴山中山水源涵养经济林区

本区常见病虫害种类有：华山松大小蠹、松横坑切梢小蠹、松纵坑切梢小蠹、银杏大蚕蛾、漆树叶甲、核桃长棒象、油松球果小卷蛾、陕西草兔、中华鼢鼠、秦岭鼢鼠、板栗疫病等。

7.1.2 外来林业有害生物

近年来，外来林业有害生物对陕西林业造成的危害十分严重。红脂大小蠹、美国白蛾、杨树花叶病毒病等外来林业有害生物年均发生面积达 100 多万亩，致死树木上万株，造成的经济、社会和生态损失 60 亿元。

随着国际贸易和省际交流的增加，外来有害生物入侵的危险性逐步增大，与陕西毗邻的湖北、重庆都发生松材线虫病，入境检疫机关也屡屡在进口货物包装箱上发现松材线虫活体。目前陕西已知的原国家林业局于 2014 年公布的全国林业危险性有害生物名单有 233 种，在陕西省分布的就有 132 种，其中昆虫及螨类 91 种，病原微生物 26 种，有害植物 15 种。另外，陕西还分布有全国森林植物检疫对象 14 种，其中昆虫 8 种，病原微生物 6 种。2022 年，松材线虫病在陕西柞水等地发现侵入危害，这都是外来林业有害生物长期入侵的结果。外来有害生物入侵的防范问题已成为我们不容忽视的重要问题。

7.1.3 有害生物防治检疫

陕西省的林业有害生物工作紧紧围绕全省林业工作重点，以提高减灾控灾能力为中心，以有效保护森林资源为目标，全面实施森林病虫害可持续控制战略。认真贯彻“预防为主、科学防控、依法治理、促进健康”的方针，加强森防基础设施建设，加大工程治理力度，强化森防目标管理，加快机制创新和科技创新，巩固造林绿化成果，起到了极为重要的作用，为新世纪林业的跨越式发展提供强有力的保障。

“十三五”期间，陕西主要林业有害生物累计发生面积 2980.74 万亩，累计成灾面积 275.35 万亩，成灾率控制在 4.2‰ ～ 3.4‰。林业有害生物每年发生面积保持在 600 万亩左右，总体发生面积稳中有降。主要呈现以下特点：一是松材线虫病疫情在秦岭南麓呈扩散蔓延态势，疫情发生范围由 2016 年的 3 市 5 个县 10 个乡镇增加到 2020 年的 4 市 24 个县 179 个乡镇；发生疫情面积由 2016 年的 6248 亩扩大到 48.21 万亩，防控形势十分严峻。二是美国白蛾随绿化苗木于 2018 年再度传入陕西，截至 2020 年发生范围为西安市 4 个区 21 个镇街，总体扩散势头减缓，呈零星分布。三是林业鼠（兔）害发生面积逐年减少，危害程度以轻度为主，局部地区危害严重。四是蛀干类害虫仍处于高发态势，局部仍有重度以上危害。五是食叶害虫发生面积逐年趋稳，整体以轻度发生为主，灾害控制良好。六是经济林病虫害发生面积逐年增加，发生范围广，局部地区危害加重。

7.1.4 森防体系建设

全省现有森林病虫防治检疫站 126 个，其中省级 1 个，地市级 12 个，县（区）级 113 个。有森防专业人员 1343 人，森林植物专职检疫员 616 人，兼职检疫员 217 人。已建设国家级中心测报点 35 个，省级中心测报点 20 个，一般测报点 774 个，确定专职测报员 454 人，兼职测报员 1126 人。已建设国家级森防标准站 58 个，国家级无检疫对象苗圃 48 个，全省森防体系初步形成。

7.2 总体思路

7.2.1 指导思想

坚持以习近平新时代中国特色社会主义思想为指导，深入贯彻党的二十大精神，以习近平总书记来陕考察重要讲话指示批示精神为基本遵循，遵循习近平生态文明思想和生物安全重要论述，贯通落实“五个扎实”和五项要求，立足新发展阶段，贯彻新发展理念，构建新发展格局，以高质量防治为主线，坚持预防为主、强化检疫、科学治理、依法监管，完善有害生物监测预警体系、建立有害生物综合防控体系、健全有害生物防治监管考核体系，提升灾害治理体系和治理能力现代化水平，为建设山青水净坡绿、生态和谐优美的“大美陕西”和乡村振兴目标提供有力保障，为守护全省生态文明建设成果，维护生态安全和生物安全提供有力保障。

7.2.2 遵循原则

（1）坚持依法防治，健全制度

完善林业有害生物防治检疫各项配套法规和规章制度，统筹推进各项防控工作，运用法治思维和法治方式保障防治检疫工作顺利开展。

（2）坚持政府负责，部门协同

按照“政府负责，部门协同，社会参与，联防联治”的机制，加强与交通、建设、电力电信、质检等部门的协作，推进疫区和疫木管理、引种监管等方面的沟通协作，与农业、气象等部门协作研究制定林业有害生物联防联治工作指南，协调推进重点区域的联防联治机制建设。

（3）坚持预防为主，精准施策

把林业有害生物预防放在第一位，强化监测预警和检疫御灾。针对不同地域特征、不同林业有害生物种类，实施不同的防治策略，因害设防，综合治理。

（4）坚持主攻疫区，突防身边

以松材线虫病疫区疫情防控为重中之重，抓好落实，抓出成效。以服务全省林业生态建设重点，围绕“身边增绿”，突出抓好通道、直观坡面、出入境口、旅游景区、城市周边等人口聚集区有害生物防治。

（5）坚持科技支撑，创新发展

以科技创新为引领，强化防治关键技术研究攻关，及时推广应用新药械、新技术，促进科研、生产和管理的有机结合。加强人员培训，提高人员职业素质，提升防治工作整体水平和能力。

7.2.3 总体目标

①陕西省林业有害生物防治工作，以各级防治检疫机构为基础，构建与现代林业发展相适应的监测预警体系、检疫御灾体系、防治减灾体系、服务保障体系，全面提高全省林业有害生物防治工作的能力和水平。

②使林业有害生物成灾率控制在 7.6‰ 以下，完成国家林业和草原局下达的防治目标任务。大力开展综合防治措施，使其他林业有害生物防治实现有虫不成灾的目标。

③使松材线虫病疫区数量控制到 24 个以内，松材线虫病疫点数量控制在 163 个以下，发生面积控制在 47.1 万亩以内，松材线虫病等重大林业有害生物灾害得到较好控制；实现美国白蛾防控监测覆盖率 100%，检疫复检率 100%，剪除网幕及喷药除治率 100%。

④全面拔除陕西现有美国白蛾疫区；在全省范围内确保不出现新疫情，一旦出现疫情，第一时间报告，第一时间除治。

7.2.4 防控策略

根据陕西森林资源分布和林业有害生物分布情况，结合全省防控目标，确定“十四五”林业有害生物防治的主战场、主攻方向。根据周边省市林业有害生物发生情况对陕西构成的严重威胁，以及陕西林业有害生物的发生规律及现有基础设施状况，划定重点区域和一般区域，对重点区域进行重点投资建设，一般区域以满足基本功能进行建设，形成省、市、县协调统一、整体运转、体系健全、功能完备和预防能力各有侧重的整体预防体系。

（1）秦巴水源涵养生态旅游区

该区包括安康、汉中、商洛全境和宝鸡、西安、渭南部分县区。该区域是三峡库区、丹江口库区、南水北调中线工程水源涵养地，也是陕南生态文化旅游圈核心地带，森林资源丰富，生态区位十分重要。该区纯松林较多，松材线虫病威胁大，可采取预防和除治并举的手段，定期开展疫情普查，加强检疫、疫木除治、释放天敌、诱杀天牛和林分更新改造等综合技术措施，重点开展松材线虫病、美国白蛾、松褐天牛、华山松大小蠹、松横坑切梢小蠹、油松小卷蛾、油松球果螟、松叶蜂、栓皮栎尺蠖、舞毒蛾、栗实象、松梢螟、板栗疫病、猕猴桃溃疡病等灾害治理。

（2）关中绿化长廊和苗木花卉区

该区包括宝鸡、咸阳、西安、渭南、杨凌等市（区）的部分区域。本区自然条件较好，林木以农田防护林和四旁植树为主，是西安、宝鸡、咸阳、渭南等城市圈生态承载核心地，杨柳树病虫害危害严重，外来有害生物入侵风险极高。本区以建立和完善林业有害生物监测预警、检疫御灾、防治应急体系为重点，全面监测，严格检疫，及时救治；大力扶持社会化防治组织，推进无公害防治，重点开展松材线虫病、美国白蛾防控，杨树天牛、刺槐尺蠖、国槐尺蠖、栎尺蠖、杨小舟蛾、草履蚧、泡桐大袋蛾、杨树溃疡病、猕猴桃溃疡病、泡桐丛枝病等综合治理工作。

（3）黄土高原水土保持和经济林区

该区包括延安、铜川全境和宝鸡、咸阳、渭南部分县区。黄土高原的地理位置特殊，从地形、气候、植被以及农业生产等方面均表现出明显的过渡性，是世界上最大的黄土分布区。黄土高原地表破碎，沟壑纵横，原、梁、峁等黄土地貌分布广泛。水土流失严重，旱涝灾害频繁，生态环境脆弱。本区林木主要以松栎林为主，是我国优质苹果、红枣、花椒、柿子、核桃等经济林生产基地。本区有害生物防治以营林措施为基础，加强生态调控，增强林分对林业生物灾害的抵抗能力；坚持预防和除治并重，以监测、检疫为重点，防止松材线虫病、美国白蛾等林业有害生物的入侵。重点开展松材线虫病、美国白蛾防控，杨大透翅蛾、白杨透翅蛾、沙棘木蠹蛾、柠条豆象、枣飞象、枣尺蠖、杨扇舟蛾、杨树天牛、枣镰翅小卷蛾、草兔、甘肃鼢鼠、枣疯病等治理。

（4）长城沿线风沙防风固沙林区

该区包括榆林全境和延安部分县区。该区干旱少雨，风力侵蚀强烈，荒漠化严重，沙漠蚕食绿洲，直接危害农林业生产。该区域植被单一，以草本和灌木林为主，主要有杨树、樟子松等，病虫害种类相对少但很容易大面积严重发生成灾。本区有害生物防治以建立和完善林业有害生物监测预警、检疫御灾、防治应急体系为重点，全面监测，及时救治；大力扶持社会化防治组织，推进无公害防治，重点开展松材线虫病、美国白蛾防控，杨树天牛、杨大透翅蛾、白杨透翅蛾、春尺蠖、侧柏毒蛾、柠条豆象、沙柳木蠹蛾、沙棘木蠹蛾、舞毒蛾、兰目天蛾、柳毒蛾、草兔、沙鼠等治理。

7.3 重大林业有害生物治理

按照林业有害生物危险等级将全省主要林业有害生物分为三大类进行分类治理。

（1）重大林业有害生物

这类生物主要包括松材线虫病、美国白蛾，可自然和人为传播，传播蔓延迅速，风险管控难度大，防治后易反复，需要政府立即采取限制、封锁、处置的林业有害生物。以中央、省和地方财政投入为主，坚持政府主导、属地管理，坚持底线思维，突出科学防控、系统治理、精准施策、依法监管。主要治理思路：按照“控制、压缩、扑灭”和“分区治理、联防联治、保护环境”的原则，预防和除治并举，加强监测和检疫工作，防止重大林业有害生物的传入和扩散；以除治为重点，坚决打赢松材线虫病防控攻坚战，实现疫区、疫点、染疫松树和发生面积“四下降”。

（2）危险性林业有害生物

这类生物主要包括红脂大小蠹、华山松大小蠹、林地鼠兔害、草履蚧、杨树烂皮病、杨树溃疡病、加拿大一枝黄花等，对目标植物影响较大，可自然和人为传播，传播蔓延迅速，风险管控难度大，防治后易反复，需要政府指导强制性防治。“十四五”期间，以中央、省和地方财政投入为主。主要治理思路：按照“全面治理、逐步压缩、科学防治、持续控制”的原则，加强监测和检疫，全面掌握发生、发展和扩散动态，采取机械治理、生态防治、营林技术、生物防治和化学防治相结合的措施，控制灾害扩散蔓延，力争控制在不成灾水平。

（3）常发性林业有害生物

这类生物主要包括松叶蜂、松毛虫、杨树食叶性害虫，杨树天牛等蛀干性害虫，板栗疫病、核桃举肢蛾、银杏大蚕蛾等经济林病虫害，需要政府指导采取措施加以控制，确保有害生物不成灾。主要治理思路：按“分类施策、分区救治”的原则，以适地适树和营造抗性树种为主的营林措施为基础，加强虫情调查和监测测报，以生物制剂、仿生农药和植物源杀虫剂为主导，运用人工、物理、化学和天敌等综合防治措施，降低虫口密度，压缩发生面积，控制灾害发生，实现“有虫不成灾”。

（4）绿色综合防控

积极推进绿色防治与促进森林健康深度融合，将绿色防治贯穿于森林培育全过程，保障防治质量，提高防治成效，促进森林健康，充分发挥综合防治效能，有效实现减灾目标。积极推广运用绿色防治技术，安全合理精准使用防治药剂，科学开展防治。积极推进系统综合防治，实施综合性营林措施和森林健康恢复技术，优化林分空间结构，消除林业有害生物发生源头及滋生环境，促进生态系统增强自我抵御灾害能力，提高生物多样性，逐步构建健康稳定、优质高效的森林生态系统。

7.3.1 松材线虫病防控

坚持“防输入、防扩散、防反弹、清疫木、清疫情”总体思路，按照重点拔除、逐步压缩、全面控制的目标，制订松材线虫病五年攻坚行动方案，分区分级管控，精准除治疫木，保护易感松树，切断传播途径，逐步缩减疫情发生面积和疫点数量。

（1）防控范围

根据2020年秋季普查结果，全省共有县级疫区25个，乡镇级疫点178个，发生面积48.21万亩。其中重型疫区19个，轻型疫区6个。全省预防区96个，其中重点预防区43个，一般预防区56个。

按照松材线虫病疫情分区分级管理要求，全省松林分布区域划分为重型疫区、轻型疫区、重点预防区和一般预防区。重型疫区，指疫情发生面积大、危害程度重的疫区；轻型疫区，指发生面积小、危害程度轻，或生态区位重要必须拔除的疫区；预防区，指未发生疫情的松林分布区域，其中具有重要生态、经济和文化等价值需特别保护的区域划为重点预防区，其余的为一般预防区（见表7–7）。

表7–7 陕西省松材线虫病疫情防控区划表

区域划分	数量/个	县级行政区名称
重型疫区	19	汉中市：洋县、西乡县、镇巴县、略阳县、宁强县、佛坪县、留坝县； 安康市：汉滨区、汉阴县、石泉县、紫阳县、岚皋县、平利县、白河县、宁陕县； 商洛市：商南县、镇安县、柞水县、山阳县
轻型疫区	6	西安市：鄠邑区； 汉中市：勉县； 安康市：旬阳市； 商洛市：商州区、丹凤县、洛南县

续表

区域划分	数量 / 个	县级行政区名称
重点预防区	43	汉中市：汉台区、南郑区、城固县； 安康市：镇坪县、化龙山保护区； 西安市：临潼区、长安区、蓝田县、周至县、灞桥区、高新区； 宝鸡市：陈仓区、眉县、太白县、凤县、渭滨区、高新区、辛家山林业局、马头滩林业局； 咸阳市：旬邑县； 渭南市：临渭区、华阴市、华州区、潼关县； 延安市：黄龙山林业局、桥山林业局、黄龙县、黄陵县； 榆林市：榆阳区、横山区；韩城市； 省森林资源管理局：宁东林业局、宁西林业局、太白林业局、龙草坪林业局、汉西林业局、长青林业局； 省楼观台实验林场、陕西太白山国家级自然保护区管理局、陕西牛背梁国家级自然保护区管理局、陕西长青国家级自然保护区管理局、陕西汉中朱鹮国家级自然保护区管理局、陕西佛坪国家级自然保护区管理局
一般预防区	56	西安市：阎良区、高陵区、西咸新区； 宝鸡市：金台区、凤翔区、岐山县、扶风县、麟游县、陇县、千阳县； 咸阳市：秦都区、渭城区、兴平市、武功县、泾阳县、三原县、乾县、礼泉县、永寿县、彬州市、长武县、淳化县，杨陵区； 渭南市：大荔县、澄城县、合阳县、蒲城县、白水县、富平县； 铜川市：宜君县、印台区、王益区、耀州区； 延安市：劳山林业局、桥北林业局、宝塔区、吴起县、志丹县、安塞区、子长市、延川县、延长县、甘泉县、富县、宜川县、洛川县； 榆林市：定边县、绥德县、米脂县、佳县、清涧县、吴堡县、子洲县、神木市、靖边县、府谷县

（2）主要任务

1）疫情精准监测行动

实施人工地面监测与无人机监测相结合的“空地”一体化监测行动。严格执行疫情普查与日常监测制度，实行疫情监测网格化管理，统筹护林员、乡镇及林场管护员、社会化组织力量、林业资源监测机构人员和资源等，开展精细化疫情监测，做到监测范围全覆盖、无死角，疫情精准落实到小班。应用国家林草生态网络管理感知系统松材线虫病疫情精细化监管平台，及时准确掌握疫情发生底数和动态，并如实上报。

2）疫源封锁管控行动

实施全方位、无死角疫木清零行动，严防疫木流失。对疫木清理、除害处理、安全利用等全过程进行监管。山场除治要坚持先封后清原则，落实疫情山场管控责任，明确责任人。在疫情除治期结束前，彻底清理除治迹地、疫木加工企业、农户房前屋后等场所疫木，实现疫木清零。建立疫木清理、除害处理、粉碎物运输等台账，健全“谁签字、谁负责”的责任追溯制度。建立辖区内涉木企事业单位和个人登记备案制度，开展专项执法行动，严厉打击非法采伐、收购、运输、加工、经营疫木及其制品等行为。科学布设检疫检查站点，强化疫情检疫封锁，加大松科植物及其制品复检力度，严防疫情人为传播。组织开展新发疫情源头追溯，及时查明疫情来源和传播途径。

3）除治质量提升行动

实施以清理病死（濒死、枯死）松树为核心，媒介昆虫防治、打孔注药等为辅助措施的综合防治策略，拔除一批疫区疫点。轻型疫区实施“外防输入、内防扩散、集中歼灭”，重型疫区实施“外防输入、内防扩散、全面攻坚”。严格执行《松材线虫病防治技术方案》各项技术规定，因地制宜选择符合本地实际的技术措施，精准施策。疫情连片发生区由外向内逐步压缩，做到实施到位、跟踪到位、管理到位，确保除治质量。在疫情集中除治期内，各级林业主管部门定期调度辖区内疫情除治进度，随时开展质量检查，并由同级政府通报工作进展情况。在疫情除治期外，重点生态区域、有望消灭疫情的地区应采取应急除治措施，对零星死亡松树开展“即死即清”，采伐的松木和超过 1 cm 的枝干必须按照当日采伐、当日山场就地烧毁的要求进行处置。加强对社会化防治组织的管理，规范企业行为，建立黑名单制度。

4）健康森林保护行动

统筹松材线虫病疫情防控与生态修复，各级林业主管部门优先将疫情防控纳入森林抚育、退化林修复、森林质量精准提升等生态工程项目。统筹病死树（濒死、枯死）清理和健康松树保护，针对重点区域和大径材、重点优势木或有保护价值的景观林制订保护方案，采取打孔注药等方式进行预防。加强古树名木和重要地标性景观松树保护，实行“一树一策”。循序渐进、因地制宜开展人工松树纯林改造，伐弱留强、伐劣留优，适当补植乡土珍贵阔叶树种。

5）群防群控宣传行动

开展疫情防控政策法规、防控知识等宣传普及，通过在疫区交通要道、村头路口、除治山场等醒目位置设立宣传标牌，与相关企业（单位、个人）签订知情承诺书，印发宣传单等措施，积极引导全社会理解、支持和参与松材线虫病疫情防控工作，努力营造群防群控的良好氛围。通过广泛宣传，让疫情防控知识进村入户，让抵制收集、存放、使用疫木及其制品等成为自觉行为。鼓励群众通过多种渠道报告疫情、举报涉疫违法行为。举办松材线虫病防控政策法规和业务培训班，组织开展网络学习，提升从业人员能力和水平。

7.3.2 美国白蛾防控

美国白蛾是世界性植物检疫对象，已被定性为中国第二大“植物杀手”，具有食性杂、危害重、繁殖量大、适应性强、传播途径广、根除难度大等特点。2018 年，美国白蛾再次传入陕西，疫情发生范围在西安市沣西新城、高新区、鄠邑区、沣东新城 4 区 17

个镇街的150个行政村，其中沣西新城4个镇街65个行政村，高新区3个街办14个行政村，鄠邑区7个镇街55个行政村，沣东新城3个镇街16个行政村。

（1）防控范围

全省各地。

（2）防控任务

依据全省各地森林资源分布状况、地理位置及全国的美国白蛾发生情况和传播规律等因素，按照防控工作的侧重点和要求，将全省划分为疫情除治区、重点预防区和一般预防区。

1）疫情除治区

对西安市沣西新城、高新区、鄠邑区、沣东新城要继续控制疫情发生范围，监测覆盖率要达到100%；对调入的森林植物及产品检疫复检率要达到100%，道路检疫检查站充分发挥检疫封锁作用，确保不发生新疫情；对美国白蛾一年3代要反复除治，剪除网幕及喷药除治率100%，防止疫情扩散蔓延，实现无疫情的目标；争取不发生新的疫情点，一旦发现新疫情点，立即组织除治，实现当年无疫情。

2）重点预防区

美国白蛾疫情传入风险高的地区为重点预防区，包括与省内外美国白蛾疫情发生区毗邻的县（区）、美国白蛾截获区、苗木花卉基地、木材集散地、物流中心和近3年外省市调入苗木栽植区，对上述地区要全面监测排查，监测覆盖率要达到100%；对调入的森林植物及产品检疫复检率要达到100%，道路检疫检查站充分发挥检疫封锁作用，确保不发生新疫情；一旦出现疫情，第一时间报告，第一时间除治，杜绝疫情扩散蔓延。

一般预防区。疫情除治区和重点预防区以外的其他地区都划为一般预防区。对一般预防区要开展普查，全面监控，对调入的森林植物及产品认真实施检疫复检，道路检疫检查站充分发挥检疫封锁作用，杜绝疫情传入。

（3）防控措施

1）严格监测排查

根据环境和美国白蛾喜食树种情况，全面开展监测调查，对重点区域、重点部位进行梳理排查，以人工调查为主，辅以诱捕器、黑光灯监测。在疫情发生区，越冬代网幕期至少每周全面排查2遍，1、2代网幕期根据越冬代网幕发生情况定期巡查；在重点预防区，越冬代网幕期至少每周查1遍，1、2代网幕期根据具体情况定期巡查；在一般预防区，网幕期要抽查10%～30%的树木进行调查，每年至少调查3遍。建立完善信息及疫情报告制度，实施疫情周报、月报、年报告制度和新疫情报告制度。

2）彻底除治疫情

实行“一查、二喷、三剪、四烧、五再喷”和“发现一点，喷药一片”的规范化查防技术路线，狠抓“早”字，抢抓越冬代除治，推广使用灭幼脲、聚酯类、阿维菌素等高效低毒、内吸性和仿生制剂等无公害药剂，保证群众及环境的安全。

3）全面检疫封锁

严格实行“禁苗”政策，严禁从美国白蛾疫区调入苗木及其他繁殖材料。加强检疫复检，对调入的林木、果树、灌木等活体、木材、植物性包装材料（含铺垫物、遮阴物、新鲜枝条）及装载容器、运载工具，苗木树叶、枝杈、树皮裂缝、土球、包装物等进行全面检查。实行道路检疫封锁，发挥检疫检查站职能，严禁带疫物品流通，严防疫情扩散蔓延。

7.3.3 危险性有害生物除治

（1）防控范围

全省各地。

（2）防控任务

实行网格化监测预警，推进“天空地”一体化监测预警体系建设，实现林业有害生物监测数据立体采集、网络传输，为科学防治提供依据。实行红脂大小蠹、华山松大小蠹、林地鼠兔害等林业有害生物区域联防联治和社会化防治。

（3）防控措施

1）强化防灾减灾

开展检验鉴定、检疫封锁、检疫监管和除害处理等基础设施建设，建立飞机防治质量监管系统。建立健全地方各级人民政府责任落实考核评价制度。大力推广生物防治、生态调控等绿色防控技术。加快现有技术的组装配套和科研成果转化。

2）强化灾害预防和治理

科学制定重大有害生物灾害防治方案和预案，适时实施防治方案和启动预案。启动实施草原有害生物工程治理项目，强化重大灾害综合治理。开展草原鼠害绿色防治技术和区域性草原鼠害应急控制以及长期治理技术的试点示范。

7.3.4 常发性有害生物治理

对灾害面积大、危害性重，造成经济、社会和生态损失严重的林业有害生物，按照“突出重点、属地管理、控制成灾”的原则，加强监测预报，开展科学防治，达到可持续控制，减少灾害损失。常发性林业有害生物治理以地方政府为主，国家适当支持，综合治理取得明显成效，达到有虫不成灾的目的。

（1）松树钻蛀类害虫治理

松树钻蛀类害虫包括松切梢小蠹、松褐天牛、松卷叶蛾、梢斑螟类等。按照“分类施策、科学防治”的原则，加强监测调查，做到早发现、早除治。在轻度发生区，采取人工物理及释放天敌等进行综合防治；在重度发生区，采取以清理虫害木、释放天敌、仿生制剂等无公害防治措施进行综合治理，全面压低虫口密度，降低危害程度，年均治理面积约 10 万亩。

（2）杨树蛀干害虫治理

杨树蛀干害虫主要有光肩星天牛、杨干象、青杨天牛、桑天牛、白杨透翅蛾等。对该类害虫，对该类害虫按照“因地制宜、综合治理”的原则，加大监测力度，确保灾害早期发现和防治；加强调运苗木检疫执法和复检，严防有害生物区域传播；采取营林抚育、物理、化学等措施开展综合防治，实现可持续控制，年均治理面积约 15 万亩。

（3）杨树食叶害虫治理

杨树食叶害虫包括春尺蠖、杨树舟蛾等。对该类害虫按照“预防为主、控制成灾”的原则，加强日常监测，及时发布生产性预报；采取生物防治、物理防治、营林措施等开展综合防治；建立联防联治机制，强化应急防控，减少灾害发生，年均治理面积约 15 万亩。

（4）胡蜂袭人事件

陕西的袭人胡蜂种类主要有茅胡蜂、金环胡蜂、黑尾胡蜂、亚非马蜂等，其中以茅胡蜂危害最为严重。从 2005 年起，全省频频发生胡蜂袭人事件，每 10 年左右为一个周期，以安康、汉中、商洛、西安等市较为严重。2002—2004 年，安康市胡蜂致伤 715 人，死亡 36 人；2005 年安康市胡蜂致伤 48 人，死亡 6 人。2006 年全省发生胡蜂袭人事件 1184 次，被胡蜂蜇伤 1226 人，12 人死亡。2013 年，胡蜂袭人共造成 44 人死亡，1932 人受伤。一般在胡蜂密集地区作业时要穿长衣裤，注意面部、手的防护，不要刺激胡蜂。防治采取毒杀法、火烧法、袋装法、砍树法、水冲法、诱杀法等。被胡蜂蜇后，轻度蜇伤应该立即用酸性水冲洗，中度蜇伤可立即用手挤压被蜇伤部位，挤出毒液，或立即用食醋等弱酸性液体洗敷被蜇处，并尽快到医院就诊。

（5）经济林病虫治理

核桃、红枣、花椒、板栗、柿树是陕西主要干杂果经济林，病虫害包括核桃举肢蛾、核桃黑斑病、花椒吉丁虫、栗实象、枣飞象、介壳虫、板栗疫病等。对此类害虫，应积极推进“绿色防控”，加强监测预警，合理选择防治药剂和措施，确保林产品质量和安全，维护林农利益，年均治理面积约 20 万亩。

7.4　防治成效

7.4.1　全面完成目标任务

“十三五”期间，全省林业有害生物累计发生面积 2917.53 万亩，累计防治面积 2295.62 万亩，其中无公害防治面积 2143.63 万亩，无公害防治率 93% 以上，测报准确率

94% 以上，产地检疫率达 100%，成灾率控制在 3‰ ～ 4.2‰ 之间，林业有害生物灾害得到了有效控制。按照国家林草局与省政府签订的《2015—2017 年重大林业有害生物防治目标责任书》要求，省政府与各市政府签订了防治目标责任书，省林业厅与各市林业局也签订了责任书，实行“双线”目标责任管理。2019 年国家林草局对目标责任书进行考核，考核成绩良好，位列全国中上游，较好地完成了国家林草局下达的各项目标任务。

7.4.2 防控工作有力推进

陕西省委、省政府领导历来高度重视防控工作，多次对防控工作作出批示和指示。省政府每年召开专题会议、电视电话会议安排部署松材线虫病、美国白蛾等防控工作，恢复成立了由 18 个部门组成的省级重大林业有害生物防控指挥部。省政府办公厅印发了《关于进一步加强林业有害生物防治工作实施意见的通知》，《陕西省林业有害生物防治检疫条例》通过省人大常委会审议并颁布实施。省防控指挥部办公室下发了《关于加强松材线虫病疫木除治工作的通知》和《关于进一步加强重大林业有害生物检疫监管工作的通知》《松材线虫病疫情除治核查情况通报》等文件。省林业局下发了《关于做好林业有害生物防控工作的通知》，下达了松材线虫病、美国白蛾、林业鼠兔害等重大林业有害生物防控任务。经省政府同意，发布了林业有害生物预测发生种类名单，公布了美国白蛾、松材线虫病、红脂大小蠹疫区公告，审查批复了 24 个松材线虫病疫区年度防控方案。省林业局、省发展改革委、省财政厅、省交通厅印发《彻底除治松材线虫病死及密接松树工作方案》，下发了《陕西省 2022 年松材线虫病防治方案》《关于开展除治松材线虫病死及密接松树“回头看”行动的通知》，扎实落实松材线虫病五年攻坚行动和疫木清零行动。省政府组织召开全省重大林业有害生物防控工作推进会，与各市签订了 2022 年重大林业有害生物防治目标责任书，并将林业有害生物防治工作纳入林长制考核内容。省林业局按照国家下达的目标任务，分解下达了“十四五”林业有害生物成灾率控制指标，逐级下达了 2022 年松材线虫病、美国白蛾、林地鼠（兔）害等重大林业有害生物防治任务，明确了年度工作目标，压实了各级政府的防治目标责任。

7.4.3 检疫封锁力度进一步加强

经陕西省政府批准，在全国率先设立了 14 个跨省高速公路临时检疫检查站，在国道、省道主要路口设立 490 个临时检疫检查站，严禁从疫区调运苗木及其制品，严格实行道路检疫封锁。疫区全面实行禁止除疫情除治外的松木采伐和调运，在疫情除治山场出入口设立了检疫检查站，对除治山场周边松木及其制品进行检疫检查，严防疫木流失。每年组织开展检疫执法专项行动，严格实施检疫复检，建立检疫申报、检疫台账制度，实行涉木涉苗单位和个人备案登记、检查监管和动态管理。“十三五”以来，共出动检疫执法人员近万人次，检疫检查涉木企业、涉木市场、大型工地 6500 余个，查处案件 1365 余起。委托 122 家森防机构进行出省检疫，对辖区内花卉、苗木、种子等基地全覆盖式产地检疫，产地检疫率达 100%。对国外引种企业进行了检疫监管，完成国外引种检疫 255 余万株。每年完成专职（兼职）检疫员培训认定工作，累计认定检疫员 1980 余人，检疫封锁体系进一步完善。

7.4.4 有害生物得到有效遏制

一是松材线虫病疫情扩散蔓延势头有效遏制。全省松材线虫病疫情继续实现“四下降”：疫区（县区）数量由 25 个下降至 20 个、减少 5 个疫区（县区）；疫点（镇办）数量由 178 个下降至 148 个、减少 30 个疫点（镇办）；疫情发生面积由 48.21 万亩下降至 44.56 万亩，减少疫情面积 3.65 万亩；病死松树数量由 46.09 万株下降至 17.41 万株，相差 28.68 万株，全省松材线虫病扩散蔓延势头得到有效遏制。二是美国白蛾疫情在全国再次率先实现省级区域内整体实现无疫情。全省各级政府和林业主管部门按照“三防两清”的总体思路，采取监测排查、喷药防治、检疫封锁等措施，全力开展美国白蛾疫情防控工作。经过各级林业部门的反复监测排查，全省未发现美国白蛾任何虫态，整体实现无疫情，沣西新城已连续两年实现无疫情，达到拔除条件。三是无公害综合防治措施防治林业鼠兔害在全国率先出现无灾害。大力推广环境控制、物理空间隔断、生物诱杀、人工捕杀、无公害药剂防治等措施，以及不育剂等综合防治技术，鼠（兔）害重度发生面积明显减少。四是再也没有发生过胡蜂袭人事件。各级林业部门建立了监测预警系统，及时发布预警信息；组建防控专业队，建立防控快速反应机制，排查蜂巢，消除隐患；加大宣传教育力度，增强群众的防范意识；在重要区域设立警示牌，提醒群众注意防范，增强自我保护意识；开展技术攻关研究，探索防控技术，取得了一定的防控效果。五是推广树干注药和信息素诱杀技术，采取以枯死木清除、信息素诱杀、树干注药相结合的综合措施，累计防治 250 多万亩，华山松病虫害高发态势得到了遏制，红脂大小蠹危害株率控制在 1‰ 以下。六是采用深翻土壤、剪除干枝、捡拾虫果、灯光诱杀等物理措施和树冠喷药、毒棉球堵孔、树干打孔注药等综合措施防治核桃举肢蛾、核桃吉丁虫、银杏大蚕蛾、板栗雪片象、栗实象、云斑天牛等经济林病虫害，累计防治 695.6 万亩，有力推动了经济产业健康发展和林业生态精准脱贫工作。

7.4.5 监测预警体系全面提升

陕西省编制审批了《陕西省国家级中心测报点能力提升项目建设初步设计》，建设完成了 35 个国家级中心测报点智能监测体系项目，建立国家级中心测报点 35 个，标本实验室 168 个。开展了林业有害生物标本数字化和数字标本库建设，利用 3D 技术完成数字化标本700余种。委托陕西出入境检疫检验局检测中心开展全省松材线虫病鉴定业务。为疫区和重点预防区配备了松材线虫病分子快速检测仪器，确保及时检测确认疫情。充分发挥全省6.8万名护林员的作用，实行网格化管理，签订监测责任书，明确监测责任和任务，确保疫情早发现、早确认、早除治。坚持定期召开趋势会商会议，对全省主要林业有害生物发生发展趋势进行预测，坚持加强虫情监测、发布虫情动态、做好生产性预报等工作。

7.4.6 治理体系和治理能力增强

陕西省加强区域联防联治机制，先后与毗邻省市签订了联防联控协议书。建立了省级森防专家库，制定了专家库管理办法。开展了防治资质认定工作，建立了防治绩效承包、跟班作业、工程监理、公开招标等社会化防治机制，规范了防治领域的管理。颁布了《核桃病虫害综合防控技术标准》和《红枣病虫害综合防控技术规范》。建立了森林保险保障机制，调整了森林保险部分条款，降低了灾害赔付门槛。启动了监测管理云平台研发和数字化标本库建设，利用科技手段开展林业有害生物预测预报，治理体系和治理能力得到进一步完善和提升。

7.4.7 防治新技术试验推广

陕西省建立了50个干杂果经济林无公害防治示范区，累计建设示范区8万亩，辐射带动无公害防治面积29余万亩。委托西北农林科技大学开展了油用牡丹病虫害防治技术研究、松材线虫病树干注药技术研究、秦巴山区松褐天牛生物学特性和发生规律研究、松材线虫病无人机监测技术研究试验等研究试验项目，松材线虫病监测云平台建设取得初步效果。安康市开展了松材线虫病树干注药技术试验推广，商洛市与中国林科院共同开展松材线虫病防治技术研究，西安市开展了美国白蛾诱捕器诱杀技术研究和网幕除治设备研究，已初步完成，并在防治工作中应用。

第八章　生态空间综合评价

生态空间山清水秀就是生态系统功能最优化，生态产品与生态服务最大化，生物链最健全，生物多样性最丰富的状态。绿水青山就是金山银山。绿水青山，顾名思义就是绿水和青山的复合体，青山是骨骼，绿水是血脉，与森林、草原、湿地和荒地（漠）等生态系统等相辅相成，不可分割，具有自然、生态、社会、环境和资源的五维属性。绿水青山就在生态空间，有什么样的生态空间，就有什么样的绿水青山，生态空间质量高低反映的就是生态空间山清水秀和绿水青山的可持续发展程度。

第一节　评价原则与要素构成

1.1　评价依据与原则

（1）导向性原则

明确绿水青山指数在生态空间治理进程中的战略地位，具备宏观调控和管理能力，指标体系要充分发挥导向、引领作用。

（2）生态空间原则

以生态空间为研究对象，充分挖掘涉及绿水青山相关变量，评价参数原则上不超越生态空间治理的范畴。

（3）合理性原则

指标选取符合生态空间治理逻辑，测算方法基于学界现有的研究基础，具有充分的学理性和可操作性，指标变化要反映动、静结合原则。

（4）数据可控性原则

以陕西省第三次国土资源调查数据为基础，整合陕西省森林资源一张图及自然保护地整合优化后的成果，数据选取易获得，具有可控性、可操作性和实用性的原则。

1.2 评价要素构成

事实上，从“绿水青山”的组成和结构上来分析，要计算“绿水青山指数”至少要包括两个方面的因素，即绿水因素和青山因素。

假设“绿水青山指数”为 I_{GW}，绿水指数为 I_W，青山指数为 I_M。则：

$$I_{GW}=\sum I_W+\sum I_M \quad (0 \leqslant I_{GW} \leqslant 1)$$

式中：I_W 为绿水占整个区域面积比值，即绿水指数，单位为 %；

I_M 为青山占整个区域面积比值，即青山指数，单位为 %。

从式中可以看出，I_{GW} 随着 I_W 和 I_M 变化而变化，其最大值为 1，最小值为 0，I_{GW} 越靠近 1，说明生态空间绿水青山颜值越高。在理想状态下，有两种极限情景，一是假设绿水指数（I_W）为零，青山指数（I_M）为 1，绿水青山指数（I_{GW}）可以达到 1。同理，I_W 为 1，I_M 为 0，I_{GW} 仍然可以达到 1。一般情况下，从宏观角度来说，地球上的山水林湖草都是相伴而生，是生命共同体，但从微观角度来讲，也有极限状况存在，比如某一海域全是水，或是某一沙漠的部分区域全是沙一样。极限状态下的绿水青山指数变化见图 8-1。

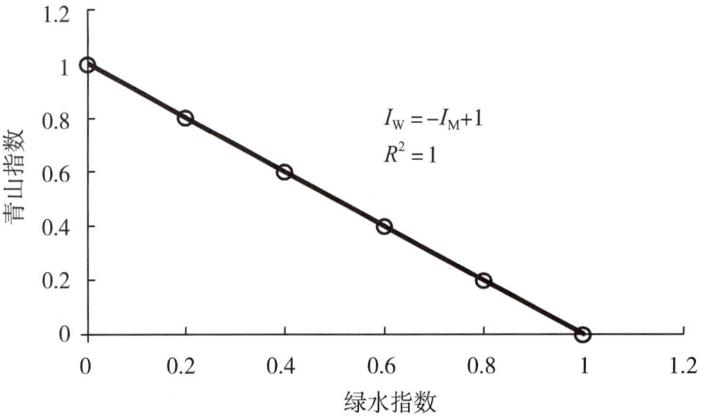

图 8-1 极限状况下的绿水青山指数变化

根据这个原理，从理论上来讲，陕北、关中、陕南的相关地市或区县的 I_{GW}，数值可能趋向于相等或一致，但形成的自然景观并不相同，这就好比我国的 GDP，南北方有关县市的 GDP 数量可能一致，如浙江的瑞安市和内蒙古的准格尔旗，2019 年中国县域经济分别排名 31 名和 32 名，GDP 总量在 1000 亿元左右，但是获得 GDP 的途径不一样，一个是来自煤炭经济，属于资源开采型城市，而另一个则为轻工业经济，属于绿色循环型城市，显然后者的 GDP 含金量大于前者。同理，绿水青山指数（I_{GW}）

也会存在这种现象，但为了趋异求同和便于比较分析，至少能为不同区域绿水青山的优劣提供相对可供参考的量化指标。

绿水青山的本质是生态空间要素的内在表现，是森林、草原、湿地、荒漠等生态系统构成的复杂、非线性的生态空间有机整体，以提供生态产品或生态服务为主导功能，以保障国土空间生态安全为目标。鉴于此，绿水青山或生态空间的内涵应主要表现为以下四个方面。

（1）生态空间数量

森林、草原、湿地、荒漠等生态系统构成的生态空间必须在国土空间中达到一定的保有量，否则生态功能及生态安全将无从谈起。生态空间数量是生态功能及生态安全存在的基础条件，也是支撑绿水青山存在的最关键因素。

（2）生态空间质量

生态空间在国土空间中不仅要有一定的数量，而且需要达到一定的质量。生态空间有机整体越稳定，功能越健全，质量也就越高。生态空间质量是生态功能及生态安全的内在承载力，是保证绿水青山永续发展的内在体现。

（3）生态空间功能

生态空间具有自然属性，其涉及气候调节、土壤保持、水源涵养、碳固定、氧气提供、水质净化、生物多样性和林产品提供等诸多功能。生态空间功能的本质是生态空间中各生态系统功能的延伸，是生态空间中各生态系统功能的复杂耦合，更是生态空间提供生态产品或生态服务的内在驱动力。

（4）生态空间保障

在一定生态空间数量及质量的基础之上，为更深入地保护生态环境，政府从政策层面划定了一些区域性的国家公园、自然保护区、自然公园和风景名胜区。这些区域的保护均具有强制性和永久性，是生态保护的底线，更是保障国土空间生态安全的底线。

鉴于以上内涵，绿水青山指数中的“绿水因素”和“青山因素”在很大程度上能够具体化为生态空间数量、质量、功能和保障等要素。考虑到绿水青山评价的四原则及绿水青山内涵，对生态空间数量、质量、功能和保障要素的构成可做如下解释。

1）生态空间数量（S）

生态空间是国土空间的重要组成部分之一，其由林地、草地、湿地、荒漠（地）及水体构成，所以生态空间数量要素的构成应为林地、草地、湿地、荒漠（地）及水体等自然生态系统的数量，这是组成生态空间的基本要素，也是支撑生态空间绿水青山和山清水秀永续存在的最关键因素。

2）生态空间质量（Z）

生态空间的质量取决于构成生态空间的生态系统的稳定性。区域的生态系统稳定性越高，抗风险能力越强，生态功能越健全，这在很大程度上意味着该区域生态空间质量越高。生态空间中稳定性较强的生态系统为天然的林地、草地及湿地生态系统，这些生态系统在国土调查中基本与乔木林、灌木林、天然牧草地及内陆滩涂等优质生态空间相对应。生态空间数量是生态功能及生态安全存在的基础条件，而质量是生态功能及生态安全的内在承载力，所以林地、草地及湿地等优质生态空间的数量多寡在很大程度上能够反映生态空间的质量高低。也就是说，生态空间的质量要素在很大程度上能够以生态空间中优质的林、草及湿地数量来抽象表征。

3）生态空间功能（F）

生态空间的功能是各种生态系统数量及质量的复杂耦合。在诸多的生态系统功能中，森林、草原、湿地、荒地（漠）等生态系统在调节气候、保持土壤与涵养水源及固碳释氧等功能最为关键，这是发挥生态空间绿水青山和山清水秀服务功能的内在体现。

4）生态空间保障（H）

生态空间保障指的是区域核心生态空间的底线，守住生态保护底线，是绿水青山可持续发展的必然要求。国家公园、自然保护区、自然公园及风景名胜区属区域核心生态空间，是生态空间正常运行的最基本保障，所以生态空间保障因素可特指生态空间中国家公园、自然保护区、自然公园、风景名胜区、公益林及基本草原的数量（见表 8–1）。

表 8–1　绿水青山综合评价要素及组成

目标层	准则层	评价指标
绿水青山（I）	生态空间数量（S）	林地数量（S_1）
		草地数量（S_2）
		湿地数量（S_3）
		荒地（漠）数量（S_4）
	生态空间质量（Z）	林地质量（Z_1）
		草地质量（Z_2）
		湿地质量（Z_3）
	生态空间功能（F）	土壤保持功能（G_1）
		水源涵养功能（G_2）
		气候调节功能（G_3）
		固碳释氧功能（G_4）
	生态空间保障（H）	保护保障（H_1）
		服务保障（H_2）
		红线保障（H_3）

第二节　绿水青山评价模型

2.1　模型构建

从绿水青山的要素构成来看，评价模型应涉及两个层次，各层次指标构成如表 8–2 所示。需要指出的是，无论是第一层次还是第二层次，各层次的指标间均存在密切联系，并且其对绿水青山指数的贡献程度也存在差异。为实现科学合理且简单实用的目的，可参考层次分析法进行绿水青山指数模型的构建。

表 8–2　绿水青山指数 (I_{GW}) 体系构建表

目标层	准则层	指标层	指标量化
绿水青山指数 (I_{GW})	生态空间数量指数 (I_A)	林地数量指数 (S'_1)	乔木林地数量指数 (S_{11})
			竹林地数量指数 (S_{12})
			灌木林地数量指数 (S_{13})
			其他林地数量指数 (S_{14})
		草地数量指数 (S'_2)	天然牧草地数量指数 (S_{21})
			人工牧草地数量指数 (S_{22})
			其他草地数量指数 (S_{23})
		湿地数量指数 (S'_3)	内陆滩涂数量指数 (S_{31})
			灌丛沼泽数量指数 (S_{32})
			沼泽草地数量指数 (S_{33})
			其他沼泽地数量指数 (S_{34})
			河流水面数量指数 (S_{35})
			湖泊水面数量指数 (S_{36})
			水库水面数量指数 (S_{37})
			坑塘水面数量指数 (S_{38})
		荒地（漠）数量指数 (S'_4)	盐碱地数量指数 (S_{41})
			沙地数量指数 (S_{42})
			裸土地数量指数 (S_{43})
			裸岩石砾地数量指数 (S_{44})

续表

目标层	准则层	指标层	指标量化
绿水青山指数（I_{GW}）	生态空间质量指数（I_Q）	林地质量指数（Z'_1）	乔木林地质量指数（Z_{11}）
			灌木林地质量指数（Z_{12}）
		草地质量指数（Z'_2）	天然牧草地质量指数（Z_{21}）
		湿地质量指数（Z'_3）	内陆滩涂质量指数（Z_{31}）
			水库质量指数（Z_{32}）
			河流质量指数（Z_{33}）
	生态空间功能指数（I_F）	土壤保持指数（G'_1）	林地土壤保持指数（R_f）
			草地土壤保持指数（R_g）
		水源涵养指数（G'_2）	林地水源涵养指数（U_f）
			草地水源涵养指数（U_g）
			湿地水源涵养指数（U_w）
		气候调节指数（G'_3）	林地气候调节指数（T_f）
			草地气候调节指数（T_g）
			湿地气候调节指数（T_w）
		固碳释氧指数（G'_4）	林地固碳释氧指数（C_f）
			湿地固碳释氧指数（C_g）
			草地固碳释氧指数（C_w）
	生态空间保障指数（I_B）	保护保障指数（H'_1）	国家公园指数（H_{11}）
			自然保护区指数（H_{12}）
		服务保障指数（H'_2）	自然公园指数（H_{21}）
			风景名胜区指数（H_{22}）
		红线保障指数（H'_3）	公益林指数（H_{31}）
			基本草原指数（H_{32}）

需要指出的是，无论是第一层次还是第二层次，各层次的指标间均存在密切联系，并且其对绿水青山指数的贡献程度也存在差异。为实现科学合理且简单实用的目的，依据表 8–2 中的指标，对两个层次的绿水青山指数模型可做如下构建。

第一层数学模型表达式及指标解释如下：

首先，定义两个矩阵，绿水青山矩阵 I 及其权重矩阵 W_I，令：

$$I=[I_A\ \ I_Q\ \ I_F\ \ I_B]$$

$$W_I=[W_A\ \ W_Q\ \ W_F\ \ W_B]^{\mathrm{T}}$$

那么，绿水青山指数 I_{GW} 可表达为矩阵 I 与 W_I 的乘积，即：

$$I_{GW}=IW_I$$

式中：I_A 为生态空间数量指数，W_A 为其权重；

I_Q 为生态空间质量指数，W_Q 为其权重；

I_F 为生态空间功能指数，W_F 为其权重；

I_B 为生态空间保障指数，W_B 为其权重。

I_{GW} 取值在 0 ～ 1 之间，I_{GW} 值越大，表明绿水青山基础条件越好，功能越健全，可持续发展潜力越大。

第二层数学模型表达式及指标解释分别如下。

（1）I_A——生态空间数量指数（简称“数量指数”）

首先，定义两个矩阵，数量矩阵 S 及其权重矩阵 W_S，令：

$$S=[S_1\ \ S_2\ \ S_3\ \ S_4]$$

$$W_S=[W_{S1}\ \ W_{S2}\ \ W_{S3}\ \ W_{S4}]^{\mathrm{T}}$$

那么，生态空间数量指数 I_A 可表达为矩阵 S 与 W_S 的乘积，即：

$$I_A=SW_S$$

式中：S_1 为林地面积，W_{S1} 为其权重；

S_2 为草地面积，W_{S2} 为其权重；

S_3 为湿地面积，W_{S3} 为其权重；

S_4 为水体荒地（漠）面积，W_{S4} 为其权重。

另外，设 $S'_i=S_i\times W_{Si}$，i 取 1 ～ 4。S'_i，亦可分别称之为林地数量指数、草地数量指数、湿地数量指数和荒地（漠）数量指数。

对于一定区域而言，I_A 取值在 0 ～ 1 之间，I_A 值越大，表明绿水青山存在的基础条件越好。

（2）I_Q——生态空间质量指数（简称“质量指数”）

首先，定义两个矩阵，质量矩阵 Z 及其权重矩阵 W_Z，令：

$$Z=[Z_1\ \ Z_2\ \ Z_3]$$

$$W_Z=[W_{Z1}\ \ W_{Z2}\ \ W_{Z3}]^{\mathrm{T}}$$

那么，生态空间质量指数 I_Q 可表达为矩阵 Z 与 W_Z 的乘积，即：

$$I_Q=ZW_Z$$

式中：Z_1 为乔灌木林地面积，W_{Z1} 为其权重；

Z_2 为天然牧草地面积，W_{Z2} 为其权重；

Z_3 为内陆滩涂、水库和河流面积，W_{Z3} 为其权重。

另外，设 $Z'_i=Z_i\times W_{Zi}$，i 取 1 ～ 3，Z'_i，亦可分别称之为林地质量指数、草地质量指数和湿地质量指数。

对于一定区域而言，I_Q 取值在 0 ～ 1 之间，I_Q 值越高，表明绿水青山颜值越高。

（3）I_F——生态空间功能指数（简称“功能指数”）

林地、草地及湿地的功能主要体现为土壤保持、水源涵养、气候调节和固碳释氧，所以采用区域林地相对于生态空间的土壤保持量（R）、水源涵养量（U）、气候调节量（T）和固碳释氧量（C）分别进行表征。

1）区域林地相对于生态空间的年土壤保持量（R_f）使用下式估算：

$$R_f = E_{rf} \times (1 - C_{vf} \times M_f) \times \frac{A_f}{R_E}$$

式中：R_f 为区域林地相对于生态空间的年土壤保持量，单位为 t/(km^2·a)；

E_{rf} 为区域林地潜在年土壤侵蚀模数，单位为 t/km^2；

M_f 为管理因子，一般取值为 1.0，但在耕地、林地、草地交错带取值为 0.8；

R_E 为区域生态空间面积，单位为 km^2；

A_f 为区域林地面积，单位为 km^2；

C_{vf} 为区域植被覆盖因子，可由区域林地覆盖率（V_f）转换，即：

$$C_{vf} = 0.6508 - 0.3436 \ln V_f$$

2）区域草地相对于生态空间的年土壤保持量（R_g）使用下式估算：

$$R_g = E_{rg} \times (1 - C_{vg} \times M_g) \times \frac{A_g}{R_E}$$

式中：R_g 为区域草地相对于生态空间的年土壤保持量，单位为 t/km^2；

E_{rg} 为区域草地潜在年土壤侵蚀模数，单位为 t/(km^2·a)；

M_g 为管理因子，一般取值为 1.0，但在耕地、林地、草地交错带取值为 0.8；

R_E 为区域生态空间面积，单位为 km^2；

A_g 为区域草地面积，单位为 km^2；

C_{vg} 为区域植被覆盖因子，可由区域草地覆盖率（V_g）转换，即：

$$C_{vg} = 0.6508 - 0.3436 \ln V_g$$

3）区域林地相对于生态空间的年水源涵养量（U_f）使用下式估算：

$$U_f = 1000 \times (P_f - ET_f) \times \frac{A_f}{R_E}$$

式中：U_f 为区域林地相对于生态空间的年水源涵养量，单位为 m^3/km^2；

R_E 为区域生态空间面积，单位为 km^2；

A_f 为区域林地面积，单位为 km^2；

P_f 为区域林地年降水量，单位为 mm；

ET_f 为区域植被实际蒸散量，单位为 mm，可由区域林地潜在蒸散量（PET_f）和植物水利用系数（ω_f）转换，即：

$$ET_f=\frac{P_f\times(1+\omega_f\times\frac{PET_f}{P_f})}{1+\omega_f\times\frac{PET_f}{P_f}+(\frac{PET_f}{P_f})^{-1}}$$

一般情况下，乔木林 ω_f 取值为 2.0，灌木林 ω_f 取值为 1.0。

4）区域草地相对于生态空间的年水源涵养量（U_g）使用下式估算：

$$U_g=1000\times(P_{fg}-ET_g)\times\frac{A_g}{R_E}$$

式中：U_g 为区域草地相对于生态空间的年水源涵养量，单位为 m^3/km^2；

R_E 为区域生态空间面积，单位为 km^2；

A_g 为区域草地面积，单位为 km^2；

P_g 为区域草地年降水量，单位为 mm；

ET_g 为区域植被实际蒸散量，单位为 mm，可由区域草地潜在蒸散量（PET_g）和植物水利用系数（ω_g）转换，即：

$$ET_g=\frac{P_g\times(1+\omega_g\times\frac{PET_g}{P_g})}{1+\omega_g\times\frac{PET_g}{P_g}+(\frac{PET_g}{P_g})^{-1}}$$

一般情况下，草地 ω_g 取值为 0.5。

5）区域湿地相对于生态空间的年水源涵养量（U_W）使用下式估算：

$$U_W=(\alpha+\beta)\times\frac{A_w}{R_E}$$

式中：U_w 为区域湿地相对于生态空间的年水源涵养量，单位为 m^3/km^2；

α 为区域洪水期湿地蓄水量，一般取值 $1.0\times10^6\ m^3/km^2$；

β 为区域沼泽土壤调蓄能力，一般取值 $8.1\times10^5\ m^3/km^2$；

R_E 为区域生态空间面积，单位为 km^2；

A_w 为区域湿地面积，单位为 km^2。

6）林地、草地、湿地的气候调节功能以湿度及温度表征。

区域林地、草地、湿地相对于生态空间的年湿度调节量（T_{f1}、T_{g1}、T_{w1}）依次使用下式估算：

$$T_{f1}=1000\times PET_f\times\frac{A_f}{R_E}$$

$$T_{g1}=1000\times PET_g\times\frac{A_g}{R_E}$$

$$T_{w1}=1000\times PET_w\times\frac{A_w}{R_E}$$

式中：T_{f1}、T_{g1}、T_{w1} 分别为区域林地、草地、湿地相对于生态空间的年湿度调节量，单位为 $m^3/(km^2 \cdot a)$；

PET_f、PET_g、PET_w 分别为区域林地、草地、湿地年蒸散量，单位为 mm；

A_f、A_g、A_w 分别为区域林地、草地、湿地面积，单位为 km^2；

R_E 为区域生态空间面积，单位为 km^2。

区域林地、草地、湿地相对于生态空间的年温度调节量（T_{f2}、T_{g2}、T_{w2}）依次使用下式估算：

$$T_{f2}=1000\times PET_f\times \frac{A_f}{R_E}\times \rho \times H_W$$

$$T_{g2}=1000\times PET_g\times \frac{A_g}{R_E}\times \rho \times H_W$$

$$T_{w2}=1000\times PET_w\times \frac{A_w}{R_E}\times \rho \times H_W$$

式中：T_{f2}、T_{g2}、T_{w2} 分别为区域林地、草地、湿地相对于生态空间的年温度调节量，单位为 $kJ/(km^2 \cdot a)$；

PET_f、PET_g、PET_w 分别为区域林地、草地、湿地年蒸散量，单位为 mm；

A_f、A_g、A_w 分别为区域林地、草地、湿地面积，单位为 km^2；

R_E 为区域生态空间面积，单位为 km^2；

ρ 为水的密度，取 1000 kg/m^3；

H_w 为水的汽化热，取 2257.2 kJ/kg。

7）依据光合作用方程式可知，植物每生产 1 g 干物质需要 1.63 g CO_2，释放 1.20 g O_2，故区域林地、草地、湿地相对于生态空间的年固碳释氧量（C_f、C_g、C_w）依次使用下式估算：

$$C_f=\frac{A_f}{R_E}\times NPP_f\times (1.63\delta+1.19)$$

$$C_g=\frac{A_g}{R_E}\times NPP_g\times (1.63\delta+1.19)$$

$$C_w=\frac{A_w}{R_E}\times NPP_w\times (1.63\delta+1.19)$$

式中：C_f、C_g、C_w 分别为区域林地、草地、湿地相对于生态空间的年固碳释氧量，单位为 $g/(m^2 \cdot a)$；

NPP_f、NPP_g、NPP_w 分别为区域单位面积林地、草地、湿地每年生产的有机物质，单位为 $g/(m^2 \cdot a)$；

A_f、A_g、A_w 分别为区域林地、草地、湿地面积，单位为 km^2；

R_E 为区域生态空间面积，单位为 km^2；

δ 为 CO_2 中碳的含量，取 27.27%。

在这里需要说明的是，土壤保持量（R）、水源涵养量（U）、气候调节量（T）和固碳释氧量（C）也可以使用总量表示。上述等式中表达的是单位面积量，将等式中的 R_E 移除即可获得总量。相比较而言，总量在比较同一县域林、草及湿地土壤保持和水源涵养方面较为直观，但是在比较多县域时存在较大不足。例如，两个林地、草地、湿地面积相等的县域，林地、草地、湿地的土壤保持量（R）、水源涵养量（U）、气候调节量（T）和固碳释氧量（C）在总量上相等，但这并不意味着两个县的林地、草地、湿地功能等同或接近；在两个县的林地、草地、湿地面积占生态空间比重不同的条件下，占比低的县域土壤保持、水源涵养、气候调节和固碳释氧功能相对较低。鉴于此，在比较多县域时采用单位面积量更合适。

在比较多县域林地、草地、湿地的功能之前，土壤保持量（R）、水源涵养量（U）、气候调节量（T）和固碳释氧量（C）均需标准化。标准化方法采用离差标准化（min–max 标准化），标准化值分别为 R'_f、R'_g、U'_f、U'_g、U'_w、T'_f、T'_g、T'_w、C'_f、C'_g、C'_w。标准化的数据可构成四个矩阵，即土壤保持量标准化矩阵 R'、水源涵养量标准化矩阵 U'、气候调节标准化矩阵 T' 和固碳释氧标准化矩阵 C'：

$$R' = [R'_f \quad R'_g]$$

$$U' = [U'_f \quad U'_g \quad U'_w]$$

$$T' = [T'_f \quad T'_g \quad T'_w]$$

$$C' = [C'_f \quad C'_g \quad C'_w]$$

需要指出的是，气候调节量（T）由湿度与温度表征，二者的量纲不同；在获得矩阵之前，须将 T_{f1}、T_{g1}、T_{w1}、T_{f2}、T_{g2}、T_{w2} 进行离差标准化，标准化值为 T'_{f1}、T'_{g1}、T'_{w1}、T'_{f2}、T'_{g2}、T'_{w2}。标准化后可令：

$$T'_f = \frac{1}{2}(T'_{f1}+T'_{f2})$$

$$T'_g = \frac{1}{2}(T'_{g1}+T'_{g2})$$

$$T'_w = \frac{1}{2}(T'_{w1}+T'_{w2})$$

在此，定义两个矩阵，功能矩阵 G 及其权重矩阵 W_G，即：

$$G = [G_1 \quad G_2 \quad G_3 \quad G_4]$$

$$W_G = [W_{G1} \quad W_{G2} \quad W_{G3} \quad W_{G4}]^T$$

令：

$$G_1=\frac{1}{2}\left(R'_{\mathrm{f}}+T'_{\mathrm{f2}}\right)$$

$$G_2=\frac{1}{3}\left(U'_{\mathrm{f}}+U'_{\mathrm{g}}+U'_{\mathrm{w}}\right)$$

$$G_3=\frac{1}{3}\left(T'_{\mathrm{f}}+T'_{\mathrm{g}}+T'_{\mathrm{w}}\right)$$

$$G_4=\frac{1}{3}\left(C'_{\mathrm{f}}+C'_{\mathrm{g}}+C'_{\mathrm{w}}\right)$$

那么，生态空间功能指数 I_F 可表达为矩阵 G 与 W_{G} 的乘积，即：

$$I_F=GW_{\mathrm{G}}$$

式中：G_1 为林和草地土壤保持量标准值，W_{G1} 为其权重；

G_2 为林、草和湿地水源涵养量标准值，W_{G2} 为其权重；

G_3 为林、草和湿地气候调节量标准值，W_{G3} 为其权重；

G_4 为林、草和湿地固碳释氧量标准值，W_{G4} 为其权重。

另外，设 $G'_i=G_i\times W_{\mathrm{G}i}$，$i$ 取 1 ～ 4，G'_i 亦可分别称之为林、草和湿地土壤保持、水源涵养、气候调节和固碳释氧功能指数。

对于一定区域而言，I_F 取值在 0 ～ 1 之间，I_F 值越高，表明绿水青山气候调节、土壤保持、水源涵养和固碳释氧等方面的功能越强。

（4）I_B——生态空间保障指数（简称“保障指数”）

首先，定义两个矩阵，保障矩阵 H 及其权重矩阵 W_H，令：

$$H=[H_1\ \ H_2\ \ H_3\ \ H_4]$$

$$W_H=[W_{H1}\ \ W_{H2}\ \ W_{H3}\ \ W_{H4}]^{\mathrm{T}}$$

那么，生态空间保障指数 I_B 可表达为矩阵 H 与 W_H 的乘积，即：

$$I_B=HW_H$$

式中：H_1 为国家公园和自然保护区的面积，W_{H1} 为其权重；

H_2 为自然公园和风景名胜的面积，W_{H2} 为其权重；

H_3 为公益林和基本草原的面积，W_{H3} 为其权重。

另外，设 $H'_i=H_i\times W_{Hi}$，i 取 1 ～ 3，H'_i 亦可分别称之为保护指数、服务指数和红线指数。

对于一定区域而言，生态空间保障指数 I_B 越大，表明绿水青山可持续发展保障程度越高。

2.2　权重确定

指标赋权的方法有主观赋权法、客观赋权法及组合赋权法三类，其中主观赋权法因具有专家可以根据实际的决策问题和专家自身的知识经验合理确定各指标权重的优点而多被采用。常用的主观赋权方法有专家调查法(Delphi Method)、层次分析法(AHP)、二项系数法等。然而，主观赋权法也存在结果具有较强主观随意性的缺点。为解决这一问题，客观赋权法也常被应用。通过客观赋权法获得的指标权重由原始数据通过数学推算。目前，客观赋权法的研究尚待完善。绿水青山指数由 4 个一级指标、10 个二级指标和 23 个二级指标构成。如何合理地确定各指标权重是客观评价一定区域绿水青山优劣的关键。考虑到绿水青山指数 4 个一级指标及 14 个二级指标的属性特征，拟采用主观赋权法和客观赋权法相结合的方法给出各级指标的权重。也就是说，一级指标的权重采用层次分析法进行确定，而二级指标的权重通过数学关系推理的方式给出。

层次分析法确权的基本思路是，根据问题的性质和要达到的总目标，将问题分解为不同的组成因素，并按因素间的相互关联及隶属关系分类成不同层次的聚集组合，形成一个多层次的分析结构模型，从而最终将问题归结为最底层（方案层）相对于最高层（目标层）的相对重要权值或相对优劣次序的排定。

2.2.1　一级指标权重

（1）建立层次结构模型

第一层次的目标为绿水青山优劣，准则为生态空间的数量、质量、功能及保障等因素，方案层为不同区域绿水青山得分值。层次结构模型如图 8-2 所示。

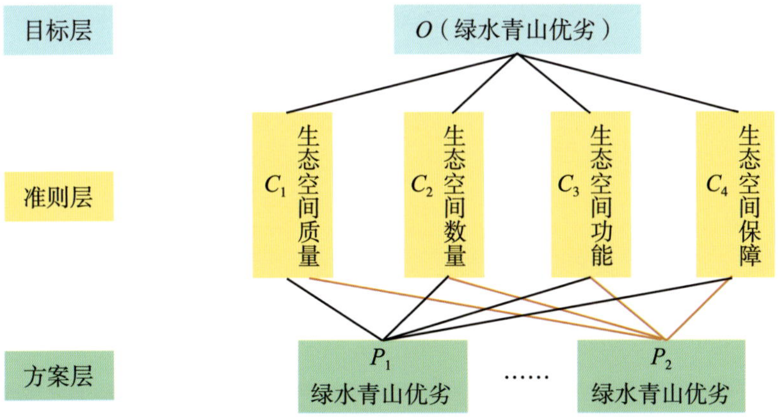

图 8-2　绿树青山指数一级指标层层次结构模型

（2）构造判断矩阵

判断矩阵的构造采用一致矩阵法，即：不把所有因素放在一起比较，而是两两比较；采用相对尺度，尽可能减少性质不同的诸因素相互比较的困难，以提高准确性。所有因素针对上一层某一个因素的相对重要性的比较。元素 a_{ij} 表示的是第 i 个因素相对于第 j 个因素的比较结果，这个值使用 Santy 的 1—9 标度方法给出，如表 8–3。

表 8–3 判断矩阵元素 a_{ij} 的标度方法

标度	含义
1	表示两个因素相比，具有同样的重要性
3	表示两个因素相比，一个因素比另一个因素稍微重要
5	表示两个因素相比，一个因素比另一个因素明显重要
7	表示两个因素相比，一个因素比另一个因素强烈重要
9	表示两个因素相比，一个因素比另一个因素极端重要
2，4，6，8	上述两个相邻判断的中值
倒数	因素 i 与 j 比较的判断 a_{ij}，则因素 j 与 i 比较的判断为 $1/a_{ij}$

依据以上层次结构模型和标度，绿树青山指数一级指标判断矩阵 O：

$$O=\begin{bmatrix} 1 & 2 & 4 & 5 \\ 1/2 & 1 & 3 & 4 \\ 1/4 & 1/3 & 1 & 2 \\ 1/5 & 1/4 & 1/2 & 1 \end{bmatrix}$$

将矩阵 O 按列归一化，得到矩阵 O'：

$$O'=\begin{bmatrix} 0.5128 & 0.5581 & 0.4706 & 0.4167 \\ 0.2564 & 0.2791 & 0.3529 & 0.3333 \\ 0.1282 & 0.0930 & 0.1176 & 0.1667 \\ 0.1026 & 0.0698 & 0.0588 & 0.0833 \end{bmatrix}$$

将矩阵按行求和，之后归一化，即可得到矩阵 W：

$$W=[0.4896 \quad 0.3054 \quad 0.1264 \quad 0.0786]^{\mathrm{T}}$$

（3）一致性检验

判断矩阵 O 能否有满意的一致性，需要通过一致性检验，即其一致性比率 C_R 值应小于 0.1。

$$C_R=\frac{C_I}{R_I}$$

其中，一致性指标 $C_I=\dfrac{\lambda-n}{n-1}$，$R_I$ 为随机一致性指标（见表 8–4），λ 为判断矩阵 O 的最大特征根，n 为指标数量。

表 8-4 随机一致性指标 R_I

n	1	2	3	4	5	6	7	8	9	10	11
R_I	0	0	0.58	0.90	1.12	1.24	1.32	1.41	1.45	1.49	1.51

由于 λ 计算较为复杂，可令 $O_W=\lambda_W$，以简化计算，即：

$$\lambda_W=\begin{bmatrix}1.9991\\1.2439\\0.5078\\0.3161\end{bmatrix}$$

故 $C_R=0.018$，$C_R<0.1$，通过一致性检验，这说明判断矩阵 O 具有满意的一致性。绿树青山指数一级指标权重可取：

$$W_I=[0.4896\quad 0.3054\quad 0.1264\quad 0.0786]^{\mathrm{T}}$$

2.2.2 二级指标权重

（1）数量指数指标权重

生态空间是国土空间的重要组成部分，其由林地、草地、湿地及荒漠（地）构成。仅就数量而言，林地、草地、湿地，水体及荒漠（地）的面积在生态空间中是同等重要的。因此，生态空间数量指数指标权重可确定为国土空间（G_{L}）的倒数，即：

$$W_S=\begin{bmatrix}\dfrac{1}{G_{\mathrm{L}}} & \dfrac{1}{G_{\mathrm{L}}} & \dfrac{1}{G_{\mathrm{L}}} & \dfrac{1}{G_{\mathrm{L}}}\end{bmatrix}^{\mathrm{T}}$$

（2）质量指数指标权重

一般来说，人们从感官上判断生态空间质量的优劣，主要从林、草及湿地的视角出发。林、草及湿地是生态空间中品质最高的组成部分，尤其是乔木—灌木林地、天然牧草地和内陆滩涂。这三者在生态空间中虽有地域上分布的差异，但在生态空间中同等重要。因此，生态空间质量指数指标权重在某种程度上可确定为生态空间（R_{E}）的倒数，即：

$$W_Z=\begin{bmatrix}\dfrac{1}{R_{\mathrm{E}}} & \dfrac{1}{R_{\mathrm{E}}} & \dfrac{1}{R_{\mathrm{E}}}\end{bmatrix}^{\mathrm{T}}$$

（3）功能指数指标权重

林地、草地及湿地的土壤保持、水源涵养、气候调节和固碳释氧功能可通过层次分析法进行权重确定。考虑到土壤保持、水源涵养、气候调节和固碳释氧功能四者之间存在密切联系，非完全独立，并且为简化计算，在此可将功能指标视为等权重，也就是说，权重为指标总数（S_G）的倒数，即：

$$W_G=\begin{bmatrix} \frac{1}{S_G} & \frac{1}{S_G} & \frac{1}{S_G} & \frac{1}{S_G} \end{bmatrix}$$

（4）保障指数指标权重

核心生态空间是保障生态空间正常运行的基础，其保障强度与其在生态空间中占比有很大关系。因此，生态空间保障指数的指标权重可确定为生态空间（R_{E}）的倒数，即：

$$W_H=\begin{bmatrix} \frac{1}{S_E} & \frac{1}{S_E} & \frac{1}{S_E} \end{bmatrix}^{\mathrm{T}}$$

综上所述，绿水青山指数的指标权重如表 8–5 所示。

表 8–5　绿水青山指数指标权重统计

一级指标		二级指标	
类型	权重	类型	权重
生态空间数量指数（I_A）	0.4896	林地数量指数（S'_1）	$1/G_L$
		草地数量指数（S'_2）	$1/G_L$
		湿地数量指数（S'_3）	$1/G_L$
		水体数量指数（S'_4）	$1/G_L$
		荒地（漠）数量指数（S'_5）	$1/G_L$
生态空间质量指数（I_Q）	0.3054	林地质量指数（Z'_1）	$1/R_{\mathrm{E}}$
		草地质量指数（Z'_2）	$1/R_{\mathrm{E}}$
		湿地质量指数（Z'_3）	$1/R_{\mathrm{E}}$
生态空间功能指数（I_F）	0.1264	土壤保持指数（G'_1）	$1/S_G$
		水源涵养指数（G'_2）	$1/S_G$
		气候调节指数（G'_3）	$1/S_G$
		固碳释氧指数（G'_4）	$1/S_G$
生态空间保障指数（I_B）	0.0786	保护保障指数（H'_1）	$1/R_{\mathrm{E}}$
		服务保障指数（H'_2）	$1/R_{\mathrm{E}}$
		红线保障指数（H'_3）	$1/R_{\mathrm{E}}$

注：G_L 为国土空间面积，R_{E} 为生态空间面积，S_G 为功能指标数量。

第三节 生态空间评价结果

生态空间山清水秀或绿水青山可持续发展评价是生态文明建设过程中必不可少的手段，其对保障区域生态安全、提升居民生活质量和促进社会经济的可持续发展等具有重要意义。以陕西省 2019 年国土三调数据、森林资源一张图和自然保护地优化整合数据为基础，我们对陕西省绿水青山基础条件、颜值、功能和可持续发展现状进行了系统性评价，以期为生态空间治理提供有价值的参考依据。

3.1 全省绿水青山变化

以国土三调、森林资源一张图和自然保护地优化整合数据为基准，经过计算，陕西省绿水青山指数为 0.6461（见图 8–3），全省生态空间山清水秀变化趋势如图 8–4 所示。全省生态空间整体山清水秀程度较高，绿水青山可持续发展状况良好，其中生态空间数量和质量指数分别达到 0.6194 和 0.7531，表征了陕西省生态空间基底较好，整体质量较高，生态空间治理取得了很大的成绩，但生态空间功能和保障程度相对较弱，二者指数仅为 0.5168 和 0.2915，这也反映了过去全省在生态空间治理上存在重建设轻管理的问题，生态空间的自然生态生产力不强，导致生态产品的供给能力不足，在调节气候、保持水土、涵养水源和维护生物多样性等方面的作用尚待提高。

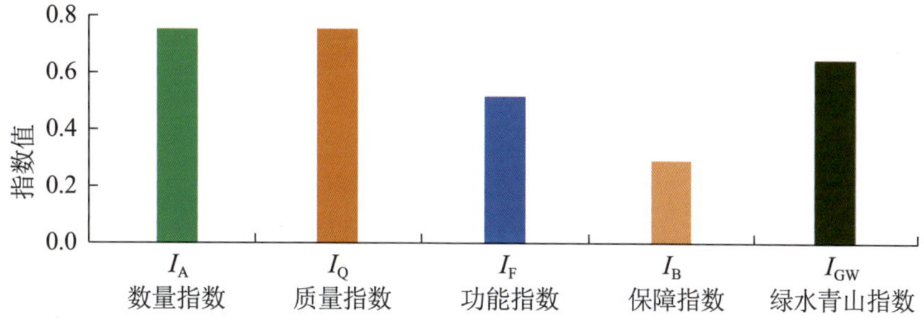

图 8–3 陕西省绿水青山指数变化

从全省的绿水青山指数排序和变化趋势（见图 8–4）来看，全省各市绿水青山指数排序为：安康市＞商洛市＞汉中市＞延安市＞宝鸡市＞铜川市＞榆林市＞渭南市＞西安市＞咸阳市。陕南三市绿水青山指数为 0.80 以上，为陕西第一梯队，绿水青山的可持续程度最高，但自然生态生产力尚有提升的空间，需要精准的生态空间治理。延安市、宝鸡市和铜川市绿水青山指数在 0.70 左右，处于陕西的第二梯队，绿水青山的可持续程度属于中上水平，需要进一步提升生态空间自然生态生产力。榆林市、渭南市、西安市和咸阳市相对较差，其绿水青山指数在 0.60 以下，这也是全省未来实施生态系统提质增效和生态空间治理的主战场。

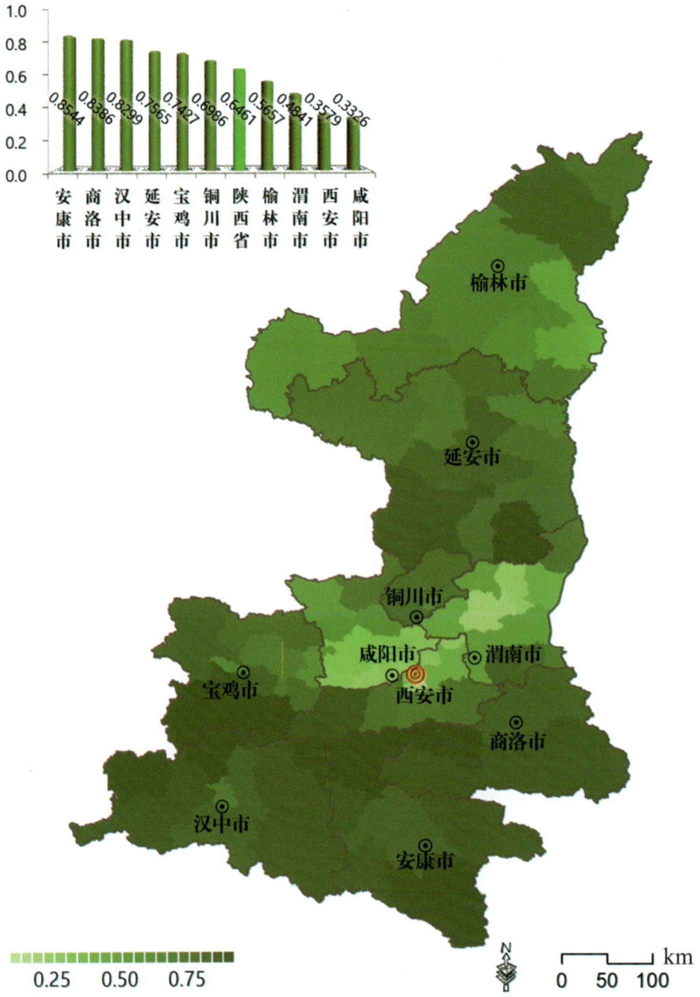

图 8-4 陕西省绿水青山指数变化

3.1.1 数量特征

全省生态空间数量指数达 0.6194，全省各市生态空间数量指数变化趋势如图 8-5 a 所示，排序为：商洛市＞安康市＞延安市＞汉中市＞宝鸡市＞榆林市＞铜川市＞渭南市＞咸阳市＞西安市。其中，商洛、安康、延安和汉中 4 市空间数量指数在 0.80 以上，高于全省平均水平，生态空间数量充足，足以支撑绿水青山的可持续发展。宝鸡、榆林和铜川 3 市空间数量指数在 0.60 左右，而处在关中平原城市群的渭南、西安和咸阳 3 市生态空间数量不足，空间数量指数仅为 0.30 左右。全省生态空间数量总体趋势以陕北、陕南的生态空间数量较大，而关中平原城市群相对较少，呈现“两头大，中间小”的显著特征。

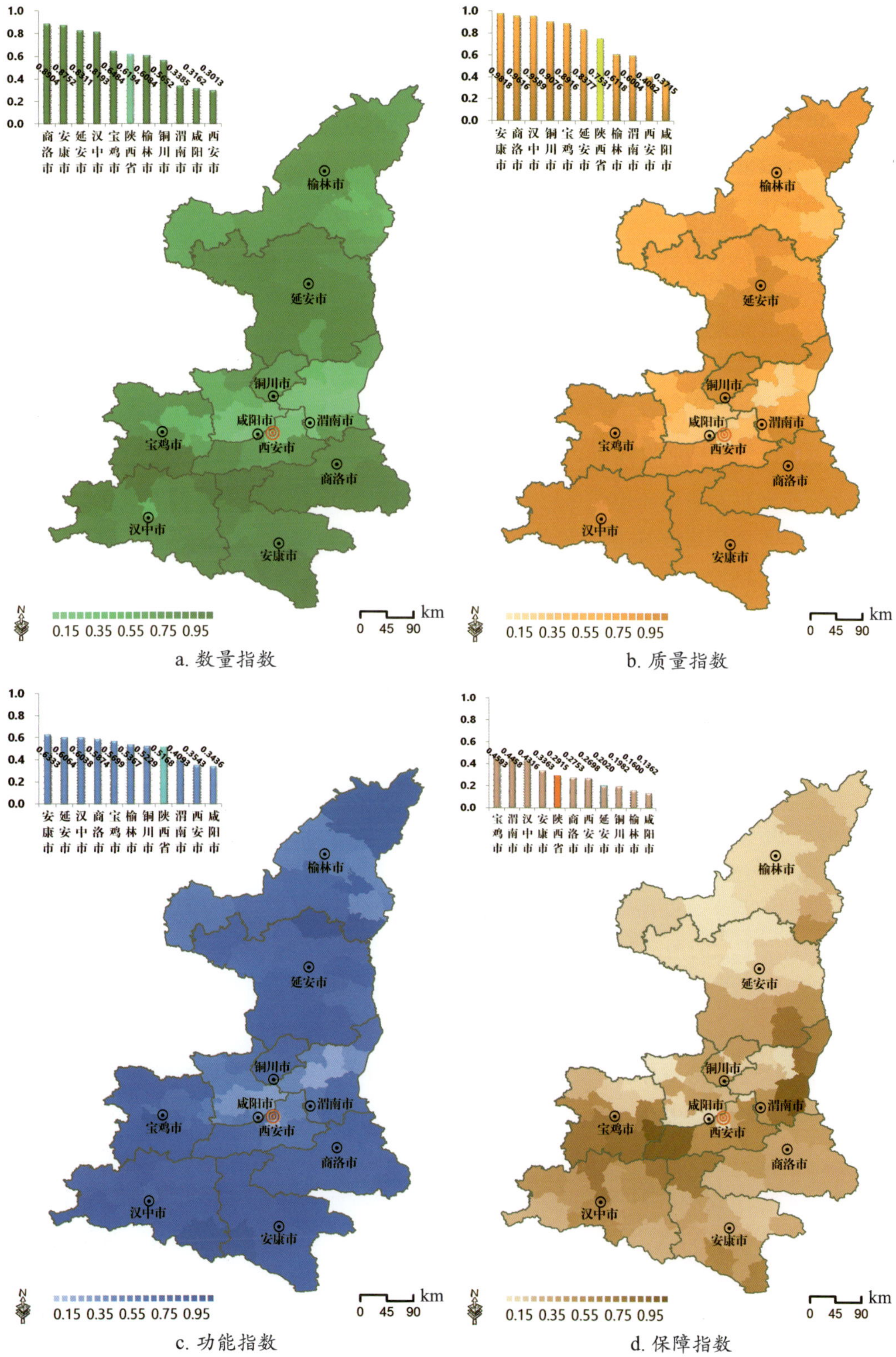

图 8-5 陕西省生态空间要素指数变化

3.1.2 质量特征

全省生态空间质量指数为0.7531，全省各市生态空间质量指数变化趋势如图8-5 b所示，排序为：安康市＞商洛市＞汉中市＞铜川市＞宝鸡市＞延安市＞榆林市＞渭南市＞西安市＞咸阳市，其中商洛市、汉中市、铜川市、宝鸡市和延安市高于全省平均水平，榆林市、渭南市、西安市和咸阳市低于全省平均水平。陕南3市、关中的铜川市和宝鸡市、陕北的延安市空间数量指数均在0.80以上，这是直接提高全省生态空间质量指数的关键因素，而榆林市和渭南市生态空间质量指数不高，在0.60左右，西安市和咸阳市空间数量指数仅为0.3668和0.3266。总体趋势仍然呈现为“两头大，中间小”。

3.1.3 功能特征

全省生态空间功能指数为0.5168，全省各市生态空间功能指数变化趋势如图8-5 c所示，排序为：安康市＞延安市＞汉中市＞商洛市＞宝鸡市＞榆林市＞铜川市＞渭南市＞西安市＞咸阳市，其中安康市、延安市、汉中市、商洛市、宝鸡市、榆林市和铜川市高于全省平均水平，渭南市、西安市和咸阳市低于全省平均水平。从全省来看，生态空间功能指数整体较低，尤其是渭南市、西安市和咸阳市，均在0.40或以下。全省生态空间调节气候、保持水土、涵养水源和维护生物多样性等方面功能尚待提高。

3.1.4 保障特征

全省的生态空间保障指数为0.2915，整体水平较低，全省各市生态空间保障指数变化趋势如图8-5 d所示，排序为：宝鸡市＞渭南市＞汉中市＞安康市＞商洛市＞西安市＞延安市＞铜川市＞榆林市＞咸阳市，其中，宝鸡市、渭南市、汉中市和安康市高于全省平均水平，商洛市、西安市、延安市、铜川市、榆林市和咸阳市低于全省平均水平。关中平原的渭南和宝鸡、陕南的汉中3市的保障指数较高，分别达到0.4593、0.4458和0.4316，说明生态产品供给能力相对较好，生态空间受保护和提供服务程度比较高。延安市、铜川市、榆林市和咸阳市保障指数较低，低于全省平均水平，提供生态产品能力差，应保则保的生态系统没有受到保护，适宜增加自然保护地面积，提升生态空间自然生态生产力是当前或今后急需解决的问题。

3.2 地市绿水青山变化

3.2.1 安康市

安康市自然资源丰富，生态系统功能相对完整，森林覆盖率高达73.75%，绿水青山指数高达0.8544，全省排名第一，远远高于全省的平均水平，可持续发展程度高，变化趋势如图 8-6 所示，安康市各县（市、区）绿水青山指数排序为：宁陕县>镇坪县>岚皋县>平利县>紫阳县>石泉县>白河县>旬阳县>汉阴县>汉滨区。十个县（区）绿水青山指数全部超过全省水平，其中宁陕县最高，达 0.9083；而汉滨区最小，为 0.8123。

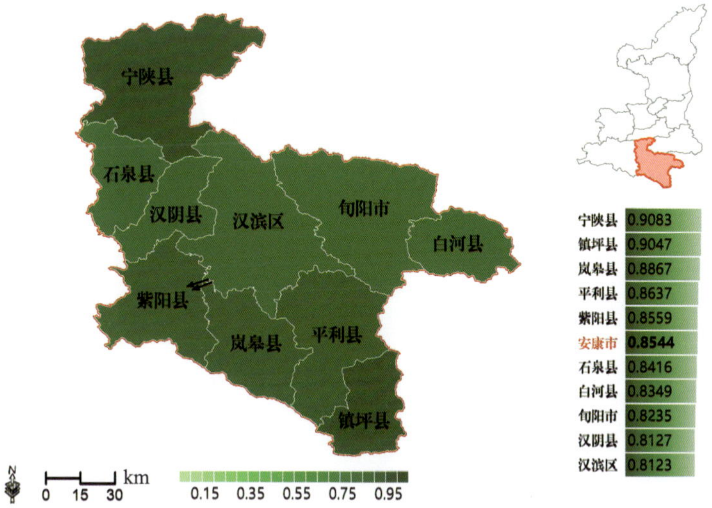

图 8-6　安康市绿水青山指数变化

（1）数量特征

安康市生态空间数量指数为 0.8752，为全省第二。境内县域生态空间数量指数变化趋势如图 8-7 a 所示，排序为：宁陕县>镇坪县>岚皋县>平利县>白河县>石泉县>紫阳县>旬阳县>汉滨区>汉阴县。境内各县（区）生态空间数量指数均远远高于全省平均水平。生态空间数量指数超过 0.90 以上的县（区）有 4 个，分别为宁陕县、镇坪县、岚皋县和平利县，而汉阴县相对较低，为 0.7886。

（2）质量特征

安康市生态空间质量指数为 0.9818，为全省第一。境内县域生态空间质量指数变化趋势如图 8-7 b 所示，排序为：紫阳县>镇坪县>旬阳县>岚皋县>宁陕县>平利县>石泉县>汉滨区>汉阴县>白河县。全市各县（区）生态空间数量指数均在 0.95 以上，比全省生态空间质量指数高出 23.87%，生态空间质量整体较高，生态系统结构稳定。

（3）功能特征

安康市生态空间功能指数为 0.6333，为全省第一。境内县域生态空间功能指数变化趋势如图 8-7 c 所示，排序为：紫阳县>旬阳县>石泉县>岚皋县>镇坪县>白河县>平利县>汉阴县>汉滨区>宁陕县。境内各县（区）生态空间功能指数比全省高出 11.65%，远远高于全省水平，生态系统结构稳定，生态空间质量高，因而生态空间功能相对较为完整。

（4）保障特征

安康市生态空间保障指数为 0.3363，排名全省第四。境内县域生态空间保障指数变化趋势如图 8–7 d 所示，排序为：宁陕县＞镇坪县＞岚皋县＞平利县＞汉阴县＞白河县＞紫阳县＞石泉县＞汉滨区＞旬阳县。从全省来看，安康市自然保护地面积偏小，尤其是自然公园和风景名胜区的设置较少。从全市县（区）变化来看，宁陕县、镇坪县保障指数相对较高，分别为 0.6155 和 0.5769，其他各县均在 0.5 以下，主要原因是自然公园、风景名胜区几乎为零，导致生态空间保障指数降低，旬阳县保障指数仅为 0.1033，几乎可以忽略不计。

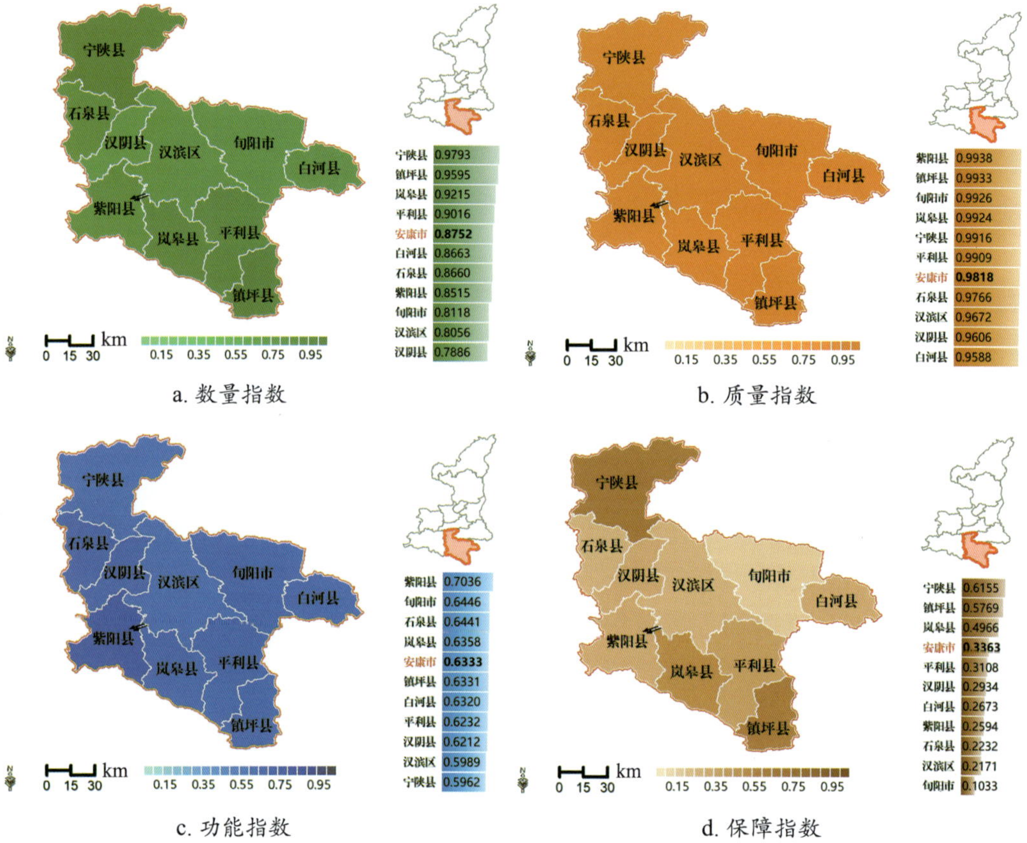

图 8–7　安康市生态空间要素指数变化

3.2.2　商洛市

商洛市森林覆盖率高达 81%（全省第一），动植物资源丰富，生态系统功能相对完整，绿水青山指数高达 0.8386，全省排名第二，可持续发展程度高，全市被绿色全覆盖，绿水青山指数变化趋势如图 8–8 所示。除了洛南县外，全市 6 个县（区）绿水青山指数均在 0.80 以上，其中柞水县最高，为 0.8750，洛南县最低，为 0.7957，远高于全省平均水平。商洛市各县（区）绿水青山指数排序为：柞水县＞商南县＞镇安县＞丹凤县＞山阳县＞商州区＞洛南县。

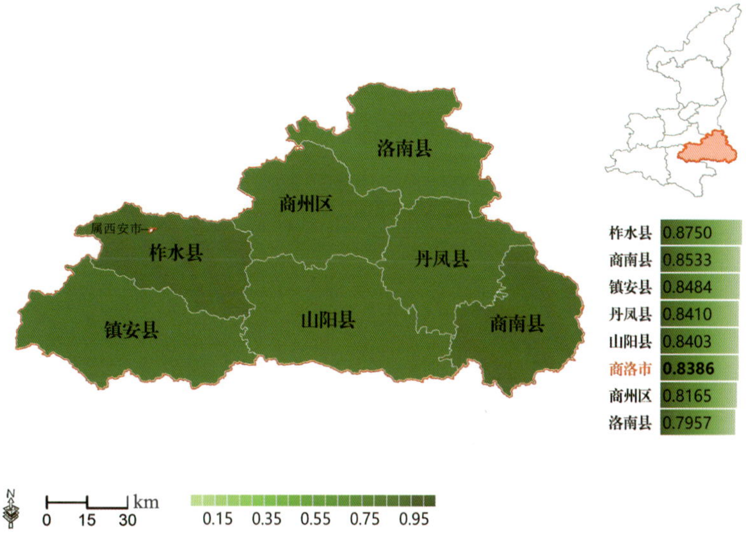

图 8-8　商洛市绿水青山指数变化

（1）数量特征

商洛市生态空间数量指数为 0.8904，为全省第一，全域被绿色全覆盖，森林覆盖率高达 81.22%（全省第一），生态空间面积占国土空间面积的 88.89%。境内各县（区）生态空间数量指数的变化趋势如图 8–9 a 所示，排序为：柞水县＞丹凤县＞商南县＞山阳县＞镇安县＞商州区＞洛南县。全市七个县（区）中数量指数超过 0.90 的县（区）为 5 个，分别为柞水县、丹凤县、商南县、山阳县和镇安县，其中柞水县最高，达 0.9408，仅有商州区、洛南县相对较低，但其指数也在 0.80 以上。境内动植物资源丰富，生态系统功能相对完整，可持续发展程度高。

（2）质量特征

商洛市生态空间质量指数为 0.9616，为全省第二，比全省生态水平高出 22.11%，远远高于全省平均水平。境内县域生态空间质量指数变化趋势如图 8–9 b 所示，排序为：柞水县＞镇安县＞商南县＞丹凤县＞山阳县＞商州区＞洛南县。商洛市生态空间质量整体较高，生态系统结构稳定。各县生态空间质量指数均在 0.90 以上；以柞水县质量指数相对最高，为 0.9956，洛南县最低，为 0.9172。

（3）功能特征

商洛市生态空间功能指数为 0.5874，为全省第四。境内县域生态空间功能指数变化趋势如图 8–9 c 所示，排序为：商南县＞洛南县＞山阳县＞商州区＞镇安县＞丹凤县＞柞水县。从全市县（区）生态空间功能指数变化趋势来看，商南县功能指数最高，为 0.6101，柞水县最低，为 0.5661。全市生态空间功能指数略高于全省平均水平，生态空间功能相对较为完整。

（4）保障指数

商洛市生态空间保障指数为 0.2753，接近全省平均水平，排名全省第五，境内各县（区）的生态空间保障指数普遍较低。境内县域生态空间保障指数变化趋势如图 8-9 d 所示。整体来看，商洛市自然保护地面积偏小，仅占生态空间面积的 6.39%，而且多为自然保护区和自然公园，风景名胜区的设置较少。从全市县（区）生态空间质量指数变化来看，柞水县最高，为 0.3648，镇安县最小，仅为 0.1689。全市县（区）生态空间质量指数排序为：柞水县＞洛南县＞商南县＞山阳县＞丹凤县＞商州区＞镇安县。

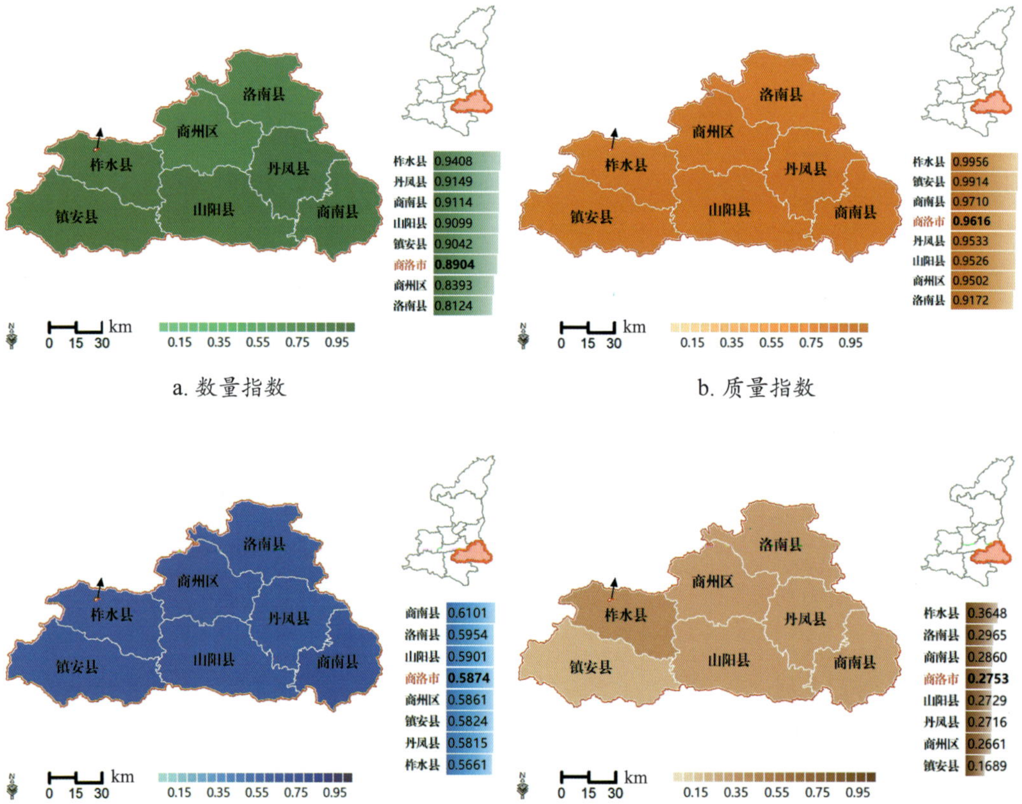

a. 数量指数　　b. 质量指数

c. 功能指数　　d. 保障指数

图 8-9　商洛市生态空间要素指数变化

3.2.3　汉中市

汉中市森林覆盖率高达 77.86%，全省第二，区内生物多样性丰富，生态空间类型多样，全市被绿色全覆盖，绿水青山指数高达 0.8299，全省排名第三，比全省平均水平高出了 18.38%，给“秦岭四宝”提供了优越的生长环境，生态空间发展初步显现了良性循环发展趋势。全市各县（区）绿水青山指数变化趋势如图 8-10 所示，排序为：留坝县＞佛坪县＞略阳县＞镇巴县＞西乡县＞宁强县＞洋县＞勉县＞南郑区＞城固县>汉台区。除了汉台区外，全市 11 个县（区）绿水青山指数均在 0.80 以上，留坝县和佛坪县甚至高达 0.90 以上，汉台区仅为 0.6473。

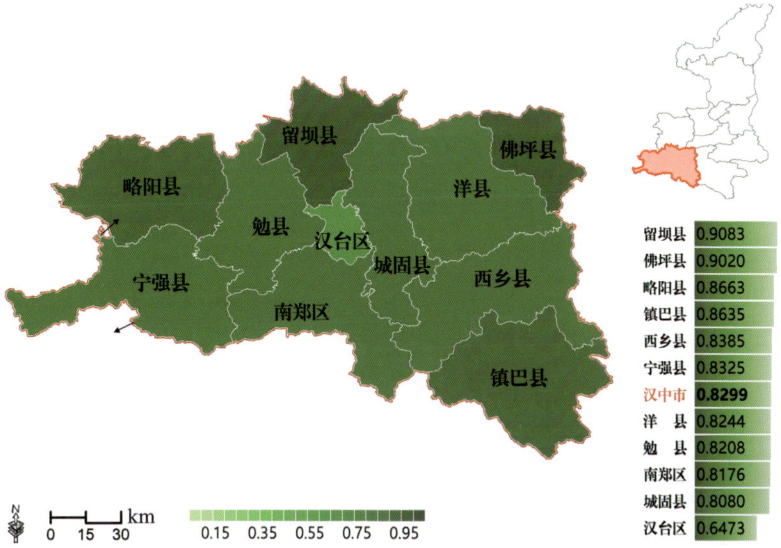

图 8-10 汉中市绿水青山指数变化

（1）数量特征

汉中市生态空间数量指数为 0.8193，为全省第四，比全省平均水平高约 20%，生态空间面积占国土空间面积的 86.34%，数量充足，以森林生态系统为主，全市森林覆盖率高达 77.86%。境内各县（区）生态空间数量指数的变化趋势如图 8-11 a 所示，排序为：留坝县>佛坪县>略阳县>镇巴县>宁强县>西乡县>洋县>勉县>南郑区>城固县>汉台区。全市 11 个县（区）中数量指数超过 0.90 的县（区）有 3 个，分别为留坝县、佛坪县和略阳县，镇巴县、宁强县、西乡县和洋县也均在 0.80 以上，剩余 4 县，除了汉台区（0.4293）低于全省平均水平外，其他均在 0.70 以上。

（2）质量特征

汉中市生态空间质量指数为 0.9589，为全省第三，比全省平均水平高出 20.58%，远远高于全省平均水平。境内各县（区）生态空间质量指数变化趋势如图 8-11 b 所示，排序为：留坝县>略阳县>镇巴县>佛坪县>城固县>勉县>西乡县>宁强县>南郑区>洋县>汉台区。境内除汉台区外，其余各县生态空间质量指数均在 0.90 以上，以留坝县质量指数最高，达 0.9871，汉台区最低，为 0.8217。汉中市生态空间类型多样，生物多样性丰富，生态系统结构稳定，生态空间质量整体较高。

（3）功能特征

汉中市生态空间功能指数为 0.6038，为全省第三，比全省平均水平高约 10%。全市各县（区）生态空间功能指数变化趋势如图 8-11 c 所示，排序为：镇巴县>宁强县>西乡县>留坝县>南郑区>洋县>略阳县>佛坪县>勉县>城固县>汉台区。镇巴县功能指数最高，为0.7342，汉台区最低，为0.4941。汉中市生态空间功能相对较为完整，在发挥调节气候、保持水土、涵养水源和维护生物多样性等方面效益显著。

（4）保障指数

汉中市生态空间保障指数为0.4316，在全省排名第三，绿水青山可持续发展潜力高于全省平均水平。全市各县（区）生态空间保障指数变化趋势如图8–11 d所示，可持续发展潜力依次为：留坝县＞汉台区＞佛坪县＞南郑区＞洋县＞略阳县＞勉县＞西乡县＞城固县＞宁强县＞镇巴县。留坝县保障指数最高，为0.6553，镇巴县最低，为0.2256。与全省平均水平相比，宁强县和镇巴县的可持续发展潜力低于全省平均水平，其他各县（区）均高于全省平均水平。与全市平均水平相比，留坝县、汉台区、佛坪县和南郑区的可持续发展潜力高于全市平均水平，其他各县（区）均低于全市平均水平。

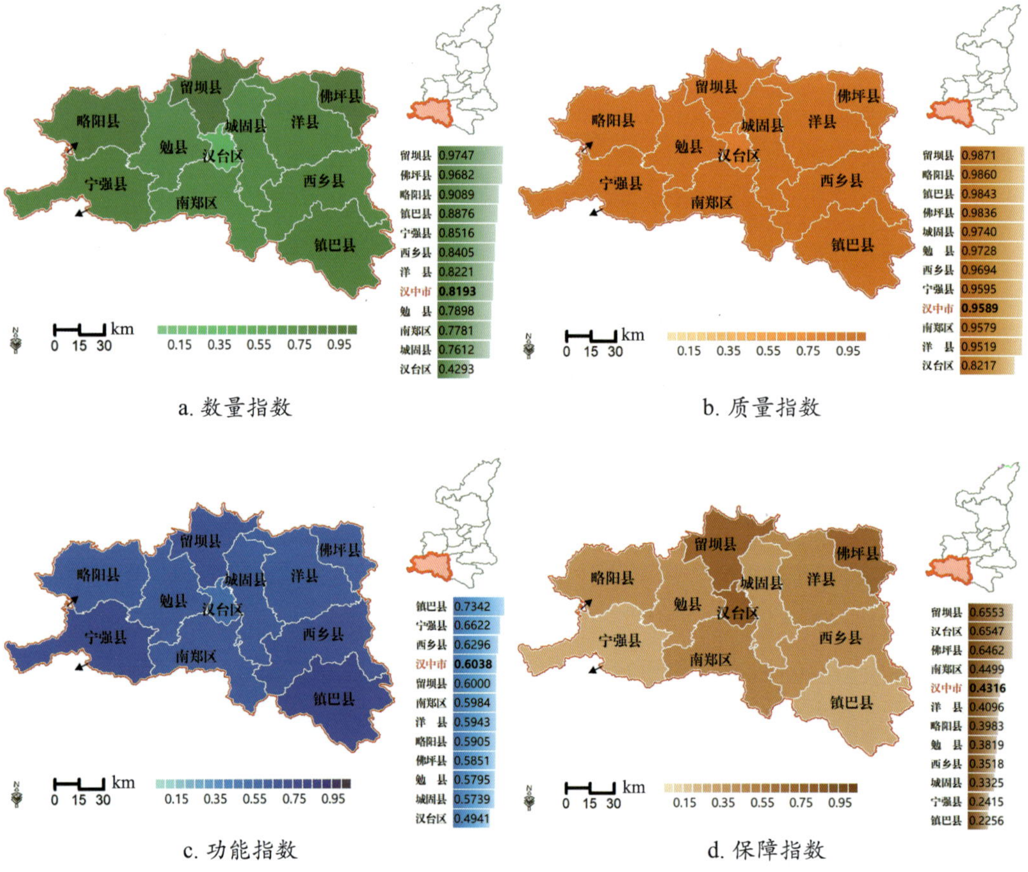

a. 数量指数　b. 质量指数

c. 功能指数　d. 保障指数

图8–11　汉中市生态空间要素指数变化

3.2.4　延安市

延安市地处黄土高原腹地，经过多年治理，退耕还林全国第一，森林覆盖率达45.99%（全省第五），区内生态空间类型多样，生物多样性丰富，基本绿色全覆盖。

延安市绿水青山指数为 0.7565，全省排名第四，比全省平均水平高 0.1104。生态空间颜值较高，初步达到了山清水秀的初级阶段，生态空间走上了良性可持续发展道路。延安市各县（市、区）绿水青山指数变化趋势如图 8–12 所示，排序为：黄龙县＞富县＞黄陵县＞甘泉县＞宝塔区＞洛川县＞子长市＞宜川县＞延长县＞吴起县＞志丹县＞安塞区＞延川县。延安市绿水青山指数达到 0.80 以上的县（区）有黄龙县、富县、黄陵县和甘泉县，山清水秀程度高；宝塔区、洛川县、子长市、宜川县、延长县和吴起县相对较好，其指数变化在 0.70 ～ 0.80 之间；延川县为全市最低，为 0.661 43，是唯一一个低于全省平均水平的县。

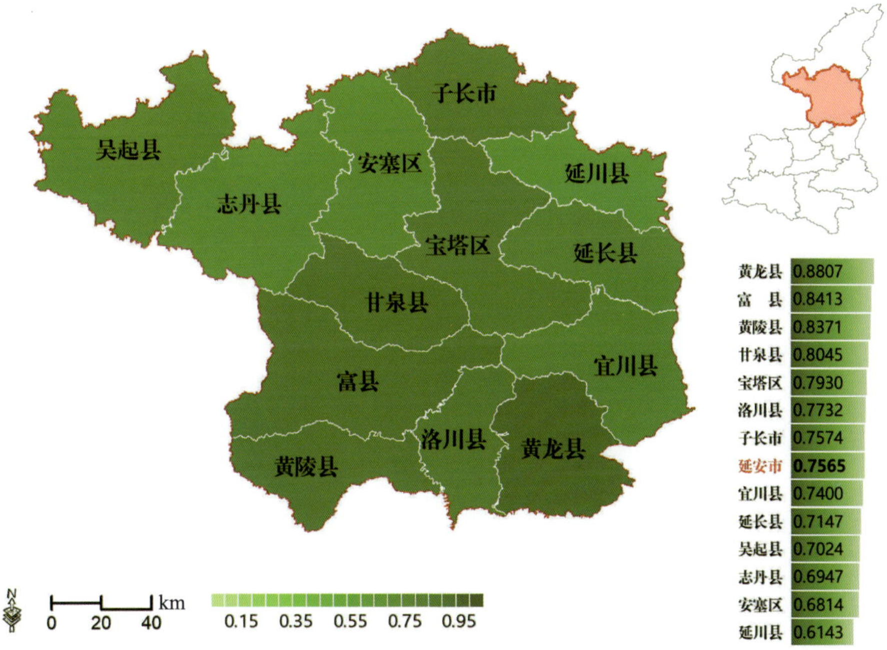

图 8-12　延安市绿水青山指数变化

（1）数量特征

延安市生态空间数量指数为 0.8311，为全省第三，比全省平均水平高 0.2117，生态空间面积占国土空间面积的 84.09%，数量充足，以森林、草原生态系统为主，境内各县（市、区）生态空间数量指数的变化趋势如图 8–13 a 所示。全市 13 个县（市、区）除了洛川县数量指数相对较低外，其余各县（市、区）数量指数均超过 0.70。境内县域生态空间数量指数排序为：富县＞黄陵县＞黄龙县＞甘泉县＞宜川县＞志丹县＞安塞区＞延长县＞吴起县＞宝塔区＞子长市＞延川县＞洛川县。

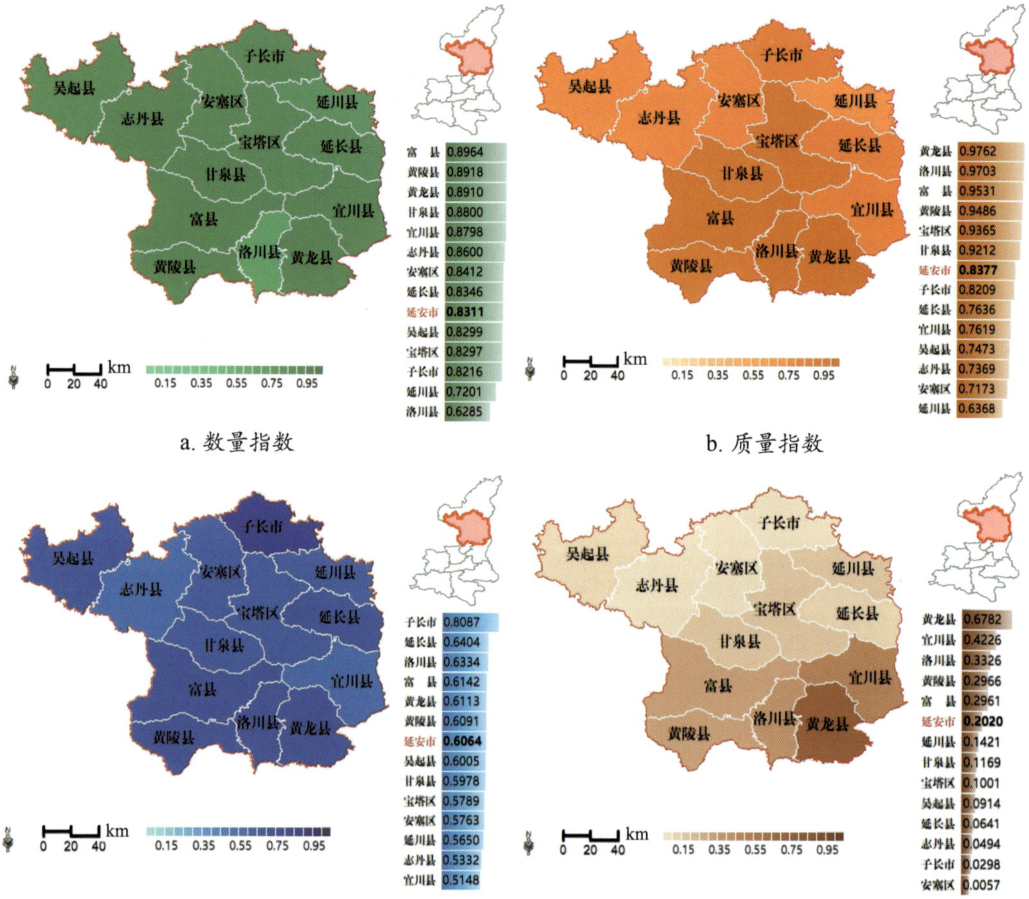

a. 数量指数　　b. 质量指数

c. 功能指数　　d. 保障指数

图 8-13 延安市生态空间要素指数变化

（2）质量特征

延安市生态空间质量指数为 0.8377，为全省第六，比全省平均水平高出 0.0846。境内县域变化趋势如图 8-13 b 所示，境内生态空间质量指数达 0.90 以上县（市、区）分别为黄龙县、洛川县、富县、黄陵县、宝塔区和甘泉县，约占全市一半，而吴起县、志丹县和安塞区略低于全省平均水平，延川县最低，且低于全省平均水平，为 0.6368。全市县（市、区）生态空间质量指数排序为：黄龙县＞洛川县＞富县＞黄陵县＞宝塔区＞甘泉县＞子长市＞延长县＞宜川县＞吴起县＞志丹县＞安塞区＞延川县。全市生态空间类型多样，生物多样性丰富，生态系统结构稳定，反映了生态空间质量整体较高。

（3）功能特征

延安市生态空间功能指数为 0.6064，为全省第二，比全省平均水平高 0.0897。全市县（市、区）生态空间功能指数变化趋势如图 8-13 c 所示，排序为：黄陵县＞洛川县＞延长县＞宝塔区＞吴起县＞黄龙县＞富县＞甘泉县＞安塞区＞宜川县＞子长市＞延川县>志丹县。与全省平均水平相比，延安市全区域生态空间功能指数普遍高于全省平均水平，仅宜川县略低于全省平均水平，加强生态空间涵养水源、保持水土等功能仍然是生态空间治理工作重要任务。

（4）保障特征

延安市生态空间保障指数为0.2020，比全省平均水平低0.0895，排名全省第八。全市各县（市、区）生态空间保障指数变化趋势如图8–13 d所示，排序为：黄龙县>宜川县>洛川县>黄陵县>富县>延川县>甘泉县>宝塔区>吴起县>延长县>志丹县>子长市>安塞区。全市除了黄龙县、宜川县、洛川县、黄陵县和富县生态空间保障指数高于全省平均水平外，其余各县（市、区）均低于全省的平均水平。黄龙县保障指数最高，为0.6782，安塞区最低，为0.0057。全市生态空间保护率较低，自然生态生产力较低，生态产品供给能力不足，过去重建设轻管理的理念尚待加强。

3.2.5 宝鸡市

宝鸡市绿水青山指数高达0.7427，在全省排名第五，比全省平均水平高0.0966。全市各县（区）绿水青山指数变化趋势如图8–14所示，排序为：太白县>凤县>渭滨区>陈仓区>陇县>千阳县>麟游县>眉县>凤翔区>岐山县>金台区>扶风县。

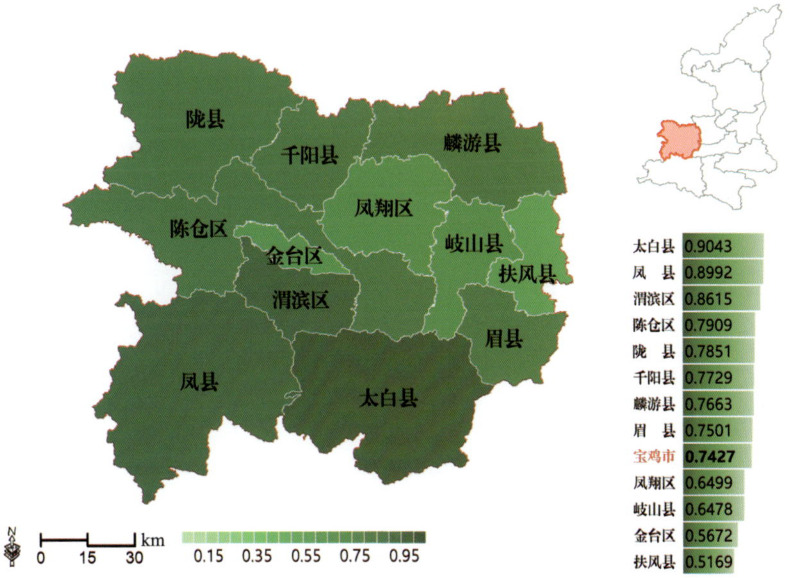

图8–14 宝鸡市绿水青山指数变化

宝鸡市秦岭群峰与渭河平原互为映衬，构成了独特的地貌主体，森林覆盖率达61.16%，为全省第四。从整体来看，宝鸡市生态空间类型多样，生物多样性丰富，基本被绿色全覆盖，生态空间颜值较高，但绿水青山指数比延安市低0.0138，这是因为延安市生态空间数量远远大于宝鸡市，数量指数比宝鸡市高了0.1828，是导致宝鸡市绿水青山指数比延安市低的主要因素。从全市各县（区）的变化来看，太白县、凤县、渭滨区3县（区）最好，其指数均在0.80以上，太白县甚至达到0.9043，为全市最高，也符合实际情况。境内陈仓区、陇县、千阳县、麟游县、眉县、凤翔区和岐山县也相对较好，指数变化在0.6478～0.7909之间，均高于全省平均水平。金台区和扶风县相对较低，分别为0.5672和0.5169，低于全省平均水平。

（1）数量特征

宝鸡市生态空间数量指数为0.6484，为全省第五，比全省平均水平高0.0290，生态空间面积占国土空间面积的74.05%，生态空间数量相对充足，以森林、湿地、草原生态系统为主。全市各县（区）生态空间数量指数的变化趋势如图8–15 a所示，排序为：太白县＞凤县＞渭滨区＞麟游县＞陇县＞陈仓区＞千阳县＞眉县＞金台区＞凤翔区＞岐山县＞扶风县。境内太白县、凤县生态空间充足，生态空间数量指数均在0.90以上，渭滨区、麟游县、陇县、陈仓区和千阳县相对较好，生态空间数量指数变化在0.7074～0.7949之间，而眉县、金台区、凤翔区、岐山县和扶风县则相对较差，均低于全省的平均水平，特别是扶风县，生态空间数量指数低至0.3054。

（2）质量特征

宝鸡市生态空间质量指数为0.8916，为全省第五，比全省平均水平高出14.91%，比排名第三的延安市高出4.66%，全市各县（区）生态空间质量指数变化趋势见图8–15 b，排序为：凤县＞渭滨区＞太白县＞千阳县＞陇县＞陈仓区＞麟游县＞凤翔区＞眉县＞岐山县＞金台区＞扶风县。从图8–15 b来看，宝鸡市生态空间类型多样，生物多样性丰富，生态系统结构稳定，反映了生态空间质量整体较高，其中，以地处南部秦岭山地凤县、太白县和渭滨区颜色变化最深，指数变化在0.96以上。北部黄土高原千阳县、陇县、陈仓区和麟游县次之，其生态空间质量指数均在0.90以上。凤翔区、眉县和岐山县的生态空间质量较高，其生态空间质量指数均在0.80以上，高于全省平均水平。地处关中盆地的金台区、扶风县为全市最低，其生态空间质量指数分别为0.7072和0.6706，低于全省平均水平。

（3）功能特征

宝鸡市生态空间功能指数为0.5699，为全省第五，比全省平均水平高0.0532。全市各县（区）生态空间功能指数变化趋势如图8–15 c所示，排序为：渭滨区＞凤县＞千阳县＞太白县＞陇县＞麟游县＞陈仓区＞眉县＞凤翔区＞岐山县＞金台区＞扶风县。渭滨区、凤县、千阳县、太白县、陇县、麟游县、陈仓区、眉县和凤翔区生态空间功能指数相对较高，均高于全省平均水平，金台区和扶风县低于全省平均水平。

（4）保障指数

宝鸡市生态空间保障指数为0.4593，全省排名第一，比全省平均水平高0.1679。全市各县（区）生态空间功能指数生态空间保障指数变化趋势如图8–15 d所示，排序为：

眉县>太白县>渭滨区>凤县>岐山县>扶风县>陈仓区>金台区>陇县>凤翔区>千阳县>麟游县。全市眉县、太白县、渭滨区、凤县、岐山县、扶风县和陈仓区生态空间保障指数在 0.5188 ~ 0.9605 之间变化，远远高于全省平均水平，其余各县（区）低于全省平均水平，麟游县仅为 0.0680。

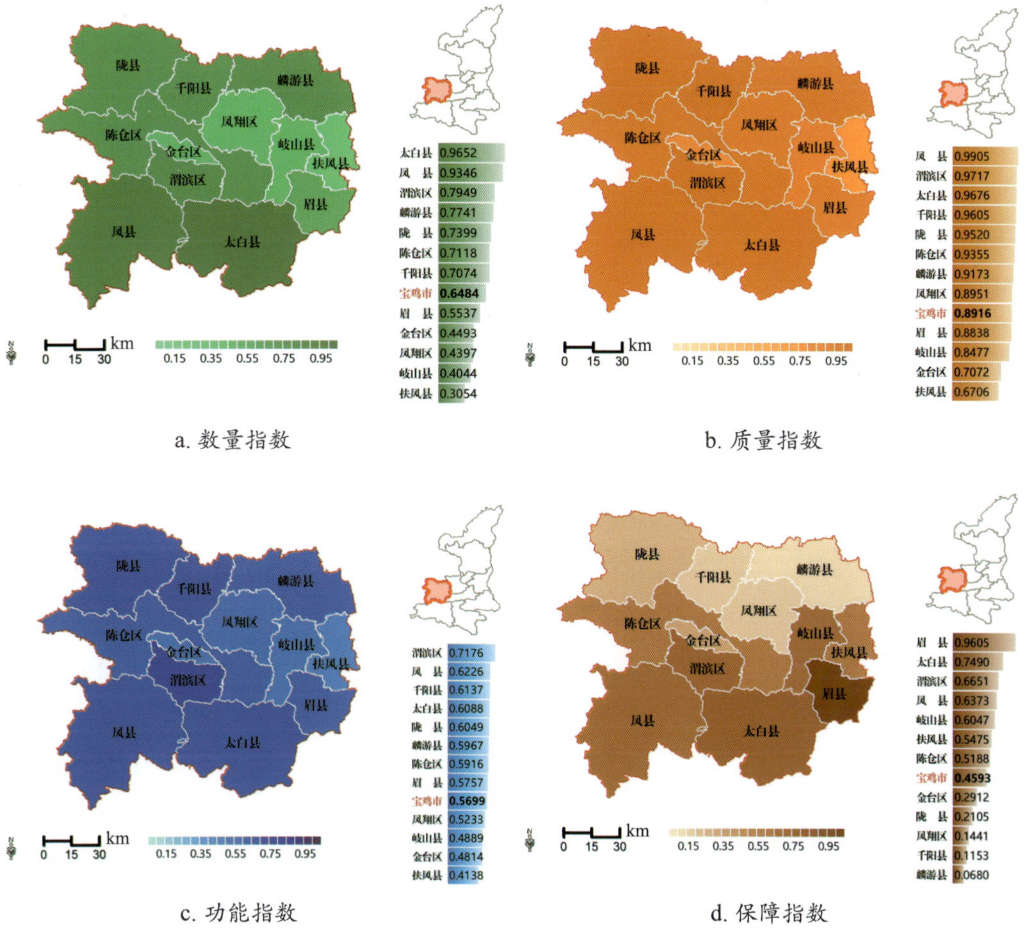

a. 数量指数　　b. 质量指数

c. 功能指数　　d. 保障指数

图 8-15　宝鸡市生态空间要素指数变化

3.2.6　铜川市

铜川市绿水青山指数为 0.6986，在全省排名第六，比全省平均水平高 0.5250。全市各县（区）绿水青山指数变化趋势如图 8-16 所示，排序为：宜君县>耀州区>印台区>王益区。铜川市位居陕西中心，陕北黄土高原的南缘，森林覆盖率为 39.63%，全省排名第七。从整体来看，宜君县地处子午岭桥山山系，境内群山毓秀，林丰草茂，生物多样性丰富，基本被绿色全覆盖，生态空间颜值较高。宜君县绿水青山指数达到了 0.7617，为铜川市最高，其次为耀州区和印台区，分别为 0.7425 和 0.7119，均高于全省平均水平，而王益区为 0.5784，低于全省平均水平。

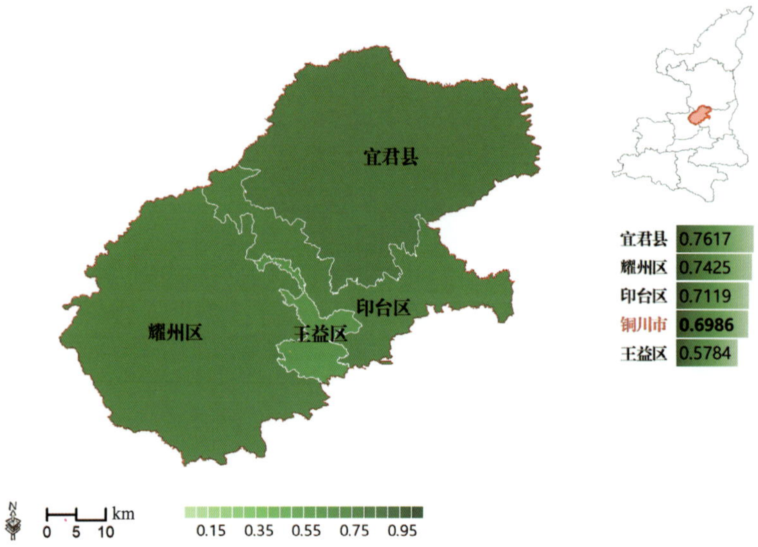

图 8-16　铜川市绿水青山指数变化

（1）数量特征

铜川市生态空间数量指数为 0.5652，为全省第七，比全省平均水平低 0.0542，生态空间面积占国土空间面积的 62.19%，生态空间数量相对充足，以森林、草原生态系统为主。全市各县（区）生态空间数量指数的变化趋势如图 8-17 a 所示，排序为：耀州区＞宜君县＞印台区＞王益区。境内宜君县、耀州区生态空间数量指数相对较好，稍高于全省平均水平，而印台区和王益区在全省平均水平以下，为 0.6099 和 0.3782。

（2）质量特征

铜川市生态空间质量指数为 0.9076，为全省第四，比全省平均水平高 0.1545。全市各县（区）变化趋势见图 8-17 b，质量指数排序为：宜君县＞印台区＞耀州区＞王益区。从图 8-17 a 来看，铜川市生态空间类型多样，生物多样性丰富，生态系统结构稳定，其中宜君县、印台区和耀州区生态空间质量指数均在 0.90 以上，反映了生态空间质量整体较高，而王益区相对较低，为 0.8313，但也比全省平均水平高 0.0782。

（3）功能特征

铜川市生态空间功能指数为 0.5229，为全省第七，比全省平均水平高 0.0062。全市各县（区）生态空间功能指数变化趋势如图 8-17 c 所示，排序为：宜君县＞印台区＞耀州区＞王益区。除了王益区生态空间功能指数低于全省平均水平外，其余各县（区）均略高于全省平均水平。

（4）保障特征

铜川市生态空间保障指数为 0.1982，比全省平均水平低 0.0932，排名全省第八。全市生态空间保障指数变化趋势如图 8-17 d 所示，排序为：耀州区＞宜君县＞印台区

＞王益区。全市耀州区、宜君县生态空间的保障程度超过全省的平均水平，分别达到0.3781和0.3433，印台区较低，为0.0714，而王益区则为0。

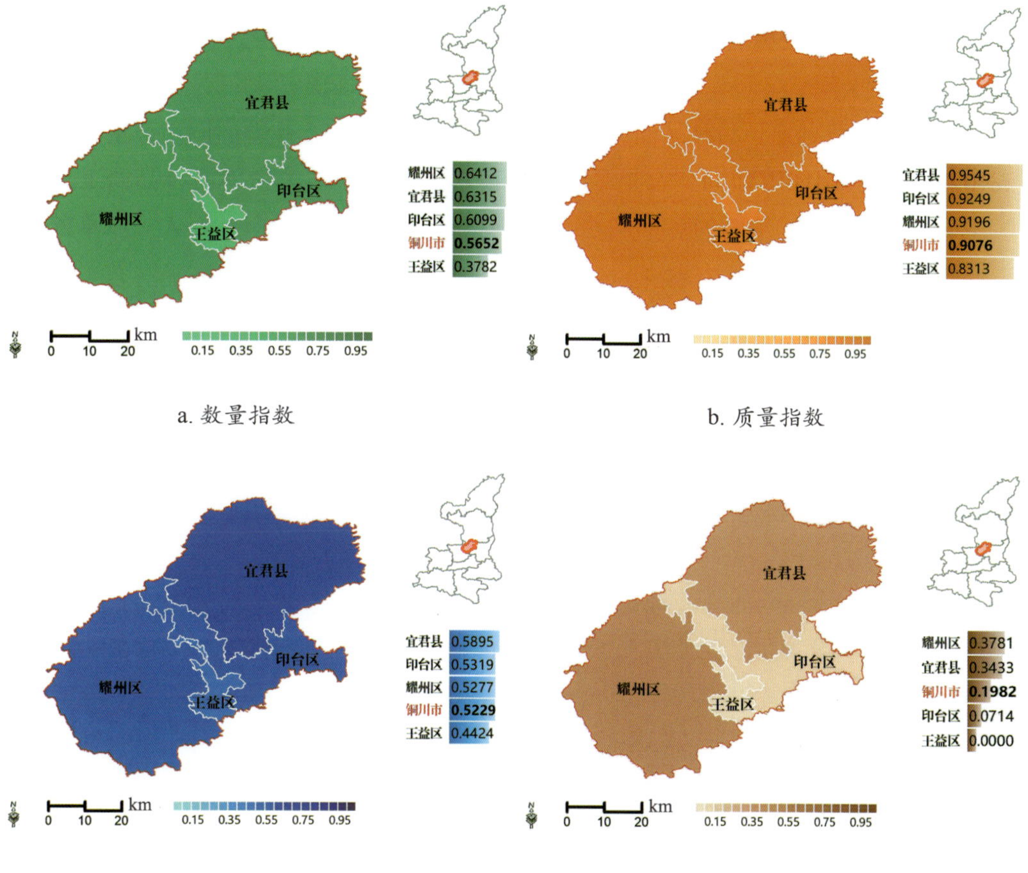

a. 数量指数　b. 质量指数

c. 功能指数　d. 保障指数

图 8-17 铜川市生态空间要素指数变化

3.2.7 榆林市

榆林市地处毛乌素沙地南缘，黄土高原北部，森林覆盖率为13.08%，在全省排名第十，主要为新中国成立以来形成的沙蒿、花棒、杨柴和樟子松等人工生态系统，绿水青山指数为0.5657，全省排名第七，比全省平均水平低0.0804。全市各县（市、区）绿水青山变化指数趋势如图8-18所示，排序为：神木市＞府谷县＞靖边县＞清涧县＞横山区＞榆阳区＞米脂县＞子洲县＞定边县＞佳县＞绥德县＞吴堡县。全市仅神木市、府谷县和靖边县的绿水青山指数超过了全省平均水平，分别为0.7745、0.7043和0.6639，其余各县（区）均低于全省平均水平。从图8-18来看，其总体趋势为北部沙区优于南部黄土石山区，尤其是沿黄土石山区的佳县、绥德县和吴堡县表现最差，颜色最浅。

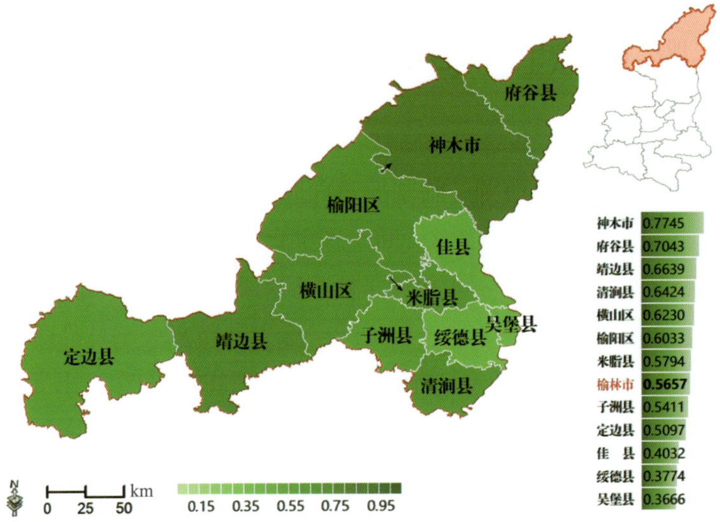

图 8-18 榆林市绿水青山指数（I_A）变化

（1）数量特征

榆林市生态空间数量指数为 0.6084，为全省第七，比全省平均水平低 0.0804，生态空间面积占国土空间的 66.74%，生态空间数量相对充足，以稀树草原生态系统为主。全市各县（市、区）生态空间数量指数的变化趋势如图 8-19 a 所示，排序为：神木市＞榆阳区＞府谷县＞靖边县＞横山区＞清涧县＞子洲县＞定边县＞绥德县＞佳县＞吴堡县＞米脂县。境内神木市、榆阳区、府谷县、靖边县和横山区生态空间相对较为充足，生态空间数量指数均在全省的平均水平以上，分别达到 0.7983、0.7888、0.6872、0.6834 和 0.6660，其余各县（市、区）均在全省平均水平以下，吴堡县和米脂县甚至低至 0.4306 和 0.4268，总体趋势是北高南低，东高西低，尤其沿黄土石山区的几个县相对较低。

（2）质量特征

榆林市生态空间质量指数为 0.6118，为全省第七，比全省平均水平低 0.1413，仅高于渭南市、西安市和咸阳市。全市各县（市、区）生态空间质量指数变化趋势如图 8-19 b 所示，排序为：神木市＞府谷县＞靖边县＞米脂县＞横山区＞清涧县＞榆阳区＞子洲县＞定边县＞佳县＞吴堡县＞绥德县。榆林市生态空间类型多样，但生物多样性相对较少，生态系统结构不稳定，从图 8-19 b 来看，毛乌素沙地南缘和黄土高原过渡区的神木市、府谷县、靖边县颜色相对较深，表明生态空间质量相对较好，其指数也均在全省平均水平以上，而地处南部黄土高原土石山区的佳县、吴堡县和绥德县颜色最浅，生态空间质量较差，其指数分别为 0.3787、0.3659 和 0.3028，远远低于全省平均水平。

（3）功能特征

榆林市生态空间功能指数为 0.5367，为全省第六，比全省平均水平高 0.0199。全市各县（市、区）生态空间功能指数变化趋势如图 8–19 c 所示，排序为：府谷县>清涧县>神木市>米脂县>横山区>子洲县>靖边县>定边县>榆阳区>吴堡县>佳县>绥德县。从图 8–19 c 来看，府谷县、清涧县、神木市和米脂县颜色相对较深，生态空间质量相对较好，其指数也均在全省平均水平以上，榆阳区、吴堡县、佳县和绥德县颜色最浅，其指数低至 0.5 以下，最低的绥德县仅为 0.3410。

（4）保障特征

榆林市生态空间保障指数为 0.1600，比全省平均水平低 0.1314，全省排名第九。全市各县（市、区）生态空间保障指数变化趋势如图 8–19 d 所示，排序为：清涧县>绥德县>神木市>佳县>府谷县>子洲县>定边县>米脂县>吴堡县>榆阳区>横山区>靖边县。从图 8–19 d 可以看出，全市整体颜色较浅，生态空间保障程度低，除清涧县以外，其余各县（市、区）生态空间保障指数均低于全省平均水平。

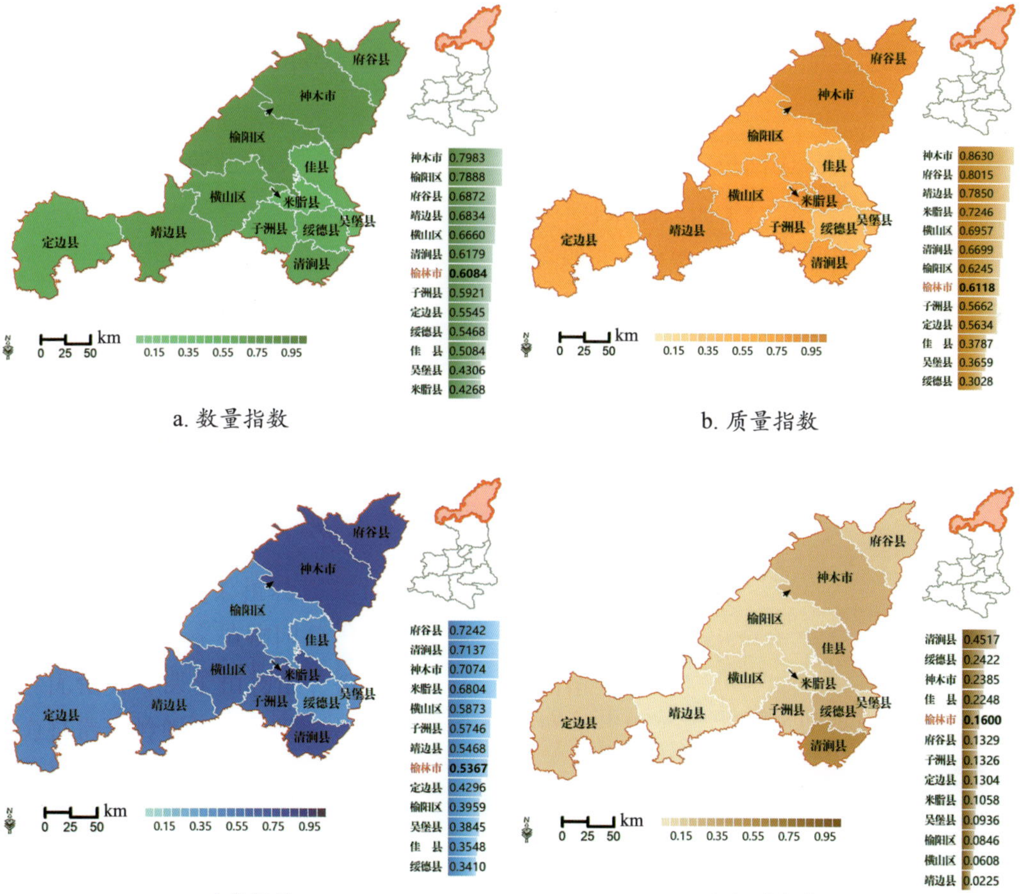

a. 数量指数　　b. 质量指数

c. 功能指数　　d. 保障指数

图 8–19　榆林市生态空间要素指数变化

3.2.8 渭南市（韩城市）

渭南市位于八百里秦川最宽阔的地带，森林覆盖率为 13.81%，在全省排名第八，主要以城镇空间、农业空间为主，绿水青山指数为 0.4841，全省排名第八，比全省平均水平低 0.1620。全市各县（市、区）绿水青山指数变化趋势如图 8–20 所示，排序为：华州区＞华阴市＞韩城市＞潼关县＞白水县＞临渭区＞富平县＞合阳县＞大荔县＞澄城县＞蒲城县。全市仅有华州区、华阴市、韩城市和潼关县绿水青山指数高于全省平均水平，分别为 0.7923、0.7298、0.7171 和 0.6835，其余各县（市、区）均远远低于全省平均水平，尤其是澄城县和蒲城县甚至低至 0.1666 和 0.1378。从图 8–20 来看，其总体趋势为北部靠近黄河沿岸和南部秦岭北麓的县（市、区）颜色较深，指数相对较高，而中部关中平原的城镇颜色最浅，表现最差。

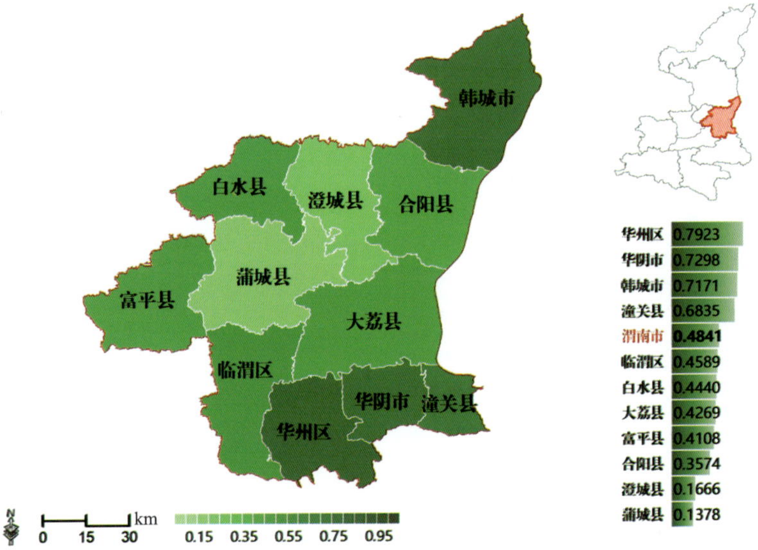

图 8-20 渭南市绿水青山指数变化趋势

（1）数量特征

渭南市生态空间数量指数为 0.3385，为全省第八，比全省平均水平低 0.2809，生态空间面积占国土空间面积的 30.65%，生态空间数量偏小，以农业生态系统和城镇人工生态系统为主。全市各县（市、区）生态空间数量指数的变化趋势如图 8–21 a 所示，排序为：华州区＞韩城市＞潼关县＞华阴市＞白水县＞合阳县＞富平县＞临渭区＞澄城县＞蒲城县＞大荔县。境内全域县（市、区）仅华州区和韩城市生态空间数量指数相对充足，生态空间数量指数分别为 0.6511 和 0.6213，其余县（市、区）均低于全省平均水平，大荔县仅为 0.0881。从图 8–21 a 来看，其总体趋势为北部靠近黄河沿岸和南部秦岭北麓的县（市、区）颜色较深，指数相对较高，而中部关中平原的城镇颜色最浅，表现最差。

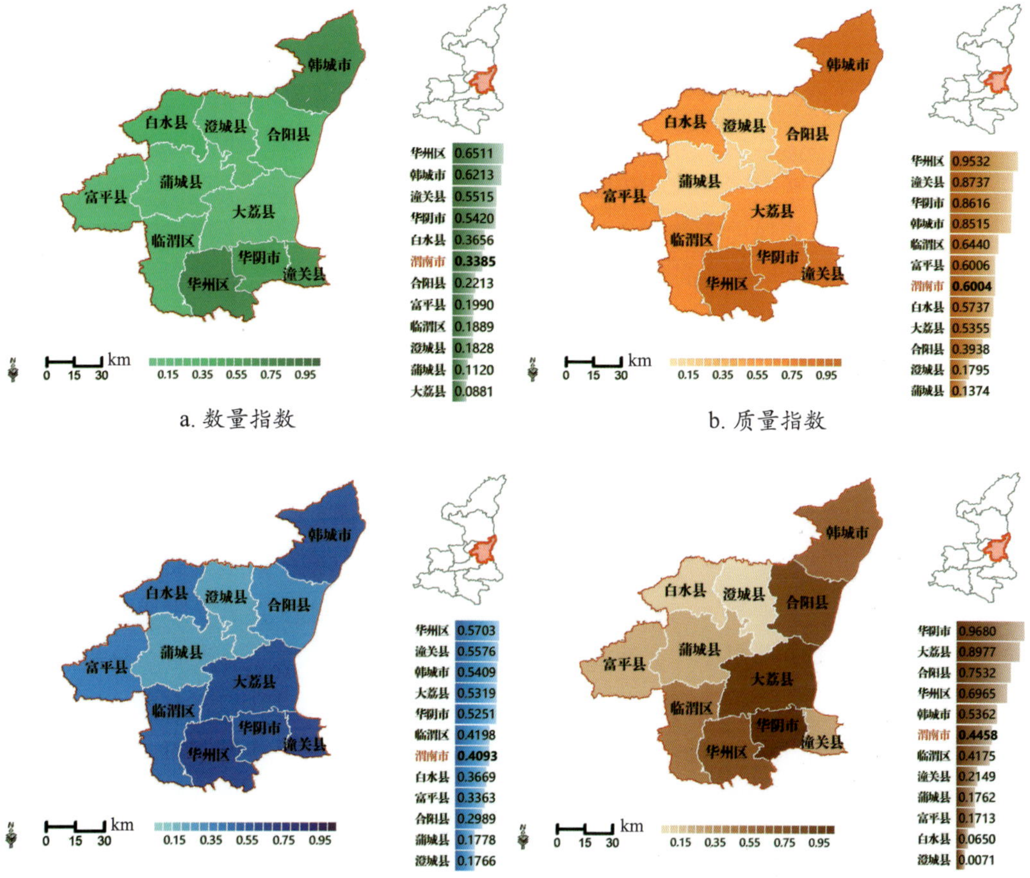

a. 数量指数　b. 质量指数　c. 功能指数　d. 保障指数

图 8-21　渭南市生态空间要素指数变化

（2）质量特征

渭南市生态空间质量指数为 0.6004，为全省第八，比全省平均水平低 0.1527，仅高于西安市和咸阳市。全市各县（市、区）生态空间质量指数变化趋势如图 8-21 b 所示，排序为：华州区＞潼关县＞华阴市＞韩城市＞临渭区＞富平县＞白水县＞大荔县＞合阳县＞澄城县＞蒲城县。渭南市生态空间类型相对单一，生物多样性相对较少。从图 8-21 b 来看，以秦岭北麓华州区、潼关县、华阴市和黄河南岸的韩城市颜色相对较深，其指数均高于全省的平均水平，分别达到 0.9532、0.8737、0.8616 和 0.8515，其余各县（市、区）颜色较浅，均低于全省平均水平，其中蒲城县最低，仅为 0.1374，远远低于全省平均水平。

（3）功能特征

渭南市生态空间功能指数为 0.4093，为全省第八，比全省平均水平低 0.1075。全市各县（市、区）生态空间功能指数变化趋势如图 8-21 c 所示，排序为：华州区＞潼关县＞韩城市＞大荔县＞华阴市＞临渭区＞白水县＞富平县＞合阳县＞蒲城县＞澄城县。从图 8-21 c 来看，全市整体颜色较浅，生态空间功能指数较低，仅有华州区、潼关县、韩城市、大荔县、华阴市高于全省平均水平，其余各县（区、市）均低于全省平均水平，尤其地处关中平原的蒲城县和澄城县颜色最浅，其指数分别为 0.1778 和 0.1766。

（4）保障特征

渭南市生态空间保障指数为 0.4458，全省排名第二，比全省平均水平高 0.1543。全市各县（市、区）生态空间保障指数变化趋势如图 8-21 d 所示，排序为：华阴市＞大荔县＞合阳县＞华州区＞韩城市＞临渭区＞潼关县＞蒲城县＞富平县＞白水县＞澄城县。从图 8-21 d 可以看出，全市东部黄河沿线整体颜色较深，华阴市、大荔县、合阳县生态空间保障指数分别高达 0.9680、0.8977 和 0.7532，生态空间保障程度高，而其西部的蒲城县、富平县、白水县、澄城县指数均低于全省平均水平，澄城县的保障指数甚至低至 0.0017。

3.2.9 西安市

西安市地处关中平原中部，北濒渭河，南依秦岭，是关中平原城市群核心城市和国家中心城市，主要以城镇空间为主，森林覆盖率为 47.29%，略高于全省平均水平。经计算，西安市绿水青山指数为 0.3579，整体排名为全省第九，比全省平均水平低 0.2882（见图 8-22）。全市除涉及秦岭北麓范围内的周至县、鄠邑区、蓝田县和长安区绿水青山指数较高，分别为 0.8398、0.7180、0.7015 和 0.6638，高于全省平均水平外，城中六区绿水青山指数远远低于全省平均水平，尤其是雁塔区、新城区和碑林区，甚至

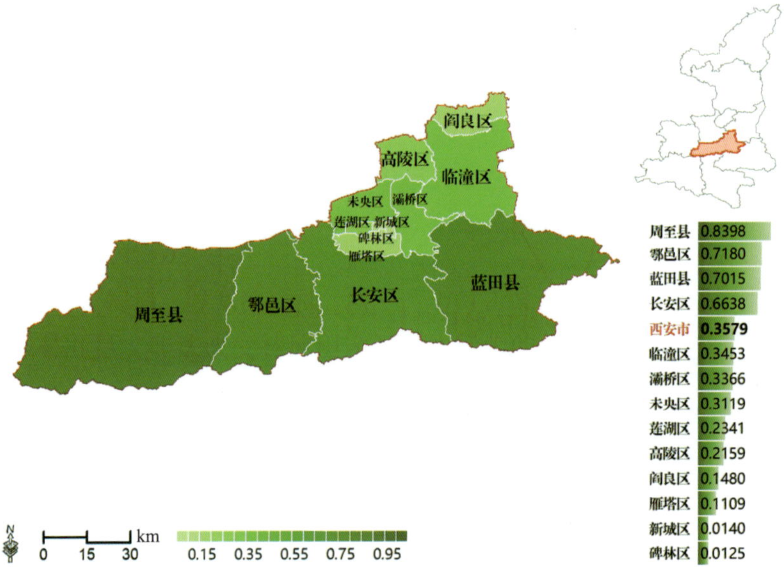

图 8-22 西安市绿水青山指数变化

低至 0.1109、0.0140 和 0.0125。全市各县（区）绿水青山指数排名为：周至县＞鄠邑区＞蓝田县＞长安区＞临潼区＞灞桥区＞未央区＞莲湖区＞高陵区＞阎良区＞雁塔区＞新城区＞碑林区。从图 8–22 来看，其总体趋势涉及秦岭北麓的各区（县）颜色较深，指数相对较高，而城中几个区颜色最浅，这也表明了西安市在城市建设过程中，城镇空间和生态空间布局相对失衡，从而导致城市生态环境承载力持续降低。

（1）数量特征

西安市生态空间数量指数为 0.3013，为全省倒数第一，比全省平均水平低 0.3135，生态空间面积占国土空间面积的 62.39%，生态空间数量偏少，以城镇空间和人工生态系统为主。全市各县（区）生态空间数量指数的变化趋势如图 8–23 a 所示，排序为：周至县＞蓝田县＞鄠邑区＞长安区＞灞桥区＞临潼区＞高陵区＞未央区＞雁塔区＞阎良区＞莲湖区＞新城区＞碑林区。境内除了周至县、蓝田县和鄠邑区颜色较深，高于全省水平外，其余各县（区）颜色均较浅，远低于全省平均水平，生态空间数量严重不足，特别是城中莲湖区、新城区和碑林区，几乎为 0。

（2）质量特征

西安市生态空间质量指数为 0.4082，为全省倒数第二，比全省平均水平低 0.3449，仅高于咸阳市。全市各县（区）生态空间质量指数变化趋势如图 8–23 b 所示，排序为：周至县＞鄠邑区＞长安区＞蓝田县＞莲湖区＞灞桥区＞临潼区＞未央区＞高陵区＞阎良区＞雁塔区＞新城区＞碑林区。西安市生态空间类型相对单一，生物多样性较少，全市除周至县、鄠邑区、长安区和蓝田县生态空间质量指数高于或接近全省水平外，其余各县（区）均远远低于全省平均水平。从图 8–23 b 来看，靠近秦岭北麓各区（县）相对颜色较深，生态空间的质量较高，其余城中各县（区）颜色较浅，特别是新城区和碑林区，指数为 0。

（3）功能特征

西安市生态空间功能指数为 0.3543，为全省第九，比全省平均水平低 0.1625。全市各县（区）生态空间功能指数变化趋势如图 8–23 c 所示，排序为：周至县＞鄠邑区＞未央区＞蓝田县＞长安区＞临潼区＞高陵区＞灞桥区＞阎良区＞莲湖区＞雁塔区＞新城区＞碑林区。从图 8–23 c 来看，全市整体颜色较深，生态空间功能较高，除莲湖区、雁塔区、新城区、碑林区外，其余各县（区）生态空间功能指数均高于全省平均水平，尤其是碑林区和新城区颜色最浅，其指数小于 0.1。

（4）保障特征

西安市生态空间保障指数为 0.2698，全省排名第六，比全省平均水平低 0.0216。全市各县（区）生态空间保障指数变化趋势如图 8–23 d 所示，排序为：周至县＞临潼区＞蓝田县＞长安区＞鄠邑区＞灞桥区＞高陵区＞未央区＞阎良区＞雁塔区＞新城区＞莲湖区＞碑林区。从图 8–23 d 可以看出，周至县、临潼区、蓝田县、长安区和鄠邑区生态空间保障指数高于全省平均水平，其中周至县远远高于全省平均水平，高达 0.9166，生态空间保障程度高，阎良区、雁塔区、新城区、莲湖区、碑林区为 0。

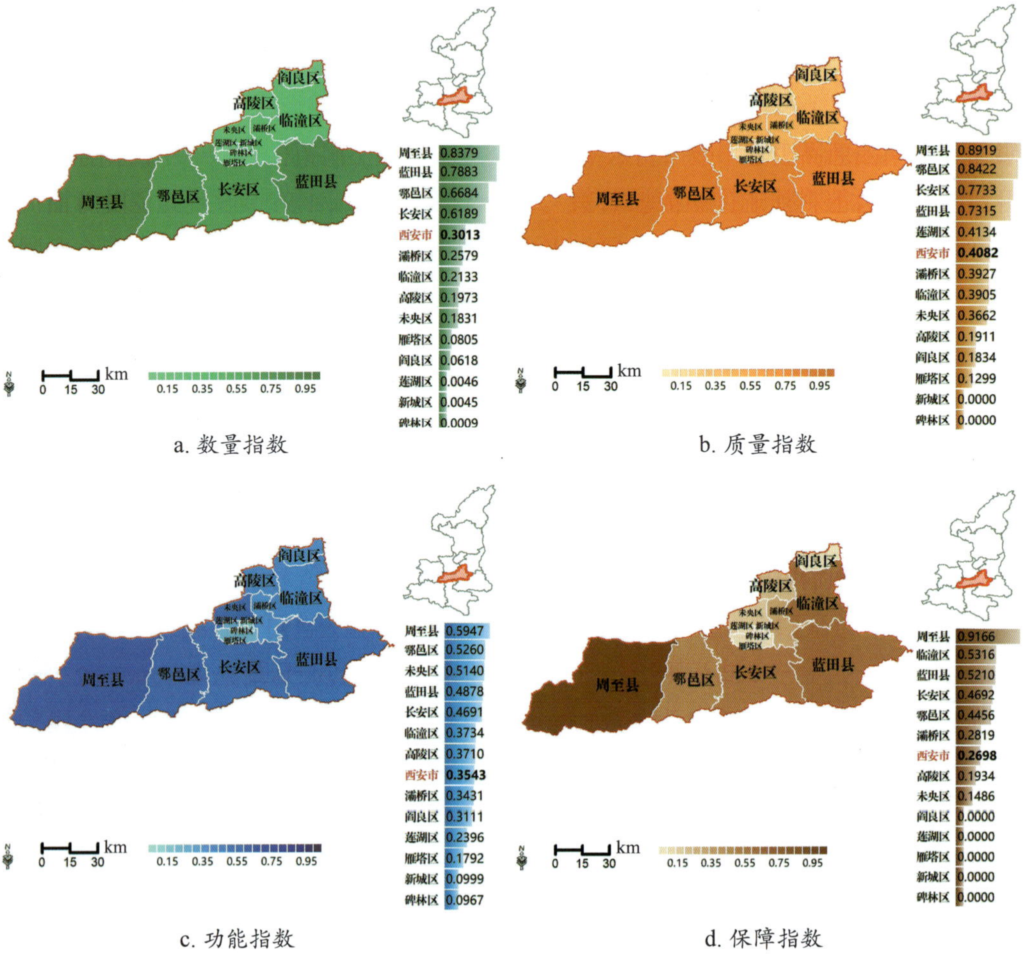

图 8-23　西安市生态空间要素指数变化

3.2.10　咸阳市（含杨陵区）

咸阳市地处关中平原中部、北濒渭河、南依秦岭，是秦汉文化的重要发祥地。森林覆盖率为 18.81%，全省排名第八，但主要以城镇空间和农业空间为主。绿水青山指数为 0.3326，全省排名第十，为全省最低，比全省平均水平低 0.3135。全市各县（市、区）绿水青山指数变化趋势见图 8-24，排序为：旬邑县＞永寿县＞淳化县＞长武县＞彬州市＞乾县＞泾阳县＞礼泉县＞杨陵区＞秦都区＞武功县＞三原县＞兴平市＞渭城区。全市仅有旬邑县绿水青山指数超过全省平均水平，其指数为 0.7093，其余各县（市、区）均远远低于全省平均水平，这是由于关中平原农业文明高度发达，导致全市绿水青山指数降低。从图 8-24 来看，其总体趋势为关中北山的各县（市、区）颜色较深，指数相对较高，而城区颜色最浅，表现最差。

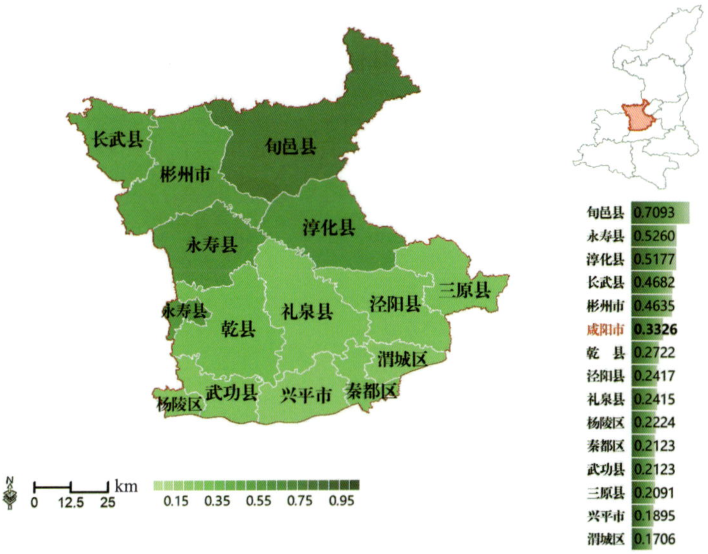

图 8-24　咸阳市绿水青山指数变化

（1）数量特征

咸阳市生态空间数量指数为 0.3162，为全省倒数第二，比全省平均水平低 0.3032，生态空间面积占国土空间面积的 39.19%，生态空间数量严重不足。全市各县（市、区）生态空间数量指数的变化趋势如图 8-25 a 所示，排序为：旬邑县＞长武县＞彬州市＞永寿县＞淳化县＞杨陵区＞泾阳县＞礼泉县＞渭城区＞三原县＞武功县＞乾县＞秦都区＞兴平市。全市仅有旬邑县生态空间质量指数超过全省平均水平，其指数为 0.7373，其余各县（市、区）均远远低于全省平均水平。从图 8-25 a 来看，其总体趋势为关中北山的各县（市、区）颜色较深，指数相对较高，而城区颜色最浅，表现最差。

（2）质量特征

咸阳市生态空间质量指数为 0.3751，为全省倒数第一，比全省平均水平低 0.3816。全市各县（市、区）变化趋势如图 8-25 b 所示，排序为：旬邑县＞淳化县＞永寿县＞长武县＞彬州市＞乾县＞武功县＞秦都区＞礼泉县＞泾阳县＞三原县＞兴平市＞杨陵区＞渭城区。咸阳市生态空间类型单一，生物多样性较少，全市除旬邑县生态空间质量指数高于全省平均水平外，其余各县（市、区）均远远低于全省平均水平。总体趋势为关中北山的各县（市、区）颜色较深，指数相对较高，而城区颜色最浅，表现最差。

（3）功能特征

咸阳市生态空间功能指数为 0.3436，全省排名第十，比全省平均水平低 0.1732。全市生态空间功能指数变化趋势如图 8-25 c 所示，排序为：旬邑县＞兴平市＞淳化县＞长武县＞永寿县＞彬州市＞秦都区＞武功县＞杨陵区＞乾县＞渭城区＞礼泉县＞泾阳县＞三原县。从图 8-25 c 来看，全市整体颜色较浅，全市所有区县生态空间功能指数均低于全省平均水平，生态空间功能较低。

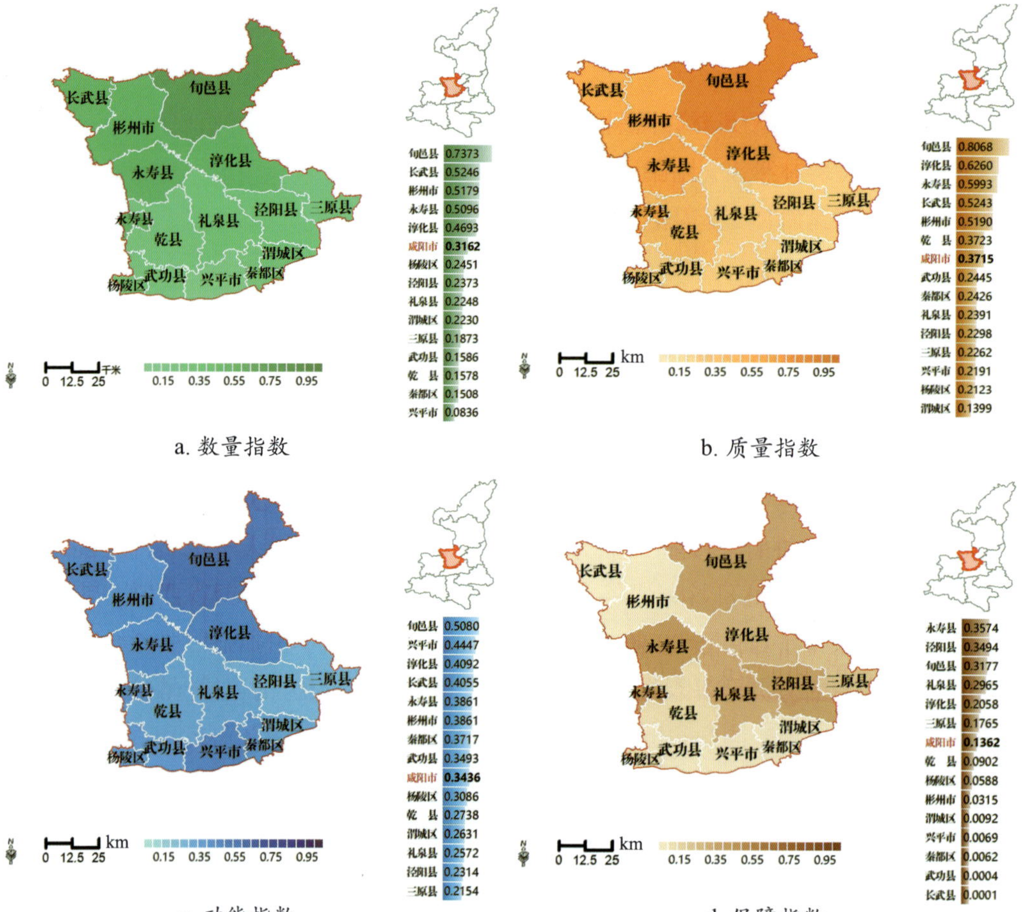

a. 数量指数　b. 质量指数

c. 功能指数　d. 保障指数

图 8-25　咸阳市生态空间要素指数变化

（4）保障特征

咸阳市生态空间保障指数为 0.1362，全省排名第十，比全省平均水平低 0.1553。全市各县（市、区）生态空间保障指数变化趋势如图 8-25 d 所示，排序为：永寿县＞泾阳县＞旬邑县＞礼泉县＞淳化县＞三原县＞乾县＞杨陵区＞彬州市＞渭城区＞兴平市＞秦都区＞武功县＞长武县。从图 8-25 d 可以看出，全市整体颜色较浅，其中永寿县、泾阳县、旬邑县、礼泉县、淳化县生态空间保障指数高于或接近全省平均水平，分别达 0.3574、0.3494、0.3177、0.2965 和 0.2058，生态空间保障程度较高，而其余各县（市、区）均远远低于全省水平，而渭城区、兴平市、秦都区、长武县和武功县几乎为零。

3.3　县（市、区）绿水青山变化

陕西省各县（市、区）绿水青山指数排序如图 8-26 所示。绿水青山指数作为省林业发展“十四五”规划的重要综合性指标之一，是既要金山银山，又要绿水青山的前提，也是让绿水青山变成金山银山的顶层设计。事实上，我们所讲的“绿水青山指数”，就是生态空间山清水秀的实现程度，就是把“绿水青山”的数量、质量、功能和保障数字化，为践行“绿水青山就是金山银山”理念，提升“绿水青山指数”，加快生态空间山清水秀进程，指明全省生态空间治理方向、规划路径提供可视的生态空间数据支撑。

因此，“绿水青山指数”将成为陕西省生态空间治理绩效考核的关键指标。未来，将充分发挥“绿水青山指数”的“指示器”与“风向标”作用，准确把握全省各地的绿水青山可持续发展程度，督促指导各地生态空间治理工作，把建设美丽陕西转化为“绿水青山就是金山银山”的实际行动，实现三秦大地山青、天蓝、水净、景美。

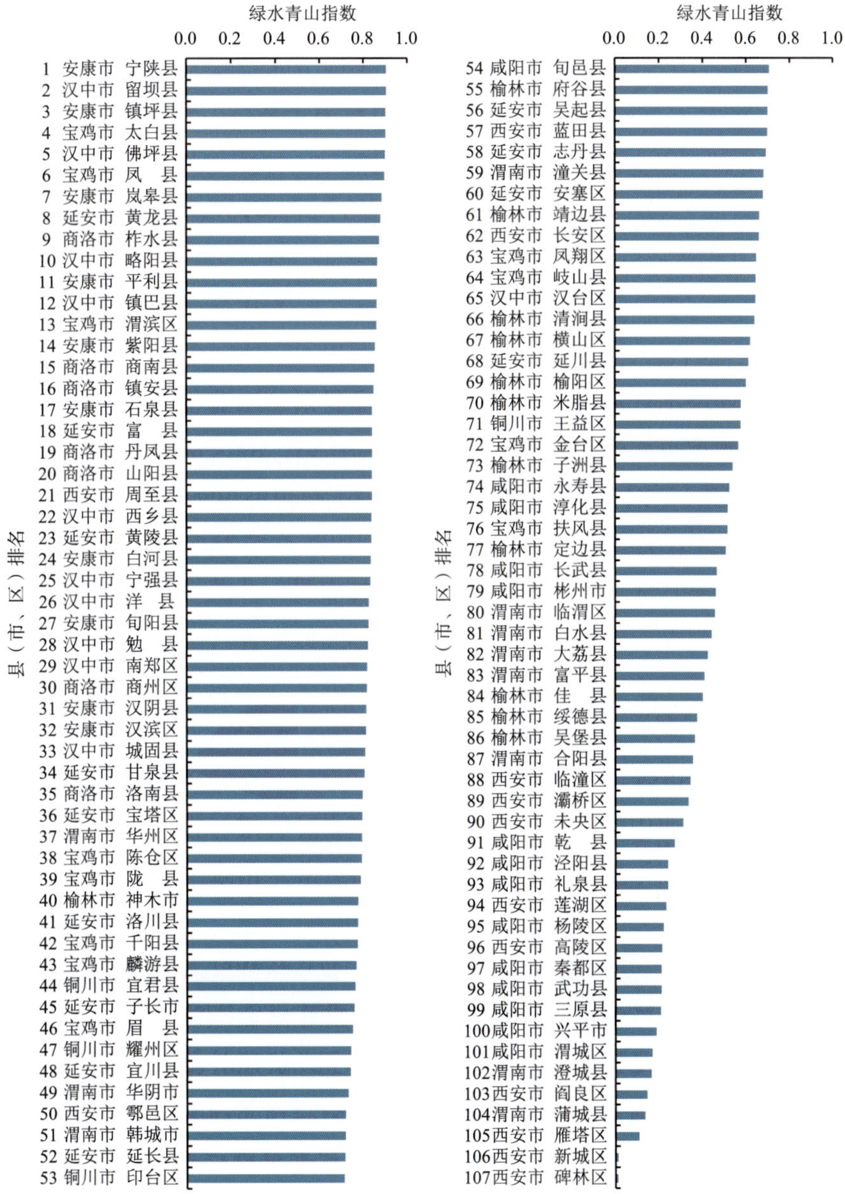

图 8-26 县（市、区）绿水青山指数排序

第九章　生态空间治理对策与建议

以习近平新时代中国特色社会主义思想为指导，深入贯彻党的十八大、十九大、二十大精神和历次全会精神，以习近平总书记来陕重要讲话为基本遵循，以“立足新发展阶段、贯彻新发展理念、构建新发展格局”为战略指引，以全面推行林长制为抓手，牢固树立绿水青山就是金山银山理念，统筹山水林田湖草沙系统治理，深入实施生态保护、生态修复、生态重建、生态服务、生态富民、生态安全战略，科学开展国土增绿，全力推进绿色版图由“浅绿色”向“深绿色”迈进，全面推动林业工作高质量发展，奋力谱写陕西生态空间治理新篇章。

第一节　精准识别生态空间

1.1　基本原则

（1）坚持把习近平生态文明思想作为全省林业发展的根本遵循

保持加强生态文明建设的战略定力，以节约优先、保护优先、自然恢复为主，推进生态产能持续增长，促进人与自然和谐共生，不断满足人民日益增长的优美生态环境需要。

（2）坚持把生态空间系统治理作为生态保护修复的关键举措

牢固树立空间治理理念，统筹生态空间各要素，明确各个生态空间功能定位、主攻方向、奋斗目标和主要任务，统筹规划，分区施策，系统治理，协调发展。

（3）坚持把提质增效和高质量发展作为林业发展的重点任务

把提质增效和高质量发展理念贯穿于林业发展全过程和各领域，推动生态空间治理质量变革、效率变革、动力变革，实现林业发展从数量扩张型向质量效益型转变。

（4）坚持把科技创新和深化改革作为林业发展的强大动力

完善林业科技创新体制机制，提升科技推广能力，激发人才创新活力。推进林业重点领域产权制度改革和要素市场化配置改革，促进生态美、百姓富。

（5）坚持把完善治理体系和提高治理能力作为林业发展的坚实保障

建立健全以林长制为核心的责任体系，建立严格的保护制度、严密的法治体系、科学的治理体系，夯实基层队伍，建设全省生态空间治理云平台。

1.2　识别方法

（1）范围划定

基于国土三调与“林业一张图”对接融合数据（截至2020年年底），结合国土空间规划、生态功能区划，叠加生态保护红线划定成果、自然保护地划定成果等现有成果，同时衔接城镇空间、农业空间及各类土地利用类型与规划项目用地现状，得出陕西省生态空间范围。

（2）区域划分

在自然资源与生态环境调查的基础上，以国土空间规划为依据，结合陕西省生态空间格局分布规律和系统治理实际，参照陕西省《自然生态空间分类指南》，将陕西省生态空间划分为核心生态空间、管控生态空间、控制生态空间和共享生态空间。核心生态空间是生态系统中最具原真性、完整性以及系统性的区域，具体指以国家公园为主体的自然保护地体系；管控生态空间是具有特殊重要生态功能，必须强制性严格保护的区域，主要包括生态红线内未纳入自然保护地体系的生态功能极重要、生态极脆弱、具有重要生态价值的范围；一般生态空间是未纳入生态保护红线的生态区位重要、生态状况脆弱的区域，包括天然林、公益林、封山禁牧草地、自然湿地以及生态脆弱区的自然荒野；共享生态空间是提供丰富生态经济产品的区域，主要包括商品林以及依法依规可放牧、刈割的草地和可开发利用的湿地。

1.3　生态空间分区

1.3.1　核心生态空间

核心生态空间是最自然、最具自然纯度的生态空间，因而也是生态保护的首要空间。对该区要依据《关于建立以国家公园为主体的自然保护地体系的指导意见》，分区进行管控，原则上禁止或限制人为活动。国家公园遵循《国家公园管理暂行办法》，自然保护区管理遵循自然保护区条例，各类自然公园如森林公园、草原公园、湿地公园、沙漠公园、地质公园、风景名胜区等，各自遵循相对应的管理规章制度。

核心生态空间面积为2645.6万亩，主要包括国家公园、自然保护区和自然公园三个类型，其中自然保护区面积最大，为1836.6万亩，占核心生态空间面积的69.4%；

自然公园面积 794.4 万亩，占核心生态空间面积的 30.0%；国家公园仅占 0.6%（见图 9–1）。自然保护区主要分布在关中平原，占核心区自然保护地面积的 42.5%；其次为秦巴山地，占 35.8%；其中，延安、宝鸡、汉中 3 市的自然保护区面积占据前三。自然公园在关中平原分布依然最多，占到核心区自然公园的一半以上（52.0%），其次为秦巴山地，占 33.4%。

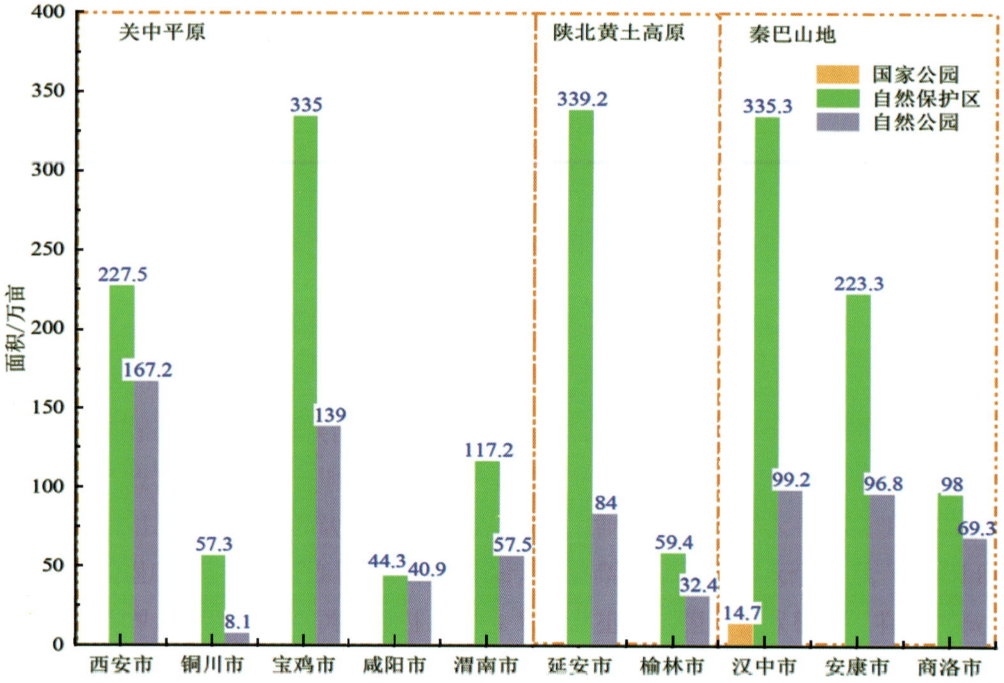

图 9–1　陕西省各市核心生态空间变化

1.3.2　管控生态空间

生态保护红线是为维护国家或区域生态安全和可持续发展，根据生态系统完整性和连通性的保护需求划定的，须实施特殊保护的区域。管控生态空间的主要管控措施是：严禁开展与其主导功能定位不相符合的开发利用活动、生产建设性活动，除国家重大项目外，仅允许对生态功能不造成破坏的有限人为活动。采用准入清单形式进行管理。

管控生态空间面积为 4759.5 万亩，包括饮用水源保护地、重要湿地、沙化土地封禁保护区等各类未纳入自然保护地体系的范围。其中水源涵养区面积最大，为 2177.3 万亩，占管控生态空间面积的 45.7%，主要集中在汉中、安康和宝鸡 3 市；其次为生物多样性维护区，面积为 3845.0 万亩，占管控生态空间面积的 21.3%，其中在商洛市分布的面积最大；水土流失区、水土保持区和防风固沙区分别占生态空间面积的 20.2%，10.0% 和 2.8%（见图 9–2）。

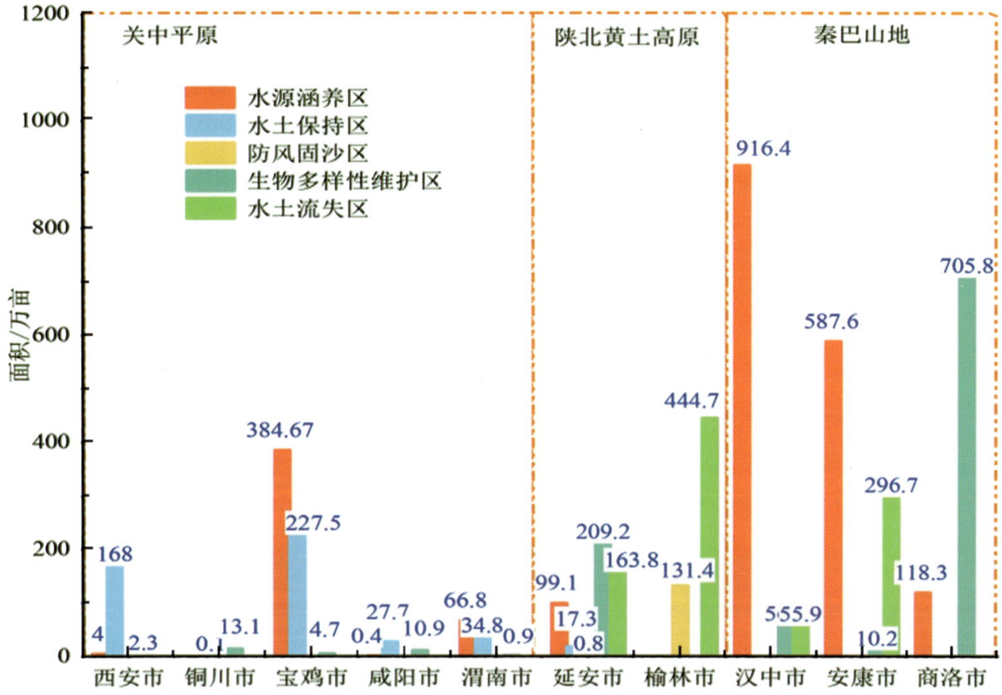

图 9-2　陕西省各市管控生态空间变化

秦巴山地的生态功能主要表现为水源涵养和生物多样性维护，这两个功能区占红线管制区面积的比例分别为 74.5% 和 76.2%；陕北黄土高原的生态功能极重要区为防风固沙区，同时水土流失严重，属于极敏感区。关中平原的生态功能主要为水源涵养和水土保持，这两个功能区占红线管制区面积的比例分别为 96.4% 和 20.9%（见表 9-1）。

表 9-1　管控生态空间不同生态功能区面积统计表

生态功能区		陕北黄土高原/万亩	占比/%	关中平原/万亩	占比/%	秦巴山区/万亩	占比/%
生态功能极重要区	水源涵养区	99.1	4.6	455.87	20.9	1622.3	74.5
	水土保持区	17.3	3.6	458.1	96.4	0	0
	防风固沙区	132.2	100	0	0	0	0
	生物多样性维护区	209.2	20.6	31.9	3.1	772.4	76.2
生态环境极敏感区	水土流失区	608.5	63.3	0	0	961.1	36.7

1.3.3　控制生态空间

控制生态空间是限制开发性、生产性建设活动，主要开展以提升生态效益为主要目的的生态修复活动。参照国家颁布的相关法律法规，对本区的天然林实行天然林全面保护制度，严格限制天然林采伐，禁止毁林开垦、将天然林改造为人工林以及其他破坏天然林及其生态环境的行为；对公益林实行分级管理，除科研或者实验、防治林业有害生物等需要采伐的以外，只能进行抚育、更新和低质低效林改造性质的采伐；对封山禁牧草原，禁止放牛、羊等食草动物，禁止采挖植物和从事破坏草原植被的其他活动；对于重要湿地和自然遗产地，不适宜开展农业生产经营活动。

控制生态空间面积共 13 136.9 万亩，主要包括生态保护红线外的天然林、公益林、封山禁牧草地、重要湿地和自然遗产等生态空间，其中天然林（包括天然商品林和天然公益林）面积最大，为 6253.1 万亩，占控制生态空间面积的 47.6%；公益林（人工公益林）面积为 3845.0 万亩，占控制生态空间面积的 29.3%；封山禁牧草地、重要湿地和自然遗产面积分别占生态空间面积的 21.3%，1.6% 和 0.2%（见图 9-3）。

天然林主要分布在秦巴山地，占生态空间天然林面积的比例达 56.5%；公益林多分布在陕北黄土高原，占控制生态空间公益林面积的比例高达 66.3%，秦巴山地和关中平原公益林面积占控制生态空间公益林面积的比例分别为 17.8% 和 15.9%；封山禁牧草地全部分布在陕北黄土高原；重要湿地在陕北黄土高原和陕南秦巴山区的分布面积接近，占比分别为 39.1% 和 40.6%；自然遗产绝大部分分布在陕北黄土高原，占控制生态空间自然面积的 79.7%。

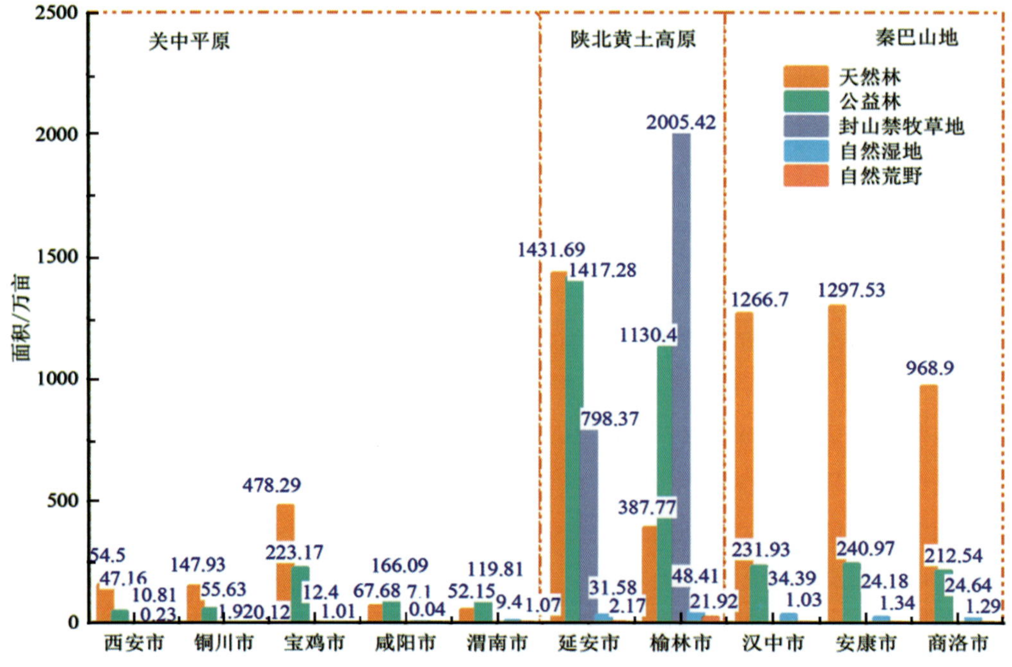

图 9-3　陕西省各地市管制生态空间面积

1.3.4　共享生态空间

共享生态空间是生态空间内兼具生态产品生产与农产品生产双重功能的区域，因此，在发挥生态功能的同时，可以开展有效的农业生产经营活动，提供农林产品，发挥经济效益。参照国家颁布的现行相关法律法规，以协商式、协调性理念为导向，弹性应对，探索协同管理模式，如在不破坏商品林地生态的前提下，鼓励发展以生产木材、果品、油料等其他以发挥经济效益为主要目的的商品林；可放牧草地可种植牧草或者饲料作物，开展草原经营性旅游活动；人工湿地可以科学、适度开展符合法规、规划的湿地利用活动。

共享生态空间面积共 2256.7 万亩，主要包括人工商品林、可放牧草地和人工湿地。其中人工商品林面积最大，为 2121.8 万亩，占共享生态空间面积的比例高达 94.0%；可放牧草地、人工湿地分别占共享生态空间面积的 2.8% 和 3.2%（见图 9–4）。

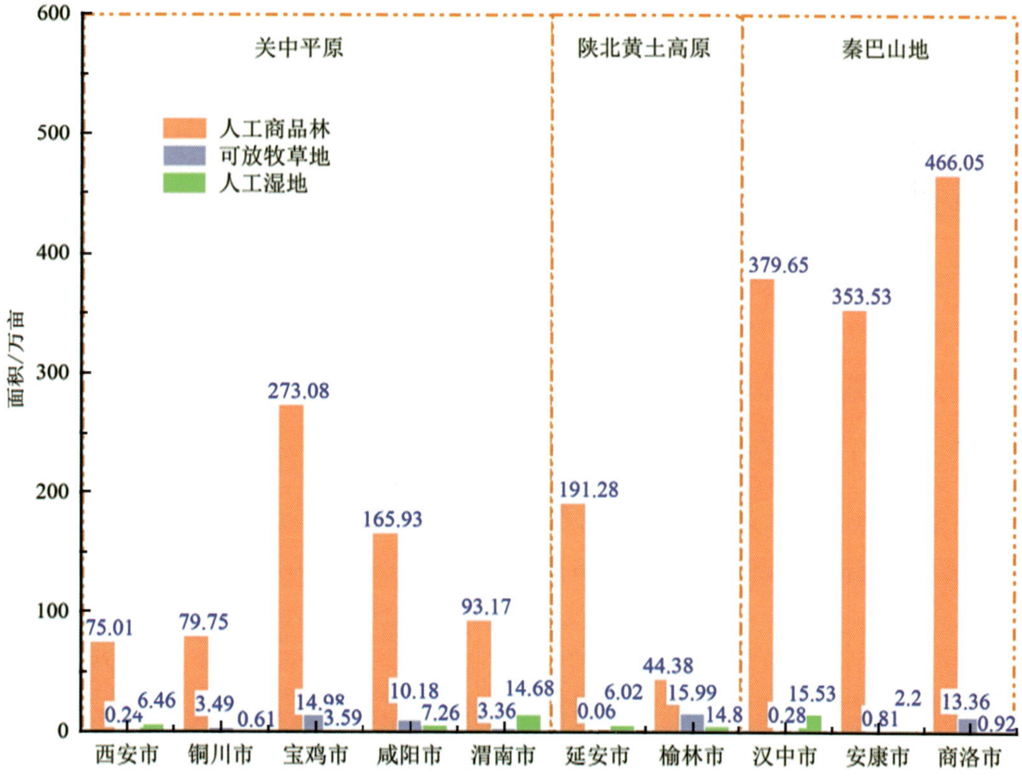

图 9–4 陕西省不同地市共享生态空间变化

人工商品林主要分布在秦巴山地（1199.2 万亩），占人工商品林面积的 56.5%，其次为关中平原（686.9 万亩），占 32.4%；可放牧草地多分布在关中平原，占可放牧草地面积的二分之一以上（51.4%），陕北和陕南的可放牧草地面积接近，占比分别为 25.6% 和 23.0%；人工湿地大部分分布在关中平原（32.6 万亩），面积占共享生态空间人工湿地面积的 45.2%。

第二节　生态空间治理潜力

生态空间多样性是生态空间治理的重要基础，陕西的生态空间有核心生态空间、管控生态空间、一般生态空间和共享生态空间，有森林、草原、湿地、河流、湖泊、荒地、荒漠等。在森林里，尚有原始林、完整林、残次林，天然林、人工林，乔木林、灌木林，公益林、商品林……这都是生态空间多样性的具体体现。而森林、草原、湿地等生态系统面积是国土空间中的绿色空间，是“显绿空间”，林草覆盖率是林草面积（显绿空间）占国土空间的比率，也可称之为“显绿指数”。截至目前，通过开展森林资源调查监测，我们已经基本掌握各市（县、区）的“显绿空间”“显绿指数”。现在，我们特别关注国土空间中潜藏着的绿色空间，也即“潜绿空间”，也是未来开展生态空间治理的主要战场。

在 2020 年中央经济工作会议上，习近平总书记强调，要开展大规模国土绿化行动，提升生态系统碳汇能力。在 2020 年中央农村工作会议上习近平总书记又强调，要巩固退牧还草、退耕还林成果，开展大规模国土绿化行动。突出“深绿色”“系统化”“高质量”导向要求，“增绿”指标已纳入“十四五”重点任务，到 2025 年，森林面积增加 18.5 万 hm^2，森林覆盖率增长 0.9 个百分点，达到 46.5%；乔木林蓄积量增长 7900 万 m^3，达到 6.3 亿 m^3，乔木林每公顷蓄积量达到 65.8 m^3。按照“十四五”规划布局，坚持数量、质量、存量、增量并重，因地制宜，亟须确定哪些国土空间可以用来“增绿”，哪些是“由黄变绿”，哪些是“由浅绿变深绿”。

无论是“由黄变绿”，还是“由浅绿变深绿”，凡可用以“增绿”的国土空间便可作为潜绿空间。潜绿空间与显绿空间 [即森林面积，包括：郁闭度大于 0.2 的乔木林地、竹林地；国家特别规定灌木林地；农田林网以及四旁（村旁、路旁、水旁、宅旁）林木面积] 对应，包括了稀疏林地、未成林造林地、宜林地、退耕还林的耕地等。潜绿空间的计算公式如下：

$$A_{QL}=\sum S_{YL}+\sum S_{TG}+S_{SL}+S_{WC}$$

式中：A_{QL} 为潜绿空间面积；

S_{YL} 为宜林地面积，是林地（乔灌）、其他林地和其他草地面积之和；

S_{TG} 为可实施退耕还林的耕地面积，是陡坡耕地（含梯田）、重要水源地 15° ～ 25° 坡耕地、严重污染耕地、易地扶贫搬迁撂荒耕地和自然保护地内的耕地面积之和；

S_{SL} 为疏林地面积；

S_{WC} 为未成林造林地面积。

推动潜绿空间转型为显绿空间，是实现生态空间山清水秀的时代使命。各市县的潜绿空间是潜藏增绿空间的绝对值。潜绿指数则代表着一个区域的生态空间增绿潜力，其计算公式如下：

$$I_{QL} = A_{QL} \div G_L \times 100\%$$

式中：I_{QL} 为潜绿指数；

A_{QL} 为潜绿空间面积；

G_L 为国土空间面积。

潜绿空间、潜绿指数承载着未来“植树增绿”“复育森林”的历史重任，指引着国家工程造林、地方项目造林、企业参与造林、义务植树造林……是绿色空间扩张的方向。

2.1　全省生态空间增绿潜力

根据陕西省国土三调成果数据和森林资源管理“一张图”数据，全省潜绿空间面积为 2197.9 万亩，全省潜绿指数为 7.12%。在全省潜绿空间中，宜林地所占比例为 69%，可实施退耕还林的耕地所占比例为 14%（见图 9–5）。宜林地和可实施退耕还林的耕地是可以实现“由黄变绿”的国土空间（即新造林地），其面积和为 1823.3 万亩，占陕西省潜绿空间面积的 83%，是“增绿”的主要空间。疏林地、未成林造林地是可以实现“由浅绿变深绿”的国土空间，可转变为显绿空间的面积为 374.6 万亩。

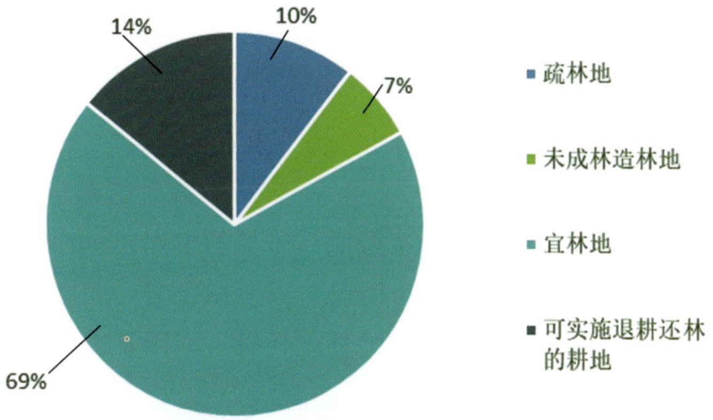

图 9–5　陕西省潜绿空间各组成要素面积占比

宜林地面积为 1511.1 万亩。其中，林地（乔灌）占 58%，面积为 876.5 万亩；其他草地占 24.5%，面积为 369.8 万亩；其他林地占 17.5%，面积为 264.7 万亩（见图 9–6）。

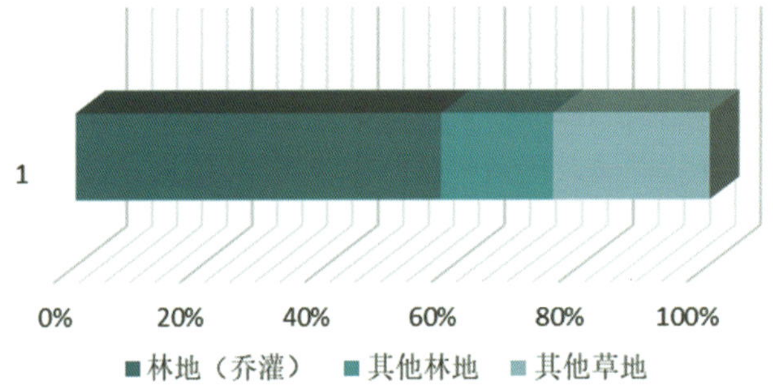

图 9-6　宜林地分类比例

可实施退耕还林的耕地面积为 312.2 万亩。其中，陡坡耕地（含梯田）占 87.9%，面积为 274.4 万亩；重要水源地 15° ～ 25° 坡耕地占 9.1%，面积为 28.4 万亩；严重污染耕地 6.3 万亩，易地扶贫搬迁撂荒耕地 3 万亩，自然保护地内的耕地 0.1 万亩（见图 9-7）。

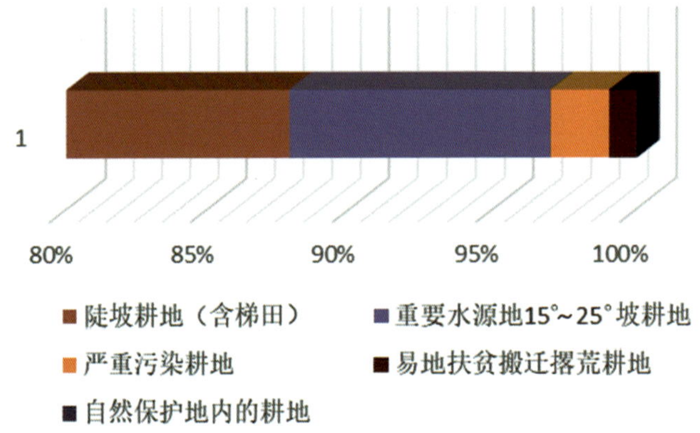

图 9-7　可实施退耕还林的耕地分类比例

从全省潜绿空间和潜绿指数分布来看（见图 9-8、图 9-9），潜绿空间和潜绿指数总体排序为陕北＞陕南＞关中。

绿水青山可持续程度相对较差的四个地市是全省未来实施生态空间提质增效和治理的主战场。其中，榆林市潜绿空间面积达到 777.57 万亩，潜绿指数达到 12.04%，均位列全省第一，增绿潜力大。关中地区的增绿潜力弱于陕北地区。西安市潜绿空间面积为 39.88 万亩，潜绿空间较小，在全省仅略高于铜川市的 37.51 万亩，潜绿指数为 2.68%，位列全省最后。由此可见，西安市由于人口规模基数较大，城镇空间相对较大，而生态空间被过度挤压，缺少潜绿空间，增绿潜力小。咸阳市潜绿空间面积为 75.27 万亩，全省排名第七，潜绿指数仅为 5.18%，全省排名第五。渭南市的潜绿空间面积为 75.27 万亩，潜绿指数为 3.67%，全省排名第八，增绿潜力相对较弱。

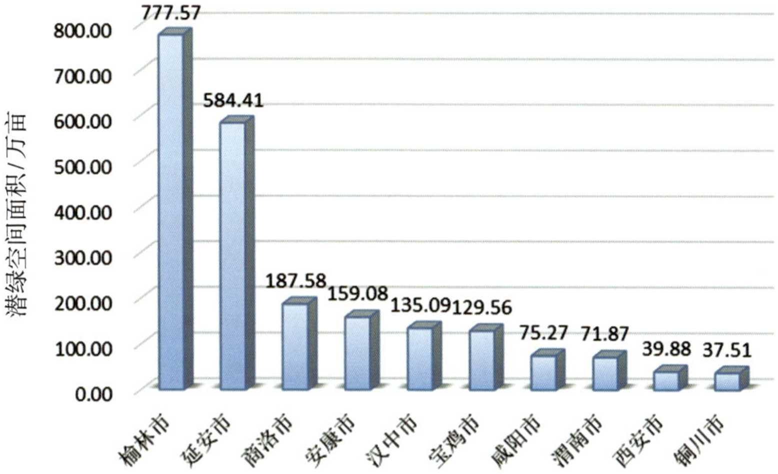

图 9-8 陕西省潜绿空间水平差异

（注：杨陵区纳入咸阳市统计）

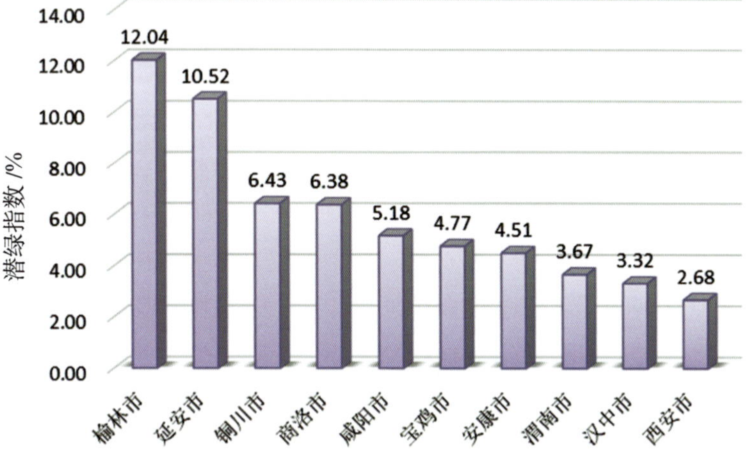

图 9-9 陕西省潜绿指数水平差异

（注：杨陵区纳入咸阳市统计）

绿水青山指数处第二梯队的延安、宝鸡和铜川 3 市，需要进一步提升生态空间自然生产力。其中，延安市潜绿空间面积和潜绿指数均位列全省第二（584.41 万亩，10.52%），增绿潜力大。宝鸡市两个指标均位列全省第六（129.56 万亩，4.77%）。铜川市增绿空间的绝对值最小，潜绿空间面积为 37.51 万亩，潜绿指数相对较高，达到 6.43%，全省排名第三，增绿潜力相对较高。

绿水青山指数 0.80 以上，处于全省第一梯队的商洛、安康、汉中潜绿空间面积较为接近，分别为 187.58 万亩、159.08 万亩和 135.09 万亩；潜绿指数分别为 6.38%、4.51% 和 3.32%。陕南 3 市的自然生态生产力尚有提升空间。

2.2 地市生态空间增绿潜力

2.2.1 榆林市

榆林市潜绿空间面积为 777.57 万亩，位列全省第一。宜林地、可实施退耕还林的耕地面积分别为 545.13 万亩和 142.44 万亩，占全市潜绿空间面积的 89%，是主要的“由黄变绿”增绿空间（见图 9–10）。榆林市各县（区、市）潜绿空间面积排序为：定边县＞榆阳区＞靖边县＞绥德县＞子洲县＞清涧县＞横山区＞佳县＞府谷县＞神木市＞米脂县＞吴堡县（见图 9–11）。

榆林市潜绿指数为 12.04%，位列全省第一。除横山区、神木市外，其他县（市、区）潜绿指数均高于全省平均水平。潜绿指数低于全市平均水平的为府谷县、横山区和神木市。区域内各县（市、区）潜绿指数排序为：绥德县＞清涧县＞定边县＞子洲县＞榆阳区＞靖边县＞米脂县＞佳县＞吴堡县＞府谷县＞横山区＞神木市（见图 9–11）。

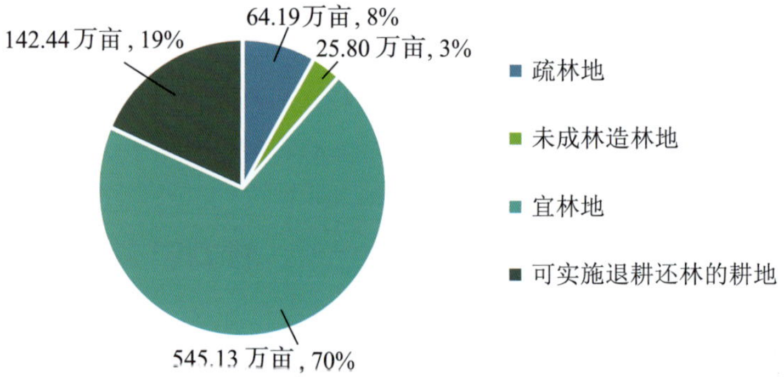

图 9–10 榆林市潜绿空间各组成要素面积及占比

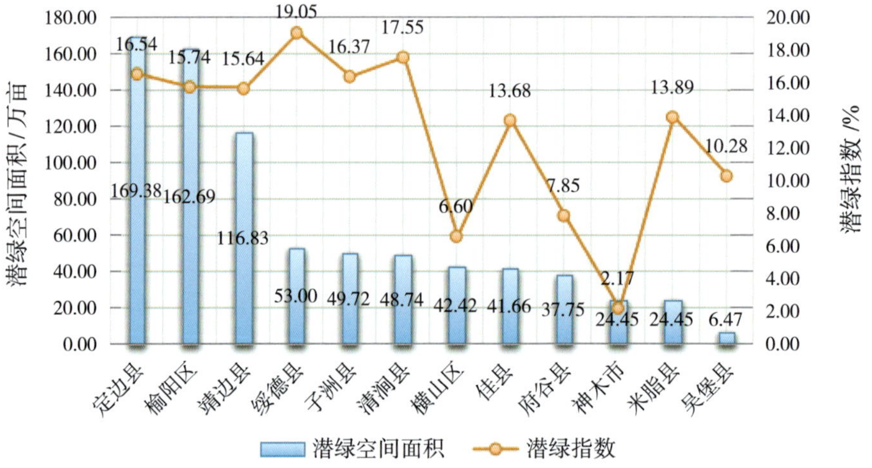

图 9–11 榆林市各县（市、区）潜绿空间面积和潜绿指数

绥德县、子洲县、清涧县、佳县、米脂县和吴堡县潜绿空间面积较小，但潜绿指数较高。这是由于潜绿空间是潜藏增绿空间的绝对值，而潜绿指数是潜绿空间相对于

该区域国土空间面积的相对量，较高的潜绿指数表明这些区域的增绿潜力较高。

2.2.2　延安市

延安市地处黄土高原腹地，潜绿空间面积 584.41 万亩，为全省第二。经过多年退耕还林治理，延安市森林覆盖率达 45.99%，可实施退耕还林的耕地较少，仅占区域潜绿空间面积的 5%（见图 9–12）。

宜林地面积为 405.28 万亩，占比 69%。未成林造林地和疏林地面积相近，分别占 14% 和 12%，是“由浅绿向深绿”发展的主战场。延安市各县（市、区）潜绿空间面积排序为：志丹县＞吴起县＞宝塔区＞延川县＞延长县＞富县＞安塞区＞宜川县＞子长市＞甘泉县＞洛川县＞黄陵县＞黄龙县（见图 9–13）。

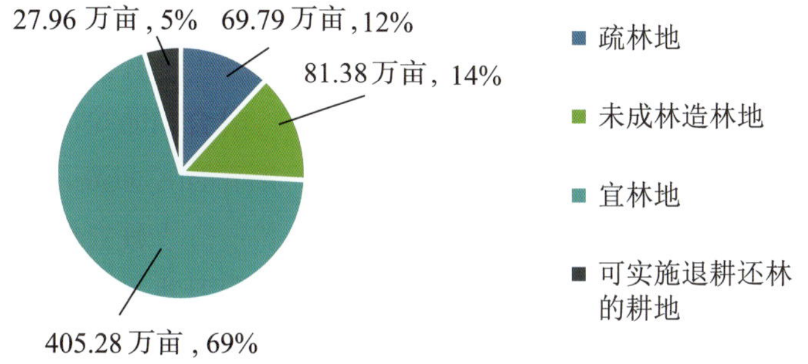

图 9–12　延安市潜绿空间各组成要素面积及占比

图 9–13　延安市各县（市、区）潜绿空间面积和潜绿指数

延安市潜绿指数为 10.52%，位列全省第二，增绿潜力空间较大。绿水青山指数较高的黄陵县、黄龙县潜绿指数较低，占全省平均潜绿指数的三分之一左右。延川县、志丹县、吴起县、延长县和宝塔区增绿指数高于全市平均水平。区域内各县（市、区）潜绿指数排序为：延川县＞志丹县＞吴起县＞延长县＞宝塔区＞子长市＞安塞区＞宜

川县>洛川县>甘泉县>富县>黄陵县>黄龙县。

延川县、延长县的潜绿空间和潜绿指数大小不一致，表明两县单位面积内增绿潜力空间更大。

2.2.3 铜川市

位居陕西中心的铜川市国土空间面积为583.44万亩，处于黄土高原的南缘，潜绿空间面积相对其他地市较小，仅为37.51万亩。宜林地和可实施退耕还林的耕地面积分别占全市潜绿空间面积的72%和20%（见图9-14）。铜川市各县（区）潜绿空间面积排序为：宜君县>耀州区>印台区>王益区（见图9-15）。

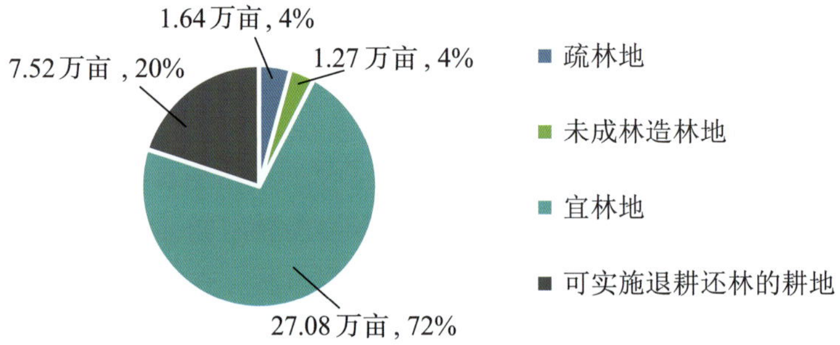

图9-14　铜川市潜绿空间各组成要素面积及占比

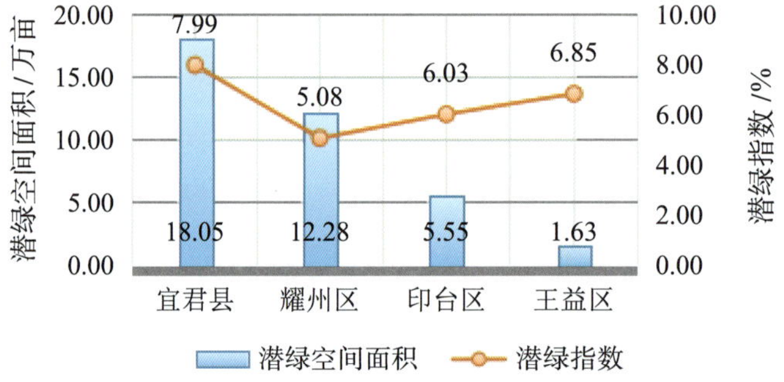

图9-15　铜川市各县（区）潜绿空间面积和潜绿指数

铜川市潜绿指数为6.43%，是全省第三，增绿潜力较大。仅宜君县潜绿指数高于全省平均水平，为7.99%。区域内各县（区）潜绿指数排序为：宜君县>王益区>印台区>耀州区。

印台区、王益区虽增绿潜力空间小于耀州区，但潜绿指数相对更高，说明印台区和王益区的增绿潜力相较耀州区更高。

2.2.4 商洛市

商洛市绿水青山指数高达0.8493，森林覆盖率高达81.22%，生态系统功能相对完善。商洛市潜绿空间面积为187.58万亩，主要潜绿空间为宜林地、可实施退耕还林的耕地和疏林地，占全市潜绿空间面积的比例分别为 71%、13% 和 11%（见图 9–16）。各县（区）潜绿空间面积排序为：镇安县＞山阳县＞商州区＞洛南县＞柞水县＞商南县＞丹凤县（见图 9–17）。

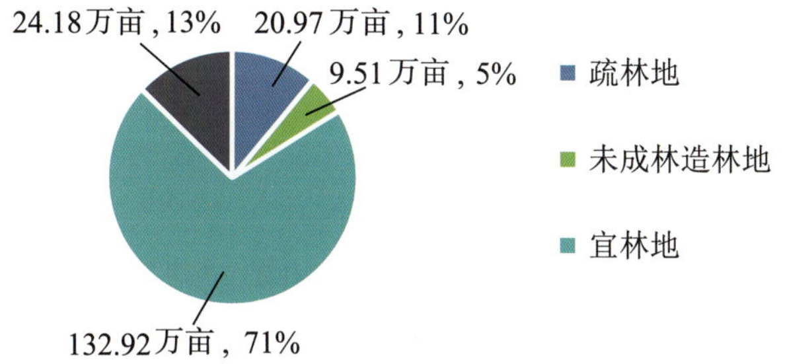

图 9–16　商洛市潜绿空间各组成要素面积及占比

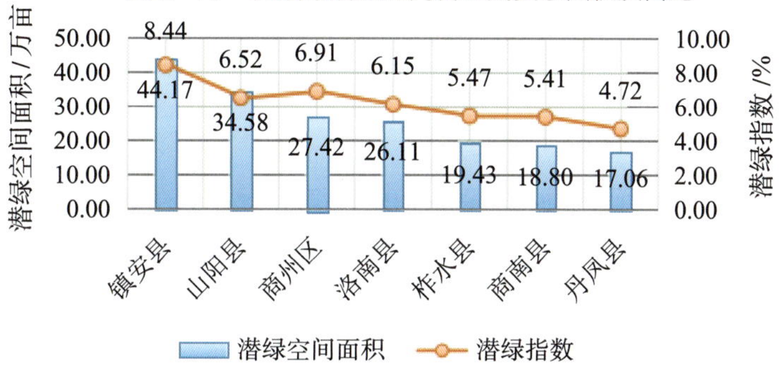

图 9–17　商洛市各县（区）潜绿空间面积和潜绿指数

商洛市潜绿指数为 6.38%，全市仅镇安县潜绿指数高于全省平均水平，为 8.44%，是增绿任务的重点区域。区域内各县（区）潜绿指数排序为：镇安县＞商州区＞山阳县＞洛南县＞柞水县＞商南县＞丹凤县。

2.2.5　咸阳市（含杨陵区）

咸阳市主要以城镇空间和农业空间为主，潜绿空间面积较小，为 75.27 万亩。中部地区气候干旱、缺水，生态脆弱，被称为渭北“旱腰带”。区域内宜林地和可实施退耕还林的耕地是主要潜绿空间，占比为 67% 和 16%，属“由黄变绿”增绿空间（见图 9–18）。各县（市、区）潜绿空间面积排序为：旬邑县＞彬州市＞永寿县＞长武县＞淳化县＞乾县＞礼泉县＞泾阳县＞渭城区＞三原县＞兴平市＞秦都区＞武功县＞杨陵区（见图 9–19）。

咸阳市潜绿指数为 5.18%，其中永寿县、彬州市、渭城区、长武县、旬邑县潜绿指数高于全省平均水平，仍有较大增绿潜力（见图 9–19）。区域内各县（市、区）潜绿指数排序为：永寿县＞彬州市＞渭城区＞长武县＞旬邑县＞淳化县＞乾县＞礼泉县＞泾阳县＞秦都区＞三原县＞兴平市＞杨陵区＞武功县。

渭城区主要为城镇空间，其国土空间面积仅 2.74 万亩，因此其潜绿空间也相对较小。增绿指数较高，体现了其单位面积内较高的增绿潜力。

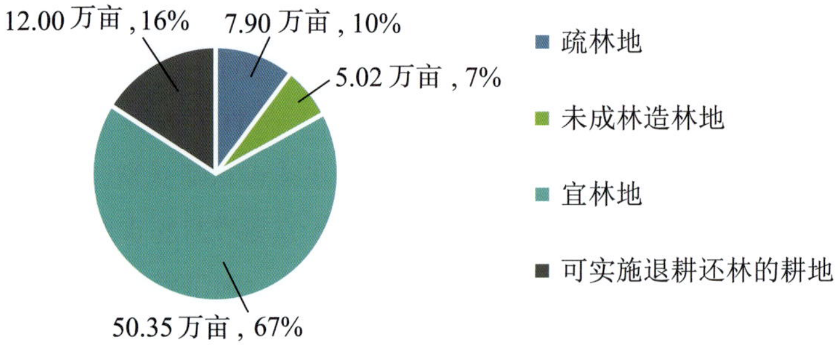

图 9-18　咸阳市潜绿空间各组成要素面积及占比

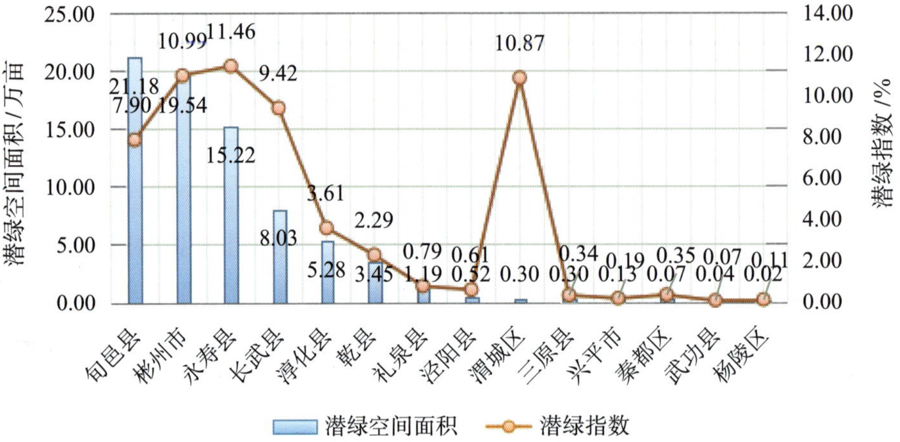

图 9-19　咸阳市各县（市、区）潜绿空间面积和潜绿指数

2.2.6　宝鸡市

宝鸡市生态空间类型多样，生物多样性丰富，其潜绿空间面积为 129.56 万亩。区域内宜林地超过潜绿空间面积的一半，区域内可实施退耕还林的耕地面积占比较高，其比例高于全省其他城市（见图 9-20）。各县（区）潜绿空间面积排序为：陇县＞陈仓区＞麟游县＞千阳县＞渭滨区＞岐山县＞凤翔区＞凤县＞扶风县＞金台区＞太白县＞眉县（见图 9-21）。

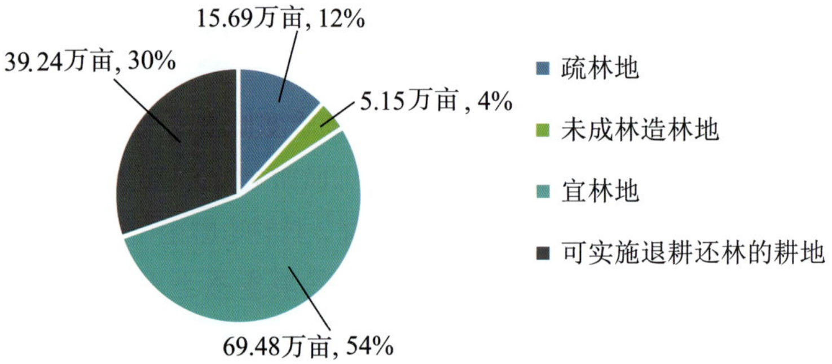

图 9-20　宝鸡市潜绿空间各组成要素面积及占比

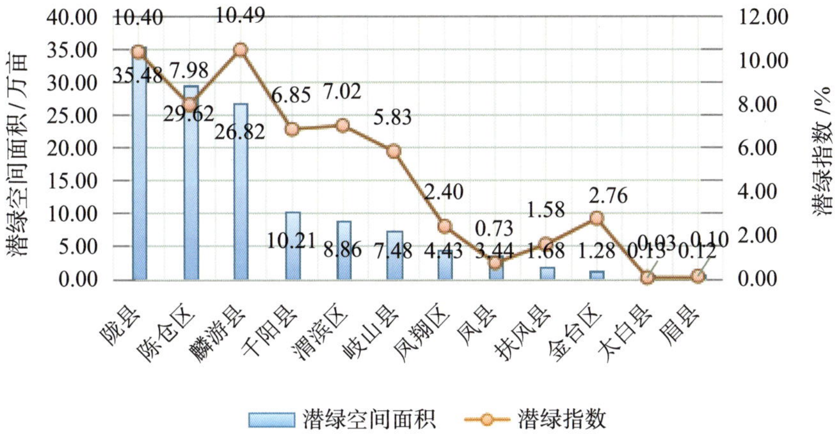

图 9-21　宝鸡市各县（市、区）潜绿空间面积和潜绿指数

宝鸡市潜绿指数为 4.77%，区域内麟游县、陇县和陈仓区增绿指数高于全省平均水平，有较高增绿潜力。区域内各县（区）潜绿指数排序为：麟游县＞陇县＞陈仓区＞渭滨区＞千阳县＞岐山县＞金台区＞凤翔区＞扶风县＞凤县＞太白县＞眉县。

2.2.7　安康市

安康市自然资源丰富，森林覆盖率高达 73.35%，绿水青山指数全省排名第一，其潜绿空间面积为 159.08 万亩。潜绿空间主要构成为宜林地、可实施退耕还林的耕地和疏林地，占全市潜绿空间面积的比例分别为 63%、19% 和 16%（见图 9–22）。各县（区）潜绿空间面积排序为：汉滨区＞旬阳县＞紫阳县＞平利县＞岚皋县＞汉阴县＞宁陕县＞石泉县＞白河县＞镇坪县（见图 9–23）。

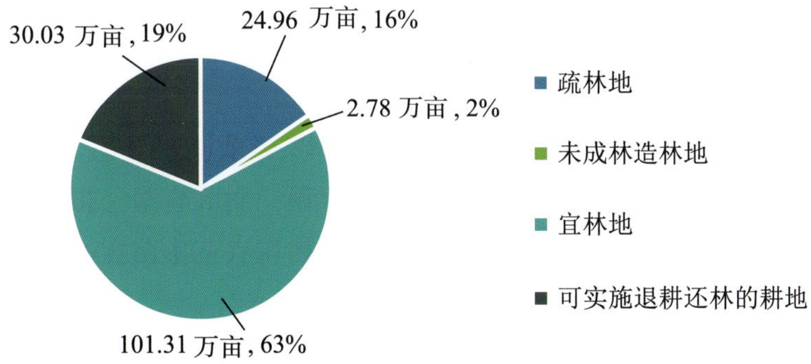

图 9-22　安康市潜绿空间各组成要素面积及占比

安康市潜绿指数为 4.51%，区域内汉滨区潜绿指数高于全省水平，是主要增绿潜力空间。区域内各县（区）潜绿指数排序为：汉滨区＞紫阳县＞旬阳县＞平利县＞汉阴县＞岚皋县＞白河县＞石泉县＞宁陕县＞镇坪县。

图 9-23　安康市各县（区）潜绿空间面积和潜绿指数

2.2.8　渭南市（韩城市）

渭南市是一个资源性、水质性、工程性缺水的地区，属渭北“旱腰带”，森林覆盖率为 25%，生态空间类型单一，生物多样性相对较少。渭南市潜绿空间面积为 71.87 万亩，主要增绿潜力空间为宜林地，所占全市潜绿空间面积的比例为 78%（见图 9–24）。各县（市、区）潜绿空间面积排序为：白水县＞澄城县＞合阳县＞蒲城县＞韩城市＞富平县＞潼关县＞华阴市＞华州区＞临渭区＞大荔县（见图 9–25）。

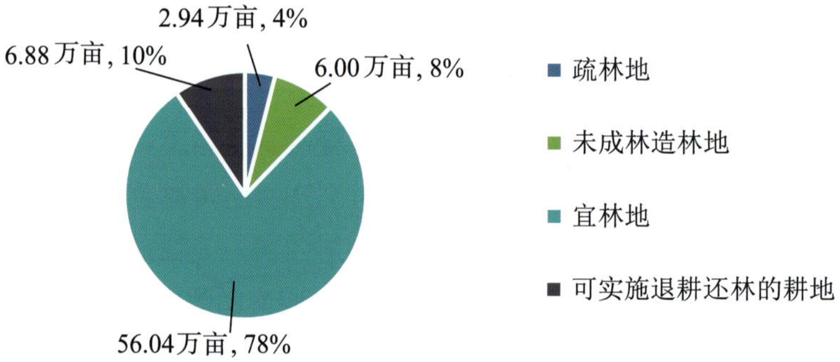

图 9-24　渭南市潜绿空间各组成要素面积及占比

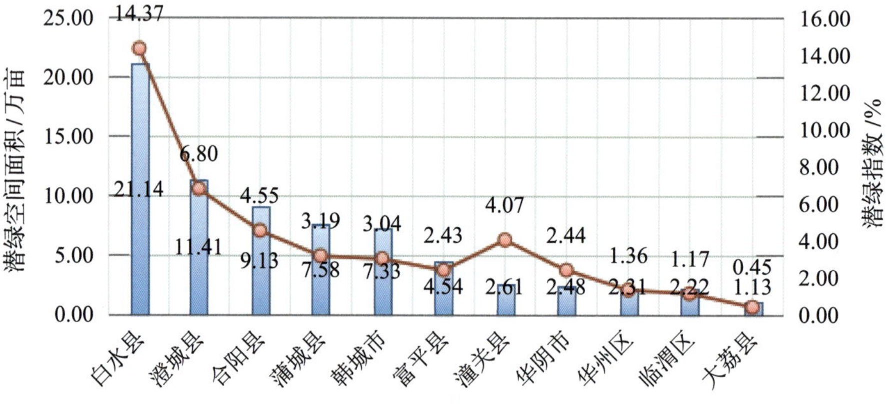

图 9-25　渭南市各县（市、区）潜绿空间面积和潜绿指数

渭南市潜绿指数为3.67%，白水县潜绿指数为14.37%，高于全省平均水平，是区域内主要的增绿潜力空间。区域内各县（市、区）潜绿指数排序为：白水县>澄城县>合阳县>潼关县>蒲城县>韩城市>华阴市>富平县>华州区>临渭区>大荔县。

2.2.9　汉中市

位于陕南地区的汉中市被绿色覆盖，森林覆盖率为77.86%，区域内生物多样性丰富，生态空间类型多样，其潜绿空间面积为135.09万亩。主要的增绿潜力空间类型为宜林地，所占全市潜绿空间面积的比例为77%，可实施退耕还林的耕地比例为13%（见图9-26）。各县（区）潜绿空间面积排序为：洋县>宁强县>略阳县>勉县>南郑区>西乡县>镇巴县>城固县>留坝县>佛坪县>汉台区（见图9-27）。

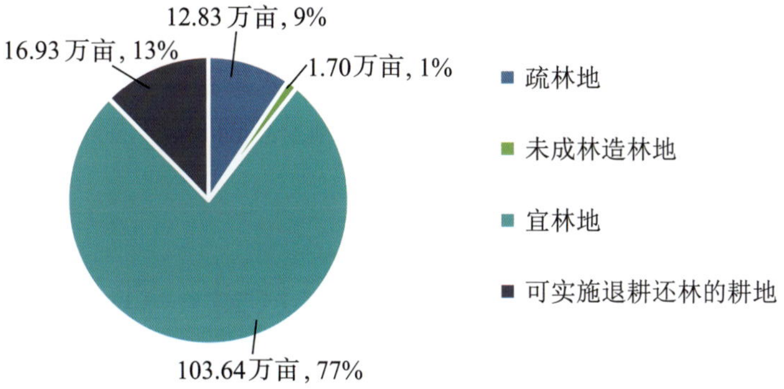

图9-26　汉中市潜绿空间各组成要素面积及占比

汉中市潜绿指数为3.32%，区域内增绿潜力较大的是洋县，潜绿指数为7.35%。区域内各县（区）潜绿指数排序为：洋县>宁强县>略阳县>勉县>南郑区>西乡县、城固县>镇巴县>留坝县、佛坪县>汉台区。

图9-27　汉中市各县（区）潜绿空间面积和潜绿指数

2.2.10 西安市

西安市国土空间主要以城镇空间为主，森林覆盖率达48%，潜绿空间面积为39.88万亩（见图9–28）。在增绿潜力空间类型中，宜林地约占一半，疏林地、未成林造林地和可实施退耕还林的耕地面积，占全市潜绿空间面积的比例分别为21%、16%和13%。除西安城六区外，各县（区）潜绿空间面积排序为：蓝田县>周至县>长安区>临潼区>鄠邑区>灞桥区>阎良区（见图9–29）。

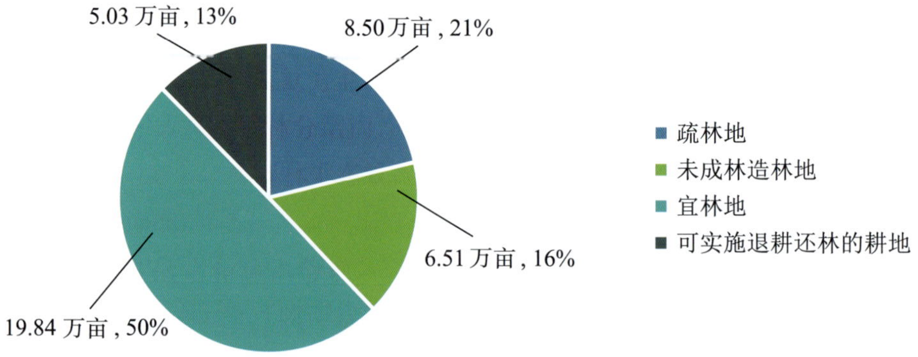

图9–28　西安市潜绿空间各组成要素面积及占比

西安市潜绿指数为2.68%，仅蓝田县潜绿指数高于全省平均水平，是主要增绿潜绿空间。除西安城六区外，区域内各县（区）潜绿指数排序为：蓝田县>临潼区>长安区>周至县>鄠邑区>灞桥区>阎良区。

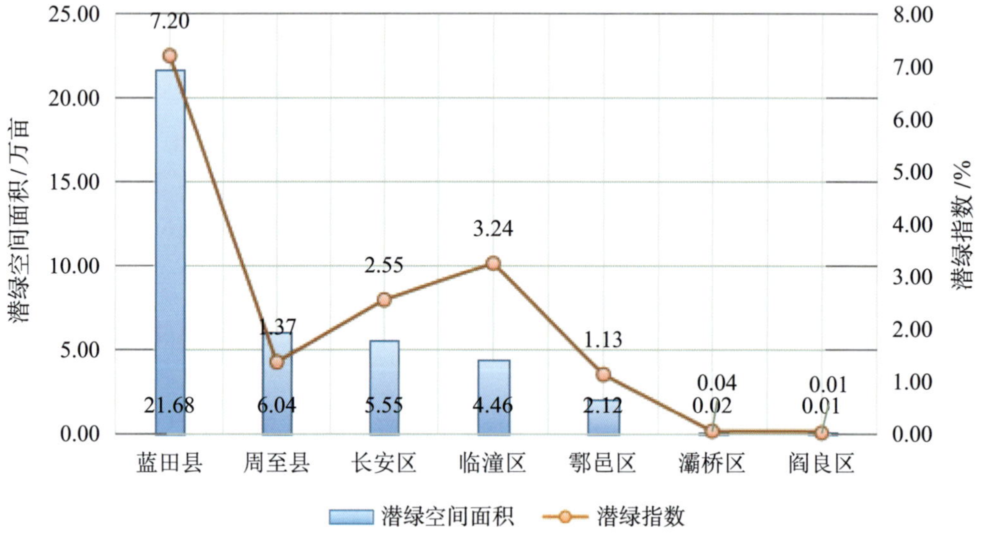

图9–29　西安市各县（区）潜绿空间面积和潜绿指数

2.3　县（市、区）生态空间增绿潜力

2.3.1　县（市、区）潜绿空间

除西安市城六区外，陕西省各县（市、区）潜绿空间面积排序如图 9-30 所示。

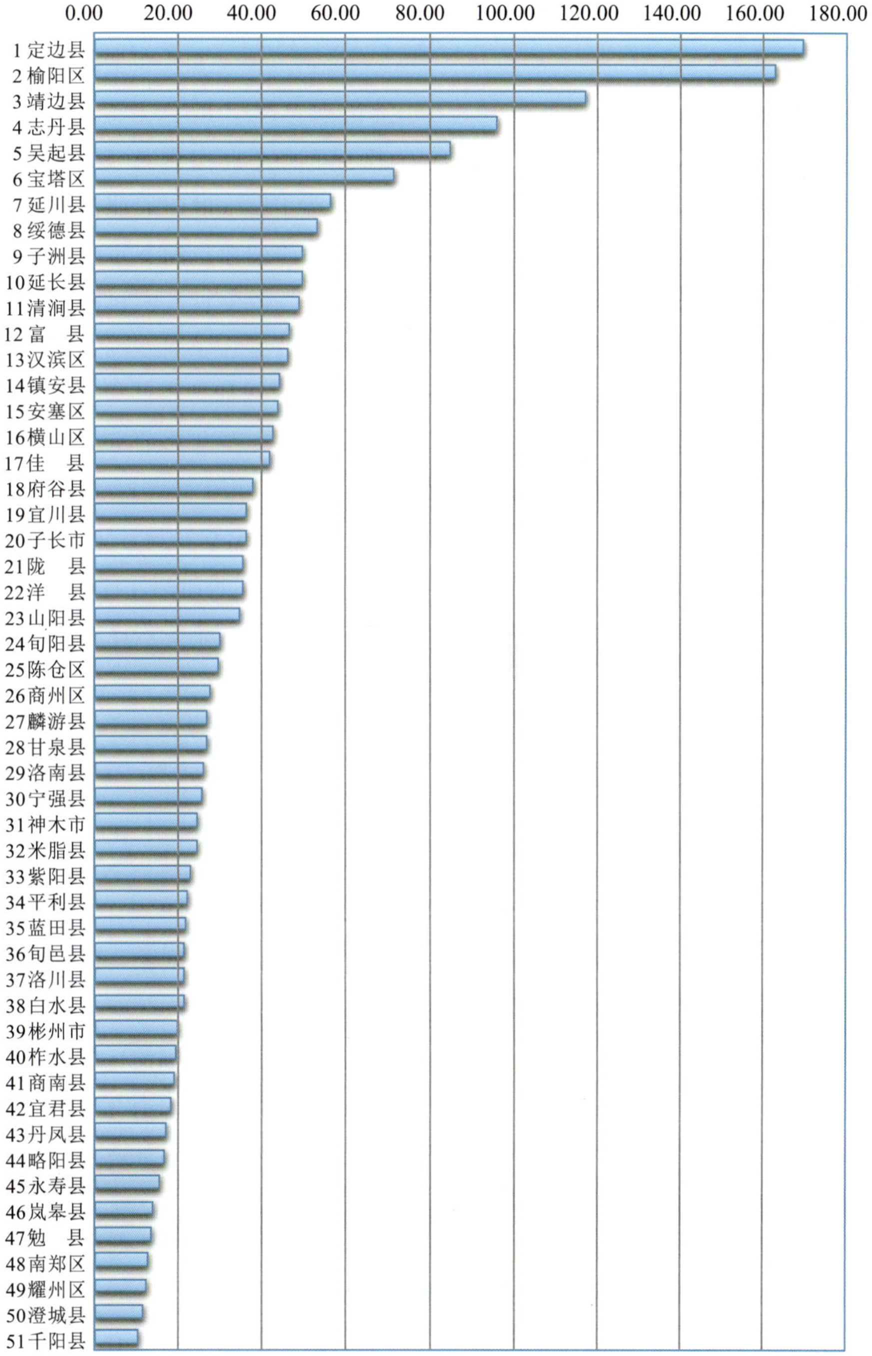

图 9-30　陕西省各县（市、区）潜绿空间面积排序（单位：万亩）
（注：不含西安市城六区）

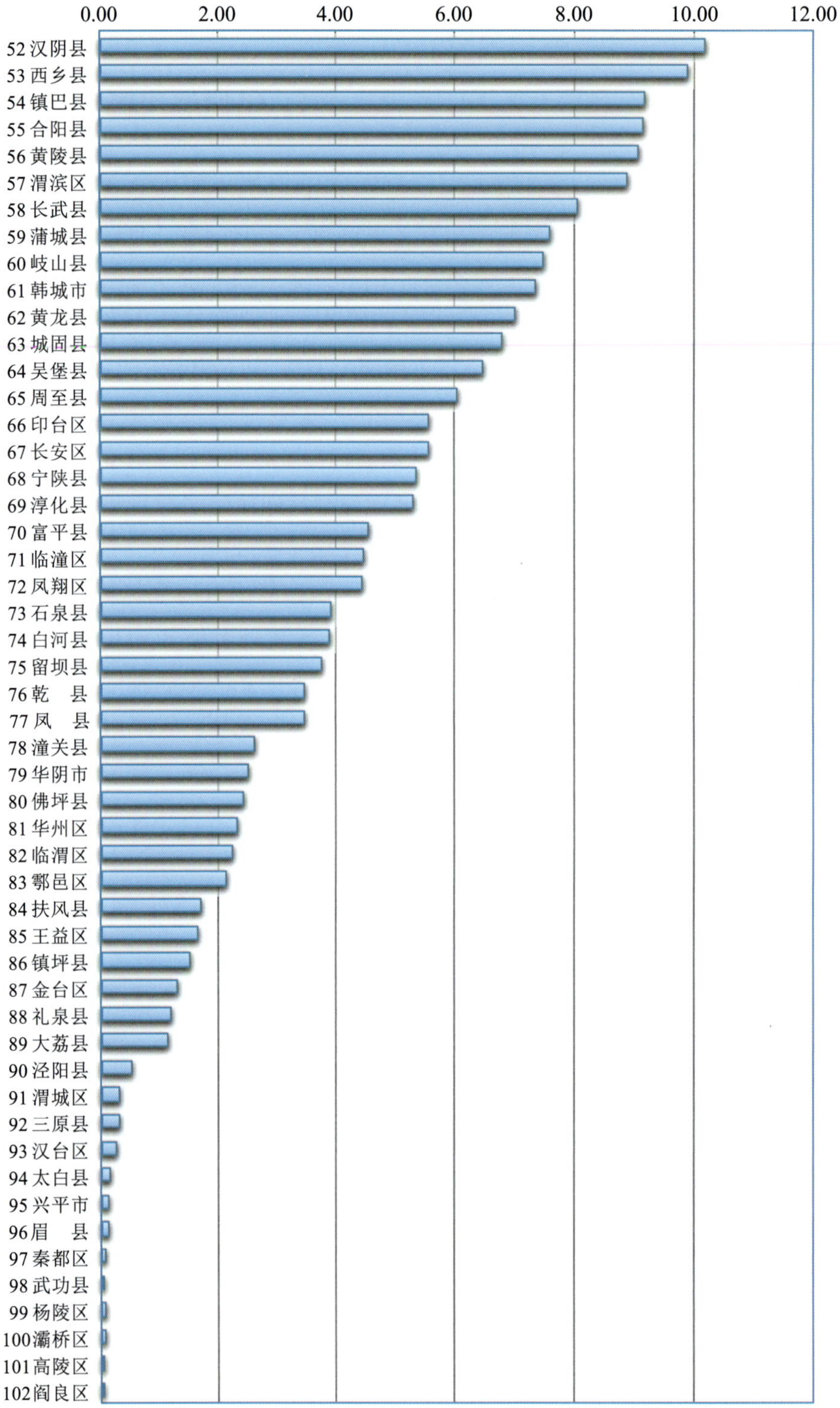

图 9-30 （续）

（注：不含西安市城六区）

2.3.2 县（市、区）潜绿指数

除西安市城六区外，陕西省各县（市、区）潜绿指数排序如图 9-31 所示。

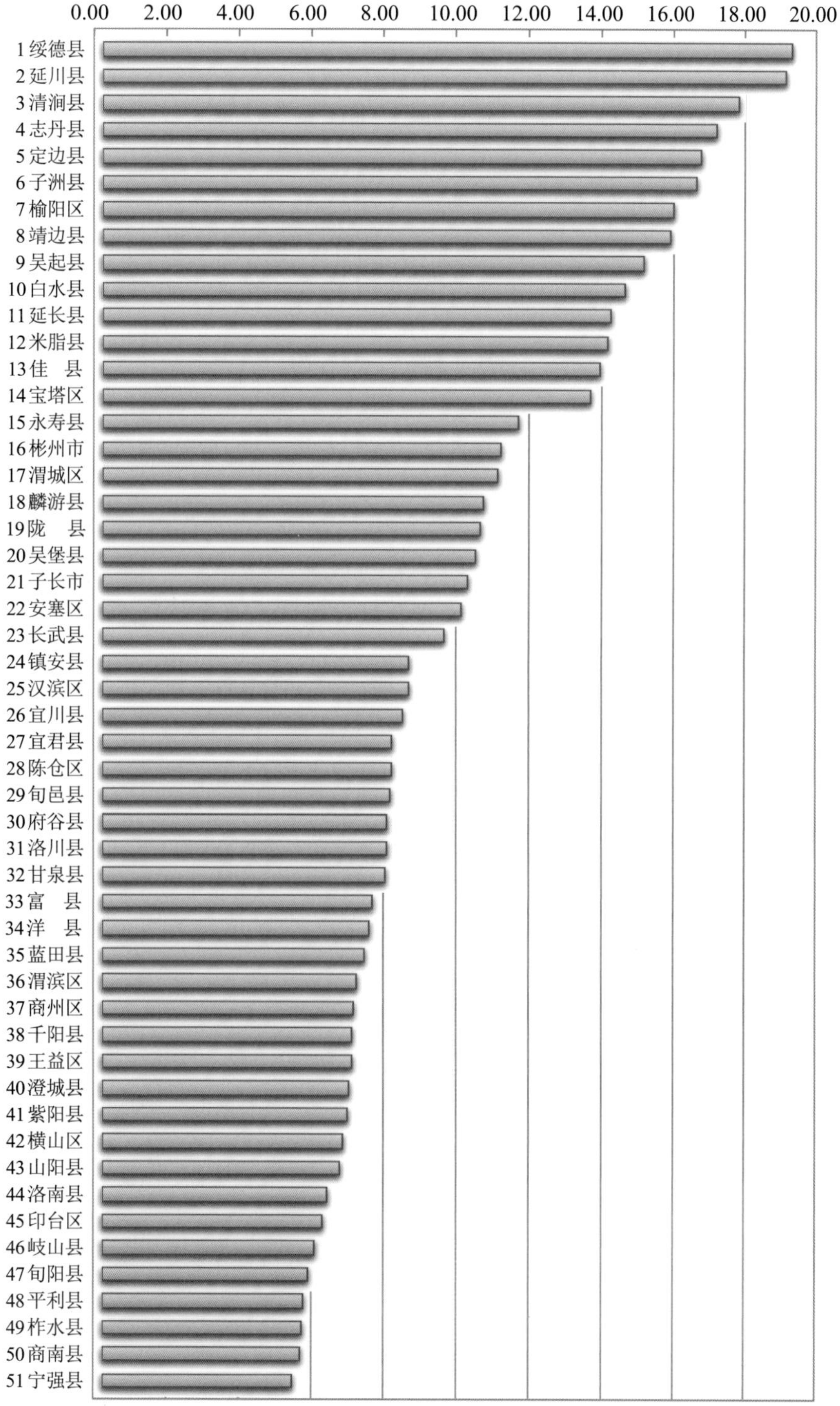

图 9-31 陕西省各区县潜绿指数排序

（注：不含西安市城六区）

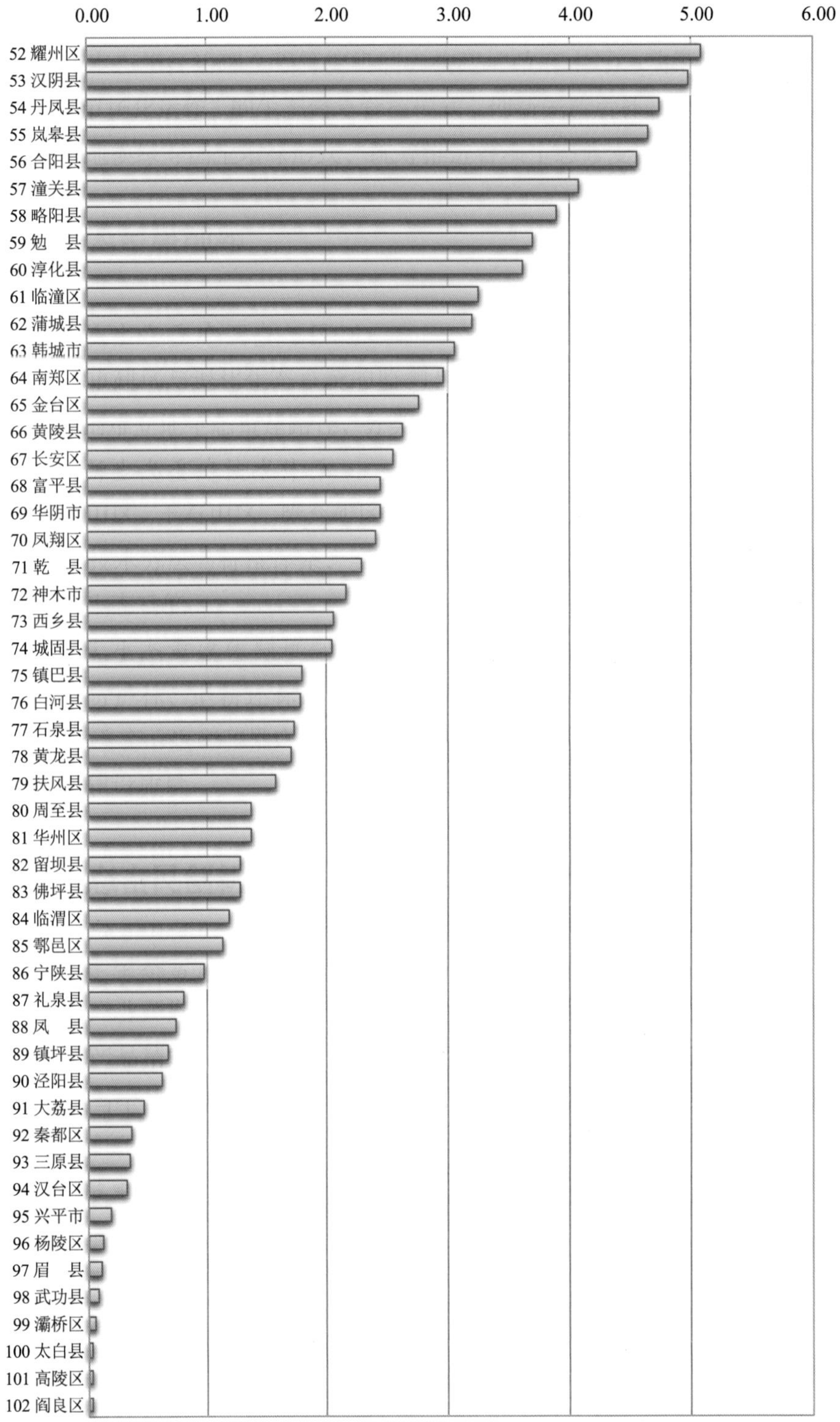

图 9-31 （续）
（注：不含西安市城六区）

第三节　秦岭生态空间精准治理

3.1　自然保护地体系建设

（1）制定秦岭自然保护地体系规划

根据中共中央办公厅、国务院办公厅《关于建立以国家公园为主体的自然保护地体系的指导意见》和《陕西省秦岭生态环境保护条例》，编制秦岭自然保护地体系规划。开展自然保护地勘界定标，与生态保护红线衔接，在重要地段、重要部位设立界桩和标识牌，并建立数据库。

（2）创建秦岭国家公园

加快推进大熊猫国家公园建设工作，全面推动秦岭国家公园创建工作，将生态系统中最重要、自然景观最独特、自然遗产最精华、生物多样性最富集等生态核心区域纳入秦岭国家公园，到 2025 年建立秦岭国家公园新体制、新机制、新模式。

（3）优化自然保护区

按照中共中央办公厅、国务院办公厅《关于建立以国家公园为主体的自然保护地体系的指导意见》要求，整合优化自然保护区。对未纳入国家公园、自然保护区的重要保护价值区域，因地施策，加强保护。严格管理进入自然保护区的科学研究、参观、旅游等行为。

（4）整合各类自然公园

根据国家自然保护地分类划定标准，梳理森林公园、湿地公园、地质公园等各类自然公园，理顺自然公园管理体制，开展综合评价，调整管理目标和方向，解决自然保护地重叠设置、多头管理、边界不清、权责不明、保护与发展矛盾突出等问题。积极推动华山世界自然遗产、自然与文化双遗产申报工作。

（5）秦岭国家植物园建设

按照秦岭国家植物园总体建设要求，加强秦岭珍稀野生植物原生境保护园区建设，优化秦岭裸子植物区、被子植物区、药用植物区、国际博览园等专科专类园。全力打造秦岭暖温带植物基因库，提升物种繁育、科学研究、科普教育、生态旅游等服务功能。

3.2　森林资源保护

（1）林地资源管理

严格保护秦岭林地资源，规范和完善森林督查制度，落实森林区划，强化林地使用定额管理，开展生态公益林落界工作，实现监管全覆盖。加强森林资源培育、保护，推动资源管理信息化建设，开展森林资源监测、有害生物防治、森林防火、野生动植物保护等，全面提升林地资源管护水平。

（2）国有林场转型与发展

组织编制《森林经营方案》，转变经营方式，建立绩效考核制度，明确界定生态责任和保护方式，落实重点林场林区管护站点改造提升，建立森林资源有偿使用长效机制，创新和规范国有林场保护和利用新体制、新模式。

（3）加强森林防火

组织编制森林和草原火灾防治实施方案，建立防火信息化智能预警系统，制定重要防火区（点）指南与标准。加强防火巡护、火源管理、防火设施建设、火情早期处理等工作。落实防火责任制，加强火灾预防。

（4）有害生物防治

加快推进《陕西省林业有害生物防治检疫条例》颁布，修订重大林业有害生物应急处置预案，严格检疫封锁，切断传播途径。重点做好松材线虫病除治，华山松大小蠹等有害生物监测调查，划定重点预防区和一般预防区，及时发布预警通报，全面加强防控治理。

3.3 野生动植物保护

（1）野生动物保护

实施秦岭野生动物资源普查、专项调查，调整重点保护陆生野生动物名录。完善日常监测预警机制，扩大陆生野生动物保护监测防控范围，在重要栖息地及廊道开展人防、物防、技防工作。建立打击整治破坏秦岭野生动物资源违法犯罪专项行动长效机制，加强秦岭珍稀野生动物保护。

（2）野生植物保护

开展秦岭重点保护野生植物资源整理工作，调整重点保护野生植物名录。建立极小种群“秦岭石蝴蝶”“长序榆”野生植物繁育基地及珍稀野生植物原生境保护区，加大古树名木保护力度，依托高校、科研院所建立野生植物资源档案。探索秦岭道地药材的保护、引种栽培与驯化、开发与利用的长效管理机制。

（3）栖息地保护

组织开展秦岭陆生野生动物重要栖息地认定工作，确定野生动物重要栖息地名录，在重要栖息地设置保护设施和标志。建立秦岭野生动物保护地斑块连接网络，建设可渗透性栖息地自然生态景观，构建起“自然、多彩、连通”的生态廊道。

3.4 生态空间修复

（1）受损森林生态系统修复

制定秦岭封山育林、森林抚育、飞播造林等专项修复实施方案，开展秦岭森林生态系统的健康评价和可持续经营，建立秦岭山水林田湖草系统修复技术体系，精准提升森林质量。创新秦岭森林生态系统修复新机制、新模式，打造 10 个典型受损森林生态系统修复试验样板。

（2）湿地生态系统修复

开展秦岭湿地生态系统本底调查，编制《湿地保护专项规划》，做好重要湿地落界，更新重要湿地名录。加大湿地生态系统监管和监测，探索生态效益补偿制度，加强秦岭退化湿地生态系统的保护与修复。

（3）退化天然林修复

按照生态保护红线、秦岭生态环境保护分区及天然林保护修复制度方案，组织编制《天然林保护专项规划》，对天然林实行分级保护，建立退化天然林修复制度，遏制天然林分继续退化。对于稀疏退化的天然林，开展人工促进、天然更新等措施，加快森林正向演替，逐步使天然林次生林、退化次生林等生态系统恢复到一定的功能水平，最终达到自我持续状态。

（4）退耕还林还草质量提升

持续巩固退耕还林还草成果，精准提升低质低效林质量，推广退耕还林还草“延安样本”。将已实施退耕还林的陡坡地全部纳入生态空间，积极推动土地用途和权属变更登记。探索秦岭退耕还林还草新机制，鼓励 25° 以下坡耕地实施退耕还林还草，加强生态服务功能。

（5）困难立地生态修复

调查秦岭范围内生态破坏区、敏感脆弱区、退化区等范围与分布，编制《秦岭困难立地生态修复实施方案》。优先开展秦岭北麓直观坡面、困难立地的生态修复，逐步恢复天然植被。鼓励在火烧迹地、生态移民搬迁等重点区域开展生态修复。

（6）义务植树

创新全民义务植树尽责形式，引导企事业、社会团体、民间组织和个人等选择合适尽责方式，推行认种认养、抚育管护、志愿服务等植绿护绿新风尚。提升重要生态廊道、重点水源涵养区、重点出入境口及旅游景点等区域绿化水平，创建森林景观特色的美丽乡村。

3.5 生态服务与富民

（1）森林康养

依托秦岭优质森林资源，编制秦岭森林康养基地建设名录，加快森林康养师培养，打造50个国内外知名森林康养基地。结合资源禀赋，举办秦岭百花节、避暑纳凉节、红叶节等活动，提升生态空间的服务能力。

（2）自然体验

完善秦岭范围内自然体验基地基础设施，建设自然体验、生态旅游平台15个，引导人们回归自然、亲近自然。打造秦岭古道、步道、探秘等精品线路，开展自然体验、生态旅游活动，年接待1000万人次以上。倡导绿水青山无痕旅游，建立垃圾管理及治理长效机制。

（3）生态产业

建立健全以生态产业化和产业生态化为主体的生态经济体系，推动中国特色农产品优势区、地理标志产品、有机产品的认定和认证，鼓励林业龙头企业、合作社创建生态产品服务平台，开发一批特色生态产品，打造一批知名品牌，形成一批有竞争力的拳头产品。

（4）生态富民

巩固和发展生态脱贫成果，全面提升生态脱贫质量。探索建立市场化、多元化生态保护补偿机制，依托生态保护、生态修复、生态搬迁、生态产业，推行参与式社区管理，设立公益性岗位，构建生态富民新格局，实现生态美起来，产业绿起来，农民富起来。

3.6 保护执法与监督

（1）严格监管审批

按照秦岭范围重点保护区、一般保护区产业准入清单，严格审核审批，加强事中事后监管。进一步优化审批程序，提高审批效率和透明度。

（2）提升行政执法能力

根据秦岭生态环境保护的需要，健全执法队伍，规范执法行为，加强林业行政执法培训，提升执法能力，探索秦岭生态空间治理执法新模式。夯实行政执法责任，加强秦岭生态环境保护的监督检查和专项整治。

（3）开展专项行动

依托“春雷”“绿盾”等专项行动，建立严厉打击乱砍滥伐、乱采乱挖、乱捕乱猎、乱批乱占、毁林开垦、非法改变林地用途等违法行为的长效机制，持续开展森林资源保护专项行动。

3.7 生态文化宣传

（1）设立秦岭讲坛

聚焦“秦岭生态空间+”，邀请国内外知名专家学者，定期举办相关领域知识讲座。

根据中省政策最新动态，不断丰富内容和形式，扩大影响力，拓宽全省林业干部职工视野，提升业务技能和管理水平。

（2）秦岭文化宣传

在秦岭范围内高速公路沿途及服务区、高铁站、自然公园等重要地点，利用新媒体、微媒体进行多点位、多形式宣传。创作一批高质量的影视、文创、绘画、摄影等秦岭生态文化产品。利用世界环境保护日、野生动植物保护日和全国植树节、爱鸟周等主题活动，加强秦岭文化宣传。

（3）秦岭大熊猫文化宣传

建立政府主导、多部门合作、全民参与的秦岭大熊猫文化宣传机制。聘任秦岭大熊猫文化宣传大使，传递“谦逊、博爱”的精神。制作一部秦岭大熊猫主题自然电影，每年在大中型城市举办宣传活动不少于一次。

（4）朱鹮文化宣传

建立政府主导、多部门合作、全民参与的朱鹮文化宣传机制。聘任朱鹮文化宣传大使，传递“和美、高远”的精神。定期举办朱鹮文化主题作品展。

（5）秦岭法治宣传

结合《陕西省秦岭生态环境保护条例》宣传活动，采取多种方式，着力宣讲生态空间治理举措，提高公民对秦岭生态环境的保护意识。

第四节　黄河流域生态空间精准治理

4.1　自然保护地体系建设

（1）开展自然保护地调查与评估

对现有自然保护地的范围边界、保护对象、机构设置、人员组成以及存在问题等基本情况开展全面摸底调查，进行综合评估论证。

（2）整合优化各类自然保护地

依据自然保护地分类划定标准，对现有的各类自然保护地进行整合优化，厘清各类自然保护地区域交叉、空间重叠、多头管理、权责不清等问题，编制自然保护地整合优化预案和分述报告，理顺自然保护地管理体制机制。

（3）推进生态空间升级保护

将具备条件的重要生态空间纳入自然保护地体系，新建毛乌素沙地柽柳、长柄扁桃和黄土高原古柏等天然集中区原生境保护小区（点），建设一批以湿地、黄土地质遗迹（丹霞地貌）等为保护对象的自然公园，推进秦岭国家公园前期建设工作，做好子午岭（桥山）国家公园前期研究工作，构建黄土高原腹心自然保护地群，提升生态空间保护与建设水平。

（4）制定自然保护地体系规划

与国土空间规划和生态保护红线划定相衔接，编制自然保护地体系规划，明确自然保护地发展目标、规模范围和划定区域。开展自然保护地勘界定标，建立数据库，在重要地段、重要部位设立界桩和标识牌。到 2030 年，使自然保护地面积不低于 1800 万亩，自然保护地规模和管理达到国内先进水平。

4.2 自然生态资源保护

（1）加强森林资源管理

建立健全生态空间调查体系，完善森林资源调查监测制度，推动管理信息化建设。动态监测有林地、疏林地、灌木林地、未成林造林地等森林资源，按年度公布森林资源数据。规范和完善森林督查、林地资源分类分级管理制度，严格林地用途管制和定额管理，实行天然林保护与公益林管理并轨，提升森林资源管理水平。

（2）加大草原保护力度

配合开展草原资源调查，建立监测评价体系。严格落实基本草原保护、禁牧和草畜平衡等制度，加大天然草原保护力度，探索实施草原生态补偿长效机制。加强草原鼠虫病害防治，减轻草原生物灾害，保护草原生态系统平衡。

（3）提升湿地保护水平

推进《陕西省湿地保护条例》修订工作。逐步完善湿地分级管理体系，积极申报国家重要湿地，开展省级重要湿地调查，建立重要湿地数据库。以湿地类型自然保护地建设为抓手，加强湿地保护管理，力争到 2030 年使湿地保护率达到 50% 以上。依托现有的湿地自然保护地监测站（点），探索建立监测网络体系。

（4）严格落实封山禁牧

认真落实《陕西省封山禁牧条例》，划定封山禁牧具体范围和期限，制订工作方案，公布投诉电话和举报方式。建立跨区域工作协调和联合执法协作机制，实现信息共享、联防防治，切实保护生态建设成果。

（5）探索建立自然景观园区

全面启动黄河流域的自然遗产、地质遗迹等自然景观资源普查，编制自然保护地空缺分析技术指南，将符合要求的自然景观作为储备资源逐步纳入自然保护地体系。

（6）深化林权制度改革

严格执行《国有林场森林资源保护管理考核办法》，加强森林资源保护与管理。

建立健全国有林场森林资源有偿使用管理制度。完善公益林生态效益补偿机制，不断扩大补偿范围，提高补偿标准。指导林业专业合作社、家庭林场和涉林企业通过林地流转实现规模经营，促进绿色发展。

4.3 生物多样性保护

（1）野生动物保护

开展野生动物资源专项调查，调整省级重点保护陆生野生动物名录。加强野外巡护，扩大巡查范围，建立全民参与的保护机制。加强大熊猫、朱鹮、金丝猴、羚牛、遗鸥、褐马鸡、原麝、豹等国家重点野生动物保护，积极争取救护监测项目，持续开展朱鹮野化放归工作，推进圈养林麝标准化、规范化、产业化。严厉打击非法猎捕、交易、运输、食用野生动物等违法行为。

（2）野生植物保护

开展野生植物资源调查，修订重点保护野生植物名录，建立野生植物资源数据库。建立珍稀野生植物原生境保护小区，开展珍稀濒危物种引种培育，推进濒危野生植物就地、迁地保护，支持有条件的市县建立珍稀植物园。

（3）栖息地保护

开展珍稀野生动植物栖息地调查，确定重要栖息地名录。加强野生动物集中分布区、生态廊道、迁徙通道、饮水点等区域监管，依法打击破坏栖息地行为。

（4）古树名木保护

开展古树名木资源补充调查，及时更新古树名木数据库，落实行政主管部门责任。对黄帝陵、仓颉庙等古树群落实施整体保护，对黄帝手植柏、老子手植银杏等具有重要历史价值和纪念意义的古树名木定期开展健康体检，因树施策，采取抢救、复壮等相应措施。

（5）种质资源保护

推进红豆杉、白皮松、杜梨等国家种质资源库建设工作。开展黄河流域种质资源调查、收集，加强柴松、红豆杉、庙台槭、陕西卫矛、紫斑牡丹、翅果油树、野生蕙兰、华山新麦草、沙芦草、太白红杉等珍稀野生植物的保护和利用，申报建设一批国家种质资源原地保存库、乡土树种采种基地、林木良种繁育基地，不断提升良种生产和供应能力。

4.4 生态空间提质增效

（1）精准提升森林质量

以黄龙山、桥山、关山等林区为重点，采取中幼林抚育、封山育林、退化林修复等措施，每年营林 80 万亩以上，持续提升森林生态功能。建设一批以珍稀树种和大径级用材林为主的国家储备林基地，到2030年达到160万亩。

（2）健全天然林修复制度

完成天然林保护工程二期评估工作。落实生态保护红线及天然林保护修复制度方案，出台《天然林保护修复制度方案实施意见》，组织编制《天然林保护修复规划》。加快推动天然林保护地方立法，建立天然林保护修复制度体系。对稀疏退化的天然林，采取人工促进、天然更新等措施，加快森林正向演替。

（3）提升退耕还林还草质量

积极推动已实施退耕还林还草土地的用途和权属变更登记，并将其纳入生态空间。持续巩固退耕还林还草成果，优化林分结构，精准提升低质低效林质量。坚持不懈开展退耕还林还草，鼓励符合条件的地方全部退耕还林还草，实现应退尽退。

（4）推进荒漠化综合治理

严格执行《中华人民共和国防沙治沙法》《沙化土地封禁保护修复制度方案》，科学编制《陕西省防沙治沙规划》；健全沙地用途管制和沙区植被保护制度；开展沙化土地综合治理和盐渍化土地改造，每年治理沙化土地90万亩以上；采取封沙育林、平茬复壮、补植补造等措施，改造沙蒿、沙柳、花棒、踏郎等低效林，优化沙区植被结构，提升百万亩樟子松林分质量。

（5）改善灌木林结构

实施退化林修复工程，适度栽植油松、侧柏、山桃、山杏等乡土树种，调整树种结构，增加乔木比例，改善林分质量。在毛乌素沙地以南、黄桥林区以北生态脆弱和敏感区，重点加强退化灌木林抚育经营，提高森林生态系统稳定性。

4.5 生态空间增绿

（1）修复草原生态系统

科学规划，分区施策，采取人工种草、围封禁牧、补播改良等措施，开展退化草原修复，恢复草原植被，增强草原生态系统自我修复能力，力争到2030年使草原综合植被盖度达到60%以上。

（2）修复湿地生态系统

落实《全省湿地保护修复制度方案》，实施湿地保护修复工程，坚持自然修复为主，人工修复为辅，加强对黄河、渭河、无定河等流域退化湿地生态系统的综合治理，增强涵养水源能力，维护生物多样性，协同推进湿地生态系统的保护与修复。

（3）实施困难立地生态重建

落实《黄河流域重点区域生态修复建设方案》《实施沿黄防护林提质增效和高质量发展工程的意见》，加强抗旱节水等造林技术的研究应用，实施关中北山、白于山区、毛乌素沙地、黄河沿岸的生态重建，抓好子午岭西部高原沟壑区生态经济型防护林基地、黄土丘陵沟壑区百万亩水土保持林基地、黄土高原综合治理示范县建设，加强陕北能源化工基地生态保护修复。

（4）推进森林城市建设

统筹森林城市、森林乡村创建，巩固已有成果，推进森林城乡升级。加快咸阳、铜川、渭南和韩城市国家森林城市创建步伐，持续开展省级森林城市创建。实施“三化一片林”绿色家园建设，创建一批有特色的国家森林乡村。

（5）创新义务植树模式

落实《全民义务植树尽责形式管理办法》，创新尽责形式，拓宽尽责渠道，探索建立先造后补、以奖代补、购买服务、赎买租赁、以地换绿等机制，推广“互联网+全民义务植树”模式，引导各方面参与国土绿化。

4.6 生态产业富民

（1）加快特色经济林发展

推广丰产栽培管理技术，加快低产园改造和品种改良，推行产品标准化、绿色及有机化生产。严格执行花椒、核桃、冬枣等特色经济林综合体标准，打造一批标准化示范园和示范基地，加大红仁核桃推广栽培力度，建设一批高质量特色经济林产业重点县。到2030年，使特色经济林达到1200万亩以上，其中高产高效林达到60%。

（2）加强林下种植养殖

依托秦岭、关山、黄龙、桥山林区丰富的森林资源，大力发展中草药种植、中蜂养殖和林产品采集加工，有序发展林下养殖和木耳等食用菌栽培，积极推进省级林下经济示范基地建设。

（3）推进苗木花卉产业

以关中苗木花卉产业园区为龙头，辐射带动渭北黄土高原特色苗木花卉产业发展。按照区域化布局，引进、繁育和推广相结合，重点推进关中地区省级苗木花卉产业示范园和示范县建设。拓宽苗木花卉销售渠道，大力发展电子商务，建立完善关中环线集散地和交易市场。

（4）建设生态富民体系

坚持生态产业化和产业生态化，开展森林生态标志产品、地理标志产品、有机产品的认定和认证。鼓励林业龙头企业、合作社创建生态产品服务平台，开发一批特色生态产品，打造一批知名品牌，发展林特产品电子商务平台，形成一批有竞争力的拳头产品。巩固和发展生态脱贫成果，构建生态富民产业新格局。

4.7 生态服务体系建设

（1）促进森林康养产业

编制陕西省森林康养基地建设规划，提出以秦岭北麓、黄桥、关山等为重点的森林康养基地名录，推进示范基地建设。部门联动，合力推动森林康养基地的业务培训、基础设施建设、康养项目落地、服务项目规范化等工作，使其成为黄河流域生态富民和生态服务的新业态。

（2）建设自然体验基地

打造以黄河流域人文、水资源等为主题的自然体验基地、生态文明教育研学基地，深入开展多种形式的自然体验和生态教育活动，弘扬黄河文化，传承发扬延安精神、榆林治沙精神，提升公众生态文明意识。

（3）做强做大生态旅游

立足黄河流域生态资源，积极推进以自然公园等为主体的生态旅游产业发展，完善基础设施，提升景区建设标准。打造以黑河大峡谷、太白山、傥骆道、山水温泉为代表的秦岭七十二峪美丽田园乡村旅游带，推进以华山、乾坤湾、壶口瀑布、关山草原、卤阳湖湿地为目的地的自然观光旅游带，推广以沿黄公路为主轴的生态休闲旅游带，构建黄河生态旅游大格局。

（4）传播生态文化

充分利用植树节、荒漠化日、爱鸟周等纪念日，深入宣传退耕还林、榆林治沙、野生动物保护成效，传播黄河生态文化。以区域历史文化为特色，创建打造集生态、科普、文化、休闲与旅游于一体的城市森林文化主题公园。培育生态文化产品，鼓励开展以生态空间治理为主题的文创、绘画、摄影和影视创作，彰显黄河保护治理文化，形成母亲河特色生态文化体系。

4.8 生态安全体系建设

（1）加强森林草原防火

组织编制森林草原火灾预防实施方案，完善森林草原防火技术指南与标准，建立防火信息化智能预警系统。严格落实防火责任制，加强森林防火基础设施建设，开展防火巡护、火源管理等工作，将森林火灾受害率控制在0.9‰以内。对黄帝陵、华山、延安三山等重点区域严防严守，确保安全。

（2）做好有害生物防治

推进《陕西省林业有害生物防治检疫条例》颁布实施。开展林业有害生物监测调查，制定主要有害生物防治方案，重点预防松材线虫病输入、美国白蛾扩散，做好红脂大小蠹防控。完善林业有害生物检疫检查站布局，加强人员培训和制度建设，提升有害生物监测防治水平。将林业有害生物成灾率控制在4.6‰以内。

（3）落实野生动物疫源疫病防控

建立健全陆生野生动物疫源疫病监测防控管理体系，筹建“一个中心、两个场所”陆生野生动物疫病诊治隔离场所，实施重大动物疫情应急防控物资储备，提升18个国家级监测站监测防控能力。突出重点时期，加强日常监测，发挥主动预警作用。强化病残弱野生动物收容救护，做好尸体无害化处理，阻断传染源和传播途径，维护公共卫生安全。

（4）提升应急管理能力

坚持以人民为中心，加强应急预案管理，修订完善《陕西省重大林业有害生物防控应急预案》《陕西省陆生野生动物疫源疫病防控应急预案》《陕西省重大林业生态破坏事故应急预案》《陕西省重大沙尘暴应急预案》，落实各环节责任和措施，提高预案针对性和可操作性，筑牢防范化解重大生态安全风险防线。

第五节　长江流域生态空间精准治理

5.1　自然保护地建设

（1）积极推进国家公园建设

加快秦岭国家公园和大熊猫国家公园秦岭片区建设步伐。积极推进秦岭国家公园规划编制工作，加快筹建进程，将生态系统中最重要、自然景观最独特、自然遗产最精华、生物多样性最富集等生态核心区域纳入秦岭国家公园，创建以秦岭国家公园为主体的自然保护地体系新体制、新机制、新模式。

（2）加强自然保护地管理

根据中共中央办公厅、国务院办公厅《关于建立以国家公园为主体的自然保护地体系的指导意见》，与生态保护红线衔接，配合完成全省自然保护地整合优化工作。结合自然保护地整合优化结果，组织协调对自然保护地进行勘界立标，在重要地段、重要部位设立界桩和标识牌。对自然保护区，加强基础设施建设，提升保护能力；对风景名胜区、地质公园、森林公园、湿地公园等自然公园，提升管理能力，落实管理责任。

（3）开展自然保护地监测

结合自然保护地整合优化成果，开展新一轮资源专项调查。加大资金投入，科学开展动态监测，精准建立资源数据库，建成资源管理信息化平台，构建资源调查监测体系。科学分析和客观评价自然资源和生态环境保护修复治理的成效。

5.2 森林守卫行动

（1）加强天然林保护

贯彻落实《天然林保护修复制度方案》，完善天然林保护制度，根据生态区位重要性、生态脆弱性、物种珍稀性、自然恢复能力等多种因素，划定天然林保护重点区域。坚持规划引领，积极推进市级天然林保护规划编制工作，完成县（区）级天然林保护实施方案编制，实行自然恢复为主、自然恢复与人工修复相结合的系统治理，精准施策、稳步推进，有序改善天然林分结构，提高森林质量。优化天然林管护与公益林补偿政策，全面落实国家公益林森林生态效益补偿，解决地方公益林森林生态效益补偿问题，逐步提高补偿标准。

（2）严格林地和林木管理

贯彻执行《森林法》《陕西省秦岭生态环境保护条例》和使用林地许可管理制度，严守生态红线，严格控制林地转为非林地，严把占用林地项目准入、审批关口，依法依规审核占用、使用林地。认真执行森林采伐限额制度，强化林木采伐源头管理，规范采伐许可程序，严格控制森林、林木消耗量。全面禁止天然林商业性采伐。强化林地、林木安全管理，依法打击各类破坏林地、林木违法犯罪行为，确保林地保有量不减少和年度森林采伐限额、林木消耗蓄积指标不突破。

（3）加大封山育林力度

严格落实《陕西省封山禁牧条例》，统筹协调林区群众生产生活及林副产品经营等现实需求，因地制宜划定封山禁牧区。坚持以封为主、应封尽封的原则，科学界定封山育林对象，扩大封山育林实施范围，对生态脆弱区域严格实行封禁，减少人为干预和破坏，扎实开展人工促进天然更新等措施，提高林分质量。落实各级政府目标责任制，切实保护生态建设成果。

5.3 野生动植物保护

（1）加强珍贵濒危野生动物保护

适时开展野生动物资源普查、专项调查，加强野生动物巡护监测、收容救护、疫源疫病体系建设，完善日常监测预警机制，提升保护管理能力和水平。持续开展朱鹮野化放归工作，推进林麝养殖标准化、规范化、产业化。加强对大熊猫、金丝猴等珍贵濒危野生动物保护，切实保护好珍贵濒危野生动物资源。

（2）加强野生珍稀濒危植物保护

开展野生植物资源普查、专项调查，修订重点保护野生植物名录，建立野生极小种群植物、珍稀濒危植物、特有植物资源档案、种质资源库与遗传资源基因库；积极推进红豆杉、珙桐等珍贵野生植物繁育基地及原生境保护小区建设，推进珍稀野生植物引种培育，修建迁地保护设施，大力支持珍稀濒危植物园建设。加大残存天然原始林和古树名木保护力度。

（3）加强重要物种栖息地保护

组织开展珍稀野生动物栖息地调查与监测工作，把野生动物保护同栖息地保护相结合，把栖息地保护和完整生态系统保护相结合，制定野生动物栖息地保护相关规划和措施，完善重要栖息地保护设施和标识建设，依法打击危害野生动物食源地安全和破坏栖息地的行为。对受到严重破坏的重要物种栖息地、天然集中分布区、破碎化的典型生态系统制定修复方案和行动计划，进行抢救性修复，大力推进大熊猫等珍稀野生动物廊道建设及重要保护物种栖息地保护恢复工程。

（4）严厉打击非法采挖捕猎行为

认真贯彻《中华人民共和国野生动物保护法》《中华人民共和国野生植物保护条例》等法律法规，配合做好立法和修订工作，发挥部门联席会议制度作用，强化与公安、农业、水利、市场监管、网信办等部门联合执法，严厉打击乱捕乱猎、乱采乱挖等违法行为，巩固“打击整治破坏秦岭野生动物资源违法犯罪专项行动”成果，切实保护好野生动植物生存环境。

5.4　青松保卫行动

（1）加大松材线虫病防控力度

健全林业有害生物监测预警体系，加强松材线虫病等主要林业有害生物监测调查，开展检疫封锁，落实松材线虫病防治任务，加强松材线虫病疫木除治，组织开展松褐天牛防治，定期公布松材线虫病疫点，加强科技攻关，科学选择抗松材线虫病的树种进行更新，全力遏制松材线虫病危害。

（2）探索林业有害生物防控新机制

修订《陕西省处置重大林业有害生物灾害应急预案》，签订《重大林业有害生物防控目标责任书》，争取将松材线虫病等主要林业有害生物防控目标任务完成情况列入政府目标责任考核体系。充分发挥各级政府重大林业有害生物防控指挥机构的组织领导作用，督促各成员单位相互协作，密切配合，共同做好松材线虫病等重大林业有害生物防控工作。建立区域重大林业有害生物联防联控组织，开展联防联治。加强对社会化防治组织的监督和指导，推动林业有害生物社会化防治工作健康发展。推行重大防治项目公开招投标制、监理制、技术人员跟班作业制和绩效承包制，提高防治质量和效果。

5.5 水源地生态保护

（1）加强南水北调水源地生态保护

开展汉江、丹江、嘉陵江等干流与主要支流两侧直观坡面生态脆弱退化区分布及状况调查，实施困难立地生态修复；在南水北调水源地、引汉济渭水源地及其他重要水源地江河沿线，大力开展防护林建设、中幼林抚育及低效林改造，提高林分质量和增强水源涵养能力，建设汉江、丹江、嘉陵江生态廊道，确保水源地生态安全。

（2）推进重要湿地保护修复

切实抓好《全省湿地保护修复制度方案》落实，协同推进湿地生态系统保护修复。重点加强湿地类型自然保护地内自然湿地和重要湿地保护修复和管理，维护湿地生态功能和生物多样性。开展重要湿地认定调查，更新重要湿地名录，做好重要湿地落界，逐步完善湿地监测体系，建立湿地资源数据库及管理信息平台。

（3）探索小微湿地建设新模式

以维护生态系统健康和提供湿地生态服务为宗旨，选择基础条件较好的天然或人工湿地，结合湿地展示、湿地宣传、生态教育、生态休闲等工程，重点建设一批综合功能强、具有示范意义的小微湿地，助力乡村振兴工程，促进区域生态文明建设和社会经济全面健康发展。

5.6 扩绿增美行动

（1）持续推进退耕还林还草

严格耕地保护，按照国务院批准的地类和规模，有序开展新一轮退耕还林还草，对 25° 以上陡坡耕地、重要水源地 15° 以上坡耕地、严重污染耕地等退耕地类，做到应退尽退。因地制宜发展核桃、板栗、花椒等特色经济林产业，实行精细化管理，持续巩固退耕还林成果。

（2）加强重点区域生态修复

“飞、封、造”结合，优先开展城镇周边、主要道路与河流沿线直观坡面的生态修复，鼓励在火烧迹地、松材线虫病及其他有害生物清理地、生态移民搬迁等重点区域开展生态修复；加强困难地和秦岭中高山森林草原生态修复理论研究，积极探索困难立地修复和秦岭中高山森林草原修复新模式。

（3）加大森林抚育力度

依托中央财政森林抚育补贴项目，完善森林经营技术措施，开展森林质量精准提升关键技术的研究应用。针对重点生态区域，以提高水源涵养生态功能为目标，发展以中高山山地培育高效水源涵养林，低山培育以水源涵养为主的多功能生态林，推广多功能近自然森林经营技术，科学实施各项抚育措施，促进森林生态系统健康稳定发展，充分发挥森林多种生态服务功能。

（4）开展低质低效林改造

依托林业重点工程，加大低质低效林改造力度。以提质增效为出发点，对林分质量不高、防护功能不强的林分采取人工促进天然更新、补植补造等措施，逐步优化树种结构，修复和提升森林生态系统功能。

（5）推进国家战略储备林建设

按照《陕西省国家储备林建设规划》，依托长江流域优越的自然条件，重点发展红豆杉、栓皮栎、桦木、漆树、榉树、椴树等珍稀树种和大径级用材林，通过人工林集约栽培，建设一批国家储备林示范基地。积极创新林业投融资机制及金融产品和服务，充分发挥财政资金引领作用，形成财政资金、金融资金和社会资金合力。严格执行国家储备林基地建设标准和程序要求，不断探索和总结大型营造林工程系统化精细化管理新模式、新样板。

5.7　绿色共享建设

（1）提升森林生态旅游品质

依托青山、绿水、文脉、美景等优质自然景观资源，积极推进以森林公园、湿地公园、地质公园和风景名胜区等为主体的自然公园生态旅游业发展，完善基础服务设施建设，加大宣传力度，打造一批精品旅游线路，建设一批国家森林康养基地和自然教育体验基地，促进地方经济发展和群众增收。

（2）推介传播生态文化

积极举办“世界野生动植物日”“世界湿地日”“爱鸟周”等系列科普宣传教育活动，实施生态宣传推介，倡导生态保护新理念，提高全社会生态保护意识。创作一批高质量的文创、绘画、摄影等生态文化产品，定期举办大熊猫、朱鹮等文化主题作品展，多渠道、多形式进行生态文化宣传，展现长江流域特色生态文化。

（3）持续推进森林城市建设

巩固提升国家森林城市建设成果，以创建省级森林城市为抓手，以城镇建成区、廊道绿化为重点，广泛开展大地植绿、身边增绿行动，不断提高城乡绿化覆盖率，提升绿化品质，改善城乡人居环境。

（4）推进森林乡村建设

积极推进乡村绿化美化工作，重点加强路网、水网体系和庭院绿化改造提升，建设一批“三化一片林”森林乡村，提高群众绿色福祉，为实现乡村振兴夯实生态基础。

（5）提升生态公共服务能力

加强生态服务效能评估，科学测算生态服务增量，探索建立基于生态系统生产总值（GEP）的生态服务评价体系，识别生态服务重点区域，研究生态服务方案和实施路线图，优化自然体验、生态教育、游憩休闲、健康养生养老等为一体的生态服务体系，提升生态公共服务能力。

5.8 绿色富民服务

（1）加大特色经济林提质增效力度

以提质增效为目标，以科技支撑为手段，加快低产低效经济林改造和良种推广。严格执行经济林综合体标准，以核桃、板栗、油茶、花椒等特色经济林为主，打造一批具有秦巴特色的地理标识林产品，建设一批具有示范引领作用的产业基地，扶持一批辐射带动能力强的龙头企业，大幅提升林业富民产业在农户收入中的比例，提高优质生态产品供给能力。

（2）推动林下经济高质量发展

依托长江流域丰富的森林资源和优越的自然条件，按照规模化、产业化、标准化要求大力发展林下经济产业。重点扶持发展以中草药为主的林下种植和以林禽、林蜂以及林麝等非食用性特种养殖为主的林下养殖产业，引导群众有序发展木耳、香菇为主的林菌等周期短、见效快的绿色富民产业，推广林魔间作等复合经营模式，建设一批有特色、成规模、效益好的省级林下经济示范基地，切实增加群众收入。

（3）大力扶持林产品精深加工

扶持林产品精深加工技术研发，积极培育壮大林业龙头企业，加快创建国家级产业示范园区，大力推广“龙头企业 + 合作社 + 农户”产业化发展模式，加大创新力度，提升冷链储运能力，延长产业链，提高林产品附加值，推进区域林业品牌建设，打造一批具有鲜明秦巴特色的林业生态产品和品牌，提升长江流域林产品知名度和竞争力。

5.9 生态安全建设

（1）加强林业有害生物检疫工作

严格执行《全国检疫性林业有害生物疫区管理办法》《陕西省林业有害生物防治检疫条例》，严格检疫封锁，完善重大林业有害生物道路检疫封锁体系，加强检疫技术培训，规范检疫工作流程，组织开展检疫检查和检疫复检，切断疫情传播途径。按照《陕西秦岭外来林业有害生物应急防控预案》要求，做好外来林业有害生物防控工作，维护林业生态安全。

（2）加强森林草原火灾预防体系建设

组织编制森林和草原火灾防治实施方案，建立防火信息化智能预警系统，制定重要防火区（点）指南与标准。加强森林防火基础设施建设和物资储备，深入开展防火巡护、火源管理、火情早期处理等工作，严格落实防火责任制，加强火灾预防。

（3）加快生态资源执法体系建设

利用防火、交通等现有监控资源，科学合理加密监控设备，强化生态空间执法监管力度。整合现有林业行政执法力量，组建林业行政执法队伍，加大执法人员培训，保障执法经费，配套执法设施设备，与相关部门建立联动机制，严厉打击破坏森林、草原、湿地、野生动物、珍贵树木等生态资源的违法行为，确保生态空间资源安全。

（4）提升应急管理能力

修订完善《陕西省重大林业有害生物防控应急预案》《陕西省陆生野生动物疫源疫病防控应急预案》《陕西省重大林业生态破坏事故应急预案》，提高预案针对性和可操作性，落实各环节责任和措施，强化部门协作，提升应急预案管理能力，加强人员与物资配备，筑牢防范化解重大生态安全风险防线。

5.10　生态卫士建设

（1）加强生态卫士队伍建设

按照“政治强、业务精、形象好”的总体要求，坚持“内强素质、外塑形象”，加快生态卫士体系化建设，增强生态卫士战斗力。以生态卫士学院为依托，抓好生态卫士专题教育和技能竞赛活动，培养一批政治坚定、技能过硬、勇于担当的生态卫士，为加快推进陕西生态空间治理体系和治理能力现代化提供坚强保障。

（2）探索生态补偿新机制

建立健全长江流域生态补偿机制，加大重点生态功能区生态保护补偿力度，逐步引入生态保护红线相关生态补偿政策，探索公益林横向生态补偿机制，推动省级公益林生态补偿机制落实落地，提高补偿标准，加强公益林生态效益补偿精准兑付，落实天然林商业停伐补助。进一步明确生态补偿量化指标，按照“谁受益谁补偿”的原则，建立市场化、多元化生态补偿机制，将生态保护补偿与精准脱贫有机结合，对具有特殊生态贡献的地区实施特殊补偿。

（3）加大资金保障力度

积极争取中省建设资金、专项资金的支持，加大有害生物防控、森林防火、野生动植物保护和低质低效林改造等方面的资金投入力度。充分利用金融政策，争取国际、社会组织援助资金和优惠贷款，为长江流域生态空间治理提供资金保障。

（4）健全法治保障体系

配合修订、制定《陕西省实施〈中华人民共和国野生动物保护法〉办法》《陕西省森林管理条例》《陕西省天然林保护条例》《巴山生态环境保护办法》等地方性法规，不断完善相关配套法律制度。严格执行《森林法》《野生动物保护法》《长江保护法》《陕西省林业有害生物防治检疫条例》等法律法规。加强法治培训，加大普法宣传，理顺执法体制，强化执法监督，全面提高依法治理能力。大力推进实施林长制，全力推进生态空间治理科学化、规范化、法治化进程。

（5）加强生态空间治理信息化建设

加强长江流域生态空间资源监测，建立生态空间云平台，通过云计算、物联网、移动互联、大数据及人工智能等信息化技术手段，按照“一个中心，多级管理，全域监控”的要求，加快推动长江流域生态空间治理实现信息化、智慧化、感知化。

（6）加快生态空间治理创新

加大科技投入，加强科研管理，提升创新能力，全力推进科技创新支撑生态空间治理高质量发展。加强与林业科研院校合作，加大林业科技创新力度，开展长江流域生态空间治理研究，逐步形成长江流域生态空间治理理论和技术体系。坚持把科技创新与促进林业发展、科技研究与成果应用紧密结合，不断加快林业科技新成果推广转化，全面促进生态空间治理事业。

第六节　生态空间治理创新路径

6.1　生态空间理论创新

（1）创新生态空间治理理论

加强生态空间基础研究，科学认知生态空间结构及特征，深入研究自然生态系统的机理机制，促进自然、生态、人文、地理等学科的交叉融合，丰富创新生态空间理论，科学指导生态空间治理工作。

（2）加强自然资源调查监测

推进森林、草原、湿地、荒漠等自然资源调查监测，建立生态空间类型、数量、分布等特征信息库，进行生态空间状况评估，编制生态空间分类地方标准，规划生态空间治理分区，提升生态空间治理效能。

（3）建立生态空间治理技术体系

集成创新生态空间治理关键技术，制定生态保护、生态修复、生态重建、生态富民、生态服务和生态安全等领域管理规范与技术标准，拓展生态空间理论支撑。

6.2　生态保护创新

（1）探索生态空间分类管控机制

精准把握自然生态系统结构、特征和演化规律，优化分区管控方式，构建核心生态空间、管控生态空间、一般生态空间和共享生态空间大保护格局，建立健全生态空间分级管控体系。

（2）创新自然保护地建设模式

开展大熊猫国家公园、秦岭国家公园管理体制和公众参与治理机制研究，构建建设与管理标准化、规范化体系。整合优化各类自然保护地，创新管理体制机制，实行各类自然保护地差别化管控，增强核心生态空间服务功能。

（3）强化森林资源保护机制

提升森林资源监测水平，创新林地资源分类分级管理体系，探索天然林保护和公益林保护并轨制度，建立健全森林健康经营机制。

（4）完善野生动植物保护制度

开展野生动植物资源普查、专项调查，研究完善重点保护陆生野生动植物名录。强化重要区域生物多样性专项调查、监测和风险评估，建立野生动植物保护全民参与机制。加强大熊猫、朱鹮等珍稀野生动物保护、繁育及野化放归研究。完善野生动物收容、防疫、救护及抢救性保护制度。

（5）加强种质资源保护

开展种质资源普查，加强重点物种种质资源收集和保存，建立种质资源保存库，创新利用优良种质资源，促进生态空间提质增效。

6.3　生态修复创新

（1）开展生态修复区划与评价

加强自然生态系统承载力研究，确定生态系统修复重点区域，构建生态修复适宜性评价体系，建立森林、草原、湿地、荒漠及过渡区的生态修复路径，创新生态修复模式。

（2）开展生态修复科技攻关

研究陕北白于山、黄河沿线、关中北山及秦巴坡脚等重点区域生态修复关键技术。建立健全天然林、草原、湿地及沙化土地封禁保护与修复技术体系，建立示范样板，促进生态系统正向演替。

（3）研究生态修复管控机制

探索建立生态修复治理全程管控机制，构建“政府主导、政策扶持、社会参与、开发式治理、市场化运作”的生态修复管控模式。创新先造后补、以奖代补、购买服务、赎买租赁、以地换绿等国土增绿形式，统筹推进各项生态修复工程。

6.4 生态重建创新

（1）开展生态重建调查与区划

加强生态重建区与退化生态系统的监测与评估，构建生态重建区的承载力评价体系，建立典型困难立地生态重建路径，分类施策，集成创新生态重建机制和技术模式。

（2）创新生态重建技术体系

研究偏远山区、土石山区、废弃矿区、移民腾空区、荒漠荒地等生态重建关键技术，构建生态重建技术方法与标准体系，实施一批重点区域生态重建工程，让濒临崩溃的重点区域恢复生态功能。

（3）探索生态重建体制机制

探索三北防护林、退耕还林还草、京津风沙源治理等重大工程生态重建新机制，加强乡土树种选育、生产和推广使用，总结有效做法和成功经验，完善相关制度措施，提高重点工程建设质量。

6.5 生态富民创新

（1）构建生态富民产业体系

加强林业产业开发与利用技术一体化研究，创新特色经济林提质增效、高标准经济林建园、林产品精深加工技术体系，探索区域化和园区化集中发展模式，构建生态空间治理工程与生态富民增收新模式。健全生态产品标准、认证及标识体系。完善生态产品示范推广和基地建设等支持政策，推动生态产业富民。

（2）规范野生动植物繁育

依法评估野生动植物人工繁育、野生动物与人工驯化动物，确定野生动物人工养殖名录，制定野生动植物人工养殖规范和标准，协同推进野生动植物保护。

（3）创新绿色发展模式

研究国有林区绿色循环经济发展模式，增强林区林场发展内生动力。健全集体林地“三权”分置运行机制，赋予商品林经营主体更多自主权，合理引导金融资本和社会资本进山入林，创新生态富民模式。

（4）完善生态补偿机制

探索生态空间保护与修复多元化投入机制，建立健全森林、草原、湿地、荒漠生态效益补偿办法，完善野生动物肇事补偿制度。建立健全退耕还林、护林员、公益性岗位等生态补偿机制。

6.6 生态服务创新

（1）构建生态服务体系

加强生态服务效能评估，科学测算生态服务增量。识别生态服务重点区域，研究生态服务方案和实施路线图。研发以森林康养、自然体验、生态旅游、生态文体与教育为一体的综合服务体系。

（2）建设生态服务平台

挖掘特色的生态产品，构建森林康养、自然体验、生态游览观赏等服务平台。总结森林城市、森林乡村及森林文化小镇建设有效做法和成功经验，加大推广力度，提升生态服务能力。

（3）探索生态文明教育机制

深度挖掘秦岭祖脉、黄河母亲等文化积淀，研发一批主题突出的生态文化产品，推广普及自然教育模式，巩固提升生态文明教育示范基地，完善森林体验基地和国家步道建设，建立生态文明教育长效机制。

6.7 生态安全创新

（1）构建生态安全体系

研究生态空间安全风险影响因素，加强生态安全监测和管控，建立生态空间风险的预警机制，增强生态风险快速响应和处置能力，促进生态系统良性循环，维护生态空间安全。

（2）建立有害生物防控机制

研究修订突发重大林业有害生物事件应急处置办法，建立严密的疫情封锁机制。完善有害生物监测、检疫、防治相关制度，建立健全有害生物防治关键技术方法与标准体系。加快出台《陕西省林业有害生物防治检疫条例》。

（3）创新森林草原防火机制

研发森林草原防火信息智能化监测预警系统，完善森林草原防火技术指南与标准，制定火灾损失评估办法。建立防火巡护、火源管理、防火设施建设、火情早期处理等管理机制。

（4）健全野生动植物疫源疫病监管体系

加强野生动植物疫源疫病监测，加快重点疫情防控技术研究，推动制定应急预案。研究制定野生动物特殊保护与一般保护制度，依法构建野生动物人工繁育场所隔离技术体系，出台相关管理办法，协同推进野生动植物保护与公共卫生安全保障。

6.8 生态空间法治

（1）推进实施林长制

研究全省各级林业部门机构设置，推动建立全省统一的林业行政管理机制和生态卫士体系。探索建立覆盖生态空间资源的林长制，制定《陕西省林长制实施意见》，全力推进生态空间治理科学化、规范化、法治化进程。

（2）构建生态空间法制体系

加强生态空间法治建设研究，开展现有法律法规对生态空间治理的适宜性评价，提出生态空间治理制度建设意见。推动自然保护地、天然林保护、湿地、草原、荒漠等重要领域地方立法与修订。推动制定《陕西省生态空间治理条例》。

（3）理顺生态空间执法体制

研究理顺生态空间行政执法体制，推动综合行政执法制度建设，制订大熊猫国家公园陕西省管理局资源环境综合执法方案，建立健全多部门联合执法机制。

（4）完善执法监督机制

研究推动行政执法公示制度、执法全过程记录制度和重大执法决定法制审核制度。完善监管规则、标准和信用惩戒、“互联网＋监管”等现代监管措施。健全重大事项法制审查制度、执法责任追究制度和复议诉讼责任倒查追究制度。

6.9 生态空间能力建设

（1）优化科技创新平台

加强国家、省部级重点试验平台建设，加速科技创新与成果转化，组建陕西省生态空间研究院，明确生态空间治理重点任务，加快生态空间治理科研和示范推广。

（2）建立生态空间治理“一张图”

研究编制陕西省生态空间治理智慧化框架方案，利用互联网、云计算、大数据等技术，搭建智慧化综合平台，推进陕西生态空间治理“一张图”建设。

（3）加强创新人才制度建设

加强生态空间治理人才队伍建设，创新人才引进和培养机制，优化职称职级岗位设置和技能鉴定，完善创新人才制度和激励机制。

（4）创新资金投入机制

探索开展生态空间治理创新投融资机制，设立生态空间创新发展专项资金。建立生态空间治理、修复、保护示范工程申报制度，鼓励开展各种科技创新示范活动。

6.10　生态空间治理战略

（1）开展生态空间规划战略研究

研究统一规范的生态空间规划编制机制，制定生态空间规划编制指引和技术规范，鼓励各地开展生态空间规划试点，科学指导《陕西省生态空间治理中长期规划》编制，逐步建立起战略规划为统领、专项规划为支撑的陕西省生态空间治理规划体系。

（2）探索生态空间治理有效模式

研究不同区域、不同发展阶段生态空间建设的有效模式，总结有效做法和成功经验，制订《陕西省生态空间治理试点方案》。开展重点县（市、区）生态空间治理先行示范区建设，完善相关技术措施，创新生态空间治理制度。

参考文献

[1] 李宏伟. 深刻把握习近平生态文明思想的基本要义 [J]. 党建，2019（07）23-24

[2] 周宏春. 准确把握习近平生态文明思想的深刻内涵 [EB/OL]. (2018-05-21)[2022-06-11]. http://opinion. people. com. cn/n1/2018/0521/c1003-30003700. html

[3] 坚定不移沿着中国特色社会主义道路前进，为全面建成小康社会而奋斗——在中国共产党第十八次全国代表大会上的报告 [R/OL]. (2012-11-08)[2013-08-01]. https://www. 12371. cn/2012/11/18/ARTI1353183626051659_all. shtml

[4] 中共中央关于全面深化改革若干重大问题的决定 [R/OL]. (2013-11-15)[2023-10-15]. https://www. gov. cn/jrzg/2013-11/15/content_2528179. htm

[5] 中共中央、国务院. 关于加快推进生态文明建设的意见 [R/OL]. (2015-04-25)[2022-05-05]. https://www. gov. cn/xinwen/2015-05/05/content_2857363. htm

[6] 中共中央、国务院. 生态文明体制改革总体方案 [R/OL]. (2015-09-21)[2022-05-05]. https://www. gov. cn/guowuyuan/2015-09/21/content_2936327. htm

[7] 中共中央办公厅，国务院办公厅 . 省级空间规划试点方案 [R/OL]. (2017-01-01)[2022-05-05]. https://baike. so. com/doc/25599488-26647530. html

[8] 国务院. 全国国土规划纲要 (2016-2030 年)[R/OL]. (2017-02-05)[2022-05-07]. https://landchina. mnr. gov. cn/tdgh1/201702/t20170205_6818302. htm

[9] 中共中央办公厅，国务院办公厅. 关于划定并严守生态保护红线的若干意见 [R/OL]. (2017-01-24)[2022-11-12]. https://www. guoturen. com/guihua-393. html

[10] 国土资源部. 自然生态空间用途管制办法 (试行)[R/OL]. (2017-03-24)[2022-11-12]. https://www. mnr. gov. cn/gk/tzgg/201704/t20170424_1992172. html

[11] 中共中央办公厅，国务院办公厅. 建立国家公园体制总体方案 [R/OL]. (2015-05-08)[2022-11-12]. https://baike. so. com/doc/25775828-26911363. html

[12] 不忘初心、牢记使命，高举中国特色社会主义伟大旗帜，决胜全面建成小康社会，夺取新时代中国特色社会主义伟大胜利，为实现中华民族伟大复兴的中国梦不懈奋斗——在中国共产党第十九次全国代表大会上的报告 [R/OL]. (2017-10-08)[2022-08-01]. https://www. sohu. com/a/198818661_777860

[13] 推动我国生态文明建设迈上新台阶——在全国生态环境保护大会上的报告 [R/OL]. (2018-05-19)[2022-08-01]. http://www. xinhuanet. com/politics/2018-05/20/c_1122857971. htm

[14] 中共中央 国务院关于建立国土空间规划体系并监督实施的若干意见 [R/OL]. (2019-05-23)[2022-08-01]. https://www. gov. cn/zhengce/2019-05/23/content_5394187. htm

[15] 中共中央办公厅，国务院办公厅. 关于建立以国家公园为主体的自然保护地体系的指导意见 [R/OL]. (2019-06-26)[2022-08-01]. https://www. gov. cn/zhengce/2019-06/26/content_ 5403497. htm

[16] 中共中央关于坚持和完善中国特色社会主义制度 推进国家治理体系和治理能力现代化若干重大问题的决定 [R/OL]. (2019-11-15)[2022-08-01]. https://www. gov. cn/zhengce/ 2019-11/05/content_5449023. htm

[17] 唐杭. 面向自然资源管理与国土空间用途管制的国土空间用地分类探索——以上海为例 [J]. 上海国土资源，2021，2095-1329

[18] 周颖，濮励杰，张芳怡. 德国空间规划研究及其对我国的启示 [J]. 长江流域资源与环境，2006，15（4）：409-414

[19] 王筱春，张娜. 德国国土空间规划及其对云南省主体功能区规划的启示 [J]. 云南地理环境研究，2013，25（1）：44-52

[20] 茹小斌，祖健，张力文，等. 国土空间规划对生态文明建设的推动作用—德国经验启示及海淀区的探索 [J]. 国土资源情报，2019，（4）：8-14

[21] 李志林，包存宽，沈百鑫. 德国空间规划体系战略环评的联动机制及对中国的启示 [J]. 国际城市规划，2018，33（5）：132-137

[22] Ulrike W. Strategic Environmental Assessment in Germany-Practice and open questions [J]. Environmental Impact Assessment Review，2010，30（3）：211-217

[23] 曲卫东. 联邦德国空间规划研究 [J]. 中国土地科学，2004，18（2）：58-64

[24] 陈利. 荷兰国土空间规划及对中国主题功能区规划的启示 [J]. 云南地理环境研究，2012，24（2）：90-97

[25] RENES H. The Dutch National Landscapes 1975-2010：Policies， Aims and Results [J]. Tijdschrift voor Economische en Sociale Geografie，2011， 102（2）：236-244

[26] ALPKOKIN P. Historical and critical review of spatial and transport planning in the Netherlands [J]. Land Use Policy， 2012， 29（3）：536-547

[27] ROODBOL-MEKKES P. H. VAN DER VALK A， WILLEM K.， et al. The Netherlands Spatial Planning Doctrine in Disarray in the 21stCentury [J]. Environment and Planning， 2012， 44（2）：377-395

[28] 张弢，陈烈，慈福义. 国外空间规划特点及其对我国的借鉴 [J]. 世界地理研究，2006，15（1）：56-62

[29] 钮小杰，王筱春，王小君. 国外国土空间规划实践的异同及启示 [J]. 云南地理环境研究，2013，25（6）：96–99
[30] 金相郁. 韩国国土规划的特征及对中国的借鉴意义 [J]. 城市规划汇刊， 2003，（4）：66–72
[31] 杨伟民. 发展规划的理论和实践 [M]. 北京：清华大学出版社，2010
[32] 蔡玉梅，顾林生，李景玉，等. 日本六次国土综合开发规划的演变及启示 [J]. 中国土地科学，2008，22（6）：76–80
[33] 潘书坤，蔡玉梅. 日韩国土规划新进展及对我国国土规划的启示 [J]. 中国国土资源经济，2007，（10）：33–35
[34] 张晓玲，赵雲泰，贾克敬. 我国国土空间规划的历程与思考 [J]. 中国土地，2017，（1）：15–18
[35] 郭图发. 国家计委颁布国土规划编制办法 [J]. 地理学与国土研究，1987，3（4）：1–2
[36] 顾朝林，曹根榕. 论新时代国土空间规划技术创新 [J]. 北京规划建设，2019，（4）：64–70
[37] 姜霞，王坤，郑朔方，等. 山水林田湖草生态保护修复的系统思想——践行“绿水青山就是金山银山”[J]. 环境工程技术学报，2019，9（5）：475–481
[38] 王静，王雯，祁元，等. 中国生态用地分类体系及其 1996—2012 年时空分布 [J]. 地理研究，2017，36（3）：453–470
[39] 360 百科. 原始社会 [EB/OL]. https://baike. so. com/doc/2366791–2502629. html
[40] 360 百科. 农业社会 [EB/OL]. https://baike. so. com/doc/6964969–7187624. html
[41] 360 百科. 工业革命 [EB/OL]. https://baike. so. com/doc/5368885–5604723. html
[42] 360 百科. 生态文明 [EB/OL]. https://baike. so. com/doc/396918–420213. html
[43] 朱旭旭. 工业化引起的生态危机对中国生态文明建设的启示 [J]. 中国石油大学胜利学院学报，2015，29（4）：39–42
[44] 武讳. 改革开放以来我国生态文明建设的发展历程 [J]. 理论广角，2016，25（9）：165–166
[45] 李清源. 改革开放四十年我国生态文明建设的发展历程回顾与思考 [J]. 攀登，2019，38（1）：19–23
[46] 高吉喜，徐德琳，乔青，等. 自然生态空间格局构建与规划理论探索 [J]. 生态学报，2020，40（3）：1–7
[47] 李欣，方斌，殷如梦，等. 江苏省县域“三生”功能时空变化及协同/权衡关系 [J]. 自然资源学报，2019，34（11）：2363–2377
[48] 迟妍妍，许开鹏，王晶晶，等. 京津冀地区生态空间识别研究 [J]. 生态学报，

2018，38（3）：8555-8563

[49] 魏子谦，徐增让，毛世平，等. 西藏自治区生态空间的分类与范围及人类活动影响 [J]. 自然资源学报，2019，34（10）：2163-2174

[50] 张京祥，夏天慈. 治理现代化目标下国家空间规划体系的变迁与重构 [J]. 自然资源学报，2019，34（10）：2040-2050

[51] 高吉喜,刘晓曼,王 超,等. 中国重要生态空间生态用地变化与保护成效评估 [J]. 地理学报 2021，76（7）：1708-1721

[52] 武强，崔芳鹏，熊晨，等. 国土空间类型划分与主要特征分析 [J]. 地学前缘，2021，76（7）：1-9

[53] 党双忍. 生态空间理论与陕西实践 [EB/OL]. (2019-10-29)[2022-09-01]. http://www.xibujuece.com/xibudakaifadianziban/2019nian10qi/zhuantibaodao/sh/2019/1029/50193.html

[54] 党双忍. 生态空间治理之思考 [EB/OL]. (2019-11-3)[2022-09-01]. http://sn.ifeng.com/a/20191103/7770650_0.shtml

[55] 党双忍. 关于生态空间的几点理论思考 [EB/OL]. (2020-01-06)[2022-09-01]. http://sn.ifeng.com/a/20200106/8053383_0.shtml

[56] 党双忍. 人与自然再平衡 [EB/OL]. (2020-03-23)[2022-09-08]. http://sn.ifeng.com/a/20200323/14097320_0.shtml

[57] 党双忍. 生态空间上的绿色革命 [EB/OL]. (2020-07-22)[2022-09-08]. http://sn.ifeng.com/a/20200722/14392077_2.shtml

[58] 党双忍. 人与自然的空间约定 [EB/OL]. (2021-02-14)[2022-10-08]. https://i.ifeng.com/c/83nL15oKhbR

[59] 党双忍．治理绿碳空间，丰盈绿色碳库 [EB/OL]. (2021-07-30)[2022-10-08]. https://www.sxlykxy.com/a/daqinling/xiaofenlei3/2021/0730/7866.html

[60] 国家林业和草原局（国家公园管理局）. 大熊猫国家公园总体规划 [R]. 2019

[61] 陕西省林业局. 秦岭国家公园设立方案 [R]. 2020

[62] 陕西省林业局. 秦岭生态保护白皮书 [R]. 2021

[63] 陕西省林业局. 陕西林业 70 年巡礼 [R]. 2019

[64] 国家林业和草原局，应急管理部. “十四五”全国草原防灭火规划 [R]. 2022

[65] 国家林业局. 全国森林城市发展规划 [R]. 2018

[66] 中共中央办公厅，国务院办公厅. 关于全面推行林长制的意见 [R]. 2020

[67] 国家林业和草原局．贯彻落实《关于全面推行林长制的意见》实施方案 [R]. 2021

[68] 中共陕西省委办公厅，陕西省人民政府. 关于全面推行林长制的实施方案 [R]. 2021

[69] 党双忍. 林政之变——21世纪中国林政大趋势 [M]. 西安：陕西人民出版社，2023
[70] 陕西省林业局. 陕西省林业发展“十四五”规划 [R]. 2021
[71] 姜德文. 新时代黄河流域水土保持战略举措探讨 [J]. 中国水利，2019（21）：3-5，20
[72] 姚文艺. 新时代黄河流域水土保持发展机遇与科学定位 [J]. 人民黄河，2019，41（12）：1-7
[73] 胡春宏，张晓明. 关于黄土高原水土流失治理格局调整的建议 [J]. 中国水利，2019（23）：5-7，11
[74] 王光谦，钟德钰，吴保生. 黄河泥沙未来变化趋势 [J]. 中国水利，2020（01）：9-12，32
[75] 刘利年. 陕西省水土保持生态修复的回顾与展望 [J]. 中国水土保持，2014（06）：4-6.
[76] 冯建鸿. 以吴起县为例谈我省水土保持生态修复的实践与探索 [J]. 陕西水利，2009(03)：74-75
[77] 陕西省林业厅，中共陕西省委党史研究室，中共榆林地委党史研究室. 荒漠奇迹——榆林治沙实录 [M]. 西安：陕西人民出版社，1997. 1-29，461-520，523-550
[78] 国家林业局. 中国荒漠化和沙化状况公报 [D]. 北京，2015：1-12
[79] 李建树. 榆林沙漠及其治沙造林 [J]. 陕西林业科技 . 1978（6）：10-21
[80] 周文斌，刘路沙. 绿色长城——三北防护林建设工程纪实 [M]. 南宁：广西科学技术出版社，1996：56-71
[81] 惠永明. 榆林纪事 [M]. 西安：陕西人民出版社，2000：54-59
[82] 陕西省地方志编纂委员会. 林业志 [M]. 北京：中国林业出版社，1996. 503-511
[83] 漆建忠. 中国飞播治沙 [M]. 北京：科学出版社，1998：22-37，40-53
[84] 榆林市志编纂委员会. 榆林市志 [M]. 西安：三秦出版社，1996
[85] 李滨生，刘健华，漆建中. 榆林沙区飞播试验中的几个技术问题探讨 [J]. 中国沙漠，1984，4（2）：21-28
[86] 赵国平，高荣，朱建军，等. 榆林市六十年治沙研究与实践 [J]. 陕西林业科技，2008，46（6）：42-27
[87] 刘志仁. 陕西榆林荒漠化防治的困境与路径选择 [J]. 西北大学学报，2007，37（4）：657-660
[88] 全国人大常委会办公厅. 中华人民共和国草原法 [M]. 北京：中国法制出版社，2013
[89] 全国人大常委会办公厅. 中华人民共和国种子法 [M]. 北京：中国民主法治出版社，2013

[90] 国务院. 自然保护区条例 (1994)[EB/OL，2005
[91] 国家林业局. 湿地保护管理规定 (2013)[EB/OL]. 2013
[92] 国务院办公厅. 湿地保护修复制度方案 (2016)[EB/OL]. 2016
[93] 宋维风. 中国石漠化现状及其防治综述 [J]. 中国水土保持科学，2007，5（5）：102–106
[94] 张继兵，王志平. 陕西黄河湿地的生态变迁及其保护对策 [J]. 农技服务，2016，33（07）：140
[95] 马一飞. 地方湿地立法对《陕西省湿地保护条例》完善的启示 [J]. 法制博览，2014（07）：41–43
[96] 黄锡生，杨睿. 生态文明视野下的荒地治理法律制度完善 [J]. 中州学刊，2018（09）：47–53
[97] 岳文泽，代子伟，高佳斌，等. 面向省级国土空间规划的资源环境承载力评价思考 [J]. 中国土地科学，2018，32（12）：66–73
[98] 严金明，陈昊，夏方舟. “多规合一”与空间规划：认知、导向与路径 [J]. 中国土地科，2017，31（01）：21–27，87
[99] 吴贤静. 国土空间开发保护的制度应对 [J]. 学习与实践，2019（02）：48–5
[100] 陕西省林业局. 陕西省秦岭生态空间治理十大行动 [R]. 2019
[101] 陕西省林业局. 陕西省黄河流域生态空间治理十大行动 [R]. 2020
[102] 陕西省林业局. 陕西省长江流域生态空间治理十大行动 [R]. 2021
[103] 陕西省林业局. 陕西省生态空间治理十大创新行动 [R]. 2021

附图

一、陕西省国土空间分布图

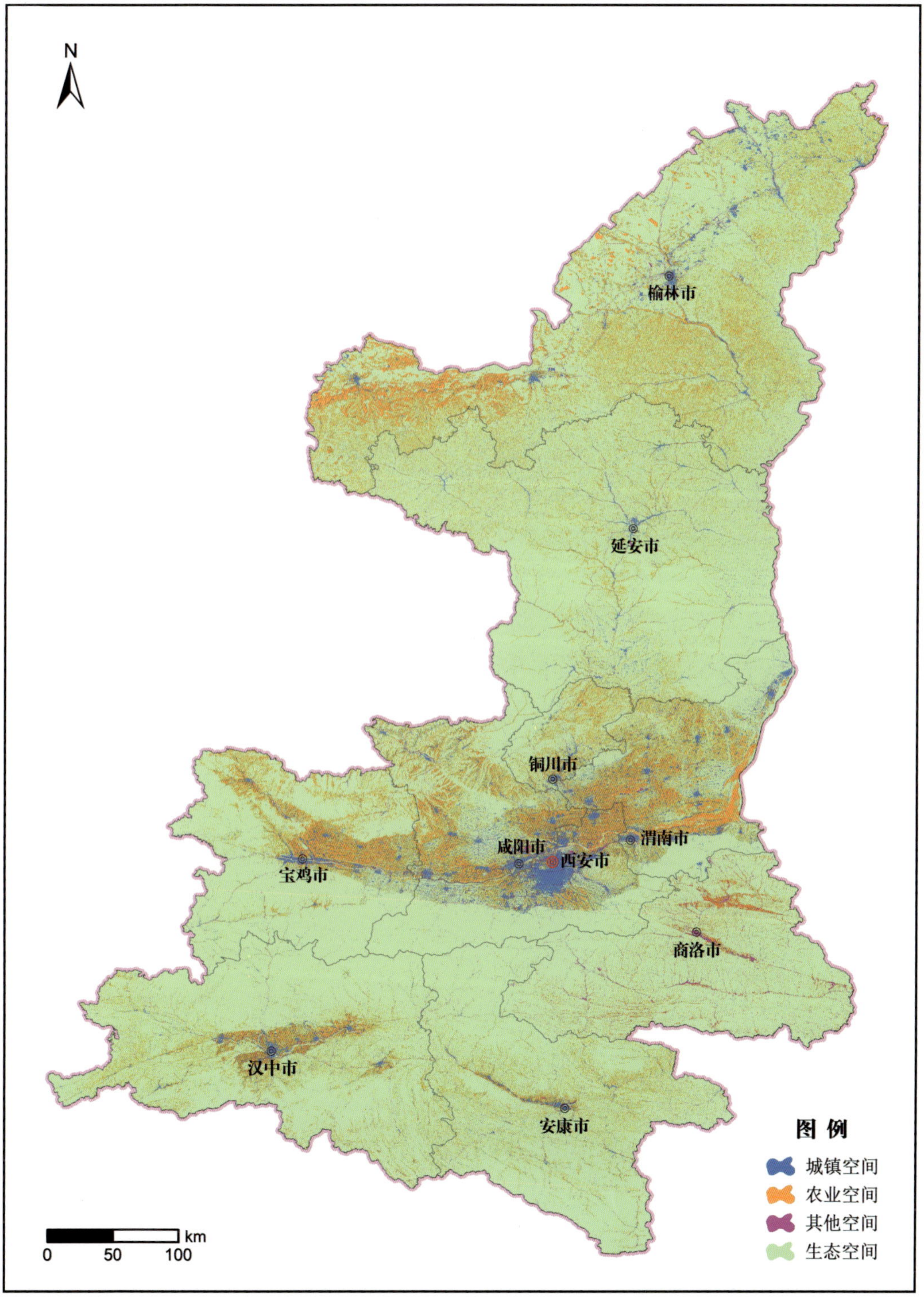

二、陕西省生态空间分布图

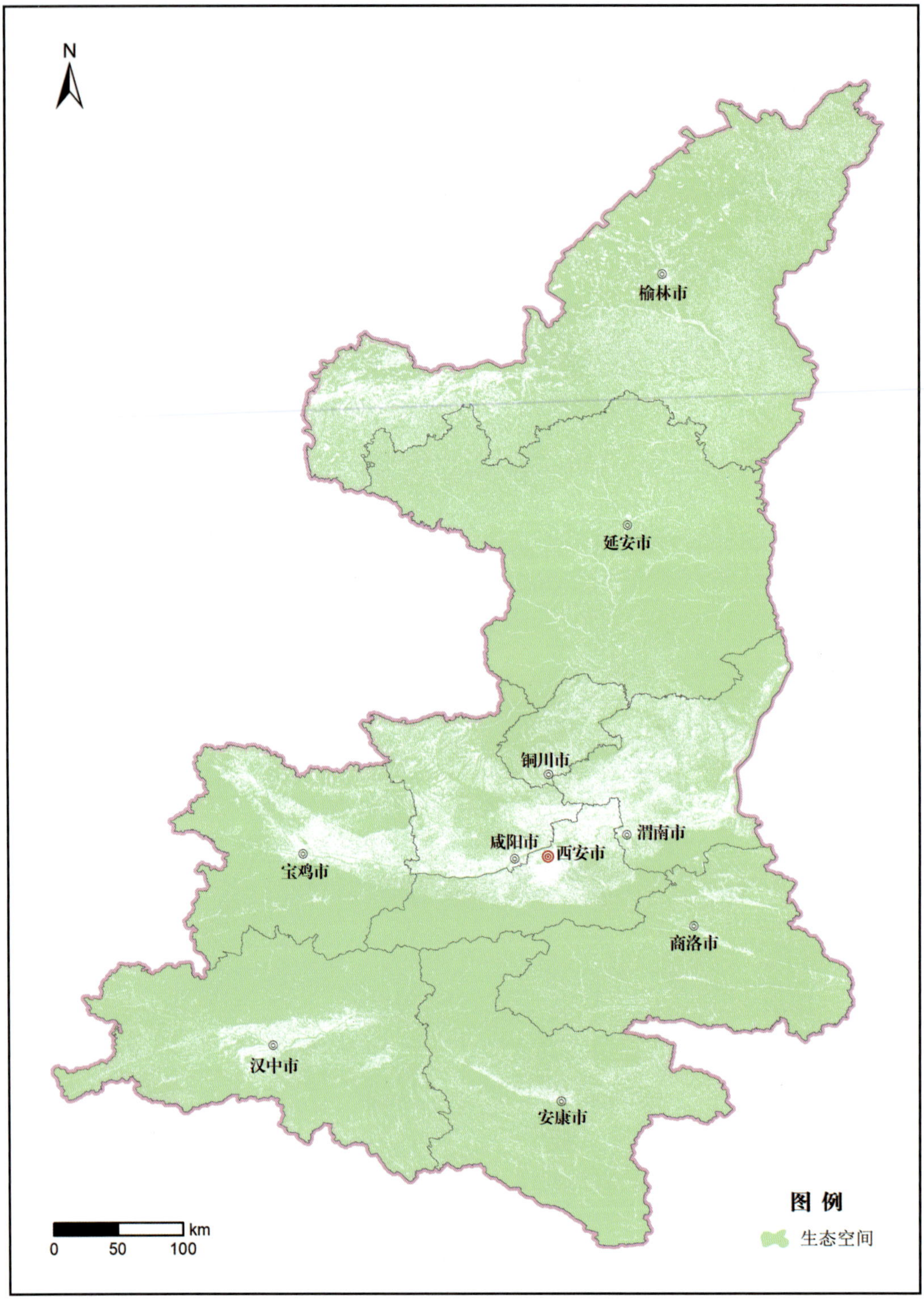

三、陕西省生态空间分区图

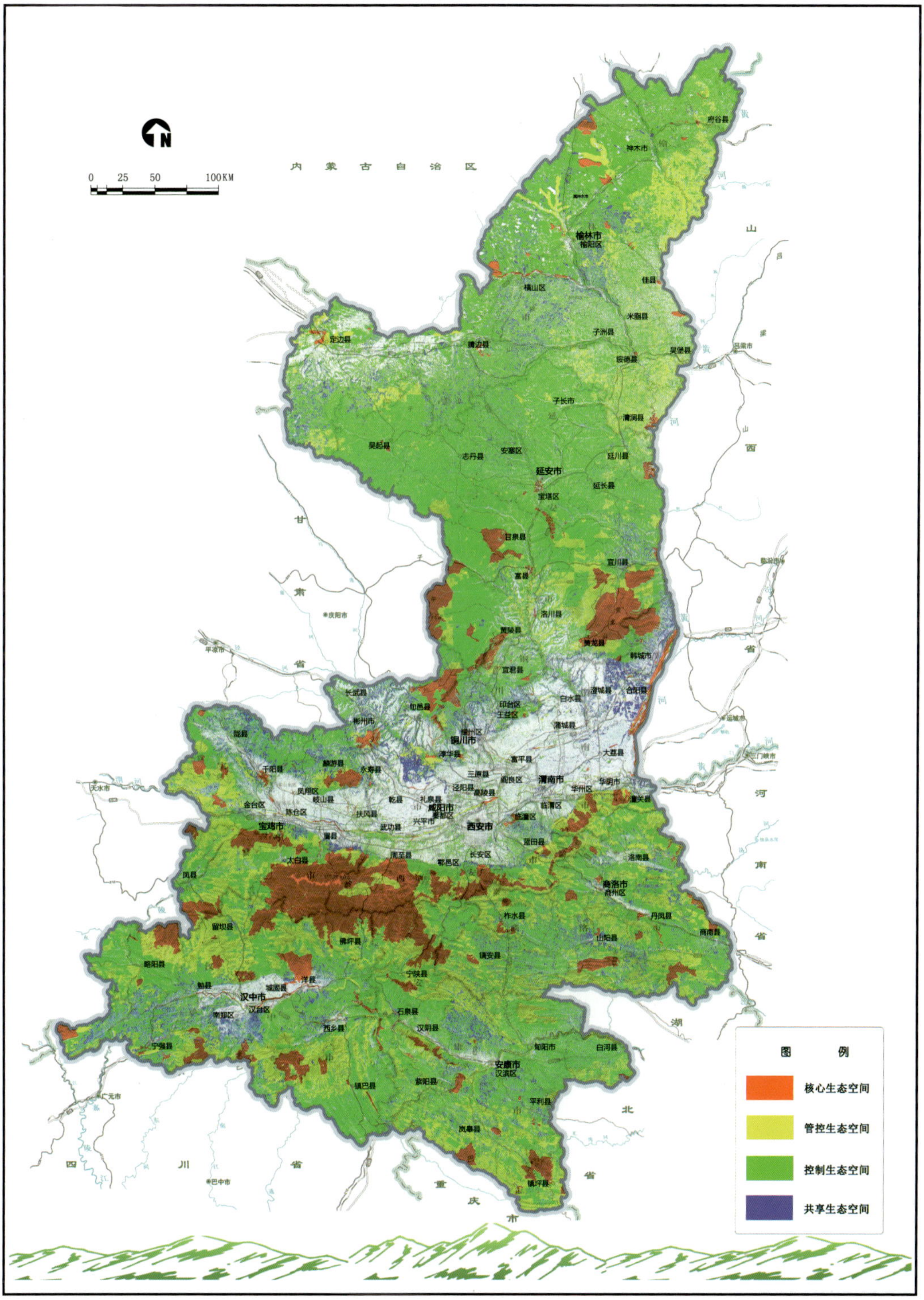

四、陕西省绿水青山指数图

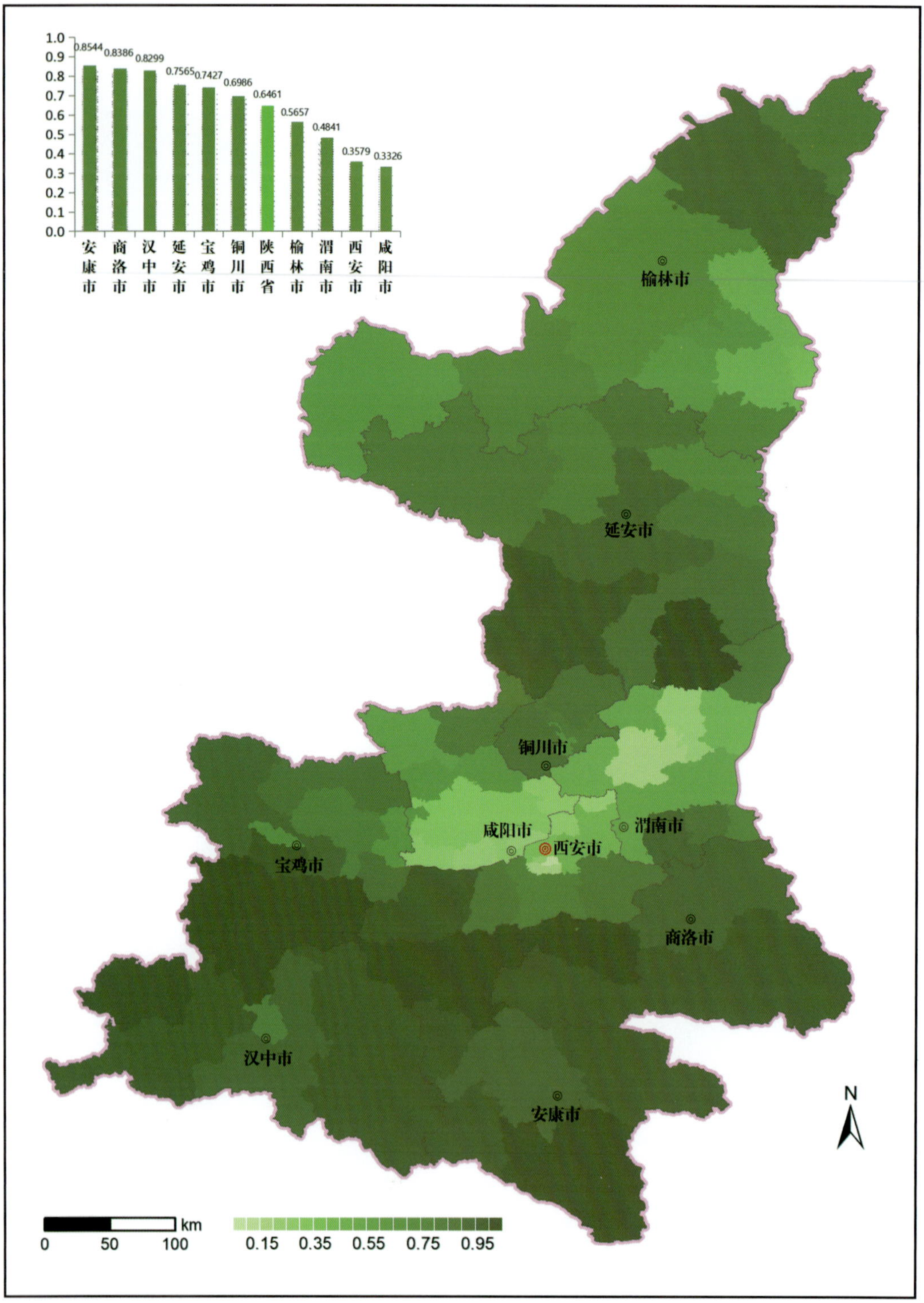

五、陕西省生态空间数量指数图

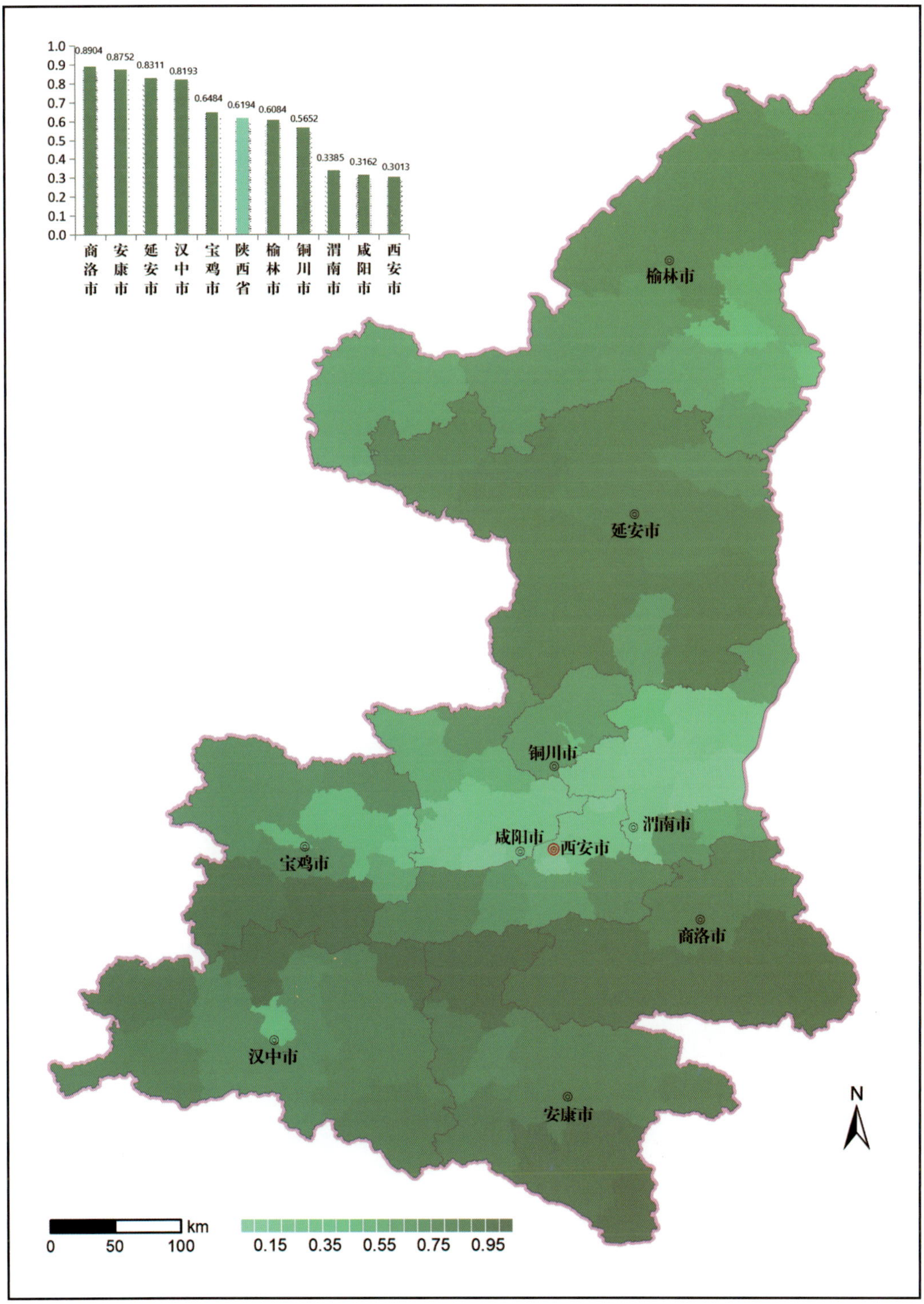

六、陕西省生态空间质量指数图

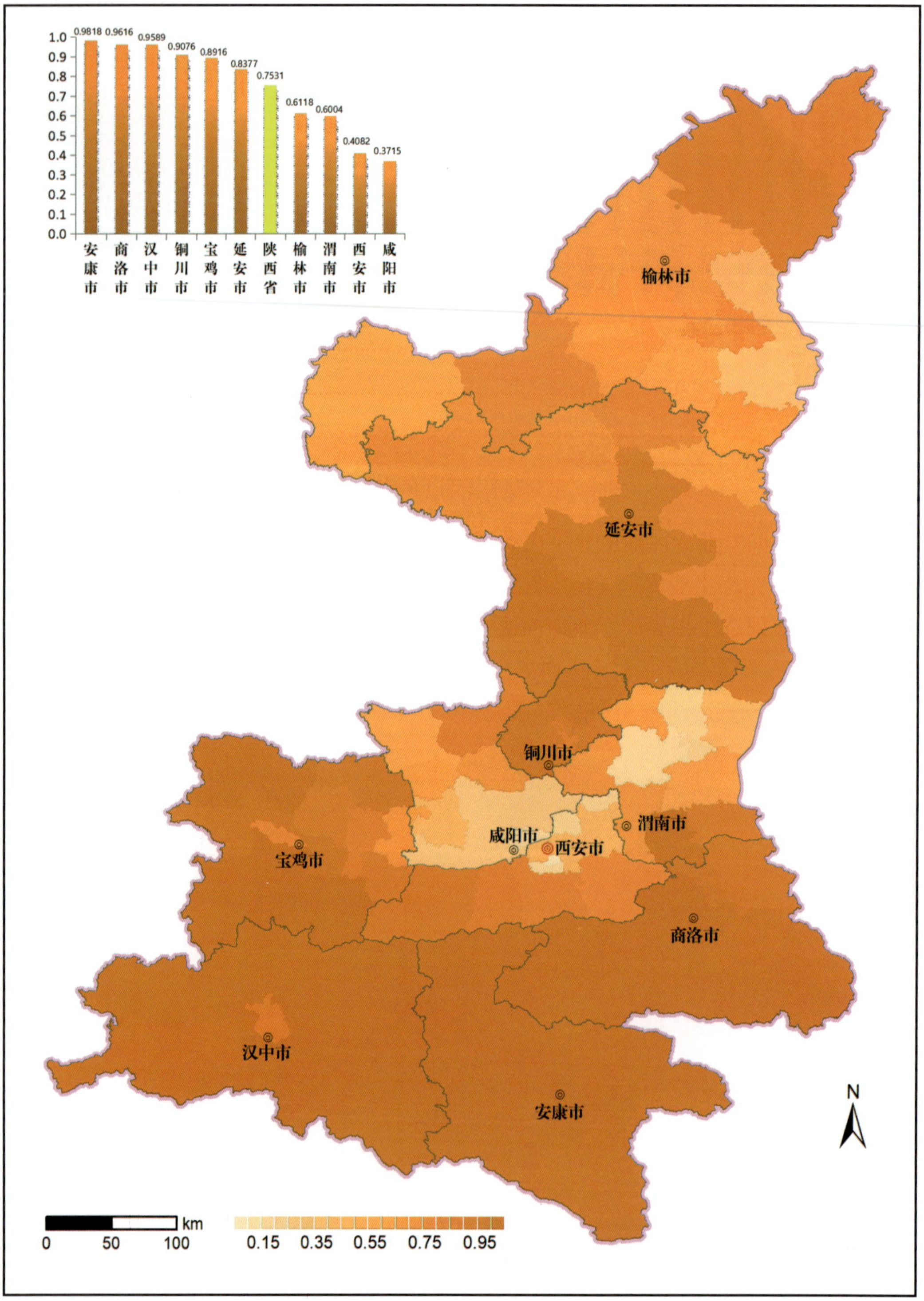

七、陕西省生态空间功能指数图

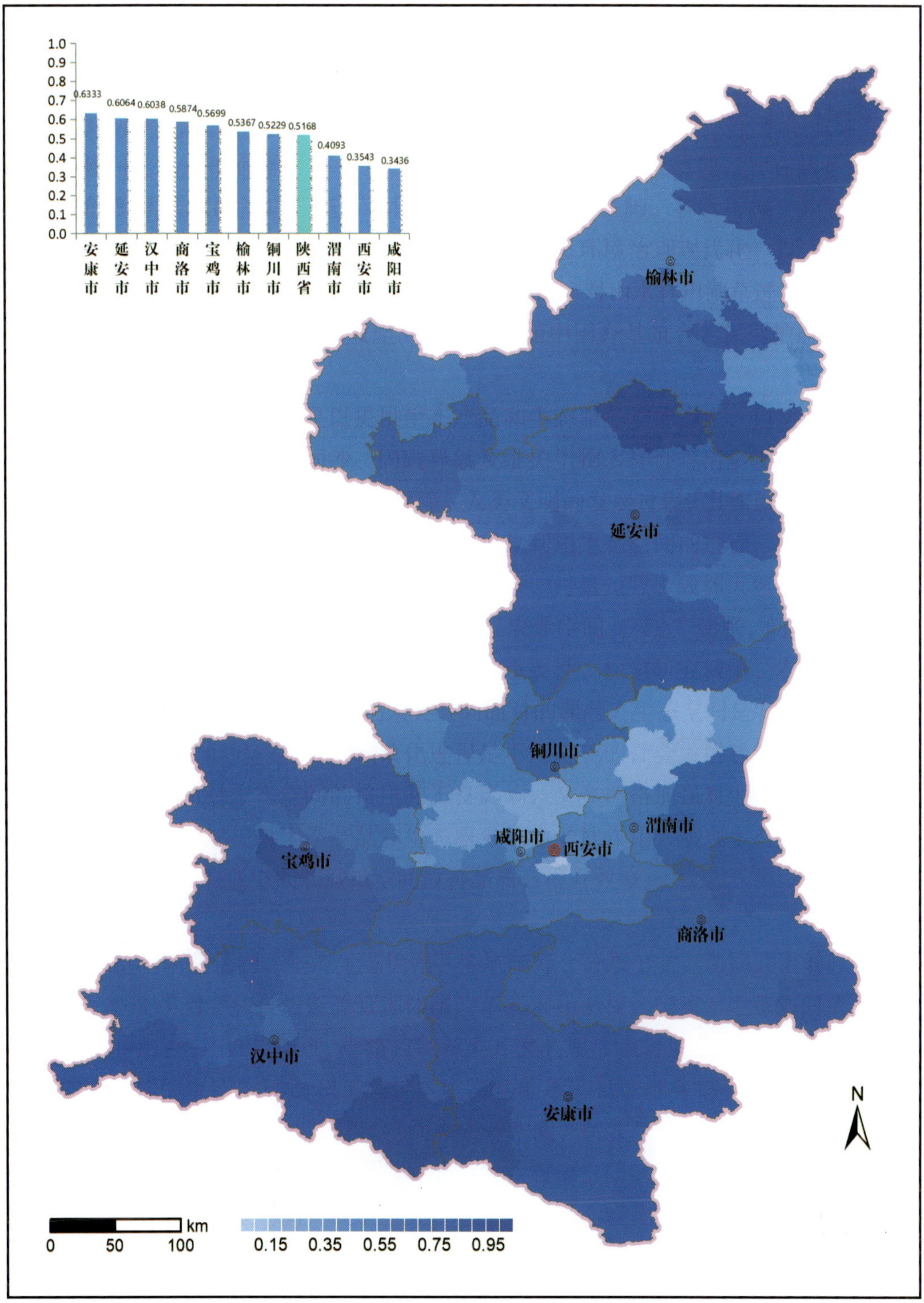